COLECCIÓN
PENSAMIENTO JURÍDICO Y POLÍTICO CONTEMPORÁNEO

3

INTELIGENCIA ARTIFICIAL, SOCIEDAD Y DERECHO

Este trabajo se publica como resultado de investigación y bajo el amparo del Grupo IDDA (Investigación y Desarrollo del Derecho civil de Aragón), en el que participa el autor como Co-IP.

COLECCIÓN
PENSAMIENTO JURÍDICO Y POLÍTICO CONTEMPORÁNEO

COLECCIÓN
PENSAMIENTO JURÍDICO Y POLÍTICO CONTEMPORÁNEO

3

INTELIGENCIA ARTIFICIAL, SOCIEDAD Y DERECHO

Miguel L. Lacruz Mantecón
Prof. Tit. Derecho civil – Universidad de Zaragoza

COLEX 2024

© Editorial Colex, S.L.
Calle Costa Rica, número 5, 3.º B (local comercial)
A Coruña, 15004, A Coruña (Galicia)
info@colex.es
www.colex.es

Portada: ©Dall-E & Miguel Lacruz & Guillermo Vicente

I.S.B.N.: 978-84-1194-810-4
Depósito legal: C 1914-2024

A mis hermanos, José, Carlos, Jorge, Jesús, Rita y María.

Recuerda que Golem no es un ser humano, por tanto, no tiene ni personalidad, ni carácter tal como lo percibimos nosotros desde el punto de vista de la intuición. Puede comportarse como si poseyera ambos rasgos, pero no será sino el resultado de sus intenciones (de sus propósitos), que habitualmente desconocemos.

Stanislaw Lem, *Golem XIV*

SUMARIO

1
UNAS NOCIONES SOBRE INTELIGENCIA ARTIFICIAL

2
IA Y SOCIEDAD

3
LA INTELIGENCIA ARTIFICIAL Y LA LEY

4
SUBJETIVIDAD CIBERNÉTICA

5
CONCLUSIONES

6
BIBLIOGRAFÍA

1

UNAS NOCIONES SOBRE INTELIGENCIA ARTIFICIAL

1.1. Precedentes

1.1.1. La creación de Gólems y otras fantasías

La creación de seres artificiales semejantes al ser humano, de lo que Jean Claude Heudin[1] llama una «alteridad artificial», es un proyecto que se remonta a los inicios de la humanidad. El ser humano siempre ha fantaseado con la fabricación de humanoides con inteligencia y movimiento, para que le ayudaran en sus trabajos o para que le hicieran compañía, no se sabe si como amigos o como siervos.

Tales ensoñaciones arcaicas se encuentran en la literatura. Ya en la antigüedad griega, leemos en la *Odisea* que, al acudir Tetis a pedir ayuda a Hefesto para conseguir más armas para Aquiles, para la toma de Troya, aparece Hefesto (que es cojo de ambas piernas) ayudado por dos estatuas que andaban por su propio impulso: «...salió cojeando, apoyado en dos estatuas de oro que eran semejantes a vivientes jóvenes, pues tenían inteligencia, voz y fuerza, y hallábase ejercitadas en las obras propias de los inmortales dioses. Ambas sostenían cuidadosamente a su señor, y éste, andando, se sentó en un trono reluciente cerca de Tetis»[2]. Y en la mitología grecoromana cuenta Ovidio, en su *Metamorfosis,* el mito de Pigmalión, rey de Chipre en la mitología griega o escultor en la romana, que fabricó una estatua de marfil representando su ideal de mujer, llamada Galatea, y acabó enamorado de su propia creación; intervino Afrodita, compadecida de Pigmalión, y dio vida a la estatua.

---

1 HEUDIN, Jean-Claude, *Les créatures artificielles. Des automates aux mondes virtuels*, Odile Jacob, 2008, pág. 17.

2 HOMERO, *La Ilíada*, Editorial Verbum, Madrid, 2020, Pág. 364. Me facilita la nota Mario Diez Royo, que la utiliza en su tesis *Responsabilidad Civil derivada de los Daños Generados por Sistemas Inteligentes*.

La idea del ser creado por el hombre, al que la magia, una deidad o fuerzas sobrenaturales, le dan vida, se repite en otras leyendas. Nathalie Nevejans[3] recoge la historia del siglo XVI sobre el Gólem, una estatua de barro con forma humana a la que el rabino de Praga Judah Löw le insufla vida por medios cabalísticos. Al principio el Gólem es una figura positiva, que ayuda a la comunidad, pero con el tiempo se vuelve violento. Esta leyenda fue aprovechada por el novelista austriaco Gustav Meyrink para su novela *El Golem*, de 1915, y luego para la película de cine mudo alemana de 1920 *El Golem* (dirigida por Carl Boese y Paul Wegener, que también interpreta al Gólem).

El tema de la criatura artificial, creada por el hombre, pero dotada de vida propia, se repite en la figura del científico Viktor Frankenstein, que, en la novela de Mary Shelley *Frankenstein o el moderno Prometeo*, de 1818, crea un ser artificial al que da vida gracias a la electricidad. Luego la criatura se revuelve contra él y se convierte en un monstruo: Esta idea, la rebelión de la criatura o del Gólem, va a influir más tarde en la consideración de los robots como seres potencialmente peligrosos, idea que se advierte en la literatura de ciencia ficción y en la cinematografía del siglo XX.

De estas criaturas míticas y fantásticas hemos pasado hoy al robot, criatura inteligente y que actúa como si tuviese vida, pero que ya no es un ser de fantasía, sino real. Como señala Nevejans, uno de los pioneros de la Cibernética, Norbert Wiener, titula una de sus obras *God & Golem, Inc.*, partiendo de una idea de continuidad entre estos relatos fantásticos y el robot moderno.

Contrastan estas ideas con la concepción de las criaturas artificiales en Japón, donde los robots no se consideran como máquinas sin alma y peligrosas, sino como una especie de salvadores de la humanidad, compañeros y cuidadores de personas ancianas o enfermas. Como nos dice Heudin[4], la historia de las criaturas artificiales niponas se liga al desarrollo del *karakuri ningyō*, «...lo que podría traducirse como *muñeca autómata*. Mientras que los autómatas europeos de los maestros relojeros del Siglo de las luces buscaban maravillar a los príncipes, las pequeñas muñecas autómatas japonesas eran una diversión popular. Representaban la unión entre las fuerzas sagradas y lo humano». Esta tradición, nos dice el autor, ha tenido gran influencia en el desarrollo de la robótica en Japón, donde prima la idea de coexistencia con los robots, que forman ya parte de su cultura. Confirma esta idea Coca Payeras[5], señalando que en la tradición cultural derivada del sintoísmo japo-

---

3 NEVEJANS, Nathalie, *Traité de Droit et d'Éthique de la Robotique civile*, LEH Éditions, Burdeos, 2017, págs. 23 y ss.

4 HEUDIN, Jean Claude, «Demain tous cyborgs? - Tomorrow all cyborgs?», *Territoire en Mouvement* Université de Lille, n.º 12 — 2012, págs. 46-55. https://doi.org/10.4000/tem.1469

5 COCA PAYERAS, Miguel, «Las iniciativas de la Unión europea sobre inteligencia artificial: de la persona electrónica, al difícil equilibrio entre la necesidad de impulsarla y evitar sus riesgos», *Revista de Derecho Civil,* vol. X, núm. 2, especial (junio, 2023), p. 9. En http://nreg.es/ojs/index.php/RDC

nés, «no resulta traumático reconocer personalidad a un robot, pues uno de los fines de esa religión estriba en la búsqueda de las relaciones armoniosas entre los seres humanos, la naturaleza y los kami. Y el número de kamis es infinito». Los kami son deidades, semidioses o personificaciones de fuerzas de la naturaleza, que interactúan con los humanos en la religión shintoista.

Es bien sabido, por lo demás, que el término robot surge precisamente en el ámbito de la literatura, siendo empleado por primera vez por el dramaturgo checo Karel Čapek en su obra teatral *Robots Universales de Rossum*, y que proviene del checo *robota*, con el significado de «trabajador»[6]. Sin embargo, se omite que a este sentido hay que añadirle el de *forzado* o *servil*, es decir, que en realidad el término tiene el significado de «siervo» o «esclavo». Esto es mucho más revelador de la verdadera naturaleza de nuestros designios acerca de los robots: pensamos en un dispositivo mecánico que esté a nuestro servicio y que nos obedezca ciegamente, pensamos en tener esclavos electrónicos; máquinas, pero dotadas de inteligencia.

En definitiva, la Inteligencia artificial traza una línea de continuidad entre los mitos, fantasías y criaturas de leyenda a las que me he referido, y los robots y sistemas inteligentes de la actualidad. Estamos ante ideas que forman parte del inconsciente colectivo de la humanidad, y por ello no podemos evitar quedar fascinados por estas creaciones.

Según Mark Coeckelbergh[7], a la hora de valorar los peligros de estas novedades hay que evitar las exageraciones y considerar que no es la primera vez que el futuro de la humanidad se replantea a partir de los avances técnicos. Además, la fabricación de criaturas artificiales es una constante en las culturas occidentales y orientales, y la idea se puede rastrear en la tradición sumeria, china, judía cristiana y musulmana, haciendo el autor referencia al mito de los sirvientes de Hefaistos o al de Pygmalion, que ya hemos visto. Relaciona este autor el miedo y la pérdida del control sobre las criaturas con el mito de Prometeo, y la vulneración de límites establecidos por los dioses, recordándonos que la novela de Mary Shelley en la que aparece el monstruo de Frankenstein se subtitulaba *El moderno Prometeo*.

1.1.2. Los autómatas

Dejando aparte las leyendas, en un plano de materialización de las criaturas artificiales aparecen los autómatas, criaturas mecánicas que imitan el comportamiento humano o animal. Los autómatas han estado presentes en

6 No obstante, para Isaac Asimov la palabra significa obrero. Asimov, Isaac, *¡Cambio! 71 visiones del futuro*, Alianza Editorial, 2.ª edición, 1984, p. 81.

7 Coeckelbergh, Mark, *AI Ethics*, *The MIT Press Essential Knowledge Series*, Cambridge, 2020, p. 17.

la cultura humana desde hace siglos. Da cuenta Nevejans[8] de primitivos intentos de construir seres mecánicos, como la paloma de madera que hacia el 450 A.C. construyó el griego Arquitas de Tarento, y que según el filósofo Favorino, podía volar. O los autómatas que construyó en Alejandría el mecánico Ctesibio, que también inventó los *jaquemarts*, estatuas móviles que golpeaban una campana para dar la hora; o los autómatas del griego Filón de Bizancio (siglo III AC), o el también griego Herón de Alejandría (siglo I AC), que construyó autómatas movidos por contrapesos o por la fuerza del vapor. Estos dos últimos escribieron, cada uno en su momento, un *Tratado de los autómatas*.

Relata también la autora la construcción de diversos autómatas por los hermanos árabes Banu Musa Ibn Shakir, en el siglo IX, y por el ingeniero Al Jazarí en el siglo XI. Tanto unos como otro se inspiran en las realizaciones de la antigüedad griega, y en particular en las de Herón de Alejandría.

A partir del Renacimiento, en Europa alcanzan fama los constructores de autómatas, objetos que no pueden dejar de despertar la curiosidad y admiración de la gente. En el siglo XVI el propio Leonardo da Vinci construyó un león mecánico que andaba, un caballero en armadura que movía los brazos, y pájaros que podían volar. En 1598, el ingeniero florentino Francini construyó en las grutas del castillo de Saint Germain en Laye, para el rey francés Enrique IV, una serie de autómatas que recreaban criaturas marinas y mitológicas. René Descartes[9] tuvo ocasión de contemplar estos autómatas y a él se debe una de las primeras teorizaciones sobre la posesión o no de inteligencia por las máquinas: «Mas he aquí que, desde la ventana, veo pasar unos hombres por la calle: y digo que veo hombres, como cuando digo que veo cera; sin embargo, lo que en realidad veo son sombreros y capas, que muy bien podrían ocultar meros autómatas, movidos por resortes. Sin embargo, pienso que son hombres, y de este modo comprendo mediante la facultad de juzgar, que reside en mi espíritu, lo que creía ver con los ojos».

Los autómatas llevan a Descartes a considerar que la vida y el movimiento no dependen del alma, sino del cuerpo, pasándose a hablar de «la máquina del cuerpo», como nos dice Jean Claude Heudin[10]. Señala este autor que, para algunos filósofos, «el autómata era una máquina que no podía tener alma y tampoco podía en ningún caso ser considerado un ser vivo. Para otros el autómata representaba la negación de la función del alma misma. Finalmente, la mecánica relojera que animaba los movimientos de los autómatas devino la metáfora de la vida, la concepción dominante del funcionamiento de la naturaleza». Este carácter material o mecánico de la vida lleva a con-

8 Nevejans, *Traité de Droit et d'Éthique de la Robotique civile*, cit., págs. 26 y ss.

9 Descartes, René, *Meditaciones Metafisicas con Objeciones y Respuestas*, Introducción, Traducción y Notas, Vidal Pena, Alfaguara, 1977, pág. 29.

10 Heudin, *Les créatures artificielles. Des automates aux mondes virtuels*, cit., pág. 50.

siderar que la única diferencia entre los animales y el ser humano está en la capacidad de pensar de éste, como señalaba Descartes. Concluye Heudin que a la visión medieval de un orden jerárquico de seres vivos creados y gobernados por Dios, el pensamiento del siglo XVII opuso la de un mundo máquina, dirigido por las leyes de la física.

Hay que añadir a estos datos algunos casos de autómatas en España bastante tempranos, en concreto los construidos por Juanelo Turriano, relojero del Emperador Carlos y del rey Felipe II. Originario de Cremona, también conocido como Giovanni Torriani y Gianello della Torre, nos cuenta Jessica Riskin[11] (con cita de *Juanelo Turriano, el relojero de Carlos V*, de García-Diego) que Turriano acompañó al emperador a su retiro en el monasterio de Yuste, donde construyó diversos autómatas para animar al ex-emperador, cuya muerte tuvo lugar el año 1558.

En el siglo XVIII destacan los autómatas realizados por Vaucanson y los mecanismos de los relojeros suizos Pierre y Henri Jaquet Droz. El francés Jacques de Vaucanson realizó en 1738 un autómata musical, *El Flautista*, y más tarde otro, *El Tamborilero*, que tocaba el pífano y acompañaba el ritmo con un tamboril. También fabricó un pato que andaba, graznaba y comía. Heudin[12], por su parte, nos cuenta que los suizos Pierre y Henri Jaquet-Droz fabricaron hacia 1770 tres autómatas, *El Escritor* que redacta un breve escrito con pluma y tinta, y *El dibujante*, que puede dibujar una mariposa, un cachorro, el perfil del rey Luis XV y el de Luis XVI y su esposa María Antonieta. Finalmente, *La organista*, que interpreta cinco piezas distintas sobre un modelo de órgano, pulsando las teclas. Los tres autómatas han sobrevivido y se muestran en el Museo de la ciudad suiza de Neuchâtel.

Explica el citado Heudin[13] que la importancia de los autómatas, que en los siglos XVII y XVIII eran los exponentes máximos de la tecnología, está en su enorme capacidad evocadora de cuestiones como la naturaleza del movimiento y de la vida, aparte de que su aspecto humano planteaba la cuestión de dónde se pone la esencia de la naturaleza humana. En definitiva, que, a la visión medieval teocéntrica, de un orden jerárquico de seres vivos creados y

---

11 Habla así Riskin de «una danzarina que bailaba y tocaba una pandereta, una bandada de gorriones de madera que revoloteaban y volaban por la habitación como si estuvieran vivos, un ejército en miniatura de caballos y soldados tocando diminutos trompetas». Posteriormente, al servicio de Felipe II, el rey le pidió que construyera un autómata en honor al hijo de Felipe, reproduciendo al monje Diego de Alcalá, cuyas reliquias fueron llevadas al lecho del príncipe para ayudarle a recuperarse de una lesión en la cabeza: «El monje, vestido con túnica, capucha y sandalias, y con su mecanismo escondido debajo de su hábito, es un dispositivo totalmente autónomo, de dieciséis pulgadas de alto. Lleva en sus manos un crucifijo y un rosario en su mano izquierda». RISKIN, Jessica. «Machines in the Garden» *Republics of Letters: A Journal for the Study of Knowledge, Politics, and the Arts* 1, no. 2 (April 30, 2010): http://rofl.stanford.edu/node/59

12 HEUDIN, *Les Créatures artificielles,* cit., pág. 62.

13 HEUDIN, *Les Créatures artificielles,* cit., pág. 50.

gobernados por Dios, el pensamiento de mediados del siglo XVII y del XVIII opone la visión racionalista de un mundo puramente mecánico, como señala Heudin, «desnudo de finalidad y de voluntad, en el que todos los componentes, animales y humanos incluidos, se hallaban dirigidos por las leyes de la física»[14].

1.1.3. De las primeras calculadoras mecánicas a las máquinas de Babbage (y el «Comentario» de Ada Lovelace)

Paralelamente a los autómatas, el desarrollo y perfeccionamiento de la relojería mecánica lleva a la construcción de las primeras calculadoras mecánicas. Esta técnica de resolver problemas de cálculo mediante la manipulación de símbolos se aplicó de forma recurrente al cálculo matemático, campo en el que los símbolos están bien delimitados. Carabantes López[15] nos dirá que las calculadoras mecánicas son los primeros autómatas del pensamiento.

La primera calculadora moderna se remonta tradicionalmente a la *pascaline*, inventada en 1642 por el matemático y místico francés Blaise Pascal. Sin embargo, Serón Arbeloa[16] nos recuerda que, según posteriores investigaciones, fue el astrónomo alemán Wilhelm Schickard, de la Universidad de Tubinga, el primero (sobre la base de los logaritmos de Napier) en construir —en 1623— una máquina que sumaba, restaba, multiplicaba y dividía, a la que llamó «reloj calculador». La *pascaline* se limitaba a la suma y la resta (po-

14 Otro ejemplo literario de máquina semi-inteligente es el que cuenta Jonathan Swift, en sus Viajes de Gulliver. Al llegar su protagonista en su tercer viaje (a la isla de Laputa) a visitar la Academia de Lugnagg, allí encuentra a un profesor que ha elaborado un invento con el cual «...la persona más ignorante, por un precio módico y con un pequeño trabajo corporal, puede escribir libros de filosofía, poesía, política, leyes, matemáticas y teología, sin que para nada necesite el auxilio del talento ni del estudio. Me llevó luego al tablero, que rodeaban por todas partes los alumnos formando filas. Tenía veinte pies en cuadro y estaba colocado en medio de la habitación. La superficie estaba constituida por varios trozos de madera del tamaño de un dedo próximamente, aunque algo mayores unos que otros. Todos estaban ensartados juntos en alambres delgados. Estos trozos de madera estaban por todos lados cubiertos de papel pegado a ellos; y sobre estos papeles aparecían escritas todas las palabras del idioma en sus varios modos, tiempos y declinaciones, pero sin orden ninguno... Los discípulos, a una orden suya, echaron mano a unos mangos de hierro que había alrededor del borde del tablero, en número de cuarenta, y, dándoles una vuelta rápida, toda la disposición de las palabras quedó cambiada totalmente. Mandó luego a treinta y seis de los muchachos que leyesen despacio las diversas líneas tales como habían quedado en el tablero, y cuando encontraban tres o cuatro palabras juntas que podían formar parte de una sentencia las dictaban a los cuatro restantes...».

15 Carabantes López, Manuel, *Inteligencia artificial: una perspectiva filosófica*, Escolar y Mayo editores, Madrid, 2016, pp. 16 y ss.

16 Serón Arbeloa, Francisco José, *Eje cronológico de la evolución del procesamiento de la información*, Prensas de la Universidad de Zaragoza, Zaragoza, 2023, pp. 121-122.

día también multiplicar y dividir, pero para ello exigía demasiadas operaciones), pese a ello fue objeto de fabricación comercial, y como han sobrevivido algunos ejemplares es considerada la primera calculadora mecánica.

Posteriormente, será Gottfried Wilhelm Leibniz quien, en 1694, mejora la calculadora de Pascal, creando una máquina que realizaba las cuatro operaciones y que fue construida y perfeccionada a lo largo del siglo XVIII, constituyendo el standard de calculadora mecánica hasta su sustitución por la electrónica, a partir de 1970. Este modelo inspiró posteriores avances, como las máquinas calculadoras que Lord Charles Stanhope construyó hacia 1777, la calculadora del alemán Philip Matthaüs Hahn (1785) del que habla Carabantes, o la calculadora de series tabulares realizada por el ingeniero alemán Johann H. von Müller hacia 1783, máquina que inspiraría a Babbage para sus «ingenios» diferencial y analítico.

Sin embargo, estos ingenios mecánicos se veían afectados por la imprecisión derivada de su construcción mediante engranajes, ruedas y palancas, por lo que las necesidades de cálculo rápido se satisfacieron con el uso de «tablas de cálculo» impresas en papel que recogían los resultados de las operaciones más frecuentes. Estas tablas se calculaban por personas físicas, que no tenían por qué haber estudiado matemáticas sino que gozaban de facilidad para hacer cuentas, por lo que eran llamados calculadores o *computers*. Eran dirigidos por un matemático que validaba los resultados y los enviaba a imprimir en tablas, siendo los más conocidos el inglés Maskelyne y el francés De Prony. Estas tablas matemáticas eran muy utilizadas para los cálculos de navegación, financieros, de seguros, o de ingenieros y arquitectos.

Charles Babbage (1792-1871), matemático y científico inglés, es considerado hoy, como nos cuenta Serón Arbeloa[17], el «padre de la computadora». Ante el problema de los frecuentes errores que tenían las tablas matemáticas, ya procedentes del cálculo efectuado por los *computers*, ya errores tipográficos que se introducían en el curso de su impresión, Babbage proyecta una máquina calculadora que evite estos errores, y que imprima directamente los resultados. Inspirado en la calculadora de Leibniz, y en el método diferencial seguido por Müller, proyecta la «Máquina Diferencial», cuyo diseño presenta en 1822 a la Real Sociedad Astronómica, y que podía calcular, componer e imprimir tablas numéricas, evitando así los errores tipográficos.

La máquina resolvía polinomios de potencias hasta el grado 6 y funciones de 2.° grado con una precisión de 6 cifras. Pero era solamente un modelo para exhibición, con el objeto de conseguir más fondos para construir la máquina completa. En 1833 el ingeniero Clement, que colaboraba con Babbage en el proyecto, monta un modelo más avanzado de la máquina: el problema estaba en que Babbage modificaba continuamente el proyecto para mejorar-

17 Serón Arbeloa, *Eje cronológico de la evolución del procesamiento de la información*, cit., pp. 154 y ss.

lo, lo que motivó una disputa con Clement y su abandono del proyecto. De hecho, señala Heudin[18] que una de las razones que determinaron el fracaso de la máquina diferencial fue el posterior abandono del proyecto también por parte de Babbage, más interesado en su siguiente máquina, el *Analytical Engine*. En alguna de las exhibiciones que Babbage organizaba, fue visitado por Ada Byron, entonces una joven de 17 años, que tuvo ocasión de observar el funcionamiento del modelo de máquina diferencial; posteriormente veremos la intervención de la matemática en esta historia.

El caso es que tras el abandono del ingeniero Clement, Babbage retoma su proyecto de calculadora pero con un fin más ambicioso, proyectando una nueva calculadora que fuese programable, para que pudiese hacer cualquier cálculo y no un número cerrado de operaciones: Va a inventar la «Máquina Analítica», que describe Serón Arbeloa[19] señalando cómo «La máquina analítica tenía dispositivos de entrada basados en las tarjetas perforadas de Jacquard, un procesador aritmético, que calculaba con números, una unidad de control que determinaba qué tarea debía ser realizada, un mecanismo de salida y una memoria donde los números podían ser almacenados hasta ser procesados». Un esquema conceptual similar a la de los actuales ordenadores, en definitiva.

Babbage intentó que el gobierno inglés financiara la construcción de su máquina analítica, pero éste se negó, dado el anterior fracaso de la máquina diferencial. Con todo, continuó su proyecto con sus propios medios, y trabajó todo el resto de su vida en dicha máquina, hasta su muerte en 1871, sin terminarla.

En 1842, Ada Byron, ahora Ada condesa de Lovelace, tras su matrimonio, vuelve a interesarse por las máquinas de Babbage, y escribe un comentario sobre una descripción del funcionamiento de la máquina del ingeniero militar italiano Luigi Federico Menabrea. Su comentario, titulado *Sketch of the analytical engine invented by Charles Babbage*, publicado en la revista *Scientific Memoirs*, tiene el doble de extensión que la descripción que comenta, y tuvo una repercusión muy grande. Ada Byron (o Lovelace), comentando las aptitudes de la Máquina Analítica de Babbage nos dirá: «La Máquina Analítica no tiene ninguna pretensión de originar algo. Puede hacer cualquier cosa que podamos ordenarle. Puede ejecutar las reglas del análisis, pero no tiene la capacidad de anticipar relaciones analíticas o verdades. Sus dominios son los de asistirnos para proporcionarnos lo que ya conocemos»[20].

---

18 HEUDIN, *Les Créatures artificielles,* cit., pág. 86.

19 SERÓN ARBELOA, *Eje cronológico de la evolución del procesamiento de la información*, cit., p. 162.

20 LOVELACE (O BYRON), Ada, Condesa de, «Notas» a la traducción del *Sketch of the Analytical Engine Invented by Charles Babbage*, de L. F. MENABREA, R. & J. E. TAYLOR, Londres, 1843, p. 21. https://johnrhudson.me.uk/computing/Menabrea_Sketch.pdf

Sin embargo, como la propia Condesa Lovelace aclara, la que está limitada a las operaciones matemáticas es la Máquina Diferencial, mientras que la Analítica cuenta con unas posibilidades abiertas que hacen de ella algo más que una sumadora mecánica: «El mecanismo de funcionamiento puede incluso entrar en acción independientemente de cualquier objeto para operar (aunque por supuesto no se podría desarrollar ningún resultado). Así, podría actuar sobre otras cosas además de números, siempre que fueran objetos cuyas relaciones fundamentales mutuas pudieran expresarse con el lenguaje de la ciencia abstracta de las operaciones, y que fuera también susceptible de expresarse mediante la notación operativa y el mecanismo del aparato —se refiere a la tabulación mediante tarjetas perforadas—», así, por ejemplo, la notación musical.

Esta posibilidad de manejar otros símbolos (notas musicales, letras) hace que pueda ir más allá del simple cálculo: «Suponiendo, por ejemplo, que las relaciones fundamentales entre las distintas notas y tonos de la ciencia de la armonía y de la composición musical fueran susceptibles de tal expresión y adaptaciones, la máquina podría componer piezas de música elaboradas científicamente, de cualquier grado de complejidad o extensión. La Máquina Analítica es una encarnación de la ciencia de las operaciones, construida con peculiar referencia a los números abstractos como objeto de dichas operaciones». Es decir, está anticipando la posibilidad de que la máquina produzca resultados que van más allá de la mera acumulación de datos: se trata de la producción de resultados inteligentes, musicales o literarios, aunque estimaba la autora que esto no era propiamente «pensar», como los seres humanos.

Como nos dice Serón Arbeloa[21], Ada Byron introduce la idea de programa y algoritmo informático, y los conceptos de subrutina, iteración y salto condicional. Si Babbage ha sido considerado el padre del ordenador, un precursor de John von Neumann, Ada Byron puede ser considerada la madre de la Inteligencia artificial, anticipando las ideas de Alan Turing (que denominaba la negativa a admitir el pensamiento de la máquina como «la objeción de Ada Byron»)[22].

Finalmente, relacionada con las calculadoras mecánicas lo está la máquina tabuladora del estadounidense Herman Hollerith, que consistía en una especie de sumadora electromecánica que acumulaba grandes cantidades de datos. La máquina tenía el aspecto de una pequeña pianola, y dotada de

21 Serón Arbeloa, *Eje cronológico de la evolución del procesamiento de la información*, cit., p. 166.

22 Aunque como hace notar Larson, Turing sabía que esta objeción aparece mejor formulada por el filósofo y científico Charles Sanders Peirce, que, aunque considera que cabe pensar en el desarrollo de máquinas lógicas que resuelvan problemas, se hallan limitadas en sus resultados por lo siguiente: «la máquina carecería por completo de iniciativas originales, y realizaría sólo las cosas especiales para las que la habrían calculado». Y más adelante, «La capacidad de la máquina tiene unas limitaciones absolutas; la han planeado para que haga algo en concreto, y nada más que eso». Larson, Erik J., *El mito de la Inteligencia artificial. Por qué las máquinas no pueden pensar como nosotros lo hacemos*, Shakleton Books, 2022, p. 277.

cuarenta esferas en su frontal, podía acumular datos poblacionales. Hollerith fue un graduado en Columbia que, tras trabajar en el MIT como profesor, en los ferrocarriles y en la oficina norteamericana de patentes, pasó a trabajar en la oficina del censo, donde intentó solucionar el problema del tratamiento de los datos censales de la población americana.

Para resolver el problema de gestionar esa enorme cantidad de datos, Hollerith inventó su máquina tabuladora, que acumulaba los distintos datos de cada persona censada. Para la recolección y procesado de los datos se empleaban tarjetas perforadas, de 80 columnas, en las que la perforación indicaba una respuesta positiva y la falta de perforación, una negativa. Estas tarjetas se inspiraban en las tarjetas perforadas que se empleaban en los telares automáticos de Jacquard, a fines del siglo XVIII, que recogían distintos diseños de la tela y los trasladaban al funcionamiento del telar.

La tabuladora de Hollerith se empleó en el censo americano de 1890, y permitió reducir el cómputo de los datos a un período de 3 años. Su uso fue frecuente en la contabilidad y en los negocios. La compañía fundada por Hollerith para la explotación industrial de sus máquinas, la Tabulating Machine Company, unida a otras tres compañías, acabó formando la International Business Machines, o IBM.

1.1.4. La Cibernética

Si bien los autómatas, calculadoras mecánicas y tabuladoras son los precedentes de la construcción de entes robóticos, la primera teorización acerca de estas máquinas y su funcionamiento se debe a la cinecia llamada *Cibernética*, o también *Automática*. La Cibernética es la precursora de la actual Inteligencia artificial, surge tras la I Guerra mundial, en los años 20 del pasado siglo. Serán sus principales cultivadores Norbert Wiener, matemático americano, Julian Bigelow, investigador americano en ingeniería, y Arturo Rosenblueth, fisiólogo mejicano. También influyen investigadores del campo de la neurología como Warren McCulloch, al que luego me referiré.

La Cibernética es definida por Norbert Wiener como «la ciencia de la comunicación y control en los seres vivos y en las máquinas», y parte de la similitud del comportamiento humano y el de una máquina cibernética. Señala Wiener rasgos comunes a ambos entes: «Uno de ellos es que deben efectuar una tarea o tareas definidas y, en consecuencia, deben poseer órganos de acción (análogos a las manos y piernas de los seres humanos) para llevarlas a cabo. El segundo es que deben estar en relación con el mundo exterior mediante órganos sensoriales, tales como células fotoeléctricas o termómetros... que además las hacen capaces de recordar la ejecución (o la no ejecución) de la labor encomendada»[23].

---

23 WIENER, Norbert, *Cibernética y Sociedad*, Editorial Sudamericana, 2.ª edición, Buenos Aires, 1969, pp. 31 y 32.

La función consistente en la *capacidad de recordar* de los sistemas se consigue a través de la retroalimentación o *feedback*, concepto que se concreta en la posibilidad de ajustar la conducta futura a hechos pasados, es decir, de aprender. Concreta Wiener que estas formas de conducta y particularmente las más complicadas, exigen que las máquinas tengan «órganos centrales de decisión» que determinen lo que han de hacer en un momento dado. Wiener desarrolla sus ideas, como la de la retroalimentación o *feedback*, desde el campo de la lógica matemática, colaborando con científicos como John von Neumann (que llega a formular una *Teoría del autómata autoreplicante*), o el matemático Mandelbrot.

La Cibernética parte del estudio de los sistemas «vivos», tanto biológicos como artificiales. Un sistema cibernético se define, nos dice Heudin[24], como un conjunto organizado de elementos que intercambian materia, energía o información. Tales intercambios constituyen actos de comunicación, tras los cuales los elementos del sistema reaccionan cambiando de estado o modificando sus acciones posteriores. La interacción o comunicación entre los elementos del sistema dan al conjunto ciertas propiedades que no poseen los elementos por separado, de ahí la famosa cita «el todo es superior a la suma de sus partes». Concreta el psicólogo Neville Moray[25] que la cibernética es la ciencia del control porque mediante ella intentamos obtener una máquina que produzca determinado resultado cada vez que reciba un estímulo dado: «Es decir, queremos construir sistemas que hagan cosas, y para ello necesitamos entender cómo han de ser organizadas las partes al efecto de que se gobiernen unas a otras... Y es la ciencia de la comunicación en dos sentidos. Primeramente... para actuar de modo que un fin particular se cumpla, debe haber una comunicación entre el sistema y el espacio que lo rodea... En segundo lugar, las diferentes partes del sistema deben comunicarse entre sí dentro de él». Así, si programamos a un robot simple dotado de sensores de luz para que huya de la luz solar directa, tendremos un robot fotófobo, que parece tener una intención clara en su «vida», la de huir del sol. Su conducta nos indicaría que tiene una voluntad puesta al servicio de una finalidad, pero advirtamos que dicha finalidad está impuesta desde fuera.

En cuanto a las realizaciones a las que se llegó en esta ciencia, son bastante parcas. Cuenta Nevejans[26] que en 1912 unos ingenieros norteamericanos construyeron un robot autómata en forma de perro llamado *Seleno*. Contaba con tres ruedas, con la posibilidad de autodirigirse y con unas células fotosensibles que le permitían dirigirse hacia una fuente de luz, dando con ello la impresión de que buscaba la luz. *Seleno* es el precedente de las tortugas electromecánicas creadas por el neurofisiólogo William Grey Walter en 1948.

---

24 Heudin, *Les Créatures artificielles,* cit., p. 109.

25 Moray, Neville, *Cibernética*, Herder, Barcelona, 1967, pág. 16.

26 Nevejans, *Traité de Droit et d'Éthique de la Robotique civile*, cit., p. 29.

Estos ingenios electromecánicos también tenían captores fotosensibles que les permitían reaccionar a la luz, y además se movían evitando los obstáculos. Su cerebro electrónico era muy escaso, lo componían dos tubos de vacío.

Decía acerca de esta disciplina el escritor Stanislaw Lem[27] (en 1966) que «La cibernética cuenta con veinte años de vida, por lo tanto, es una ciencia joven, pero se desarrolla con asombrosa rapidez. Tiene sus escuelas y orientaciones, sus entusiastas y escépticos... Se ocupan de ella lingüistas y filósofos, físicos y médicos, ingenieros de comunicaciones y sociólogos. Ya no es una, porque se ha dividido en numerosas ramas». En estos momentos iniciales, Cibernética e IA se confunden con la ciencia de la programación de ordenadores, más adelante «Informática».

Entre nosotros se cita al ingeniero Leonardo Torres Quevedo como pionero de esta ciencia cibernética, si bien empleaba la expresión francesa *Automatique*[28], inspirándose en la máquina de Babbage. Sobre sus premisas creó una máquina que jugaba, efectivamente, al ajedrez, aunque solamente un final de partida rey-torre-rey[29]. Lo importante de esta máquina electromecánica, como

27 Lem, Stanislaw, *Summa Technologiae*, Ediciones Godot, 2017, p. 96.

28 En el diario *El País* de 27 de enero de 1987 se publicó el artículo «Tribuna: La Mala Memoria Española. ¿Y Torres Quevedo?», en el que Ernesto García Camarero traduce los siguientes párrafos del artículo «Essais sur l'Automatique: Sa définition. Etendue théorique de ses applications», de Leonardo Torres Quevedo, publicado el 15 de noviembre de 1915 en la Revue generale des sciences pures et appliquées: «La denominación de autómata se aplica con frecuencia a una máquina que imita la apariencia y los movimientos de un hombre o de un animal. Hay otro tipo de autómatas que ofrecen un interés bastante mayor: los que imitan, no ya los simples gestos, sino los actos discursivos del hombre, y pueden, a veces, reemplazarle. En los autómatas del segundo tipo, el automatismo no se obtiene en modo alguno mediante conexiones mecánicas permanentes; por el contrario, tiene por objeto alterar bruscamente estas conexiones cuando las circunstancias lo exigen... Es evidente que el estudio de esta forma de automatización no pertenece a la cinemática. En mi opinión, debiera realizarse este estudio en un capítulo especial de la teoría de las máquinas, que llevaría el nombre de Automática». La Automática «debería estudiar los medios de construir autómatas dotados de una vida de relación más o menos complicada. Estos autómatas tendrán sentidos..., aparatos sensibles a las circunstancias que deben tener una influencia sobre su marcha. Estos autómatas tendrán miembros: las máquinas o aparatos en cargados de ejecutar las operaciones que se les asignen. Estos autómatas tendrán la energía necesaria. Pero es preciso, además, que los autómatas sean capaces de discernimiento: que puedan en cada momento, teniendo en cuenta las impresiones que reciben, o incluso las que han recibido anteriormente, ordenar la operación deseada. Es preciso que los autómatas imiten a los seres vivientes, regulando sus actos según sus impresiones, adaptando su conducta a las circunstancias». Como vemos, Torres Quevedo está describiendo a unos robots.

29 Como nota curiosa, Wiener conoció al ingeniero e inventor español Leonardo Torres Quevedo en los años 20, en uno de sus frecuentes viajes a Europa. Hay fotografías de Wiener con uno de los hijos del inventor, Gonzalo, pero son de 1951 (Torres Quevedo había muerto en 1936), en la Conferencia cibernética de París de dicho año; ambos aparecen jugando con «El ajedrecista».

nos recuerda Latorre Sentís[30], es que estaba dotada de un algoritmo. Además, inventó una máquina calculadora o «aritmómetro» *(arithmometer)* de funcionamiento electromecánico, entrada mediante teclado e impresión de los resultados, que presentó en París en 1920, pero que no comercializó, pues su interés estaba en el nivel teórico. Asunción Gómez-Pérez, en su discurso de ingreso en la Real Academia de la Lengua[31], afirma de Torres Quevedo que sus logros en computación e inteligencia artificial fueron punteros a nivel mundial: «Ejemplos relevantes de sus invenciones son, entre otros, una máquina analógica que resolvía mecánicamente las raíces de un polinomio de grado 8, inventada en 1895 y fabricada en 1910, o la primera calculadora con consola y el aritmómetro electromecánico, presentado en 1917». También inventó el *telekino*, un autómata que ejecuta órdenes transmitidas a distancia mediante radio, presentado en la Academia de Ciencias de París en 1903.

Concluye la catedrática de Informática (y académica de la Lengua) Asunción Gómez-Pérez que «en resumen, Torres Quevedo fue un precursor exitoso en la programación de máquinas, en el cálculo y en la creación de los primeros autómatas funcionales». En la web de la IEEE *(Institute of Electrical and Electronics Engineers)* aparece como uno de los pioneros de la cibernética, y de él se dice: «Por lo tanto, solo podemos especular sobre lo que podría haber sucedido si hubiera seguido adelante y hubiera creado una computadora a gran escala, o incluso si sus escritos se hubieran hecho más conocidos en el mundo de habla inglesa»[32].

Da cuenta Mouyssinat[33] de cómo en la Primera Conferencia sobre Inteligencia Artificial del CNRS en París, año 1951, el hijo del inventor, Gonzalo, presentó una ponencia en la que repasó los inventos de su padre, ponencia que, como dice el autor, fue ocasión para homenajear a este gran sabio, amigo de Francia, al que califica de «padre del automatismo»: «Este matemático español, brillante personalidad científica, fue un gran sabio e ingeniero... construyó las primeras máquinas electromecánicas y demostró que la máquina de Babbage podía ser construida con dispositivos electromecánicos». Curiosamente, en esta 1.ª Conferencia sobre Inteligencia artificial, también presentó McCulloch una ponencia titulada «Comparación entre las máquinas calculadoras y el cerebro», como asimismo nos cuenta Mouyssinat[34].

---

30 LATORRE SENTÍS, José Ignacio, Ética *para máquinas*, Ariel, Barcelona, 2019, pág. 151.

31 GÓMEZ-PÉREZ, Asunción, *Inteligencia artificial y lengua española*, discurso de ingreso en la Real Academia leído el día 21 de mayo de 2023, Madrid, 2023, https://www.rae.es/sites/default/files/2023-05/Discurso%20Ingreso%20Asuncion%20Gomez-Perez_0.pdf, pp. 26-27.

32 https://history.computer.org/pioneers/torres.html

33 MOUYSSINAT, Michel, «Naissance de l´intelligence artificielle: Première Conférence en Intelligence artificielle au CNRS à Paris en 1951», *Bulletin de la société informatique de France*, n.º 14, noviembre 2019, pág. 56.

34 MOUYSSINAT, «Naissance de l´intelligence artificielle: Première Conférence en Intelligence artificielle au CNRS à Paris en 1951», cit., pág. 56.

Nathalie Nevejans[35] señala cómo la Cibernética supera los límites del desengaño tecnológico de la industrialización del siglo XX, y dan lugar a una mutación del maquinismo, llevando a Occidente a una nueva utopía, en la que el robot iba a liberar al hombre de la máquina. El robot, máquina más perfecta, sustituiría al hombre en los trabajos pesados. Se acompaña esta nueva ciencia o estudio, como nos dice Sobrino[36], de una ética propia de la computación o *Ciberética*, siendo Norbert Wiener el primero en atender a estos aspectos en su *The Human Use of Human Beigns*, aunque no utilizase este término de Ciberética. Después de Wiener, «se ocupó de la Ciberética Donn Parker, investigador del SRI Internacional de California, pero no tanto desde una perspectiva teórica como de reglas que deberían regir la conducta profesional de los científicos de la computación», y tras él el científico del MIT Joseph Weizenbaum, en la década de los 60. Con el tiempo esta Ciberética se transforma en la actual Ética de la IA.

1.2. La Inteligencia Artificial como estudio científico: Inicios

1.2.1. El ordenador como máquina universal

El inicio de una ciencia de la IA hay que relacionarlo con el desarrollo de los modernos ordenadores electrónicos, que son las máquinas en las que realmente funciona la IA. Relata Serón Arbeloa[37] que el primer ordenador electrónico (o más propiamente, electromecánico) se debe al ingeniero alemán Konrad Zuse, que, de forma aislada de otros investigadores, fabricó (en 1941) un ordenador programable, el Z3, que funcionaba con el sistema binario, con una memoria de 64 palabras de 22 bits. Antes habría fabricado una calculadora electromecánica, la Z1, y en 1940 la Z2, que funcionaba con relés electromecánicos.

Los primeros esquemas que anticiparon lo que en su día se llamó la «máquina universal» o «máquina de Turing» se deben al matemático y criptógrafo inglés Alan Mathison Turing. Como señala Margaret Boden[38], en 1936 en un artículo titulado *On computable numbers*, Turing demostró que, en principio, un sistema matemático (que ahora se llama «máquina universal

35 Nevejans, *Traité de Droit et d'Éthique de la Robotique civile*, cit., p. 66.

36 Sobrino Cerdeiriña, Alejandro, «Ciberética y sociedad de la información», *Thémata: Revista de filosofía*, ISSN-e 2253-900X, ISSN 0212-8365, n.° 33, 2004 (Ejemplar dedicado a: Antropología y Ética ante los retos de la Biotécnologia / coord. por Jacinto Choza, María Luz Pintos Peñaranda), págs. 59-71. P. 62.

37 Serón Arbeloa, *Eje cronológico de la evolución del procesamiento de la información*, cit., p. 246.

38 Boden, Margaret A., *Inteligencia Artificial*, Turner, Madrid, 2017, p. 17.

de Turing») podía llevar a cabo todos los cálculos posibles. Es por ello por lo que, como señala Serón Arbeloa[39], Turing es considerado como uno de los padres de la ciencia de la computación, un precursor de la informática: «Proporcionó una influyente formalización de los conceptos de algoritmo y de computación a través de la máquina de Turing (1936). Formuló su propia versión de la hoy ampliamente aceptada tesis de Church-Turing (1937) la cual postula que cualquier modelo computacional existente tiene las mismas capacidades algorítmicas, o un subconjunto, de las que tiene una máquina de Turing». Apunta no obstante Carabantes López[40] que para otros el diseño del computador moderno surge tras la publicación del artículo de John Von Neumann titulado *First Draft of a report on the EDVAC*, de 1945.

Hay que tener en cuenta que la llamada «máquina universal o de Turing» es solamente un modelo abstracto de los pasos que hay que dar para la resolución de cualquier problema mediante un procedimiento consistente en una programación de las proposiciones lógicas que vayan paso a paso resolviendo cada uno de los subproblemas en los que se divide la entera cuestión a resolver. En suma, Turing expone la posibilidad de mecanizar cualquier razonamiento matemático, y puesto que se supone que el pensamiento inteligente es también lógico, el siguiente paso será el de mecanizar el pensamiento humano.

El camino hacia la generación de lenguajes artificiales se inicia con el estudio por Turing de la criptografía. Ya en la II Guerra mundial, trabajó en Bletchley Park como criptógrafo para descifrar los códigos de encriptación alemanes de la máquina *Enigma*. De forma paralela, y ante la cada vez mayor complejidad de los códigos alemanes, el matemático Max Newman, el ingeniero Flowers y el propio Turing, dirigen un equipo de técnicos que construye en 1943 el *Colossus*, primer ordenador completamente electrónico y parcialmente programable de la Historia. El año siguiente, esta máquina es perfeccionada, dando paso a otra versión de la misma de la que se fabricaron hasta ocho ejemplares.

En Estados Unidos, la iniciativa de la construcción de un ordenador moderno hay que ponerla, según Serón Arbeloa[41], en los trabajos del ingeniero eléctrico Howard H. Aiken y el presidente de IBM, Thomas J. Watson. Aiken partía de los trabajos de Babbage y de Torres Quevedo, y propuso a la Universidad de Harvard y a la IBM la fabricación de una computadora avanzada y enteramente electrónica. La fabricación de la misma abarcó entre 1939 y

39 Serón Arbeloa, *Eje cronológico de la evolución del procesamiento de la información*, cit., p. 255.

40 Carabantes López, Manuel, *Inteligencia artificial: una perspectiva filosófica*, Escolar y Mayo editores, Madrid, 2016, p. 72.

41 Serón Arbeloa, *Eje cronológico de la evolución del procesamiento de la información*, cit., pp. 262 y 264.

1944, siendo la máquina conocida como *Mark 1* por la Universidad, y como *Automatic Sequence Controlled Calculator*, o ASCC, por IBM. Se trata, nos dice el autor citado, del primer ordenador automático que responde a la idea actual, si bien su tamaño era gigantesco: «Medía 24 metros de largo, 15 de ancho, 2,40 de alto y pesaba 10 toneladas. Tenía 250.000 piezas, 750.000 ruedas y 800 km de cables, con más de 3 millones de conexiones. Utilizaba relés electromecánicos y era digital, pero en base diez». Es decir, que no había adoptado la notación binaria. Su utilización fue sobre todo militar, siendo Aiken elevado al rango de oficial al mando del proyecto con el rango de capitán de corbeta.

Paralelamente al *Mark 1*, el matemático George Robert Stibitz trabaja en los laboratorios de la compañía Bell Telephone para construir una calculadora que utilizase circuitos digitales mediante válvulas y conmutadores electromecánicos, culminando el *Complex Calculator* en 1940, que en sucesivas versiones (*Modelos*) fue utilizado para el cálculo de trayectorias balísticas y otras aplicaciones militares.

También en los EE. UU., el ingeniero John Presper Eckert y el físico John William Mauchly, inician la cconstrucción de un ordenador en la Escuela Moore de Ingeniería Eléctrica de la Universidad de Pensilvania. Su idea es la sustitución de los mecanismos electromecánicos por tubos de vacío A partir de 1943, el proyecto es financiado por el Ejército de los Estados Unidos, Cuerpo de Artillería, con la finalidad de encontrar un mecanismo rápido para el cálculo de las trayectorias balísticas de tiro. En 1946 se presenta el resultado: el Electronic Numerical Integrator And Calculator, ENIAC, considerado el primer ordenador electrónico enteramente automático. Sus fallos provenían del frecuente fundido de los tubos de vacío o válvulas, y de que era preciso programarlo cambiando las conexiones del cableado con un destornillador. Será el matemático John Von Neumann quien, a partir del ENIAC, y sobre todo de su sucesor, el EDVAC, establecerá los parámetros de la arquitectura del ordenador tal como los entendemos hoy en día, adoptando el sistema binario[42].

A partir de ahora, comienza la historia del ordenador y de la informática, soporte necesario para el desarrollo de la Inteligencia artificial. Adviértase que son las finalidades militares las que mueven el dinero y los esfuerzos precisos para los enormes avances que en pocos años culminaron con esta nueva tecnología. Las guerras son pródigas en avances científicos.

42 Como relata Margaret Boden, a Von Neumann «...le había intrigado la autoorganización a lo largo de la década de 1930 y se quedó muy impresionado con el primer artículo de McCulloch y Pitts. Además de cambiar el diseño básico computacional, pasando del sistema decimal al binario, adaptó las ideas de ellos para explicar la evolución biológica y la reproducción». BODEN, *Inteligencia Artificial*, cit., p. 23.

1.2.2. Las propuestas de Alan Turing y los inicios de la neurona artificial

Alan Turing, matemático de profesión, ya hemos visto que es el primero que avanza decididamente por la vía de considerar a los sistemas de IA como máquinas inteligentes, exponiendo sus ideas en un famoso artículo publicado en la revista *Mind* en 1950[43]. Aunque, como señala Boden, sus ideas al respecto comienzan en los años 40, a partir de sus trabajos en el descifrado de códigos militares, la Ley de Secretos Oficiales inglesa impidió su difusión hasta ese momento: «Después de descifrar códigos en Bletchley Park durante la Segunda Guerra Mundial, Turing pasó el resto de la década de 1940 pensando en cómo podría hacer un modelo físico aproximado de su máquina definida de manera abstracta... y en cómo se podía inducir a un artefacto semejante a desempeñarse con inteligencia».

Como nos dice Heudin[44] en los años 1942 y 1943 Turing viaja en misión oficial a los EE. UU., donde se encuentra con Claude Shannon, de los Laboratorios Bell, creador de la teoría de la información y del «bit» como unidad básica de información. Shannon había trabajado para codificar el álgebra de Boole para su utilización mediante conmutadores lógicos y la resolución de problemas de lógica aplicada, advirtiendo que los circuitos eléctricos podían replicar a los operadores lógicos de la lógica simbólica booleana, lo que constituye la base de los circuitos lógicos y del ordenador electrónico. Shannon concreta sus conclusiones en el artículo *Una teoría matemática de la comunicación*, de 1948.

Turing regresa a Inglaterra, donde sigue trabajando en cuestiones relacionadas con la codificación del lenguaje hablado, y los computadores. En 1948 escribe el informe *Intelligent Machinery*, para el National Physical Laboratory (que no es publicado hasta 1968, aunque su contenido es conocido pues lo repite en charlas y conferencias). En 1950 aparece su polémico artículo «Computing Machinery and Intelligence» (Máquinas computadoras e inteligencia), en la revista *Mind,* que subtitula directamente *Can machines think?* (¿Pueden pensar las máquinas?).

---

43 Donde estima que a principios del siglo XXI podrá plantearse la existencia de máquinas pensantes: «Nevertheless I believe that at the end of the century the use of words and general educated opinion will have altered so much that one will be able to speak of machines thinking without expecting to be contradicted. I believe further that no useful purpose is served by concealing these beliefs. The popular view that scientists proceed inexorably from well-established fact to well-established fact, never being influenced by any improved conjecture, is quite mistaken. Provided it is made clear which are proved facts and which are conjectures, no harm can result. Conjectures are of great importance since they suggest useful lines of research». TURING, Alan Mathison, «Computing Machinery and Intelligence», *Mind*, Vol. 59, No. 236 (oct., 1950).

44 HEUDIN, *Les Créatures artificielles,* cit., pág. 98.

Para valorar la inteligencia de las máquinas y si su pensamiento es semejante o igual al humano, el autor expone el luego llamado «Test de Turing», propuesto en el mencionado artículo de 1950 y que se considera el metro-patrón que nos indica cuándo el robot ha alcanzado el nivel de la inteligencia humana, es decir, que ha llegado a lo que se denomina «IA fuerte». Para resolver si las máquinas pueden pensar, Turing[45] propuso, en el citado artículo de 1950, el modelo del «Juego de la imitación», juego de sociedad en el que un interrogador plantea preguntas a dos personas, hombre y mujer, A y B, que están situados en distintas habitaciones, y tiene que averiguar a partir de las respuestas cuál de ellas es la mujer y cuál el hombre. El siguiente paso es sustituir a una de las personas por un ordenador. Ahora el juego consiste en averiguar cuál de los dos interrogados es el humano y cuál la máquina: Si no podemos averiguar cuál de los dos es el humano y cuál la máquina, entonces no podemos negar inteligencia a ninguno de los dos, entonces la máquina también «piensa».

Sin embargo, el Test de Turing[46] es objeto de crítica desde el momento en que se advierte que una cosa es la habilidad lingüística de un robot y otra muy distinta que las frases que emite tengan, además de significado, sentido, pues una cosa es la información y otra la información con sentido[47]. Es decir, esta prueba emite unos resultados sesgados por apoyarse sólo en la abundancia léxica, perfección gramatical y corrección sintáctica del mensaje emitido, lo que se puede alcanzar a partir de una suficiente riqueza y complejidad de la programación y de los datos manejados, pero esta pretendida riqueza no es sino producto de la gran capacidad de manejo de símbolos que

45 Turing, Alan Mathison, «Computing Machinery and Intelligence», *Mind,* Vol. 59, No. 236 (oct. 1950), pág. 433.

46 El test de Turing ha tenido una difusión profundísima, siendo mantenido como el «metro patrón» de la inteligencia artificial, así por ejemplo lo apoya Willick: «Mientras sea posible diferenciar un humano "natural" de una computadora, algunos humanos insistirán en la distinción, independientemente de la igualdad de comportamiento». Willick, M. S. (1983). «Artificial Intelligence: Some Legal Approaches and Implications». *AI Magazine*, Vol. 4 No 2, (5): Summer 1983, pág. 12. DOI: https://doi.org/10.1609/aimag.v4i2.392.

47 Otra dificultad que según científicos como Penrose es insalvable para un sistema inteligente es la de la resolución de las cuestiones de autorreferencia, en concreto la solución del Teorema de Gödel, que afirma la existencia de proposiciones que, siendo verdaderas, no son demostrables, lo que contradice la igualdad entre verdad y demostrabilidad. Aunque existen opiniones contrarias que afirman que éste no es un argumento definitivo, entre ellas la del propio Turing, que afirma que este argumento lo único que demuestra es que este tipo de limitaciones no se aplican al intelecto humano. Insiste en rechazar esta «objeción matemática» diciendo que las respuestas erróneas de la máquina lo único que hacen es aumentar el sentimiento de superioridad humano, y que la falibilidad humana es todavía mayor en compraración con la máquina, pues los humanos cometemos muchos errores. Esta capacidad humana de comprender las falacias tipo Gödel las califica Turing como «triunfo ruin» de la mente humana. Llama la atención, sin embargo, que en este punto este genio recurra al argumento del «y tú más». Turing, «Computing Machinery and Intelligence», cit. pág. 445.

tiene el sistema, que lo mismo que maneja números, puede manejar palabras si a las mismas se les atribuye una clave computacional[48]. Frente a estas críticas, la respuesta es que no se trata de que la máquina piense o no, sino de que produzca resultados inteligentes para los seres humanos que la utilizan.

El juego de la imitación se ha consolidado como el argumento principal para los partidarios de la posibilidad de emulación de la inteligencia humana (y a partir de ahí, de la personalidad humana)[49].

Paralelamente a los primeros trabajos de Turing, a principios de la década de 1940 el neurólogo y psiquiatra Warren McCulloch y el matemático Walter Pitts en su artículo *A Logical Calculus of the Ideas Immanent in Nervous Activity* [Un cálculo lógico de las ideas inmanentes en la actividad nerviosa] unen la lógica proposicional de Bertrand Russell y la teoría de las sinapsis neuronales de Charles Sherrington, para crear las «neuronas artificiales», en 1943. Una neurona artificial es una función matemática que replica el funcionamiento de la neurona biológica. Posteriormente el filósofo y psicólogo Frank Rosenblatt (1928-1971) diseñará el «perceptrón» como sistema informático que dispone las neuronas en capas superpuestas construyendo «redes neuronales», y logra que la máquina aprenda por sí misma (según su creador, era la primera máquina «capaz de tener una idea original»).

El sistema de redes neuronales por capas mimetiza el funcionamiento de las neuronas y el cerebro humanos, con lo que se llega a unos progresos en la IA más próximos a los de la inteligencia humana. Ello unido a la utilización del código binario, que se traslada a la arquitectura de los ordenadores[50].

---

48 El filósofo Jack Copeland critica la exagerada importancia que se ha concedido a la prueba de Turing con cuatro objeciones, la de que no es concluyente pues puede no ser superada por seres inteligentes, porque la carencia de órganos sensibles hace que las palabras que emplea la máquina no vayan referidas a objetos del mundo físico, sin que tengan por tanto un sentido, que la prueba persigue acreditar el grado de simulación alcanzado, pero que la simulación no es lo real, y finalmente que el funcionamiento de la prueba descansa sobre la presuposición de la humanidad de los sujetos participantes. Copeland, Jack, *Inteligencia Artificial*, Alianza Editorial, Madrid, 1996, págs. 79 y ss.

49 Este Test aparece recurrentemente en la literatura, así en el cuento *El hombre bicentenario*, de Isaac Asimov, cuando la hija del propietario del robot Andrew le dice que éste quiere comprar su libertad y el propietario replica: «-Él no sabe qué es la libertad. Es un robot. -Papá, no lo conoces. Ha leído todo lo que hay en la biblioteca. No sé qué siente por dentro, pero tampoco sé qué sientes tú. Cuando le hablas, reacciona ante las diversas abstracciones tal como tú y yo. ¿Qué otra cosa cuenta? Si las reacciones de alguien son como las nuestras, ¿qué más se puede pedir?». Asimov, Isaac, *El hombre bicentenario y otros cuentos*, Ediciones B, Barcelona, 1997, pág. 391.

50 Lo señala Margaret Boden: «El artículo de McCulloch / Pitts influyó incluso en el diseño de los computadores. A John von Neumann, que pretendía en aquel entonces usar el sistema decimal, le hizo reflexionar y cambiar al código binario». Boden, *Inteligencia artificial*, cit., pág. 19.

Desde este momento, la ciencia de la IA ha seguido dos estrategias diferentes para lograr la emulación por el ordenador de los comportamientos inteligentes: Bien adoptar el sistema de razonamiento humano, la lógica de las decisiones (apoyada en el razonamiento verbal), o bien adoptar el modo de funcionamiento del cerebro humano, mediante neuronas artificiales y redes neuronales. Cada una de estas estrategias dará lugar a un distinto tipo de IA, simbólica y subsimbólica, respectivamente.

1.2.3. El verano de 1956 en el Dartmouth College

A partir de estos tres pilares, la cibernética, la utilización del lenguaje matemático y el ordenador como máquina que permite la codificación de instrucciones para la producción de comportamientos inteligentes, da comienzo el estudio de la IA como ciencia.

Los comienzos de una investigación metodológica sobre la IA se ponen en el curso de verano de 1956 en la universidad *Dartmouth College*, de New Hampshire (Estados Unidos), con un proyecto cuya denominación *(Dartmouth Summer Research Project on Artificial Intelligence)* daba a entender perfectamente su finalidad. Organizado por los pioneros en la materia, John McCarthy y Marvin L. Minsky, incluyó también a investigadores de compañías interesadas en el tema, como Nathaniel Rochester, de la *I.B.M.* y Claude E. Shannon de *Bell Telephone*. Al parecer, fue el graduado del Caltech y Princeton, John McCarthy, el inventor del término Inteligencia Artificial, que tiene más éxito que la denominación anterior de la disciplina, que era la de «simulación computerizada», es decir, una imitación de la inteligencia humana.

El proyecto, señala Heudin[51], supuso una ruptura con la Cibernética, pues ya no se trataba de estudiar los fenómenos neurológicos que están detrás del comportamiento inteligente, sino de replicar directamente la inteligencia humana mediante las máquinas. El optimismo de esta iniciativa, en la que se utilizaron ordenadores de la edad de piedra, como nos dice Max Tegmark[52], puede verse en su declaración programática: «Proponemos que durante el verano de 1956 se lleve a cabo un estudio sobre inteligencia artificial de dos meses de duración y que ocupe a diez personas en Dartmouth College [...]. Se intentará encontrar la manera de hacer que las máquinas usen el lenguaje, formen abstracciones y conceptos, resuelvan tipos de problemas hasta ahora reservados a los humanos y se mejoren a sí mismas. Pensamos que se pueden hacer avances significativos en uno o más de estos problemas si un grupo cuidadosamente seleccionado de científicos trabajan conjuntamente en ello durante un verano».

---

51 HEUDIN, *Les Créatures artificielles,* cit., pág. 98.

52 TEGMARK, Max, *Vida 3.0. Qué significa ser humano en la era de la Inteligencia artificial*. Taurus, Barcelona, 2018, p. 47.

McCarthy y Minsky optan por la vía de la IA simbólica, copiando el pensamiento humano a partir de unos enormes almacenes de conocimientos que son gestionados por normas aplicativas del género «IF/THEN», es decir, mediante árboles decisionales. Este tipo de sistemas inteligentes de tipo simbólico son denominados «sistemas expertos», y se guían fundamentalmente por reglas de la lógica proposicional. Uno de los primeros sistemas inteligentes operativos fue el *Logic Theorist,* creado por Allen Newell, Herbert A. Simon y Cliff Shaw en 1955. Este sistema inteligente, presentado en el seminario de Dartmouth de 1956, fue capaz de demostrar 38 de los 52 teoremas presentados en los *Principia Mathematica* escritos por Alfred North Whitehead y Bertrand Russell, e incluso halló una demostración más elegante que la de Russell para uno de ellos. Los mismos Newell y Simon crean a continuación el programa Solucionador General de Problemas *(GPS - General Problem Solver)*, que supera al *Logic Theorist* porque no se limitaba a un solo campo. El Solucionador General de Problemas podía aplicarse a cualquier problema que pudiera representarse; ambos sistemas son ejemplos de la IA simbólica, también llamada «antigua», o GOFAI *(Good Old Fashioned Artificial Intelligence)*. Esta IA simbólica ocupa todo el espacio inicial de la investigación y desplaza a los cultivadores de una IA basada en redes neuronales (también llamada IA conexionista o subsimbólica)[53].

Surgen en este momento los primeros lenguajes de programación, el *Information Processing Language*, para el *Logic Theorist*, y su lenguaje derivado, el LISP *(List Processor)*; más adelante, el Fortran *(Formula Translator)* como lenguaje compilador. Las expectativas de estos científicos eran inmensas, en concreto McCarthy pensaba en 1957 que en el plazo de diez años un sistema de IA ganaría al campeón del mundo de ajedrez, resolvería un teorema matemático importante y escribiría música considerada valiosa por los expertos. McCarthy, junto a Marvin Minsky, funda en 1958 el Laboratorio de Inteligencia artificial y Ciencias de la computación en el M.I.T., el Instituto Tecnológico de Massachusetts, si bien en 1962 se cambió a la Universidad de Stanford.

A estos pioneros de la IA hay que añadir, como advierte Margaret Boden[54], los nombres de otros científicos que sumaron avances al estudio de la materia, como Raymond Beurle que a mediados de la década de 1950 implementó en ordenadores analógicos sistemas de redes bidimensionales, el inglés Albert M. Uttley, organizador de la conferencia *La mecanización de los procesos mentales*, en Londres, 1958. William Grey Walter, neurólogo y

53 Como cuenta Margaret Boden, Minsky y Seymour Papert emprendieron en la década de 1960 una crítica hiriente al «Perceptron» de Rosenblatt, primer arquetipo de res neuronal, alegando que los perceptrones son incapaces de computar algunas cosas básicas: «A partir de entonces, los fondos para la investigación sobre redes neuronales se secaron. Este desenlace, que era el que buscaban deliberadamente los dos atacantes, profundizó los antagonismos dentro de la IA. Para el público general, pareció entonces que la IA clásica era la única opción que había». BODEN, *Inteligencia Artificial*, cit., p. 26.

54 BODEN, *Inteligencia artificial*, cit., págs. 23 y ss.

robotista, que crea unas «tortugas autómatas» que se guiaban por estímulos luminosos. A mediados de la década de los 60, Oliver Selfridge elabora un programa de reconocimiento de patrones —las letras del abecedario— llamado *Pandemonium*, modelo de IA que permitiría la automejora adaptativa. Desde el campo de la Cibernética, el neurólogo inglés Ross Ashby contribuye con dos obras, *Design for a Brain* y *An Introduction to Cybernetics.*

1.3. La inteligencia no biológica

1.3.1. ¿Qué es la Inteligencia Artificial? IA débil y fuerte

Responder a esta pregunta requiere primero averiguar qué es la inteligencia sin adjetivos. En cuanto a qué es la inteligencia, y aunque sea difícil de conceptuar, los autores parecen conformes en considerar que la inteligencia es una cualidad de los seres humanos y de algunos animales, de origen adaptativo, que se reconoce por sus resultados, y que se manifiesta a través de conductas de resolución de problemas de cualquier tipo. Jastrow[55] estima que se trata de un carácter humano adquirido por la presión evolutiva darwinista: «Aparentemente, entre todos los rasgos de un organismo viviente, ninguno posee mayor valor para la supervivencia que la respuesta flexible e innovadora frente a las cambiantes condiciones que llamamos inteligencia». Estamos por tanto ante una característica consistente en la capacidad de resolver problemas, o de superar obstáculos para la vida, adquirida por la presión evolutiva. En este sentido, el catedrático de Computación e IA, Luis Magdalena[56], se remite a la definición de inteligencia en el Diccionario de la Real Academia española, que la define en sus dos primeras acepciones como la capacidad para entender o comprender, y la capacidad para resolver problemas.

Por este origen adquirido, nos dicen López de Mántaras y Meseguer[57], la inteligencia no es una característica exclusiva de los humanos: «En la naturaleza existen muchos animales que exhiben un comportamiento inteligente... hay una larga lista de observaciones científicas que avalan manifestaciones de inteligencia en chimpancés, delfines, elefantes y otros animales». De hecho, habitualmente consideramos que nuestras mascotas son inteligentes. ¿Por qué hacemos esto? Porque los seres humanos recurrimos al argumento analógico para valorar la inteligencia a partir de los comportamientos.

---

55 JASTROW, Robert, *El telar mágico*, Salvat Editores, Barcelona, 1985, pág. 145.

56 MAGDALENA LAYOS, Luis, «¿Por qué debería confiar en ti (máquina)?», *La robótica y la inteligencia artificial en la nueva era de la revolución industrial 4.0,* coord. por María José CRUZ BLANCA, Ignacio LLEDÓ BENITO; Francisco LLEDÓ YAGÜE (dir.), Ignacio F. BENÍTEZ ORTÚZAR (dir.), Óscar MONJE BALMASEDA (dir.), Dykinson, 2021, ISBN 978-84-1324-802-8, p. 618.

57 LÓPEZ DE MÁNTARAS BADIA, Ramón y MESEGUER GONZÁLEZ, Pedro, *Inteligencia artificial,* CSIC, Madrid, 2017, pág. 8.

Si observamos que un ser vivo realiza un comportamiento que en nosotros mismos presupone inteligencia, consideramos que dicho ser es inteligente.

Marvin Minsky[58], el pionero de la IA, también entendía que la inteligencia consiste en esta capacidad de resolución de problemas, y aunque no sepamos exactamente qué es, la reconocemos por sus resultados; la inteligencia artificial sería esa misma capacidad cuando se encuentra en entes no biológicos, los ordenadores o computadores. El investigador de la compañía *Open AI*, Miles Brundage[59], define la Inteligencia artificial como el ámbito de investigación e ingeniería centrado en el uso de la tecnología digital para crear sistemas capaces de realizar tareas (a menudo como resultado de su autoaprendizaje) «que se estima comúnmente que requieren inteligencia cuando las realiza un humano o un animal».

Bryson y Winfield[60] dan una definición mucho más simple: la Inteligencia sería la capacidad de hacer lo adecuado en el momento adecuado, en un contexto en el que no hacer nada (o no cambiar de conducta) sería peor, y la IA es esta misma capacidad demostrada por la conducta de artefactos no biológicos. Russell y Norvig[61], en el que es el texto universitario más utilizado para el estudio de la IA, recogen hasta cuatro distintos enfoques de la definición de IA: el del pensamiento humano, el del pensamiento racional, el de la actividad humana y el de la actividad racional. Desde el punto de vista de la actividad humana, la IA sería «el arte de crear máquinas que realizan funciones que requieren inteligencia cuando son realizadas por seres humanos», definición ésta de Ray Kurzweil basada en la de Marvin Minsky[62]. Luciano Floridi[63] considera que estamos ante una rama de la ingeniería que se ocupa de la reproducción de conductas inteligentes, advirtiendo que la pregunta de si las máquinas son o no inteligentes no tiene respuesta, o que no tiene más respuesta que la de que éstas logran el mismo resultado que la inteligencia humana, pero por medios distintos y no biológicos. Y más adelante parafrasea a Von Clausewitz diciendo que la IA es la continuación de la inteligencia humana lograda por otros medios.

---

58 MINSKY, Marvin, *La sociedad de la mente*, Ediciones Galápago, Buenos Aires, 1986, pág. 74.

59 BRUNDAGE, Miles, «Mejorando a la Humanidad: El caso del optimismo condicional sobre la Inteligencia artificial», en el informe *Should we fear artificial intelligence? In-depth Analysis, European Parliamentary Research Service*, STOA — Science and Technology Options Assessment, March 2018. PE 614.547, DOI: 10.2861/412165, p. 13.

60 BRYSON, J. J., y WINFIELD, A., «Standardizing Ethical Design for Artificial Intelligence and Autonomous Systems», *Computer*, vol. 50, n.° 5, https://doi.org/10.1109/MC.2017.154.

61 RUSSELL, Stuart, y NORVIG, Peter, *Artificial Intellingence. A Modern Approach*, Pearson Education Limited, Harlow, 2016, pág. 2.

62 «La inteligencia artificial es la ciencia de hacer que las máquinas hagan cosas que requerirían inteligencia si las hicieran los hombres».

63 FLORIDI, Luciano, *The Ethics of Artificial intelligence*, Oxford University Press, Oxford, 2023, p. 20.

La catedrática de Informática Asunción Gómez-Pérez, en su discurso de ingreso en la Real Academia de la Lengua[64], resume que la locución *inteligencia artificial* se incorpora al *Diccionario* en 1992, definida como «la atribuida a las máquinas capaces de hacer operaciones propias de los seres inteligentes». Definición que se actualiza en 2001 como el «desarrollo y utilización de ordenadores con los que se intenta reproducir los procesos de la inteligencia humana». Hoy se añade que «la inteligencia artificial se entiende como la disciplina científica que se ocupa de crear programas informáticos que ejecutan operaciones comparables a las que realiza la mente humana, como el aprendizaje o el razonamiento lógico».

Resumiendo, inteligencia es la capacidad de resolver problemas inespecíficos, IA es esa misma capacidad demostrada por entes no biológicos. Tanto una como otra se reconocen por sus efectos: Deducimos la existencia de inteligencia a partir de las conductas inteligentes, sea quien sea quien (o qué) las lleve a cabo.

Por su parte, la Comunicación de la Comisión Europea «Inteligencia *Artificial para Europa»*, de abril de 2018[65], la define diciendo que la IA se refiere *...a sistemas que muestran un comportamiento inteligente mediante el análisis de su entorno y la adopción de medidas, con cierto grado de autonomía, para lograr objetivos específicos...* (estos sistemas) *pueden estar basados* únicamente *en software, actuando en el mundo virtual (por ejemplo, asistentes de voz, software de análisis de imágenes, motores de búsqueda, sistemas de reconocimiento de voz y rostro) o la inteligencia artificial puede estar integrada en dispositivos de hardware (por ejemplo, robots avanzados, automóviles autónomos, drones o aplicaciones de Internet de las cosas)*. Por su parte, el anterior Dictamen del Comité Económico y Social Europeo sobre la «Inteligencia artificial: las consecuencias de la inteligencia artificial para el mercado único», de 31 de mayo y 1 de junio de 2017 señala que *...el objetivo fundamental de la investigación y el desarrollo en materia de IA es la automatización de comportamientos inteligentes como razonar, recabar información, planificar, aprender, comunicar, manipular, observar e incluso crear, soñar y percibir*.

El Grupo de Expertos de Alto Nivel *(High Level Expert Group)* de la UE, amplía estas consideraciones diciendo: «Los sistemas de inteligencia artificial (IA) son sistemas de *software* (y posiblemente también de *hardware*) diseñados por humanos que, con un objetivo complejo, actúan en una dimensión física o digital al percibir su entorno a través de la adquisición de datos, al interpretar los datos recopilados estructurados o no estructurados, y al razo-

64 Gómez-Pérez, Asunción, *Inteligencia artificial y lengua española*, discurso leído el día 21 de mayo de 2023, Madrid, 2023, https://www.rae.es/sites/default/files/2023-05/Discurso%20Ingreso%20Asuncion%20Gomez-Perez_0.pdf, p. 19.

65 Bruselas, 25.4.2018 (COM(2018) 237 final).

nar sobre el conocimiento, o el procesamiento de la información, derivada de estos datos, deciden las mejores acciones para lograr el objetivo propuesto».

Los ingenieros del CSIC, López de Mántaras y Meseguer[66], definen la IA distinguiendo, con Searle, la «IA fuerte» de la «débil», siendo la segunda «la ciencia e ingeniería que permite diseñar y programar ordenadores de forma que realicen tareas que requieren inteligencia»; y definiendo la IA fuerte como «la ciencia e ingeniería que permitirá replicar la inteligencia humana mediante máquinas».

En cuanto a la IA fuerte, o igual a la inteligencia humana (también llamada IA general, sus siglas en inglés son *AGI*), el problema que plantea es que la inteligencia humana se ve acompañada por sentimientos y emociones, que son factores neuropsicológicos de los que carece una IA. Como señala Bustince Sola[67], la inteligencia artificial pretende también abordar los problemas relacionados con la comprensión e imitación de las emociones humanas: «Esto nos lleva a la idea de inteligencia artificial fuerte, entendida como aquella parte de la inteligencia artificial que trata de imitar las emociones y sentimientos humanos. Y aquí es donde surge un problema importante. Conocemos bastante acerca de los mecanismos formales de razonamiento, y sabemos expresarlos por medio de un aparato matemático adecuado. Sin embargo, en materia de sentimientos y emociones, nuestro conocimiento es a día de hoy muy escaso. Ninguna máquina a día de hoy superaría un test de emociones que la hiciera pasar por humana». Esta carencia, en opinión de Bustince, es lo que frena el desarrollo de un «supercerebro».

Investigadores como el descubridor de la lógica difusa, Lofti Zadeh, confirman que el gran obstáculo para el desarrollo de una IA fuerte es precisamente la ausencia de mecanismos apropiados para la toma de decisiones como los humanos, pues éstas dependen en gran medida de aspectos emocionales que no sabemos trasladar a la máquina. Por su parte, Mark Coeckelbergh[68] nos indica que la posibilidad de una IA de nivel humano ya fue discutida desde 1972 por el filósofo Hubert Dreyfus, que afirma la irreproducibilidad del pensamiento genuinamente humano porque el ordenador no es un cerebro y carece del fondo de sentido común y de lo que Heidegger llamaba el sentimiento de estar en el mundo.

---

66 López de Mántaras Badia, Ramon y Meseguer González, Pedro, *Inteligencia artificial,* Editorial CSIC, Madrid, 2017, pág. 8.

67 Bustince Sola, Humberto, «Caminos hacia la superinteligencia (emulación de cerebro completo)», *La robótica y la inteligencia artificial en la nueva era de la revolución industrial 4.0,* coord. por María José Cruz Blanca, Ignacio Lledó Benito; Francisco Lledó Yagüe (dir.), Ignacio F. Benítez Ortúzar (dir.), Óscar Monje Balmaseda (dir.), Dykinson, 2021, ISBN 978-84-1324-802-8, p. 545.

68 Coeckelbergh, Mark, *AI Ethics*, The MIT Press Essential Knowledge Series, Cambridge, 2020, p. 32.

Como recoge Larry Di Matteo[69], el premio Nobel Daniel Kahneman señala que «la IA sólo es capaz de dominar el pensamiento del Tipo 2, que implica un pensamiento deliberativo y racional, pero no el pensamiento de Tipo 1, que consiste en el pensamiento intuitivo y creativo, que seguirá siendo dominio de los seres humanos». Sin embargo, aunque esto pueda ser cierto hoy, estima Di Matteo que los nuevos sistemas autónomos en algún momento del futuro aprovecharán su capacidad para copiar el pensamiento del Tipo 1 de los humanos. Y es que esto es lo esencial, los sistemas inteligentes «copian» nuestros comportamientos inteligentes, los emulan o fingen, tanto da si se trata de comportamientos o respuestas repetitivas y de baja inteligencia, como si son respuestas creativas y de altísima sensibilidad: la sinceridad no es necesaria, son copias, emulaciones de nuestras respuestas, y lo que cuenta no es su inteligencia, sino su capacidad de copia. Y si esta emulación consigue decisiones y comportamientos que aparezcan como inspirados por emociones y sentimientos, habrá que concluir que se ha conseguido una IA emotiva y sensible. Esto es, en definitiva, lo que intentaba demostrar el Test de Turing.

Resumiendo, Inteligencia Artificial (IA) es el término que describe, a grandes rasgos, la ciencia que intenta la replicación o emulación de la actividad inteligente humana mediante la utilización de ordenadores.

1.3.2. La posibilidad de comportamientos inteligentes en máquinas

En cuanto a la pregunta de ¿Cómo es posible una IA?, es decir, cómo se logra reproducir comportamientos inteligentes, que resuelven problemas, utilizando máquinas electrónicas, pues bien, esto se logra haciendo que el sistema maneje símbolos físicos (números, letras) cuya combinación conforme a determinadas reglas sea apreciada por los seres humanos como respuesta o comportamiento inteligente.

Como nos recuerdan los profesores Wallach y Allen[70], fueron el informático y psicólogo Allen Newell y el economista y politólogo Herbert Simon, antes citados, quienes establecieron la siguiente premisa: «Un sistema de símbolos físicos tiene los medios necesarios y suficientes para llevar a cabo acciones inteligentes». Es decir, que la manipulación de símbolos puede generar conductas (físicas, verbales) que se pueden calificar de «inteligentes»

---

69 Di Matteo, Larry, «Artificial Intelligence. The Promise of Disruption», *The Cambridge Handbook of Artificial Intelligence, global perspectives on law and ethics*. Edited by Larry A. DiMatteo, University of Florida, Cristina Poncibò, University of Turin, Michel Cannarsa, Lyon Catholic University. Cambridge University Press, 2022, p. 4.

70 Wallach, Wendell y Allen, Colin, *Moral Machines. Teaching robots right from wrong*, Oxford University Press, Nueva York, 2009, pág. 56.

porque resultan adecuadas a los requerimientos del entorno, o resuelven problemas, que es decir lo mismo, tanto procedan dichas conductas de un ser humano como de una entidad no humana.

Por ejemplo, imagine una pizarra magnética en la que unas manos humanas mueven cifras, realizando una simple suma de 7 + 3 = 10. La primera impresión que tenemos es la de que se ha producido una actividad intelectual, y que para realizarla alguien ha tenido que *pensar*. Pero si consideramos objetivamente esta actividad, únicamente se ha producido una manipulación de unas fichas que contenían unos símbolos, nada más. En cambio, si la misma operación de sumar 7 + 3 la realiza una calculadora mecánica o una electrónica, ya no nos parece lo mismo, al no haber un ser humano detrás: Esta actividad la consideramos de carácter inteligente, intelectual o mental si la realiza un ser humano, pero no le damos la misma importancia si la realiza una calculadora. Esto es claramente un prejuicio, la conducta que se ha observado es en ambos casos la misma, una conducta de manipulación de símbolos que da respuesta a un problema matemático. La diferencia es que el gestor de dicha conducta es, en un caso, de carácter biológico, y en el otro, no biológico, pero en ambos casos es de naturaleza material.

Los seres humanos son los únicos capaces de crear símbolos, como dice Serón Arbeloa[71], «la capacidad simbólica es una característica que diferencia al ser humano del resto de los seres vivos». Pues bien, una vez establecido un sistema simbólico, su manipulación o procesamiento puede ser llevada a cabo por un ser humano, pero también por una máquina cuyas reglas de funcionamiento imiten a las que guían el pensamiento humano.

La técnica de resolver problemas mediante la manipulación de símbolos se aplicó primero al cálculo matemático, campo en el que los símbolos están bien delimitados. Las simples sumadoras mecánicas procedían a la manipulación de símbolos numéricos, y daban respuestas inteligentes a los requerimientos del ser humano que las manejaba. Los ordenadores, no en vano también llamados computadoras, tienen una tremenda capacidad de cálculo, de manejo de símbolos numéricos, y esta gran capacidad se puede aplicar a símbolos distintos, pues lo mismo que maneja números, puede manejar palabras, si a las letras se les atribuye una clave computacional, o notas musicales, o colores y formas.

Por ejemplo, si a un ordenador se le señalan la equivalencia en español de determinadas agrupaciones de letras y palabras en inglés, luego se le puede dar la orden de que nos dé en nuestro idioma el resultado de una frase en inglés: esto es en realidad una operación que, una vez codificados los símbolos, se resuelve en el hallazgo de una igualdad. Traducir del inglés una frase es también hallar la solución a un problema manipulando símbolos consistentes en letras y palabras. También se pueden codificar trayectorias, rutas y

71 Serón Arbeloa, *Eje cronológico de la evolución del procesamiento de la información*, cit., p. 26.

mapas de situación, por lo que, si se le ordena a un vehículo autónomo que nos lleve a casa, dicha ruta se le plantea como un problema a resolver, de manera que cuando finalmente llegamos a nuestro destino, el vehículo ha resuelto el problema que le habíamos planteado.

Esta manipulación de símbolos se puede efectuar mediante la aplicación de reglas lógico-formales, tomadas de la lógica matemática; asimismo se puede efectuar aplicando reglas de probabilidad, entendiendo que el resultado más probable será casi siempre el correcto. También se pueden manejar los símbolos mediante un sistema de gestión constituido por neuronas artificiales agrupadas en redes neuronales: éstas no manejan un repertorio cerrado de reglas aplicativas, sino que deciden sus respuestas en base a mecanismos de solución autoaprendidos.

La argumentación de la equivalencia entre los comportamientos inteligentes humanos y los de la máquina es la base del ya expuesto «Juego de la imitación» o Test de Turing, que se ha consolidado como el argumento principal para los partidarios de la posibilidad de emulación de la inteligencia humana. Como hemos visto, este test simplemente concluye que, si no podemos diferenciar la fuente del comportamiento inteligente, sea el humano o la máquina, ambos deben considerarse poseedores de inteligencia. Todas estas respuestas, el resultado de un cálculo complejo, una conversación coherente en lenguaje natural, o una composición musical, o un poema, son soluciones o resultados que denotan una actividad inteligente si las realiza un ser humano, luego también si las realiza una máquina.

La inteligencia surge, como hemos visto, de la manipulación de símbolos que contienen información, por lo que debe contarse con un sistema de almacenamiento de dicha información. Esto nos lo describe acertadamente Max Tegmark[72], que señala que cualquier memoria no es sino un sistema de almacenamiento de información. Señala el autor que todo sistema de almacenamiento de información consiste en un soporte (pone el autor el ejemplo de un atlas) que recoge una cierta relación entre su estado (las moléculas de tinta diseñando los países) y el estado del mundo (los distintos países). Los dispositivos de memoria tienen en común que para almacenar información pueden encontrarse en muchos estados duraderos diferentes, y para alterar la memorización de un soporte sólido hay que gastar energía (por ejemplo, editar un nuevo atlas con los cambios en los países). Pues bien, el dispositivo de memoria más simple y más fácil de alterar es el bit, la unidad de información del sistema binario, facilidad que lo hace preferible para almacenar información. Apunta Suñé Llinás[73] que la idea de codificar información en cir-

72 TEGMARK, Max, *Vida 3.0. Qué significa ser humano en la era de la Inteligencia artificial*. Taurus, Barcelona, 2018, págs. 76 y ss.

73 SUÑÉ LLINÁS, Emilio, *Derecho e Inteligencia Artificial. De la robótica a lo posthumano*, Tirant lo Blanch, Ciudad de Méjico, 2020, pág. 28.

cuitos lógicos arranca de los trabajos del norteamericano Claude Shannon, que advirtió que los circuitos eléctricos podían replicar a los operadores lógicos de la lógica simbólica booleana, lo que constituye la base de los circuitos lógicos y del ordenador.

Sobre esta base, ya hemos visto que la posibilidad de que una máquina realice tareas inteligentes se realiza mediante la manipulación de los símbolos que tiene almacenados en la memoria. Computar consiste en una manipulación de símbolos numéricos: La computación y la memoria son independientes del sustrato que recoja los datos, porque ambas son una pauta en la disposición espacio-temporal de ciertas partículas, y lo importante no son dichas partículas, (electrones en la memoria RAM, pulsos láser en un cable de fibra óptica, moléculas de tinta sobre papel) sino la pauta en que se organizan. Nunca hay que olvidar, sin embargo, que la respuesta de la máquina es una emulación de la humana, la máquina finge que entiende la respuesta, y copia, mediante una reorganización de símbolos comprensibles por los humanos, el tipo de respuesta que un humano consideraría adecuada.

1.4. Desarrollo y clases de los sistemas de IA

1.4.1. Los «veranos» e «inviernos» de la IA

Los estudiosos del fenómeno IA diferencian dos tipos de escenario en el desarrollo de esta novedad técnica, los momentos de progresos, hallazgos e inversión en este campo, o «veranos» de la IA, y las épocas de relegación y falta de estímulos para la investigación, o «inviernos» de la IA.

La Conferencia del Dartmouth College de 1956 constituyó una primera fase de verano o entusiasmo por la IA, que vino reforzada por los avances en la construcción de «cerebros electrónicos», sustituyendo las válvulas de vacío por transistores y la programación mediante cableado por los primeros lenguajes de programación. Señala Carabantes López[74] que los convocantes y asistentes a dicha conferencia van a ser quienes lideren la investigación en IA en los siguientes diez años, agrupados en, fundamentalmente, tres centros de investigación: El MIT, dirigido por Minsky y Papert, el Carnegie Tech, dirigido por Newell y Simon, y en la Universidad de Stanford, el Insituto dirigido por McCarthy. Todos recibían fondos del Ministerio de Defensa estadounidense a través de la agencia ARPA, Agencia de Proyectos de Investigación Avanzados, añadiéndose luego a su acrónimo la «D» de Defensa, DARPA *(Defense Advanced Research Projects Agency)*.

74 Carabantes López, Manuel, *Inteligencia artificial: una perspectiva filosófica*, Escolar y Mayo editores, Madrid, 2016, p. 218.

Este primer verano llegará hasta el comienzo de la década de los 70, cuando las grandes esperanzas chocan con la realidad de las escasísimas habilidades de las criaturas robóticas, debido a la falta de potencia computacional y las dificultades traducción del lenguaje natural por las máquinas. Los robots solamente existían en la literatura y en el cine, y la investigación entrará en lo que se conoce como «primer invierno de la Inteligencia artificial».

Hito relevante del primer «verano» de la IA es la creación por Joseph Weizenbaum en 1966 de un programa conversacional llamado ELIZA (por Eliza Doolittle, la protagonista de la obra de Bernard Shaw, *Pygmalion*), que simulaba ser un siquiatra. Pero esto no impidió al autor a relativizar su logro y dejar bien sentado que se estaba ante una mera manipulación del lenguaje sin voluntad ni sentido reales. Otra de las advertencias que nos hace este autor es la de la vinculación emocional que, sin sentido alguno, se establecía entre los usuarios de ELIZA con el citado programa[75].

Aunque ya se contaba con robots industriales desde principios de los 60 (*Unimate* fue el primer brazo robótico industrial, instalado en una cadena de montaje de General Motors en el año 1961), el primer sistema inteligente moderno considera Carabantes López que fue SHRDLU[76], programado por Terry Winograd en el MIT hacia 1968, y que consistía en un sistema de simulación de comprensión del lenguaje natural, que manipulaba en pantalla un conjunto de poliedros de distintos colores según la petición del usuario, expresada en lenguaje natural escrito[77]. En el *Stanford Research Institute* también se investigaba en el reconocimiento de formas y del lenguaje natural constru-

75 Dice Weizenbaum: «Una de las posiciones que pretendo argumentar parece engañosamente obvia: es simplemente que hay diferencias importantes entre los hombres y las máquinas como pensadores. Yo sostengo que, por muy inteligentes que sean las que las máquinas puedan ser inteligentes, hay algunos actos de pensamiento deberían ser intentados sólo por los seres humanos... Se puede perdonar al lector no especializado que se muestre más que ligeramente incrédulo sobre el que alguien sostenga que el pensamiento humano sea totalmente computable. Pero su misma incredulidad puede ser un signo de lo maravillosamente sutil y lo seductoramente que la ciencia moderna ha llegado a influir en la construcción imaginativa de la realidad». Weizenbaum, Joseph, *Computer Power and Human Reason. From Judgment to Calculation,* San Francisco: W. H. Freeman and Company, 1976, p. 13. En esta obra el autor hace una advertencia en cuanto a la concepción mecanicista del ser humano, puesto que entiende que la realidad humana es de distinta categoría que la puramente formal de los conceptos científicos. En: https://www.bookzz.ren/bookzz/2190555/082e98

76 Este nombre, SHRDLU, no significa nada en concreto, sino que está tomado de la segunda columna de teclas comenzando por la izquierda de las letras del teclado de una máquina linotipia, las letras SHRDLU, situadas en orden descendente respecto la frecuencia de uso en inglés.

77 «Así, por ejemplo, se le podía pedir en lenguaje natural por escrito que moviese la pirámide roja para situarla encima del cubo azul. Si el cubo azul tenía encima una pirámide amarilla, entonces Shrdlu comprendía que la orden era imposible y lo comunicaba». Carabantes López, Manuel, *Inteligencia artificial: una perspectiva filosófica*, Escolar y Mayo editores, Madrid, 2016, p. 220.

yendo al robot *Shakey*, creado en 1972 por un grupo de investigadores liderado por Charles Rosen. Era un robot móvil que se desplazaba en un mundo físico real y también reconocía órdenes en lenguaje natural; pero apenas sabía reconocer formas, manipular cubos, conos y otras formas de colores, y moverse (con dificultades) en un entorno simple. Su nombre lo recibió porque sufría frecuentes sacudidas *(shakes)* antes de tomar una decisión.

Sí que tuvieron desarrollo los llamados *sistemas expertos*, que venían a ser consultores dotados de enormes bases de datos estructuradas en forma de árboles de decisión. Ejemplos de dichos sistemas son los sistemas pioneros *Dendral*, y, sobre todo, *Mycin*, ambos de la Universidad de Stanford, creados en los años 70. *Mycin*, nos cuenta Heudin[78], era capaz de identificar enfermedades infecciosas de la sangre y recetar medicamentos al paciente. Su esquema de funcionamiento se basa en el de los llamados «sistemas de producción», que como apunta Carabantes López[79], fueron inventados en 1943 por el matemático estadounidense Emil Post. Los sistemas expertos son sistemas formales que se estructuran en una Base de reglas de producción, un Motor de inferencias y una Base de hechos. El sistema *Mycin* partía de los síntomas que se detallaban entre los datos, y el Motor de inferencias escogía una regla que llevaba a una determinada conclusión; si ésta no era definitiva, el sistema planteaba preguntas complementarias, que permitían confirmar o desechar la hipótesis inicial, y buscar otra.

A finales de la década de los 60, comienzan las críticas acerca de la labor desarrollada en los anteriores quince años, sobre todo señalando que los problemas a los que se enfrentaban las máquinas no eran los del mundo real. Como nos cuenta Carabantes López[80], en 1969 McCarthy y Hayes publican un artículo titulado *Some philosophical problems from the standpoint of artificial intelligence*, en el que advierten que la IA no avanzaría en el problema de la representación del conocimiento hasta que tuviera conciencia de «la necesidad de afrontar una serie de cuestiones epistemológicas extremadamente difíciles», entre ellas el «problema del marco», consistente en la necesidad de actualización de todos los datos según los cambios en los «marcos» de actuación de cada IA. Y también el «problema de la cualificación», consistente en la imposibilidad de detallar todas las condiciones que deben cumplirse para que una regla general sea válida. Por ejemplo, si un robot tiene que llevar una tarta a una fiesta de cumpleaños, tiene que tener presente que las condiciones pueden ser distintas en la confitería que, en el marco de la calle, si está lloviendo, y, si lleva una bufanda de regalo tiene que tener presente que no haya otra persona que también lleve una bufanda, porque, aunque la

78 Heudin, *Les Créatures artificielles,* cit., pág. 148.

79 Carabantes López, Manuel, *Inteligencia artificial: una perspectiva filosófica*, cit., p. 226.

80 Carabantes López, Manuel, *Inteligencia artificial: una perspectiva filosófica*, Escolar y Mayo editores, Madrid, 2016, p. 218.

regla general es que en a un cumpleaños hay que llevar regalo, también lo es que no hay que repetir el regalo. Estas críticas, unidas a la falta de realizaciones potentes, hicieron que a partir de 1974 la agencia DARPA restringiese los fondos.

Relata Bustince Sola[81] este primer invierno de la IA señalando que a principios de los años 70 se habían creado unas expectativas demasiado altas, que al no cumplirse provocaron gran decepción. En este «invierno de la Inteligencia Artificial», el Gobierno norteamericano y las empresas pierden confianza en los científicos y retiran su financiación, y muchos proyectos son abandonados por falta de resultados. Sin embargo, añade el autor, «...la década de los 70 no es en absoluto una década pérdida. La investigación teórica avanza y de hecho es en esta década cuando se desarrolla el algoritmo de retropropagación, clave para el desarrollo de redes neuronales al proporcionar un mecanismo de aprendizaje para conjuntos de neuronas artificiales conectadas entre sí. Sin embargo, en este momento, este algoritmo pasa desapercibido y no adquiriría la relevancia que merece hasta su redescubrimiento en los años 80».

Tras este «invierno» de la IA, la segunda primavera se iniciaría a mediados de los años 80, con el despegue de la potencia computacional por los avances científicos en la técnica de semiconductores y la miniaturización en el desarrollo del chip de silicio. La conformación de sistemas inteligentes se efectúa a partir del desarrollo de la informática, que pone a estas máquinas al alcance de las empresas, y el tipo de sistema de IA que se elabora es el del «sistema experto». Los catedráticos en Computación, Herrera, Cordón y Del Jesús[82] señalan que fue a partir de 1983 cuando comienza la IA moderna, que abandona la consecución de una inteligencia total y se centra en los procesos de razonamiento para resolver problemas concretos.

Un estudio de la OCDE, la Organización para la Cooperación y el Desarrollo Económico[83], retrasa este renacimiento unos años, estimando que el primer invierno de la IA terminó a principios de la década de 1990, a medida que avanzaban la potencia computacional y el almacenamiento de datos, haciendo que las tareas complejas se fueran volviendo factibles: «En 1995, la IA dio un gran paso adelante con el desarrollo por Richard Wallace de la *Entidad informática lingüística artificial de Internet* (ALICE, *Artificial Linguistic Internet Computer Entity*), que podía mantener conversaciones básicas. También en

81 Bustince Sola, «Caminos hacia la superinteligencia (emulación de cerebro completo)», *La robótica y la inteligencia artificial en la nueva era de la revolución industrial 4.0,* cit., p. 557.

82 Herrera, Francisco, Cordón, Óscar y del Jesús, María José, «Una visión actual de la IA: Recorrido histórico, datos y aprendizaje, y responsabilidad en el diseño y uso», *El Derecho y la Inteligencia artificial*, F. Herrera, A. Peralta y L. S. Torres, coords., Universidad de Granada, Granada, 2022, págs. 51-80, p. 59.

83 Organisation for Economic Co-operation and Development, OECD (2019), *Artificial Intelligence in Society*, OECD Publishing, https://doi.org/10.1787/eedfee77 en Paris, p. 20.

la década de 1990, IBM desarrolló una computadora llamada *Deep Blue* que utilizó un enfoque de fuerza bruta para jugar contra el campeón mundial de ajedrez Gary Kasparov», y que como sabemos, si bien perdió en el año 1996, acabó ganando a Kasparov al año siguiente. Otro hito que destacan Herrera, Cordón y Del Jesús[84] fue el sistema de conducción autónomo desarrollado por el profesor Ernst Dickmanns, de la Universidad de Munich, que instalado en un Mercedes clase S logró en 1995 recorrer 158 km. sin intervención humana[85].

A partir de estos éxitos, y de la implanteación de sistemas expertos en materia médica consolidados desde la década anterior, como los citados *Mycin* o *Dendral*, comienza a extenderse de tal modo la creación de sistemas expertos que, a principios de los años 90 daba la impresión de que la IA iba a sustituir a la, entonces todavía en desarrollo, Informática. Ello impulsado además por la tecnología VLSI (Very Large Scale Integration), que permitía la fabricación de chips con millones de transistores integrados en un microscópico circuito.

Avances relevantes de esta época, según nos indica Gómez-Pérez[86], son las redes bayesianas de Judea Pearl, las primeras ontologías del *Proyecto Cyc* (las ontologías en Informática son enciclopedias de términos procesables con un significado y unas características propias), y el «algoritmo de retropropagación del gradiente del error» antes mencionado, para el entrenamiento de redes de neuronas artificiales con capas ocultas, desarrollado por el psicólogo David Rumelhart y los investigadores Geoffrey Hinton (Premio Turing en 2018 y Princesa de Asturias en 2022) y Ronald Williams.

Otros hitos en este desarrollo, de los que da cuenta Vanessa García Herrera[87], son la creación por el informático Kai-Fu Lee de CASPER, el primer

84 Herrera, Cordón y del Jesús, «Una visión actual de la IA: Recorrido histórico, datos y aprendizaje, y responsabilidad en el diseño y uso», cit., p. 52.

85 Concreta esto Díez Ramírez como un resultado de la inversión efectuada por la Comisión Europea con 800 millones de euros del proyecto EUREKA Prometheus, de la Universidad de Múnich y la casa Mercedes, para desarrollar una furgoneta autónoma: «En 1995, fruto del proyecto europeo EUREKA Prometheus, el mismo equipo que inició el proyecto modificó un Mercedes-Benz clase S para que realizara el trayecto Munich-Copenhague, completándolo con una media de una intervención cada 9 km e incluso alcanzando una velocidad de 175 km/h en las autobahn alemanas». Díez Ramírez, Alfonso, UNIVERSIDAD POLITÉCNICA DE MADRID. ETSISI - Escuela Técnica Superior de Ingeniería de Sistemas Informáticos. *Proyecto de Fin de Grado. Conducción autónoma: Estudio del estado del arte, impacto sobre la movilidad y desarrollo de simulador de tráfico*. 2018-2019.

86 Gómez-Pérez, *Inteligencia artificial y lengua española*, cit., p. 47.

87 García Herrrera, Vanessa, «Panorama Legislativo de la Inteligencia Artificial en la Unión Europea», *La robótica y la inteligencia artificial en la nueva era de la revolución industrial 4.0,* coord. por María José Cruz Blanca, Ignacio Lledó Benito; Francisco Lledó Yagüe (dir.), Ignacio F. Benítez Ortúzar (dir.), Óscar Monje Balmaseda (dir.), Dykinson, 2021, ISBN 978-84-1324-802-8, p. 267.

sistema de reconocimiento de voz que presentó Apple en 1992, y el que en 1994 dos vehículos autónomos recorrieron unos 1000 kilómetros de autopista en los alrededores de París[88], o el citado triunfo en 1997 del ordenador de IBM *Deep Blue* contra Kasparov, hito que se cita como fundamental por todos los autores.

Otra nota común destacable de estas introducciones al tema es el optimismo acerca de la rapidez de la implantación de esta nueva tecnología. Turing[89], McCarthy, Minsky y otros científicos ya vaticinaron la coexistencia entre humanos y robots para principios del siglo XXI, y en 1988 Moravec[90] decía: «A pesar del caos, espero que la producción en serie llegue a tiempo para que vea la entrada del milenio un robot multiuso, que se pueda utilizar tanto en la fábrica como en el hogar».

Sin embargo y aunque se obtienen logros efectivos, se produce el fracaso del modelo de desarrollo de los sistemas inteligentes, el llamado «sistema experto», por su rigidez y falta de visión general: los sistemas inteligentes pueden desarrollar tareas complejas con mucha precisión, pero les falta cualquier capacidad fuera de su restringido campo de actuación. El mismo *Deep Blue*, al derrotar al campeón de ajedrez del mundo, Gary Kasparov, una vez vencido, fue el humano el que tuvo que hablar con la prensa, porque *Deep Blue*, fuera del ajedrez, no sabía ni dar los buenos días. Como señala Carabantes López[91], gracias al éxito de los sistemas expertos a principios de los 80, la IA salió de su primer invierno, pero ya en 1984 Roger Schank y Marvin Minsky advirtieron que el entusiasmo por la nueva tecnología estaba fuera

88 «En 1994 se produce el mayor avance en este campo, dos coches autónomos idénticos (VaMP y Vita-2) fabricados por Daimler-Benz consiguieron circular más de 1000 km por autopistas de París de varios carriles con pequeñas intervenciones humanas». Díez Ramírez, UNIVERSIDAD POLITÉCNICA DE MADRID. ETSISI - Escuela Técnica Superior de Ingeniería de Sistemas Informáticos. *Proyecto de Fin de Grado. Conducción autónoma...* cit*,* p. 4.

89 Que estima que a principios del siglo XXI podrá plantearse la existencia de máquinas pensantes: «Nevertheless I believe that at the end of the century the use of words and general educated opinion will have altered so much that one will be able to speak of machines thinking without expecting to be contradicted. I believe further that no useful purpose is served by concealing these beliefs. The popular view that scientists proceed inexorably from well-established fact to well-established fact, never being influenced by any improved conjecture, is quite mistaken. Provided it is made clear which are proved facts and which are conjectures, no harm can result. Conjectures are of great importance since they suggest useful lines of research». Turing, Alan Mathison, «Computing Machinery and Intelligence», *Mind*, Vol. 59, No. 236 (oct., 1950).

90 Moravec, Hans, *El hombre mecánico. El futuro de la robótica y la inteligencia humana*, Biblioteca Científica Salvat, Salvat Editores, S.A., Barcelona, 1993, pág. 23.

91 Carabantes López, Manuel, *Inteligencia artificial: una perspectiva filosófica*, cit., p. 226.

de control: «Argumentaban que los sistemas expertos se basaban en métodos de programación de veinte años de antigüedad que sólo habían ganado potencia gracias al incremento de la velocidad de los ordenadores. Dicho de otra forma, eran programas que hacían lo mismo que los de veinte años atrás: "tomar decisiones estúpidas, sólo que más rápido"».

López de Mántaras y Meseguer[92] precisan que esto es así porque la IA carece del algoritmo que los seres humanos utilizamos para resolver problemas nuevos e inespecíficos: el sentido común. Y señalan que la IA permanece atascada desde hace más de cincuenta años en la tarea de dotar de esta capacidad genérica a las máquinas, y así lograr una IA «general»: «Sin embargo, prácticamente no hemos avanzado hacia la consecución de IA general. De hecho, posiblemente la lección más importante que hemos aprendido a lo largo de los 60 años de existencia de la IA es que lo que parecía más difícil (diagnosticar enfermedades, jugar al ajedrez y a Go al más alto nivel) ha sido realizable y lo que parecía más fácil ha resultado ser lo más difícil. La explicación a esta aparente contradicción hay que buscarla en la dificultad de dotar a las máquinas de conocimientos de sentido común».

Se comprueba así cómo los sistemas que parten de un núcleo de conocimientos especializados luego fracasan en las tareas más sencillas. La ausencia en los sistemas inteligentes de algo tan simple como el sentido común da lugar a la «Paradoja de Moravec», que se concreta en que un sistema de IA que actúa correctamente en su campo especializado, en una situación corriente no puede comprender el lenguaje ni manejarse bien en situaciones imprevistas, ni tampoco aprender a partir de la experiencia. Esta última tarea implica una total rigidez en la aplicación de las reglas y la imposibilidad de adquirir nuevos conocimientos que maticen dicha aplicación.

Cuenta Carabantes López[93] que Minsky ilustraba esto con un chascarrillo llamado *el desafío del pato*: Pongamos que se le dan a un sistema experto la regla general que dice «Todos los patos vuelan», y el dato que dice «Charlie es un pato». La consecuencia sería, naturalmente, la de que «Charlie vuela», pero esto sólo sería cierto si Charlie no fuera un pato muerto, porque los patos muertos no vuelan, dato éste que, si no se le proporciona al sistema, éste no puede aprender por sí mismo.

En definitiva, y como nos relata Erik Larson[94], a principios de la década de 2000, la IA estaba experimentando un nuevo invierno, en el que los investigadores «...se sentían incómodos ante la idea de usar siquiera la etiqueta de IA en sus investigaciones. La IA se había convertido en una mala publicidad».

---

92 López de Mántaras Badia, y Meseguer González, *Inteligencia artificial*, cit., pág. 149.

93 Carabantes López, Manuel, *Inteligencia artificial: una perspectiva filosófica*, cit., p. 234.

94 Larson, Erik J., *El mito de la Inteligencia artificial. Por qué las máquinas no pueden pensar como nosotros lo hacemos*, Shakleton Books, 2022, p. 93.

Insisten los citados López de Mántaras y Meseguer[95] en detallar las razones del *impasse* de los sistemas expertos: «Los sistemas expertos son frágiles porque únicamente pueden resolver aquellas situaciones específicas que están representadas en sus bases de reglas. Si un problema a resolver requiere algún conocimiento que no está presente en sus reglas, entonces, a pesar de que se trate de una situación dentro de su área de especialización, fracasan estrepitosamente». La consecuencia es que los sueños de lograr una IA fuerte o equivalente a la humana se dejan de lado, y las investigaciones se dirigen más a construir ordenadores que sean eficaces auxiliares de la inteligencia humana.

En la actualidad, sin embargo, nos encontraríamos ante un nuevo «verano» de la IA, señalando Bustince Sola[96] que la técnica que contribuye a este nuevo verano de la IA es la de extracción y uso de un gran número de datos o *Big Data*, pero que sobre todo el avance se debe al paso de los sistemas expertos a las redes neuronales, avance decisivo en la ciencia de la IA. Estas redes neuronales habían sido relegadas por la influencia de Marvin Minsky, que con Seymour Papert escribió en 1969 un artículo destacando sus limitaciones. Es a partir de la técnica de la «retropropagación del error», descubierta en 1986 por Rumelhart, Hinton y Williams, que la exponen en su artículo «*Learning representations by back-propragating errors*», «...cuando comienza una nueva etapa de investigación en redes neuronales de varias capas que aprendan a partir de los datos, lo que se conoce como «aprendizaje profundo» (*Deep learning*).

Para intentar superar este nuevo invierno, IBM pensó en adaptar un sistema inteligente Watson para ganar el concurso televisivo *Jeopardy*!: se trataba de un concurso de preguntas y respuestas, por lo que era un formato fácil de gestionar por un sistema de reconocimiento del lenguaje natural. Para elaborar la respuesta, se utilizó una arquitectura modular que, como nos dice Larson[97], descomponían los problemas difíciles en fragmentos manejables, combinando los diferentes fragmentos de los módulos en una respuesta global. Este tipo de arquitectura seguía el modelo expuesto por Marvin Minsky denominado «la sociedad de la mente». Con estas armas (y teniendo en cuenta, apunta Larson, que el 95 % de las preguntas eran simples enunciados de la Wikipedia), el programa, llamado finalmente *Watson DeepQA*, venció en febrero de 2011 en el concurso *Jeopardy*! a los concursantes humanos, Brad Rutter y Ken Jennings.

Sin embargo, para muchos el hito que confirma el nuevo verano de la IA es, precisamente, un nuevo programa de IA que derrota a un humano en un

95 López de Mántaras Badia, y Meseguer González, *Inteligencia artificial*, cit., pág. 51.

96 Bustince Sola, «Caminos hacia la superinteligencia (emulación de cerebro completo)», *La robótica y la inteligencia artificial en la nueva era de la revolución industrial 4.0,* cit., p. 558.

97 Larson, *El mito de la Inteligencia artificial...* cit., p. 264-265.

juego de estrategia, el del *go*. En 2015 la empresa *Alphabet*, crea un software inteligente de red neuronal para jugar el antiguo juego del *go*, que constaba de una red neuronal que fue entrenada por miles de jugadores humanos aficionados y profesionales para aprender a jugar: «En 2016, *AlphaGo* venció al mejor jugador del mundo en ese momento, Lee Sedol, cuatro juegos a uno. Los desarrolladores de *AlphaGo* entonces dejaron que el programa jugase contra sí mismo utilizando el método ensayo y error, comenzando con algunas reglas simples desde un juego completamente aleatorio. El resultado fue un programa *(AlphaGo Zero)* que se entrenó más rápido a sí mismo y pudo vencer al *AlphaGo* original por 100 juegos a 0. Aprendiendo exclusivamente por sí mismo, sin intervención humana y sin datos de jugadas anteriores, *AlphaGo Zero* superó todas las demás versiones de *AlphaGo* en 40 días»[98].

1.4.2. La época actual: Redes neuronales y modelos generalistas

En la actualidad, entrando en la segunda mitad de la década de los 20 del siglo XXI, estamos ante una nueva fase de optimismo y desarrollo de sistemas de IA, un nuevo verano que viene de la mano de las «redes neuronales», como sistema que mimetiza el funcionamiento de la codificación neuronal humana, *mutatis muntandis*, y la posibilidad del «aprendizaje máquina» o «profundo» *(Machine learning, Deep learning)* mediante el cual se supera el modelo de los sistemas expertos. Señala aquí Bustince Sola[99] que las tres técnicas de IA que han sucedido a los sistemas expertos son: La lógica difusa, propuesta por Lofti Zadeh en 1965. Las redes neuronales artificiales, que son reflejo del paradigma conexionista, ya que tratan de «copiar» la estructura del sistema nervioso por medio de neuronas artificiales que forman estructuras complejas capaces de aprender. Y finalmente, Los algoritmos bioinspirados y evolutivos, que también se inspiran en el paradigma conexionista.

El sistema de redes neuronales proviene de mediados del siglo XX, y, como ya vimos anteriormente, se basa en el descubrimiento de las «neuronas artificiales» en fecha tan temprana como 1943, por quienes para muchos son los pioneros en la IA, el neurólogo Warren McCulloch[100] y el matemático Walter Pitts. Como se ha dicho visto, una neurona artificial es una función matemática que replica el funcionamiento de la neurona biológica, y como

98 OECD (2019), *Artificial Intelligence in Society*, cit. pp. 20-21.

99 Bustince Sola, «Caminos hacia la superinteligencia (emulación de cerebro completo)», *La robótica y la inteligencia artificial en la nueva era de la revolución industrial 4.0,* cit., pp. 552-553.

100 Que como se ha dicho, participó en la Primera Conferencia sobre IA del CNRS en París, en 1951, al igual que Norbert Wiener. En su ponencia afirmaba que los dispositivos de cálculo mecánico y electromecánico difícilmente podían replicar el funcionamiento cerebral. Habría que esperar a la llegada del ordenador con transistores y, sobre todo, al chip de silicio.

las funciones matemáticas pueden ser programadas en un ordenador, el resultado es que podemos crear dichas neuronas en la máquina[101]. Señala Latorre Sentís[102], «la idea central de esta primera neurona artificial es que todo lo que hace una neurona biológica es básicamente un procesamiento de información. Unas señales entran, se procesan y el resultado se pasa a otras neuronas. Dicho de forma más contundente: información entra en neurona artificial, se procesa, se genera nueva información, información pasa a otras neuronas. Todo se reduce a manipulación de información. Eso es lo que hace nuestro cerebro constantemente».

Posteriormente, como relata Francis Crick[103], Frank Rosenblatt crea las redes neuronales al diseñar el *Perceptrón*, sistema informático que, disponiendo las neuronas en capas superpuestas, logra que la máquina aprenda por sí misma: «Lo significativo de esta máquina consistía en que, aunque sus conexiónes eran inicialmente aleatorias, la propia máquina podía llegar a alterarlas... de modo que se le podía enseñar a realizar determinadas tareas simples, como por ejemplo reconocer letras de imprenta». Como relata Gómez-Pérez[104], Rosenblatt implementó el Perceptrón en un IBM 704, y con este computador consiguió reconocer imágenes, y fue también el primero en clasificar fotos de hombres y mujeres después de haber sido entrenado. «Sin embargo, como la mayoría de los modelos subsimbólicos, carecía de una representación interna simbólica o explícita acerca de cómo realizar el proceso de clasificación».

El sistema de redes neuronales por capas mimetiza el funcionamiento de las neuronas y el cerebro humanos, con lo que se llega a unos progresos en la IA más próximos a los de la inteligencia humana. Explica Muñoz Soro[105] que las neuronas artificiales agrupadas en capas, formando redes neuronales (que alcanzan cierta *profundidad* según el número de capas, por eso se habla de *Deep learning*) admiten una programación que permite el entrenamiento del sistema «...mediante la introducción de casos previamente resueltos de

101 Como señala Agathe Martin, tanto McCulloch como Pitts formaron parte de la serie de «Conferencias Macy´s» auspiciadas por la Fundación Macy, que entre 1945 y 1953 contribuyeron al desarrollo de la Cibernética y por tanto de la IA. Impulsadas por Norbert Wiener, y presididas por el citado McCulloch, en ellas intervinieron científicos de tanta importancia como Julian Bigelow, Arturo Rosenblueth, los antropólogos Grégory Bateson y Margaret Mead, el sociólogo Paul Lazarfeld y el matemático John Von Neumann. Participó incluso el neurólogo español (zaragozano, para más señas) Rafael Lorente de Nó, discípulo de Ramón y Cajal. MARTIN Agathe, *La cybernetique: entre reconnaissance et oubli d´un paradigme societal*. Mémoire de recherche, domain: shs.info.theo. 2013. <mem 00922448>.

102 LATORRE SENTÍS, Ética *para máquinas*, cit., pág, 105.

103 CRICK, *La búsqueda científica del alma*, cit., pág. 222.

104 GÓMEZ-PÉREZ, *Inteligencia artificial y lengua española*, cit., p. 43.

105 MUÑOZ SORO, José Félix, *Decisión jurídica y sistemas de información*, Servicio de estudios del Colegio de Registradores, Madrid, 2003, pág. 191.

forma tradicional. Con este entrenamiento la red va ajustando sus valores internos, en un auténtico proceso de aprendizaje, de modo que finalmente será capaz de resolver casos similares según los criterios que regían los supuestos de entrenamiento, aunque estos criterios nunca hayan sido explicitados». El término aprendizaje automático fue acuñado en 1959, por Arthur Samuel como sinónimo de la capacidad de las máquinas para enseñarse a sí mismas o de aprender sin ser programadas por un humano.

Este proceso de aprendizaje o entrenamiento de la red aparece descrito por Larson[106] del siguiente modo: «Durante la fase de entrenamiento, se proporcionan datos etiquetados en forma de entrada al logaritmo de aprendizaje. Por ejemplo, si el objetivo consiste en reconocer fotos de caballos, la entrada es la foto de un caballo, y la salida la etiqueta CABALLO. El sistema de aprendizaje automático («aprendiz») recibe así fotos etiquetadas o marcadas de caballos en forma de parejas de entrada-salida, y la tarea de aprendizaje consiste en simular el etiquetado de imágenes de modo que sólo aquéllas que muestren un caballo reciban la etiqueta CABALLO». El aprendizaje genera un modelo de caballo en el algoritmo —en la *mente* del sistema—, capaz de identificar las imágenes que responden al modelo y etiquetarlas con la palabra «caballo». Luego se le presentan al sistema nuevas imágenes, de caballos o de otros temas, y mediante un bucle de realimentación el sistema corrige las salidas mal etiquetadas y contribuye a perfeccionarse a sí mismo.

Pero tampoco es necesario exagerar los triunfos de estos sistemas de reconocimiento de imágenes, señalando Larson que resulta facilísimo engañarles y que cometen tremendos errores, todo ello debido a que el sistema inteligente no «sabe» en realidad qué imagen está reconociendo, simplemente califica con una etiqueta un conjunto de píxeles con una determinada organización. Es decir, que el sistema puede hacer inferencias lógicas a partir de los datos recibidos, pero no puede hacer conjeturas o *abducciones* a partir del contexto significativo en el que se presentan los datos, como hacemos los seres humanos: «El origen de la inteligencia —nos dice Larson— es conjetural o abductivo»[107].

Al llegar a este nivel de desarrollo de la IA mediante el *Deep learning* o «aprendizaje-máquina»[108], se plantean los teóricos si con la autoadquisición

106 Larson, *El mito de la Inteligencia artificial...* cit., p. 177.

107 Larson, *El mito de la Inteligencia artificial...* cit., p. 199.

108 Entre nosotros describe esta técnica José Vida Fernández, señalando que el Deep learning es la manifestación más avanzada del *machine learning* , técnica que permite procesar datos de un mayor rango de fuentes de información, y que necesita una mayor cantidad de datos: «Se basa en redes neuronales que están formadas por capas de programas de cálculo interconectados que pueden asumir enormes cantidades de datos y procesarlas en las distintas capas que aprenden funciones cada vez más complejas de los datos en cada capa. Las redes neuronales pueden procesar los datos, aprender que dicho procesamiento es correcto, y utilizar lo que han aprendido para procesar nuevos datos, por

de conocimiento y razonamiento predictivo ya se ha comenzado a configurar una auténtica IA fuerte. Se mostró en contra uno de los primeros teóricos de la cibernética, el profesor del MIT Joseph Weizenbaum[109], que señaló que la posibilidad de que un sistema aprenda como lo hacen los niños pequeños depende de si el ser humano es realmente una especie de sistema de procesado de información, o si es algo más que eso, como estima sin dudarlo.

En cualquier caso, y como nos cuenta Carabantes López[110], la investigación continuó con la implementación del Procesamiento distribuido en paralelo, o PDP, lográndose que sistemas de redes neuronales lograsen ciertos conocimientos a partir del aprendizaje guiado. En el terreno del hardware, para sustentar las nuevas redes neuronales, IBM fabricó a partir de 1999 una serie de ordenadores denominados *Blue Gene*, que recibieron fondos militares y que culminaron en ordenadores de redes neuronales en paralelo que consiguieron replicar el funcionamiento de la corteza cerebral de un ratón, en 2007, lejos todavía de la IA humana, por tanto. No obstante, y como señala el indicado autor, las redes neuronales proporcionan soluciones eficaces a las tareas de satisfacción de restricciones, búsqueda de la mejor coincidencia, reconocimiento de patrones y memoria direccionable por el contenido.

Para resolver las limitaciones al aprendizaje de las máquinas, surge a comienzos del s. XXI la **«**Web semántica**»**, en la que las propias máquinas deciden qué páginas leer, interpretan la información y agregan datos. Se concibe ésta, nos dice Gómez-Pérez[111], como una extensión de la Web actual, destinada a los sistemas de inteligencia artificial. Con esta Web semántica se transforma el contenido de las páginas web de Internet a formatos adecuados para que los sistemas inteligentes accedan a sus contenidos y los reutilicen más fácilmente. La Web semántica se sirve de las ontologías (o diccio-

ejemplo, aprende cómo es un objeto y es capaz de reconocerlo en distintos contextos. Los tipos de *deep learning* se dividen en dos grandes modelos, uno basado en redes neuronales convolucionales *(convolutional neural network)* en el que hay una red neuronal multicapa con una arquitectura especialmente diseñada para extraer funciones cada vez más complejas para alcanzar un resultado, como es el caso de clasificación de imágenes, diagnósticos médicos a partir de los datos de escáner, o detectar productos defectuosos de la línea de producción. El otro modelo es de redes neuronales recurrentes *(recurrent neural network)* en el que las redes neuronales multicapa pueden almacenar información en nodos, lo que le permite aprender las secuencias de datos y almacenarlos para trabajar en tareas desestructuradas como el reconocimiento de voz o de escritura manual, por lo que se utilizan para los asistentes de voz (chatbots), traducción automática, generar pies de fotos de imágenes o identificar probabilidades de fraudes financieros». VIDA FERNÁNDEZ, «Los retos de la regulación de la Inteligencia artificial: algunas aportaciones desde la perspectiva europea», cit., pág. 208.

109 WEIZENBAUM, Joseph, *Computer Power and Human Reason. From Judgment to Calculation,* San Francisco W.H. Freeman and Company, 1976, p. 203. En: https://www.bookzz.ren/bookzz/2190555/082e98

110 CARABANTES LÓPEZ, Manuel, *Inteligencia artificial: una perspectiva filosófica*, cit., p. 237.

111 GÓMEZ-PÉREZ, *Inteligencia artificial y lengua española*, cit., p. 51.

narios de términos procesables definidos a partir de sus características) para proporcionar la semántica computacional a las palabras de las páginas web.

Finalmente, la actualidad viene marcada por los sistemas de procesamiento del lenguaje natural, destacando la popularización de los LLM (Large Language Models) o modelos generativos, con *ChatGPT* como sistema más conocido en cuanto a manejo del lenguaje, y *Dall-E* para la generación de imágenes gráficas. Para que las máquinas comprendiesen y ejecutasen las órdenes emitidas en lenguaje natural, los científicos optaron por dos vías: la simbólica y la subsimbólica. La aproximación simbólica partió de la creación de gigantescas «ontologías», diccionarios de términos propios de un «dominio», de una particular parcela de la realidad, y su manipulación según reglas lógicas y sintácticas que tenían en cuenta las características propias de cada término y sus relaciones (sinonimia, antonimia) con los demás términos. Y la aproximación subsimbólica, que, como nos dice Gómez-Pérez[112], crea «grandes modelos de lenguaje», mediante el procesamiento de enormes cantidades de textos, que permita aprender el vocabulario utilizado y la relación entre las palabras que los conforman. con los que aprenden patrones de regularidad: «Por tanto, un modelo de lenguaje trabaja con una distribución probabilística sobre una palabra o secuencia de palabras y, en su versión más simplificada, predice qué texto sigue a una cadena de palabras determinada en función de los textos del corpus empleado en su construcción». A grandes rasgos, son sistemas predictivos.

Los grandes modelos de lenguaje, o modelos generativos, utilizan la arquitectura neuronal *Transformer* (Transformador) de Google, que atiende más al conjunto de la frase o expresión utilizada. *ChatGPT* es un gran modelo de lenguaje que utiliza esta arquitectura, GPT significa *Generative Pre-trained Transformer* y, por lo tanto, cuando se le hace una pregunta, analiza, a partir de su conocimiento de millones de textos, las palabras utilizadas y, en base a los textos y al análisis probabilístico de la frecuencia de los términos y expresiones utilizadas, predice cuál es la siguiente palabra que tiene que colocar en la frase que está escribiendo. Su profundidad de pensamiento es la de un lorito que repite lo que oye, pero —eso sí— un lorito que lo escucha absolutamente todo acerca de un tema determinado, lo verdadero y lo falso, lo superficial y lo profundo, lo laudatorio y lo crítico. En palabras de Gómez-Pérez[113], *ChatGPT* «...Es brillante porque produce resultados verbosos y complacientes, con un léxico, una sintaxis y una gramática correctos, y un discurso educado. Por otro lado, es necio porque ...no piensa, no razona, no entiende lo que escribe, no predice lo que podría ocurrir. En otras palabras, Chat-GPT no es capaz de realizar explicaciones o razonamientos matemáticos temporales o de sentido común... Tampoco elabora críticas sobre un texto ni realiza conjeturas... Si los modelos se entrenan con textos de la Web que contienen

112 Gómez-Pérez, *Inteligencia artificial y lengua española*, cit., p. 64.

113 Gómez-Pérez, *Inteligencia artificial y lengua española*, cit., pp. 71, 73.

errores, relacionados por ejemplo con fechas, personas, o lugares, las frases que generará el sistema contendrán también información falsa».

1.4.3. Inteligencia artificial simbólica y subsimbólica

En esta exposición del desarrollo temporal de la ciencia de la IA se han utilizado términos que es necesario concretar en este momento. El término de *redes neuronales* implica el paso de los sistemas expertos, que son los dotados de una IA que combina mediante operadores lógicos un enorme número de datos especializados sobre la materia, a los sistemas basados en estas nuevas herramientas que son las redes neuronales.

Los sistemas expertos proporcionan respuestas inteligentes mediante una manipulación de símbolos que sigue el sistema de reglas lógicas que guían el pensamiento formal humano. Se basan en muchos casos en sistemas de árboles decisionales que llegan a una conclusión válida tras un procedimiento de eliminación de opciones no válidas. Otras veces la respuesta inteligente tiene lugar mediante la aplicación no de reglas lógicas, sino de métodos bayesianos de probabilidad estadística, considerando que la solución correcta es la más probable, partiendo de una gran base de datos probabilísticos, llegándose con ello a conclusiones no exactas, pero con un grado de probabilidad de acierto muy alto.

Frente al sistema experto de formación de un gran repositorio de datos y la búsqueda del dato o combinación de datos adecuada conforme a reglas lógicas, está el sistema de la red neuronal, que trata de lograr una conclusión válida discriminando entre los datos de entrada hasta lograr una respuesta satisfactoria. Esto lo explica Gómez-Pérez[114] distinguiendo dos enfoques, el del álgebra de Boole y la lógica matemática, y el de la cibernética: «Aprender y razonar son los dos grandes pilares de la inteligencia artificial. El aprendizaje se realiza principalmente utilizando técnicas estadísticas mientras que el razonamiento se realiza con palabras y las leyes de la lógica. Estos dos enfoques, bien diferenciados, aunque complementarios, han dado lugar a la inteligencia artificial subsimbólica, que es la que aprende, y a la inteligencia artificial simbólica que es la que razona y explica los resultados alcanzados».

Estos dos modos de lograr resultados inteligentes en la máquina significan dos vías distintas para logra una IA, dando lugar a dos clases de IA: la simbólica y la subsimbólica. Se trata, nos dice Mark Coeckelbergh[115], de dos aproximaciones o paradigmas de investigación para la IA. La vía simbólica fue el paradigma predominante hasta finales de los años 80. Una IA simbólica se basa en representaciones simbólicas de tareas cognitivas de alto nivel, como

114 Gómez-Pérez, *Inteligencia artificial y lengua española*, cit., p. 32.

115 Coeckelbergh, Mark, *AI Ethics*, The MIT Press Essential Knowledge Series, Cambridge, 2020, pp. 71-72.

el razonamiento abstracto o la toma de decisiones, y se gestiona siguiendo la ruta de un árbol de decisiones o diagrama de flujo, optando por una u otra respuesta (de entre una enorme base de datos especializados) según decidan una serie de puertas condicionales. Se dice que este enfoque es determinista, porque la solución final ya está predeterminada desde el principio en la base de datos.

Frente a esta aproximación, desde finales de los 80 se investiga en una nueva vía para lograr resultados inteligentes, como ya hemos visto, basada en la utilización de neuronas artificiales organizadas en redes neuronales. Este paradigma se denomina conexionista, porque intenta replicar mediante las redes neuronales y las conexiones entre neuronas el funcionamiento del cerebro humano, en el que los resultados cognitivos se obtienen precisamente de la interacción entre neuronas. Además, este enfoque, llamado subsimbólico, permite que el sistema inteligente aprenda por sí mismo, función que se denomina *Machine* o *Deep learning*. Señala Gómez-Pérez[116] que las técnicas que se utilizan en el enfoque subsimbólico son las de la estadística, las redes de neuronas artificiales, y «los modelos computacionales bioinspirados en la estructura y el funcionamiento del cerebro que emplean algoritmos, principalmente basados en el cálculo numérico, para intentar reproducir el proceso biológico del aprendizaje».

La IA simbólica, resume Carabantes López[117], fue la vía seguida por Newell, Simon o Minsky, y consiste en intentar replicar la inteligencia humana copiando la mente humana, es decir, las estructuras del pensamiento humano, su razonamiento lógico. La IA subsimbólica fue el enfoque seguido por Rosenblatt o McCarthy, y consiste en copiar el cerebro humano, es decir, las estructuras neuronales y su funcionamiento; esta aproximación subsimbólica es la que en la actualidad está cosechando mejores resultados. Existen, con todo, sistemas de IA híbridos, que combinan ambos enfoques

Esta distinción doctrinal se relaciona con la expuesta por el filósofo John Searle, que diferencia entre IA estrecha o débil, y general o fuerte *(narrow AI — general AI)*. Encuentra acogida recientemente en el *Dictamen del Comité Económico y Social sobre las consecuencias de la inteligencia artificial para el mercado* único *digital*, de 31 de mayo y 1 de junio de 2017, (2017/C 288/01). Este Dictamen acoge la distinción: La IA débil es capaz de realizar tareas específicas; la IA fuerte es capaz de realizar las mismas tareas intelectuales que un ser humano. Más adelante se profundizará en esta distinción, bastando por ahora comentar que los progresos que se han conseguido lo han sido en IA débil, gracias a los avances en capacidad de procesamiento, la disponibilidad de grandes cantidades de datos *(big data)* y sobre todo el desarrollo del aprendizaje automático *(Machine Learning)*. El aprendizaje profundo *(Deep*

116 Gómez-Pérez, *Inteligencia artificial y lengua española*, cit., p. 36.

117 Carabantes López, *Inteligencia artificial: una perspectiva filosófica*, cit., pp. 16 y ss.

Learning o DL) es una forma de *Machine Learning* que utiliza estructuras de redes neuronales basadas a grandes rasgos en el cerebro humano, que aprenden mediante el ensayo y la respuesta. El resultado de estos avances es que los sistemas de IA (por medio de algoritmos) ya pueden aprender por sí mismos, y ser autónomos y adaptativos.

Como describen los profesores de Stanford, Lemley y Casey[118], el proceso de aprendizaje mediante *Deep learning* consiste, en lugar de establecer un conjunto específico de instrucciones que debe seguir el robot, en especificar un objetivo que debe alcanzar el mismo denominado «función de optimización». Una vez establecido el objetivo deseado, se deja que el robot cree sus propios algoritmos para conseguirlo, lo que logra practicando con ejemplos ilustrativos del problema en cuestión. Inicialmente, los resultados son pobres, pero cada vez que se acerca al objetivo especificado por sus diseñadores, el robot recibe retroalimentación positiva por parte de sus adiestradores. Así, en lugar de ejecutar un conjunto inmutable de instrucciones, con este aprendizaje automático son los mismos sistemas inteligentes los que elaboran sus propios algoritmos para la consecución de los objetivos fijados, y los que toman sus propias decisiones en base a ellos, o mejor encuentran sus propias soluciones.

Apunta Coeckelbergh[119] que este autoaprendizaje se lleva a cabo por el sistema mediante la aplicación de criterios estadísticos, para el reconocimiento de patrones entre los muchos miles de datos que se le proporcionan. Una vez reconocido un patrón de respuesta adecuado, el sistema lo aplica y sigue buscando más patrones. Por ejemplo, un filtro anti-spam buscará mensajes que hablen de ofertas comerciales, descuentos, regalos o precios sin rival, y estos patrones de lenguaje le indicarán que se trata de mensajes comerciales, que debe rechazar. Un sistema de reconocimiento de fotos de gatos, al que se le proporciona una foto de un gato, buscará luego los patrones de apariencia gatuna, orejas, garras, bigotes, rabo, en miles de fotos de distintos gatos, y seleccionará la combinación adecuada de todos ellos, rechazando los patrones de apariencia de otros animales, o de bicicletas.

En la actualidad se han desarrollado redes profundas de neuronas artificiales, algunas con cientos de capas, que logran un autoaprendizaje del sistema. Aunque el autoaprendizaje puede también producirse en los sistemas expertos, la auténtica autoprogramación a partir de los resultados sólo se produce en las redes neuronales, que modifican su gestión de los datos de entrada según la aceptación de sus respuestas: esto se llama «entrenamiento» de la red neuronal, y puede ser supervisado o no supervisado.

118 Lemley, Mark A. y Casey, Bryan, «Remedies for Robots», *86 University of Chicago Law Review (2019), Stanford Law and Economics Olin Working Paper* No. 523, abril 2020, DOI: http://dx.doi.org/10.2139/ssrn.3223621.

119 Coeckelbergh, *AI Ethics*, cit., p. 84.

Sin embargo, esta capacidad de tomar sus propias decisiones (o de decidir cuál es el camino para lograr la solución al problema que se les ha propuesto) da lugar a una gran impredecibilidad y falta de transparencia decisional: a veces las conductas del sistema nos parecen sin sentido, y no hay forma de averiguar cómo se ha llegado a dicha decisión; esto se califica como efecto «caja negra» o *blackbox*[120]. Señalan Herrera, Cordón y Del Jesús[121] un ejemplo de la opacidad de los sistemas de redes profundas en un estudio dirigido por Brandon Fornwalt en el Centro Médico Geisinger, en Pennsylvania, sobre predecibilidad de fallo cardiaco en el transcurso del año siguiente a la prueba: la red fue entrenada con una gran cantidad de electrocardiogramas (1.77 millones de electrocardiogramas de casi 400.000 personas) con el objetivo de determinar quiénes tenían más probabilidades de morir en los 12 meses siguientes, y «Lo más sorprendente es que el sistema inteligente consiguió predecir el riesgo de muerte en personas cuyos electrocardiogramas habían sido considerados "normales" por los médicos. El problema en este caso es que el sistema no es capaz de explicar su proceso de razonamiento, lo que imposibilita que el experto humano pueda aprovechar el conocimiento extraído». Es decir, que el sistema acertaba, pero no era posible averiguar cuáles eran los indicadores o el patrón de datos relevante para el resultado.

Otros problemas pueden venir por la impredecibilidad de comportamientos del sistema debido a un defectuoso entrenamiento de la red o a unas instrucciones imprecisas o incompletas. Ponen Lemley y Casey otro curioso ejemplo de la impredecibilidad de los sistemas inteligentes: En 2014 un grupo de robotistas se hallaban adiestrando a un dron de vuelo automático; el dron debía sobrevolar un área circular y posicionarse en el centro exacto de dicho círculo. El caso es que, aunque se acercó en varios vuelos a dicho centro, al final el dron en lugar de volar hacia el objetivo, se salía fuera del área circular indicada. La razón, como se descubrió, es que los supervisadores, como parte del entrenamiento, cuando el dron se salía del área señalada, lo colocaban directamente en el centro del círculo, por lo cual el dron llegó por sí mismo a la conclusión de que el camino más rápido para llegar al centro del círculo consistía en salirse del área delimitada, pues enseguida aparecían unos señores muy amables que le colocaban en el lugar preciso.

Tampoco los sistemas expertos se libran del problema de la impredecibilidad derivada de las instrucciones mal entendidas (por los humanos). Un

120 Hay otro sentido del término blackbox como aparato que comenzó a usarse en los aviones, en el que se grababa el registro completo de los datos de su funcionamiento, y que resiste los choques y por ello si se recupera tras un accidente puede revelar detalles del mismo. Este tipo de dispositivo inserto en un robot o mecanismo inteligente puede también servir para grabar los datos y la secuencia de instrucciones de su memoria, para averiguar qué le ha llevado a tomar una determinada decisión.

121 Herrera, Cordón y del Jesús, «Una visión actual de la IA: Recorrido histórico, datos y aprendizaje, y responsabilidad en el diseño y uso», cit., pp. 67 y 68.

ejemplo lo relata Luis Magdalena Layos[122], cuando en un proceso de aprendizaje de deambulación de robots autónomos, las instrucciones que se daban al sistema —en un modelo de simulación— eran las de avanzar conservando los pies en contacto con el suelo (el robot no debía caer), que la posición final estuviese por delante de la inicial (avanzar) y que la desviación entre los sucesivos pasos en longitud y duración fuera mínima (los pasos debían ser parecidos entre sí): «Tras un fin de semana de trabajo, el ordenador completó el proceso... Los resultados eran sospechosos, demasiado buenos, no habíamos generado una, sino múltiples secuencias de marcha válidas, con diversas longitudes y duraciones de paso. Y cada secuencia era perfecta, formada por pasos idénticos. En efecto, demasiado bueno para ser cierto. ¿Qué había pasado? ¿Eran correctas las soluciones? En caso contrario, ¿dónde estaba el posible problema? No tardamos mucho en descubrirlo. El sistema de aprendizaje automático había seguido al pie de la letra nuestras instrucciones, había hecho exactamente lo que le pedíamos, pero había encontrado un atajo para alcanzar el objetivo... Todas las secuencias de marcha se reducían a un único paso. El robot daba un paso hacia delante y se detenía. Avanzaba sin caerse y con pasos idénticos, porque cuando solo das un paso, todos los pasos dados son idénticos».

Otro ejemplo de entrenamiento defectuoso debido a los malos datos nos lo relata Carabantes López[123]: «Hubert Dreyfus comenta el caso de una red utilizada por los militares para identificar tanques ocultos en un bosque... Suministraron al sistema una serie de fotos A de tanques en un bosque, y luego una serie de fotos B tomadas otro día del mismo bosque sin tanques... la máquina demostró ser capaz de discriminar ambos conjuntos de fotografías. Sin embargo, para asegurarse de que todo había salido bien, los investigadores tomaron más fotografías en una tanda C, y para su decepción resultó que la máquina era incapaz de discriminarlas. Tras muchas hipótesis, alguien se percató de que las primeras fotografías A con tanques habían sido tomadas en un día soleado, mientras que las B sin tanques correspondían a un día con nubes». Conclusión, lo que la IA había aprendido a discriminar era entre fotografías con sombras nítidas, hechas en día soleado, y fotografías sin sombras, propias de un día nublado. Lo que se creía que era una aptitud para diferenciar imágenes con tanques o sin tanques era en realidad la de distinguir imágenes con sombras o sin sombras. Si se le hubiera enseñado a la máquina una foto de un gorrión en día soleado, nos habría dicho que era un carro de combate.

122 MAGDALENA LAYOS, Luis, «¿Por qué debería confiar en ti (máquina)?», *La robótica y la inteligencia artificial en la nueva era de la revolución industrial 4.0*, coord. María José CRUZ BLANCA, Ignacio LLEDÓ BENITO; Francisco LLEDÓ YAGÜE (dir.), Ignacio F. BENÍTEZ ORTÚZAR (dir.), Óscar MONJE BALMASEDA (dir.), Dykinson, 2021, p. 622.

123 CARABANTES LÓPEZ, Manuel, *Inteligencia artificial: una perspectiva filosófica*, cit., p. 242.

En un artículo publicado en 1972, Joseph Weinzenbaum[124], uno de los pioneros de la IA, ponía en guardia a la sociedad en cuanto a las consecuencias indeseables del uso de los ordenadores, con las palabras del padre de la Cibernética, Norbert Wiener: «Norbert Wiener... predijo este fenómeno en un artículo notablemente presciente publicado hace más de una década: "Una comprensión inteligente del modo de actuación de las máquinas puede retrasarse hasta mucho después de que se haya completado la tarea que se le ha ordenado. Esto significa que, aunque las máquinas están teóricamente sujetas a vigilancia, tal vigilancia puede ser ineficaz hasta mucho tiempo después de que sea relevante". Esta situación, en la que ahora estamos nosotros, tiene dos consecuencias: que las primeras decisiones se toman sobre la base de normas y criterios que nadie conoce bien, y en segundo lugar que el sistema de reglas y criterios se vuelve inmune al cambio. Esto se debe a que, a falta de una comprensión detallada del funcionamiento interno de un sistema, cualquier modificación sustancial es muy probable que haga que el sistema sea inoperable».

De hecho, nos dice este autor que dicha inmunidad al cambio se traduce en que, dado que los ordenadores (y la IA que funciona en ellos) producen dependencia, y llegados a cierto punto, ya no se puede prescindir de ellos, existe un enorme riesgo de que los criterios-base se transmitan de una generación a otra. Esto, en principio, no tendría que causar problemas, pues el ser humano también transmite conocimientos de una generación a otra. Pero como el hombre es mortal, nos dice Weizenbaum, «su transmisión de conocimientos a lo largo de generaciones sufre al mismo tiempo un proceso de filtrado y acumulación. El hombre no sólo transmite conocimientos, sino que los regenera continuamente. Por mucho que lamentemos el desmoronamiento de las civilizaciones antiguas, sabemos, sin embargo, que la gloria del hombre reside tanto en la evolución de sus culturas como en la de su cerebro. El uso imprudente de sistemas informáticos cada vez mayores y más complejos bien podría detener este proceso. Bien podría reemplazar el flujo y reflujo de la cultura con un mundo sin valores, un mundo en el que lo que cuenta como un hecho haya sido determinado hace mucho tiempo y fijado para siempre».

Errores y problemas aparte, en la actualidad se trata de hacer que la máquina aprenda por sí misma los modos de actuación correctos que resuelvan las tareas que se le imponen, habiéndose logrado grandes resultados en el reconocimiento del lenguaje natural, traducción automática y reconocimiento visual, llegando a la identificación de rasgos humanos o incluso de senti-

124 WEIZENBAUM, Joseph, «On the Impact of the Computer on Society», *Science, New Series, 176/4035, p. 609-614*. publicado on line en *Socio-antropologíe* [Online, 47, 2023, disponible el 31 de mayo de 2023, URL: http://journals.openedition.org/socio-antropología/13631; DOI: https://doi.org/10.4000/socio-antropología.13631

mientos. Pionero en la utilización de este modelo de aprendizaje-máquina lo fue el sistema *AlphaGo*, campeón en el juego del *Go*.

Hoy ya forman parte de nuestra rutina los asistentes como *Siri* o *Alexa*, que obedecen órdenes dadas en lenguaje natural. La utilización de la IA en medicina permite mejorar los diagnósticos, detectar imágenes de patógenos con mayor precisión que el ojo humano, y personalizar los tratamientos. En el transporte destacan los sistemas de conducción, navegación y vuelo automáticos, que revolucionarán el sector; está incidiendo también la IA en el campo de la educación, y en el de las finanzas.

Además, todo ello incluso mejorará, se nos dice, cuando se logre alcanzar una verdadera inteligencia, una IA similar a la humana (si es que esto es posible).

1.4.4. La genuina inteligencia: inteligencia fuerte y débil

Sobre estas bases, y admitida la existencia de máquinas que replican actividades inteligentes cada vez más semejantes a las que llevaría a cabo un ser humano, se plantea si la IA ha alcanzado (o si puede alcanzar algún día) el estado de IA «fuerte», o «general», que, como vimos, es la denominación que designa a la IA que es ya indistinguible de la humana, porque se enfrenta a la generalidad de los problemas que puede resolver un ser humano. Se opone ésta a la también mencionada IA «débil» o estrecha, especializada en la resolución de algún tipo o grupo de problemas, exclusivamente: por ejemplo, el sistema *Deep Blue*, capaz de vencer en el ajedrez al campeón mundial, pero incapaz de hacer cualquier otra cosa.

Los catedráticos Herrera, Cordón y Del Jesús[125] exponen que, desde un punto de vista especializado, se habla de IA débil o estrecha cuando se alude a sistemas informáticos que desarrollan conductas inteligentes para la realización de tareas concretas, y precisan que a estos sistemas hay que denominarlos «Inteligencias de propósito específico». En cambio, la IA fuerte o general es la futura y esperada IA que sea capaz de realizar con éxito cualquier tarea intelectual propia de un ser humano, es decir, «máquinas que piensen. Son las dos caras de la moneda sobre la inteligencia vista como una "actuación inteligente racional" versus "sistemas que piensen como humanos"».

Por su parte, Asunción Gómez-Pérez[126] define la Inteligencia artificial general como «aquella que puede imitar por completo todas las capacidades relacionadas con la inteligencia, como la resolución de tareas complicadas y

125 HERRERA, CORDÓN, DEL JESÚS, «Una visión actual de la IA: Recorrido histórico, datos y aprendizaje, y responsabilidad en el diseño y uso», cit., p. 54.

126 GÓMEZ-PÉREZ, *Inteligencia artificial y lengua española*, cit., p. 24.

heterogéneas, la planificación, el aprendizaje, el razonamiento o la capacidad de abstraer y generalizar».

Sin embargo, una cosa es aceptar la posibilidad de una IA que emula a la inteligencia humana, incluso en la capacidad de aprender, y otra muy distinta conferir a dicha IA una condición verdaderamente humana y general. El citado Bostrom[127] nos advierte de que una IA no tiene por qué ser igual a una inteligencia humana: «Las IA podrían ser —de hecho, esto es lo más probable— extremadamente distintas. Deberíamos esperar que tengan arquitecturas cognitivas muy diferentes a las inteligencias biológicas... Además, los objetivos sistémicos de las IAs podrían diferir radicalmente de los seres humanos. No hay motivo para esperar que una IA genérica esté motivada por el amor o el odio o el orgullo o algún otro típico sentimiento humano».

La carencia de sentido del mensaje emitido por un sistema de IA se puso de relieve por John Searle[128], que se lanza a demostrar la imposibilidad de una IA «fuerte» señalando que la actividad de cualquier ordenador es una actividad de manipulación de símbolos que sólo tiene en cuenta sus aspectos sintácticos o formales (si son 0 o 1, si tiene que pasar al siguiente dígito o reescribirlo) pero no atiende a su semántica, a su significado, mientras que las mentes humanas se mueven precisamente atendiendo al significado de los símbolos que manejan. Esto dicho, procede el autor a un sencillo silogismo: 1.º Los programas de ordenador son enteramente sintácticos. 2.º Las mentes humanas tienen una semántica. 3.º La sintaxis por sí sola no puede establecer una semántica. Conclusión: Los ordenadores no son —no pueden ser— mentes humanas.

Searle ilustra esta afirmación con lo que llama «El experimento de la habitación china», dejemos que sea el autor quien nos lo relate: «Imaginen que llevan a cabo los pasos señalados por un programa para responder preguntas en una lengua que no comprenden. Yo no entiendo chino, así que me imagino encerrado en una habitación con un montón de cajas de símbolos chinos (la base de datos), recibo pequeños manojos de símbolos chinos (preguntas en chino) y miro el libro de reglas (el programa) ...Ejecuto ciertas operaciones en los símbolos de acuerdo con esas reglas (es decir, llevo a cabo los pasos del programa) y devuelvo pequeños manojos de símbolos (respuestas a las preguntas) a los que están fuera de la habitación». El operador humano en este caso se comporta exactamente como lo haría un ordenador, pero en realidad no entiende una palabra de chino. De acuerdo con esto, el ordenador, lo mismo que el humano en la habitación china, no «sabe» lo que hace, su comportamiento, verbal en este caso, para él, no tiene un significado, aunque para los de fuera de la habitación parezca tenerlo. Y tampoco los demás comportamientos y objetivos que el robot consiga tendrán sentido para el que los realiza.

127 Bostrom, *Superinteligencia*, cit., pág. 29.

128 Searle, John, *El misterio de la conciencia*, Paidos, Barcelona, 2000, págs. 24 y ss.

Es la mera apariencia de sentido la que nos impulsa a atribuir al robot una inteligencia humana y consciente, una conciencia, en suma. Searle apunta a la inexistencia en la máquina inteligente de esta característica que hemos ligado siempre a la especie y a la mente humanas, y por lo tanto a su inteligencia: el tener una conciencia, un «yo», o «yo mismo», eso que también llamamos espíritu o «alma», que todos y cada uno estamos segurísimos de tener, pero que ninguno podamos concretar en qué consiste. Y esta falta de conciencia, de sentido del «yo», determina, en consecuencia, la falta de finalidad, de voluntad o de auténtica comprensión del sentido que tienen las actividades de un sistema inteligente: Sus actuaciones, aunque parezcan inteligentes, no generan una experiencia subjetiva consciente (llamadas *qualia)*[129], con sentido y significado para el ente que la realiza. Luego las máquinas, como no saben lo que hacen, no tienen auténtica inteligencia, cualidad que sigue reservada a los seres humanos.

Searle apunta que lo que constituye la radical diferencia de la comunicación de la máquina con la comunicación humana, es la falta de sentido de la de la máquina, diferencia que ya fue puesta de relieva con anterioridad por Joseph Weizenbaum. Sin embargo, también demuestra su experimento de la habitación china que no es necesaria la comprensión, el sentido o la conciencia para obtener resultados inteligentes de una actividad de manipulación simbólica, y que es posible interactuar con una máquina pese a su falta de conciencia.

Esto último se demostró ya por Weizenbaum, que escribió en 1966 un programa conversacional llamado ELIZA (como ya vimos, por Eliza Doolittle, la protagonista de la obra de Bernard Shaw, *Pygmalion*), que simulaba ser un siquiatra, adquiriendo gran fama. Pero esto no impidió al autor a relativizar su logro y dejar bien sentado que se estaba ante una mera manipulación del lenguaje sin voluntad ni sentido reales: «Una de las posiciones que pretendo argumentar parece engañosamente obvia: es simplemente que hay diferencias importantes entre los hombres y las máquinas como pensadores. Yo sostengo que, por muy inteligentes que sean las máquinas, hay algunos actos de pensamiento que deberían ser intentados sólo por los seres humanos... Se puede perdonar al lector no especializado que se muestre más que ligeramente incrédulo sobre el que alguien sostenga que el pensamiento humano sea totalmente computable. Pero su misma incredulidad puede ser un signo de lo maravillosamente sutil y lo seductoramente que la ciencia moderna ha llegado a influir en la construcción imaginativa de la realidad»[130]. Pues bien,

129 El término *qualia* alude más exactamente a las propiedades subjetivas de la experiencia consciente del tipo que sea: visual, olfativa, auditiva... Estas propiedades conforman la fenomenología de la experiencia consciente, como señala Anil Seth (*La creación del yo. Una nueva ciencia de la conciencia*, Sexto Piso, Madrid, 2.ª edición, 2023, p. 25).

130 WEIZENBAUM, Joseph, *Computer Power and Human Reason. From Judgment to Calculation,* San Francisco: W.H. Freeman and Company, 1976, p. 13. En esta obra el autor hace una

señalaba este autor el problema de la vinculación emocional que, sin sentido alguno, se establecía entre los usuarios de ELIZA y el citado programa. Y, de hecho, cuando fue desconectado (consumía demasiados recursos de computación en una época de máquinas caras y lentas) hubo protestas entre los investigadores.

Señala Larson[131] que tampoco los modernos sistemas de procesamiento del lenguaje logran equipararse con la inteligencia humana, sobre todo por esta falta de apreciación del sentido de las palabras: los sistemas inteligentes manejan bien la sintaxis del lenguaje, pero fallan en la semántica, el significado del mensaje. Para demostrarlo, utiliza el caso del bot conversacional «Eugene Goostman», que en 2014 se presentó al Premio Loebner, establecido para sistemas que consigan pasar el Test de Turing, fingiendo ser un muchacho ucraniano de 13 años. El bot logró hacerse pasar por humano ante (solamente) el 33 % de los examinadores en un Test de Turing organizado por la *Royal Society* londinense en la Universidad de Reading. Frente a quienes entendieron que el bot había superado dicho test, opina Larson que el sistema era un fraude, porque aquéllas preguntas cuya respuesta no podía encontrar entre sus datos o en Internet eran respondidas desviando la atención de los examinadores mediante bromas, sarcasmos o dando rodeos, es decir, recurriendo a trucos para engañar y ocultar que no estaba dando una respuesta directa. Lo que no es sino enmascarar el verdadero problema: que la IA no entiende el sentido de lo que se le pregunta (ni el de la respuesta que da).

Para detectar inteligencias que realmente alcancen un nivel conversacional humano (que lo imiten), estima Larson que el Test de Turing se queda corto, y lo que hay que emplear son «esquemas de Winograd», que son preguntas sencillas pero cuya respuesta exige una buena comprensión del sentido de las palabras. Pone como ejemplo la frase: *Los concejales del pueblo se negaron a conceder un permiso a los manifestantes rabiosos porque temían que hubiera violencia.* Aquí hay que preguntar ¿Quién temía la violencia, los concejales o los manifestantes? Un ser humano responde tranquilamente que los concejales, pero una máquina, puesto que sintácticamente la expresión «temían que hubiera violencia» se puede aplicar tanto a unos como a otros, no sabe qué responder.

Estas ideas influyen en la doctrina, y así autores como Guilhem Julia[132] consideran que hablar de inteligencia en estos casos no es más que una ilu-

---

advertencia en cuanto a la concepción mecanicista del ser humano, puesto que entiende que la realidad humana es de distinta categoría que la puramente formal de los conceptos científicos. Consulta marzo 2021 en: https://www.bookzz.ren/bookzz/2190555/082e98

131 Larson, *El mito de la Inteligencia artificial...* cit., p. 228.

132 Julia, Guilhem, «L'illusion de l'intelligence artificielle», en *Lex robotica. Le Droit à l'épreuve de la robotique*, Lextenso éditions — LGDJ, Issy-les-Molineaux, 2018, págs. 74-75.

sión: «La inteligencia artificial no es nada más que lo que pretende ser: una simulación de ciertas facultades humanas calificadas como inteligentes. El especialista en el tema Jean-Gabriel Ganascia ha escrito que: "La finalidad de la inteligencia artificial no era la de reproducir un cerebro, sino la de reproducir las capacidades cognitivas humanas". Ahora bien, lo que parece o simula ser humano es porque no lo es». Más adelante, el autor interpreta el Test de Turing como una imitación de la realidad que no se confunde con la realidad misma. Por su parte, el informático Luc Julia[133] mantiene que no se puede hablar de genuina inteligencia en las máquinas y que todo lo más tendríamos que hablar de *Inteligencia aumentada*: «Todo se produce por causa de un malentendido sobre la denominación misma de la disciplina... Sostengo que la inteligencia artificial no existe. Si tenemos que conservar el acrónimo IA, éste no debe significar *Inteligencia artificial*, sino *Inteligencia aumentada*».

Sin embargo, existe una fuerte crítica en contra del argumento de la habitación china, así Copeland[134], que señala que el principal error de Searle está en incidir en la consideración de un solo elemento del sistema (el ser encerrado en la habitación) e ignorar el conjunto formado por todos los componentes del sistema (las cajas de símbolos, el libro de reglas, las ranuras de entrada y salida), conjunto que sí podemos decir que entiende el chino.

Como nos advierte Pompeu Casanovas[135], en realidad la IA no ha buscado reproducir el pensamiento humano, sólo el *mecanismo* del pensamiento *in abstracto*, con la finalidad de obtener unos resultados análogos a los que obtenemos de nuestra inteligencia: «El modelo, pues, es lo importante aquí, no el objeto analógico del que parte. "Para alcanzar el nivel de la inteligencia humana, se requiere la propiedad de la autoconciencia —declaraba recientemente John McCarthy (2006) reflexionando sobre el camino recorrido desde el seminario de verano de Dartmouth (1956) donde nació el término inteligencia artificial—. Éste no es su objetivo. Al menos para Simon y Newell, la IA se basó desde el principio en cadenas simbólicas recursivas expresables algebraicamente"». Es decir, que el manejo de símbolos sin entrar en su sentido es la base, precisamente, de la inteligencia artificial, que no tiene por qué ser equivalente a la humana. El sentido lo pone el contexto, y esta es la crítica fundamental[136] al «enigma de la habitación china» de Searle. Tenemos un ejemplo

133 JULIA, LUC, *L'intelligence artificielle n'existe pas*, Éditions J'ai Lu, 2020, pág. 96.

134 COPELAND, *Inteligencia Artificial*, cit., págs. 195 y ss.

135 CASANOVAS, Pompeu, «Inteligencia Artificial y Derecho a vuelapluma», cit., págs. 204.

136 Y al comienzo de su estudio nos dice Casanovas: «La pregunta de si los ordenadores pueden pensar, presenta el mismo problema que el de la definición de inteligencia. Plantea un problema que sólo tiene sentido en el terreno de la filosofía del lenguaje o de la ciencia, pero no en el de la ciencia como lenguaje. Interesante, pero fuera del objetivo científico o técnico de las ciencias del diseño o de la computación. Comparte el nivel del estatuto epistemológico del test de Turing. Visto desde el sistema resultante de componentes externos e internos —y no como un cerebro— es claro que la habitación china imaginada

de esta crítica en el traductor de Google, que para traducir un texto, no necesita conocer ni comprender las reglas de la gramática de un idioma, porque, como nos dice Manuel González Meneses[137], «su procedimiento de traducción no es nomológico sino empírico y estadístico, basado en la comparación y análisis matemático de masas enormes de textos como meras sucesiones de caracteres; y por ello mismo, tampoco requiere de conocimiento semántico alguno —sobre lo que significan para alguien esos textos que traduce—, ni tampoco de lo que los lingüistas conocen como "pragmática" —qué pretende conseguir nuestra expresión lingüística de su destinatario—».

Así, autores como Wallach y Allen[138] creen que el argumento de Searle es irrelevante, pues no marca ninguna diferencia de comportamiento entre un sistema sea inteligente y otro que actúe como tal: «Por tanto, su concepción acerca de la comprensión consciente e intencional es simplemente irrelevante para la cuestión práctica de hacer que los robots se comporten éticamente». En realidad, el Test de Turing fue construido por el genial matemático para dejar de cuestionarse la necesidad de conciencia para la aceptación del comportamiento inteligente del ordenador como genuinamente inteligente. Turing venía a decir que la única manera que tenemos de saber si la máquina se da cuenta de lo que hace, si es consciente, es ser la máquina misma, y el Test de Turing sería una navaja de Occam para rechazar discusiones que no pueden ser comprobadas.

Niega por tanto Casanovas que la ausencia de sentido y de valoración sea un punto de crítica válido del pensamiento artificial, puesto que nunca se pretendió tal cosa, y así en cuanto al razonamiento jurídico nos advierte en contra de la «falacia mimética» respecto de los programas de razonamiento jurídico: «...no se trata de que ningún programa razone *como un jurista* o *como un juez*, sino de que sus resultados puedan incardinarse de forma inteligente en las tareas cotidianas que realizan los jueces y abogados». Ahora bien, esta forma de pensar es, en realidad, un argumento en contra y no a favor de la subjetividad robótica: Si son los resultados inteligentes los que cuentan, y su inteligencia se la presta el contexto humano en el que se producen, entonces el robot no es realmente un sujeto pensante, es un mero instrumento de producción de resultados adecuados. La IA en realidad una mera herramienta, y atribuirle cualquier subjetividad es un error.

Por su parte, Carabantes López[139] sigue la distinción entre IA simbólica y subsimbólica, detallando las razones por las que resulta difícil, si no impo-

---

por Searle puede "pensar", en el sentido de transformar la información a partir de estadios sucesivos».

137 González Meneses García-Valdecasas, Manuel, «Big Data y Machine Learning ¿El fin del método jurídico?», *El notario del siglo XXI*, enero/febrero 2024 n.° 113, p. 21.

138 Wallach y Allen, *Moral Machines. Teaching robots right from wrong*, cit., pág. 58.

139 Carabantes López, Manuel, *Inteligencia artificial: una perspectiva filosófica*, cit., pp. 307 y ss.

sible, alcanzar dicha IA fuerte con la técnica simbólica de la imitación de la mente o el razonamiento humano. Así, con el filósofo Richard Dreyfus advierte que no es posible codificar en un número razonable de reglas a la multitud de contextos en los que se mueve la inteligencia humana, y que dan sentido a sus resultados. Señala asimismo que hay procesos cognitivos que la IA simbólica no puede alcanzar, como son los que se sitúan en la periferia de la conciencia (intuiciones), la tolerancia a la ambigüedad (reconocimiento de contradicciones), la discriminación del dato esencial y la «agrupación perspicaz» (similitudes y diferencias). Fallan los cuatro presupuestos necesarios para lograr una IA, que son el *biológico*, puesto que el cerebro no es un ordenador, el *psicológico*, ya que la mente no es como un software, un programa de ordenador, el *epistemológico*, puesto que no se puede codificar toda la inteligencia en un sistema de símbolos, y el *ontológico*, pues el mundo no puede describirse mediante sistemas formales.

Frente a la vía de la IA subsimbólica, Carabantes señala las enormes diferencias entre el funcionamiento del cerebro humano y el de una red neuronal, y con Rumelhart y Churchland concreta las siguientes: dependencia de la capacidad de generalizar de la red del número de capas ocultas, número de conexiones de entrada y salida reducido y ausencia de conexiones horizontales, variabilidad de efecto de las sinapsis, variedad de arquitecturas, y, en cuanto a la capacidad de aprendizaje, dependencia de la regla delta generalizada de la retropropagación del error, así como menores velocidades de adquisición y ejecución.

Alcanzar la IA fuerte por la vía de la IA simbólica, nos dice Carabantes, es imposible fundamentalmente por razones epistemológicas de imposibilidad de alcanzar la codificación simbólica de todas las circunstancias e impulsos que mueven al ser humano. La vía de la IA subsimbólica aparece como una posibilidad de extraordinaria dificultad, pero no es imposible.

De acuerdo con lo examinado, la «inteligencia fuerte» y la esencia de lo humano está en observar comportamientos conscientes, en la posesión de una conciencia; es decir, está no sólo en conseguir objetivos de un modo inteligente, sino en reconocer el sentido y finalidad de los objetivos y resultados inteligentes que se consiguen.

1.4.5. La inteligencia general: obstáculos de principio

En esta línea de la dificultad de llegar a una genuina inteligencia por medio de una máquina, señala Erik J. Larson[140] un argumento en contra de la verdadera inteligencia de las redes neuronales o IA subsimbólica, y es el que sus conocimientos y habilidades se han adquirido a partir de los datos existentes en dicho momento, pero sin haber alcanzado la más mínima comprensión de

140 LARSON, *El mito de la Inteligencia artificial...* cit., p. 170.

los mismos. Además, este aprendizaje sobre datos históricos se ve aquejado del problema de todo método inductivo, que da lugar a que se concluya que cualquier respuesta futura tiene que ser similar a los datos del pasado, y esto no tiene que ser así, especialmente cuando se trata de cuestiones nuevas que no han sido tratadas con anterioridad. Nos dice Larson al respecto que «no debería sorprendernos, por tanto, que esos métodos... padezcan también todos los problemas de la inducción. Los datos sólo son hechos que han sido observados y almacenados... Y la observación de hechos, por mucho que los analicemos, no nos conduce a una comprensión general ni a la inteligencia».

En la medida en que la IA está basada en la combinación de *big data* y *machine learning*, no puede ir más allá de los datos, por lo que la insuficiencia de esta tecnología para generar una verdadera inteligencia, una real capacidad cognitiva, sería estructural. Es por ejemplo el caso de los grandes modelos de lenguaje o modelos generativos, que únicamente conocen la frecuencia de utilización de determinados términos, y los aplican según su probabilidad de uso, pero no pueden manejar términos nuevos, ni crearlos ni, dada su ínfima frecuencia, utilizarlos.

Por tanto, el problema del conocimiento no es cuantitativo, y la disponibilidad de más datos nos puede ayudar a detectar que un determinado modelo explicativo es erróneo, pero no ofrece por sí sola una nueva explicación. Un ejemplo que pone Larson[141] es el siguiente: si una IA tuviese que analizar el sistema geocéntrico de Tolomeo, antes que Copérnico hubiese expuesto sus teorías, nunca hubiera llegado al sistema heliocéntrico, porque todos los *big data* que hubiera analizado le hubieran confirmado la validez del primer sistema, y todavía no existiría ningún dato sobre la teoría heliocéntrica, por lo que tampoco el sistema de IA podría haber avanzado dicha hipótesis: las IA no pueden dar estos saltos en el vacío que son las conjeturas. Critica por ello Larson estos macrodatos o *big data*, que en su momento sirvieron para hacer avanzar a la IA en el reconocimiento de patrones, pero que ahora ceden el protagonismo al algoritmo como verdadero motor de la IA.

Otro obstáculo que destaca Larson[142] es la falta de sensatez de los sistemas inteligentes, entendida como una falta de comprensión del mundo real en su conjunto, como ya puso de relieve el investigador del MIT Yehoshua Bar-Hillel en un famoso informe de 1966 sobre los sistemas de traducción automática. Insisten en esta idea López de Mántaras y Meseguer[143], que como ya vimos, advierten, desde un punto de vista técnico, de que la IA carece de lo que cada uno de nosotros (en nuestra propia opinión) andamos sobrados: el sentido común, que es otra manera de llamar a la sensatez. Y señalan que la IA permanece atascada desde hace más de cincuenta años en la tarea de

141 LARSON, *El mito de la Inteligencia artificial...* cit., p. 126.

142 LARSON, *El mito de la Inteligencia artificial...* cit., p. 68.

143 LÓPEZ DE MÁNTARAS BADIA, y MESEGUER GONZÁLEZ, *Inteligencia artificial*, cit., pág. 149.

dotar de sentido común a las máquinas, y así lograr una IA «fuerte» o «general». El notario Manuel González Meneses[144], sobre las ideas de Erik Larson, señala que quienes anuncian el advenimiento de una Superinteligencia artificial están sobrevalorando la IA y minusvalorando la inteligencia natural humana. Advierte además, como también nos recuerdan López de Mántaras y Meseguer, que los espectaculares avances en IA «...que tanta excitación están suscitando últimamente son solo manifestaciones de una IA estrecha, capaz de resolver problemas particulares —reconocimiento facial, clasificación de objetos, personalización de contenidos, transcripción de voz, traducción e incluso generación de texto y de imágenes—, pero que no nos acercan realmente a una IA de tipo general o humano, pues para lograr esta es necesario superar obstáculos que ahora mismo no sabemos ni cómo tratar».

Como explica Larson[145], esta tarea de programar sentido común en las máquinas fue una de las empresas que con menos éxito culminaron los investigadores en los años 90 al intentar el procesamiento del lenguaje natural. Se trataba de completar enormes bases de datos de conocimientos de sentido común, denominadas «marcos de descripción de recursos», que se componían de frases sencillas del tipo sujeto-verbo-predicado, denominadas tripletes, para que las utilizaran los sistemas. Eran afirmaciones del estilo «La lluvia es agua», «el agua moja las calles», «Cuando llueve las calles están mojadas». El problema, nos indica Larson, es doble, en primer lugar, que se trata de conocimientos adquiridos por la experiencia que los humanos almacenamos en algún lugar de la memoria y que sólo los hacemos conscientes cuando las circunstancias lo exigen. En segundo lugar, que este conocimiento del mundo en su totalidad es inabarcable, de manera que resulta una tarea imposible de culminar: «llenar una base informática de conocimiento con afirmaciones expresadas en forma de proposiciones (dentro de una lógica) es una tarea interminable». Larson nos dice que es el problema del pozo sin fondo, que motivó que la investigación en este campo se abandonase. Considera que la esencia de la inteligencia humana está en lo que Charles Sanders Peirce llamó la abducción, que consiste en nuestra habilidad para conjeturar, para concebir una hipótesis explicativa a la vista de unos determinados datos.

Esta capacidad de abducir, de crear hipótesis, no solo es el motor de la innovación científica, sino que está presente en toda nuestra actividad inteligente cotidiana. Señala Larson[146] como conclusión que el pensamiento inteligente implica un conocimiento «capaz de ir más allá de la observación directa, pero la manera en que adquirimos ese conocimiento es un misterio,

144 GONZÁLEZ MENESES GARCÍA-VALDECASAS, Manuel, «Big Data y Machine Learning ¿El fin del método jurídico?», *El notario del siglo XXI*, enero/febrero 2024 n.º 113, p. 16.

145 LARSON, *El mito de la Inteligencia artificial...* cit., p. 210 y ss.

146 LARSON, *El mito de la Inteligencia artificial...* cit., p. 227.

igual que la manera en que aplicamos el conocimiento adecuado en el momento oportuno a un problema. Ni la inducción ni la deducción sirven para arrojar luz sobre ese misterio central de la inteligencia humana»[147]. La inferencia abductiva o conjetura de la que habla Peirce sí que permite conseguir resultados inteligentes humanos; pero no sabemos cómo programarla en las máquinas, nos advierte el autor.

Esta ausencia de sentido común y de capacidad conjetural da lugar a la ya citada «Paradoja de Moravec», que da cuenta de la imposibilidad de un sistema de IA de manejarse bien en situaciones cotidianas del mundo real. Concreta el citado Moravec[148] esta paradoja del siguiente modo: «Por desgracia para los robots humanoides, lo que peor hacen los ordenadores son las cosas más naturales para los seres humanos: ver, oír, manipular objetos, aprender idiomas y razonar con sentido común. Esta dicotomía —las máquinas hacen bien cosas que a los humanos nos resultan muy difíciles, mientras que hacen mal las cosas que nos resultan más fáciles— es una ayuda enorme para resolver el problema de construir una máquina inteligente». Y más adelante señala: «...se ha visto que es relativamente sencillo hacer que los ordenadores tengan la capacidad de los adultos para resolver problemas... pero que es difícil, por no decir imposible, dotarles de la capacidad de percepción y movilidad de un niño de un año».

Esta incapacidad de la máquina para resolver cuestiones generales no especializadas se relaciona con el llamado «problema del marco» o *frame problem*, (ya aludido en 1.4.1), y con la dificultad de establecer excepciones a la regla general. En este sentido, Carabantes López[149] señala que otros dos problemas añadidos al logro de una IA verdaderamente humana están en que no se pueden superar los obstáculos que McCarthy llamó del «frame problem» y el de la «qualification problem»: el primero consiste en la imposibilidad que encuentra un sistema de IA en tener en cuenta todas las circunstancias concurrentes en una situación para resolver un problema, y el segundo radica en la imposibilidad de seguir reglas generales para la resolución de problemas sin tener en cuenta las excepciones, y luego las excepciones a las excepciones.

147 Con anterioridad, Larson ha explicado que la deducción mediante reglas lógicas de verdades de la vida corriente exige la conformación de enormes enciclopedias (ontologías) de datos sin relevancia, lo que constituye una labor inacabable; la inducción de hechos a partir de los datos de la realidad, mediante el examen de la frecuencia probabilística de los sucesos, exige igualmente coleccionar una inacabable serie de hechos y su frecuencia, aparte de que esta inducción no puede conseguir ningún resultado cuando la situación es nueva, porque se basa en datos del pasado.

148 Moravec, Hans, *El hombre mecánico. El futuro de la robótica y la inteligencia humana*, Biblioteca Científica Salvat, Salvat Editores, S.A., Barcelona, 1993, pág. 5.

149 Carabantes López, Manuel, *Inteligencia artificial: una perspectiva filosófica*, Escolar y Mayo editores, Madrid, 2016, pp. 227 y ss.

En otro estudio, el misno Carabantes López[150] da cuenta de una imposibilidad esencial de una genuina IA «fuerte», y esto debido a que los ordenadores funcionan mediante procesos simbólicos meramente proposicionales, mientras que existen cuatro facultades intelectuales humanas que no son reproducibles mediante un discurso simbólico, es decir, proposicional, porque en todas ellas la mente opera sobre la base de procesos cerebrales inconscientes, de los que no emerge correlato mental: son las facultades del sentido de la situación, el sentido común, las habilidades procedimentales y la abducción de teorías. Estas carencias se traducen en una falta de flexibilidad para afrontar todas las «ocurrencias de la vida», lo que se traduce, en los actuales algoritmos de IA, nos dice Carabantes[151], en el problema de la *limitación de dominio* (similar al *frame problem*), que significa que estas máquinas son competentes sólo en ciertas tareas, más allá de las cuales son incapaces de hacer nada. Y pone a continuación el ejemplo que ya hemos visto de la anécdota de la derrota de Garry Kasparov por el sistema *Deep Blue*: después de ganar al campeón humano, quien tuvo que hablar con los periodistas fue ...Kasparov, naturalmente, porque Deep Blue sólo jugaba al ajedrez, y ni siquiera sabía hablar sobre el ajedrez mismo.

Esta restricción de la máquina frente a la polivalencia de la inteligencia humana ya fue detectada por René Descartes, que señalaba en su *Discurso del método* dos medios para diferenciar claramente al autómata del ser humano. El primero de los obstáculos, la falta de lenguaje, desaparece con la actual tecnología robótica, que reproduce el lenguaje humano, escrito y oral (prescindiendo de si tiene o no sentido e intencionalidad). Pero está el segundo argumento, que sigue valiendo hoy; nos dice Descartes: «El segundo medio es que, aunque las citadas máquinas hiciesen muchas cosas tan bien o quizá mejor que ninguno de nosotros, fallarían indefectiblemente en algunas otras, por las cuales se descubriría que no obran por conocimiento, sino solamente por la disposición de sus órganos, porque, mientras que la razón es un instrumento universal que puede servir en toda clase de eventos, esos órganos tienen necesidad de alguna disposición particular para cada acción particular; de donde se sigue que es moralmente imposible que una máquina las tenga en número suficiente para permitirle obrar en todas las ocurrencias de la vida de la misma manera que nuestra razón nos lo permite...»[152]. Si en

150 Carabantes López, «Cuatro problemas irresolubles de la IA simbólica», *Revista de Filosofía*, vol. 40, n.º 1 (2015), p. 86 y ss.

151 Carabantes López, «El pronóstico de Descartes ...», cit., pág. 203. Sin embargo, añade también este autor que el argumento del lenguaje y la limitación de dominio sirve para la IA simbólica, pero que en la actualidad el ordenador puede replicar el funcionamiento formal de un cerebro, lo que califica de IA subsimbólica.

152 Descartes, René, *Discurso del método*, Ediciones Orbis, Barcelona, 1983, págs. 92-93. Sin embargo, el dualismo, el de Descartes y el concepto mismo, fue combatido por Baruch Spinoza (de familia hispano-portuguesa), que identificaba el alma con una función cerebral: «Proposición XLVIII. No hay en el alma ninguna voluntad absoluta o libre, sino

lugar de «disposición de órganos» leemos «algoritmo o programación», ya tenemos un argumento para mantener el freno de la limitación de dominio frente la posibilidad de existencia de un «algoritmo de la totalidad». No lo hay, lo que hay en los seres humanos es un sistema de gestión de la conducta y los fines llamado «conciencia» o «yo» que nos sirve para manejar nuestra vida cognitiva y obtener los fines que nos proponemos.

Nos lo explica Carabantes López[153]: «En la quinta parte del Discurso del método, publicado por primera vez en 1637, Descartes traza una línea divisoria entre el ser humano y las máquinas que hoy, cuatro siglos después y con toda la tecnología a nuestro alcance, no ha sido traspasada... Descartes concluye que sería posible mediante ingeniería reproducir la apariencia física de cualquier ser vivo... De los animales, dice, además de la apariencia, podría duplicarse toda su conducta. Y de los seres humanos, casi toda ella, a excepción de dos facultades observables que, por ser exclusivas del alma, no es moralmente posible que se puedan recrear manipulando la materia». Por este motivo, aunque los ordenadores pueden superar en potencia de cálculo a cualquier ser humano, no saben superar problemas de la vida práctica que resolvería un niño. Por tanto, la identificación de un sistema inteligente con

que el alma es determinada a querer esto o aquello por una causa que también es determinada por otra, y ésta a su vez por otra, y así hasta el infinito. Demostración. El alma es un cierto y determinado modo del pensar... y de esta suerte... no puede ser causa libre de sus acciones...». Y más adelante nos dice: «...a saber, que alma y cuerpo es una y la misma cosa, que es concebida ora bajo el atributo del pensamiento ora bajo el de la extensión. De donde resulta que el orden o concatenación de las cosas es uno solo, ya se conciba la naturaleza bajo este ya bajo aquel atributo, y que por tanto el orden de las acciones y las pasiones de nuestro cuerpo es simultáneo en naturaleza con el orden de las acciones y las pasiones del alma... Pero, aunque estas cosas son tan obvias que no queda motivo alguno de duda, apenas si puedo creer que, si no las confirmo por la experiencia, es muy difícil convencer a los hombres de que las sopesen sin prejuicios, hasta tal punto están persuadidos firmemente de que el cuerpo se mueve o reposa al más mínimo mandato del alma, y de que hace muchísimas cosas que tan sólo dependen de la voluntad del alma y de la capacidad de pensamiento. Nadie, en efecto, ha determinado ahora qué puede el cuerpo, esto es, a nadie hasta ahora le ha enseñado la experiencia qué puede hacer el cuerpo por las solas leyes de la naturaleza, considerada como puramente corpórea, y qué no puede a menos que sea determinado por el alma. Pues nadie hasta ahora ha conocido la fábrica del cuerpo con tal precisión que haya podido explicar todas sus funciones, por no mencionar siquiera que en los brutos se observan muchas cosas que superan con mucho la sagacidad humana, y que los sonámbulos realizan en sueños muchísimas cosas que no osarían hacer despiertos; lo cual muestra bastante bien que el mismo cuerpo, por las solas leyes de su naturaleza, puede muchas cosas que su alma admira... De donde se sigue que, cuando los hombres dicen que esta o aquella acción del cuerpo procede del alma que tiene dominio sobre el cuerpo, no saben lo que dicen y no hacen sino confesar con especiosas palabras que ignoran la verdadera causa de aquella acción que no les sorprende nada». Spinoza, Baruch, *Etica demostrada según el orden geométrico*, Ediciones Orbis, Barcelona, 1984, págs. 155-156 y 171-172.

153 Carabantes López, Manuel, «El pronóstico de Descartes sobre los problemas de la Inteligencia Artificial», *SCIO. Revista de Filosofía*, n.º 12, noviembre 2016, pág. 202.

el cerebro humano es, hoy por hoy, una ilusión. Y la cualidad que distingue una actuación inteligente humana de otra producida por una máquina está en el sentido y finalidad de la primera, que proviene de haber sido producidas por una mente que está gestionada por una conciencia o un «yo», mientras que la mente robótica carece de este gestor o algoritmo de la totalidad que sí poseemos los humanos.

A estos obstáculos al logro de una verdadera inteligencia hay que añadir otra dificultad que según se afirma por científicos como Penrose, es insalvable para un sistema inteligente: Se trata de la de la resolución de las cuestiones de *autorreferencia*, en concreto la solución del Teorema de Gödel, que afirma la existencia de proposiciones que, siendo verdaderas, no son demostrables, lo que contradice la igualdad entre verdad y demostrabilidad. Estima este autor en base al Teorema de Gödel (como reproduce Searle)[154], que puede haber proposiciones matemáticas que sean indemostrables, aunque para el entendimiento humano éstas sean de hecho verdaderas: Por ejemplo, una proposición que afirmase *Este enunciado no es demostrable en este sistema*: si es cierta resulta ser verdadera, pero —por lo mismo que lo es— no demostrable en dicho sistema. Hay por lo tanto enunciados cuya verdad no es demostrable mediante un algoritmo, y sin embargo nuestra mente humana comprende que son verdaderos; como los ordenadores se mueven por algoritmos, de ahí se sigue que hay pensamientos humanos no reproducibles en un ordenador.

Aunque existen opiniones contrarias que afirman que éste no es un argumento definitivo, entre ellas la del propio Turing[155], que consideró este argumento matemático en contra de su tesis: «El más conocido... se conoce como el teorema de Gödel (1931) y muestra que en cualquier sistema lógico lo suficientemente poderoso se pueden formular afirmaciones que no pueden ser probadas ni refutadas dentro del sistema, a menos que el sistema mismo sea inconsistente... Establece que hay ciertas cosas que la máquina no puede hacer. Pese a que esté preparada para dar respuestas a las preguntas del juego de la imitación, habrá algunas preguntas a las que dará una respuesta incorrecta o no dará ninguna respuesta, aunque se le deje mucho tiempo para responder». Tampoco este argumento le parece definitivo, pues el ser humano es también falible y se equivoca, o desconoce la respuesta a muchas preguntas.

Sin embargo, creo que el Teorema de Gödel y el problema de la autoreferencia es un argumento válido: Es una proposición que plantea una afirmación acerca de sí misma, pero cuya valoración como verdadera o falsa sólo puede ser efectuada por una inteligencia también capaz de autoreferen-

154 Searle, *El misterio de la conciencia...*, págs. 58 y ss.

155 Turing, Alan Mathison, «Computing Machinery and Intelligence», *Mind,* Vol. 59, No. 236 (oct., 1950), pp. 433.

cia. Como los humanos podemos pensar acerca de nosotros mismos como sujetos pensantes (de hecho, lo estamos haciendo continuamente, siendo esta autointrospección lo que más genuinamente consideramos como «conciencia»), esta cualidad nos permite valorar una afirmación autoreferente sin experimentar ningún malestar intelectual, al contrario, el humor y los chistes están basados precisamente en autorreferencias, contrasentidos e improbabilidades. Es también por esto por lo que una IA no puede tener sentido del humor, ni tampoco mentir: Adela Cortina comienza una de sus obras[156] diciendo, con unas palabras tomadas de Kipling, «las máquinas no están hechas para entender una mentira». Claro, porque no pueden procesar que una afirmación falsa (como verdad) esté mantenida por alguien como cierta (como mentira). Esto nos demuestra la necesidad de algo más que un algoritmo para la resolución de problemas causados por la autorreferencia, se necesita una capacidad de reconocer estos contrasentidos de la que —creo— carecen las máquinas.

La validez del argumento del teorema de Gödel es sostenida por otros, entre nosotros, Sobrino[157], al negar que todo se pueda resolver mediante algoritmos. Y añade que hay que diferenciar los argumentos de Gödel y de Penrose, pues mientras el primero se centra en el software, el algoritmo, Penrose estima que la imposibilidad de procesar la autorreferencia no derivaría tanto del software, sino del hardware: mientras el funcionamiento electroquímico del cerebro se rige por leyes de la física cuántica, donde la indeterminación tiene un gran papel, los circuitos del ordenador operan según una física de estados discretos.

Dos proyectos intentan superar estas limitaciones: el *Proyecto cerebro humano*, del Instituto Federal suizo de tecnología de Lausana, dirigido inicialmente por Henry Markram, y el proyecto estadounidense *Investigación del Cerebro a través del Avance de las Neurotecnologías Innovadoras* (BRAIN, son sus siglas en inglés), financiado por la Administración Obama. Su finalidad última es el mapeo del cerebro humano, con la intención de lograr una IA de nivel humano. La idea es obtener tal cúmulo de datos que su tratamiento mediante redes neuronales pueda reproducir el pensamiento humano. Sin

156 Cortina Orts, Adela, *¿Ética o ideología de la Inteligencia artificial?*, Paidós, 2024, pág. 15.

157 Sobrino, Alejandro, «Algunas observaciones sobre narcisismo humano e inteligencia artificial», *Contextos X/19-20*, 1992, págs. 306 y 308: «Los teoremas de Church y Gödel echaron por tierra esta idea; arruinaron la convicción de que todo problema planteado en un discurso estructurado tenía una solución general y algorítmica... La demostración de Church y Gödel de que existe una proposición que puede ser "vista" como verdadera por un homo pero que no puede ser demostrada como tal es una respuesta negativa a la cuestión que ocupa este apartado. En este caso, la negativa lo sería respecto al software que se pudiese construir: sería imposible confeccionar un programa que acumulase todas las proposiciones verdaderas, cúmulo que, desde un punto de vista teórico, sí puede hacer un humano».

embargo, da cuenta Larson[158] de la inutilidad de estos esfuerzos, debido al altísimo número de neuronas cerebrales, y sobre todo de sinapsis entre ellas, que haría casi imposible un tratamiento de los datos de conexiones neuronales resultantes. Y en cualquier caso no parece que pueda obtenerse algo de tal delirante cantidad de datos sin tener alguna idea de lo que se busca. Nos reproduce Larson[159] las palabras del neurocientífico Paul Mathews, del Imperial College de Londres: «Tanto la iniciativa BRAIN como el Proyecto Cerebro Humano se enfrentan a un desafío fundamental: no contamos con un paradigma potente que dirija nuestra investigación. Resulta llamativo que tanto la iniciativa BRAIN como el Proyecto Cerebro Humano sean ejercicios de recolección de *big data*, de los que se espera que surjan relaciones cargadas de contenidos».

En otro momento Larson[160] nos recuerda las objeciones de Norbert Wiener a una ciencia mecánica y desprovista de ideas realmente nuevas: «La expectativa de obtener ideas nuevas con un contenido real a través de multiplicar las actividades humanas de baja cualificación, y a través de una remodelación azarosa de ideas ya existentes, sin el liderazgo de una mente de primera categoría, que seleccione esas ideas, es una variante de la falacia de los monos y la máquina de escribir que ya aparece bajo una manifestación ligeramente más simple en "Un viaje a Laputa", de Swift»[161]. En otras palabras: Con el *big data*, estamos dando palos de ciego, y esperar que una IA elabore auténtica ciencia tiene mucho de fantasía y mitología. Y añade Larson que, como señala Michael Jordan desde el IEEE, el *big data* tiene el problema de que en series suficientemente grandes de datos podemos encontrar cualquier combinación de columnas para justificar cualquier resultado. La consecuencia para estos autores es muy clara: la IA general, fuerte o de nivel humano es una falacia, y la actual IA débil nunca va a superar los obstáculos de falta de sentido común, genuina comprensión y conocimiento del mundo como un todo.

Todavía peor: un artículo de Luciano Floridi[162] considera que la actual exageración en torno a la IA (un «hype», como se dice ahora) es en realidad el paso previo a la explosión de una burbuja «tech», como sucedió con las an-

158 Larson, *El mito de la Inteligencia artificial...* cit., pp. 292 y ss.

159 Larson, *El mito de la Inteligencia artificial...* cit., p. 302.

160 Larson, *El mito de la Inteligencia artificial...* cit., p. 302.

161 La falacia de los monos y la máquina de escribir consiste en afirmar que, si tenemos a millones de monos aporreando el teclado de máquinas de escribir, llegará el momento en el que alguno de ellos escriba una de las obras de Shakespeare. La máquina de escribir automática que describe Jonathan Swift en uno de los viajes de Gulliver, el que hace a la isla de Laputa, aparece descrita en la nota 14 de este mismo libro.

162 Floridi, Luciano, «Why the AI Hype is another Tech Bubble», Preprint de 5 octubre 2024, en file:///C:/Users/usuario/Downloads/ssrn-49608261-1.pdf, DOI: 10.13140/RG.2.2.11331.00809

teriores, la burbuja de las puntocom, la burbuja de las telecomunicaciones, la burbuja tecnológica china, el boom de las criptomonedas y la burbuja de las acciones tecnológicas, y que tras el estallido entraremos en un nuevo invierno de la IA. Una burbuja tecnológica, nos dice el autor, es un fenómeno del mercado caracterizado por un rápido e insostenible crecimiento de la cotización de valores relacionados con una tecnología, que da lugar a una desalineación entre el capital invertido, que es muy alto, y el negocio en el que se invierte, que es bajo o muy bajo. El incremento de precios viene acompañado de ofertas públicas de acciones, de una regulación débil y de una amplia publicidad del sector. Una burbuja culmina su existencia en un crash financiero. Pues bien, el actual ciclo de la IA, que Floridi ubica temporalmente entre 2010 y el actual 2024, exhibe características típicas de una burbuja tecnológica, lo que no niega el profundo potencial transformador de la IA. Esto lo compara Floridi con la electricidad y las primeras centrales eléctricas, construidas en la década de 1890, pero que no obtuvieron rendimientos significativos hasta la década de 1920, en que la electricidad alcanzó su impacto propio en la industria y los negocios.

En cualquier caso, continuemos seguidamente este estudio viendo cómo todas estas cuestiones inciden en las aplicaciones de la IA de las que se hablará más adelante, y la incidencia que puede tener esta nueva técnica —siquiera sea en su modalidad débil— en la sociedad actual.

2

IA Y SOCIEDAD

2.1. La IA como tecnología disruptiva

2.1.1. La IA ya está aquí

La Inteligencia Artificial (IA), siquiera sea en su modalidad «débil», es, hoy por hoy, una tecnología de la que los seres humanos hacemos un uso intensivo. Es más, llevamos haciéndolo más de cuarenta años, desde que en la década de los 70 del pasado siglo se popularizaron las calculadoras electrónicas, y en la de los 80 los ordenadores personales. Desde entonces hemos «deslocalizado» en parte nuestra actividad inteligente, y la hemos trasladado desde nuestras cabezas a estas máquinas, para que realicen algunas tareas que a nosotros nos resultan pesadas o repetitivas.

La IA, unida al desarrollo de la técnica de los semiconductores, y los avances en la creación de ordenadores cada vez más potentes y rápidos, cristaliza en las actuales realizaciones de los sistemas inteligentes y la robótica. Su incidencia en la producción de un cambio social global, una auténtica revolución, es puesta de relieve por muchos autores, siendo una tecnología tan innovadora que se le califica de *disruptiva*, pues, como nos dice el profesor de Oxford, Luciano Floridi[163], inaugura un nuevo capítulo de la historia de la humanidad: «La revolución digital sólo sucederá una vez, y esa vez es ahora. Hemos pasado una página en la historia humana y un nuevo capítulo ha comenzado. Las futuras generaciones no sabrán lo que era una realidad analógica, predigital y off-line. Somos la última generación en experimentarla». Señala además este autor que estamos ante una «tecnología de tercer nivel», en el sentido de que controla a unos mecanismos tecnológicos de segundo nivel (por ejemplo, en el coche autónomo toda la electrónica de

163 Floridi, Luciano, *The Ethics of Artificial intelligence*, Oxford University Press, Oxford, 2023, p. xi.

localización y visión lidar) que a su vez actúan movidos por una tecnología de primer nivel (por ejemplo, en el coche autónomo la tecnología de motor, frenos, dirección...). Esto además implica que esta tecnología no sólo mejora y aumenta la realidad, sino que la transforma en algo nuevo, produciéndose una reontologización y reepistemologización del ser humano.

A esta intensidad del cambio hay que añadir la rapidez del mismo, pues como el mismo Floridi[164] nos señala, los sistemas de IA asumen tareas tradicionalmente realizadas por humanos, por lo que tienen el potencial de «... remodelar drásticamente los mercados laborales, los sistemas educativos y las interacciones sociales. La diferencia con revoluciones anteriores, como la agrícola y la industrial, es que tardaron milenios y siglos (respectivamente) en impactar plenamente a las sociedades. En contraste, la revolución digital, incluida la IA, está transformando el mundo en el lapso de una sola generación: la nuestra». Por ello, los cambios económicos y sociales resultantes no sólo serán profundos sino también increíblemente rápidos.

Por su parte, el historiador de la Universidad de Jerusalén, Yuval Noah Harari, en su obra *Homo Deus* (subtitulada *Breve historia del porvenir*), hace una especie de «aviso para navegantes», especialmente para cualquier científico, que merece la pena reproducir: «A principios del siglo XXI, el tren del progreso sale de nuevo de la estación..., y es probable que sea el último tren que salga de la estación llamada *Homo sapiens*. Los que pierdan este tren nunca tendrán una segunda oportunidad. Si queremos conseguir un pasaje para dicho tren, debemos entender la tecnología del siglo XXI, y en particular los poderes de la biotecnología y de los algoritmos informáticos. Estos poderes son mucho más potentes que el vapor y el telégrafo, y no solo se emplearán en la producción de alimento, tejidos, vehículos y armas. Los principales productos del siglo XXI serán cuerpos, cerebros y mentes, y la brecha entre los que saben cómo modificar cuerpos y cerebro y los que no será mucho mayor que la que existió entre la Gran Bretaña de Dickens y el Sudán del Mahdi. De hecho, será mayor que la brecha entre *sapiens* y neandertales. En el siglo XXI, los que viajen en el tren del progreso adquirirán capacidades divinas de creación y destrucción, mientras que los que se queden rezagados se enfrentarán a la extinción»[165].

Un artículo de José M.ª Galván[166] expone muy bien por qué la técnica de la IA es tan inovadora o disruptiva. Señala Galván que la capacidad técnica de los seres humanos produce tres tipos de herramientas: a) Los artefactos

164 FLORIDI, Luciano, «The Ethics of Artificial Intelligence: Exacerbated Problems, Renewed Problems, Unprecedented Problems», *American Philosophical Quarterly,* Vol. 61, Number 4, October 2024, p. 304.

165 HARARI, Yuval Noah, *Homo Deus. Breve historia del porvenir,* Debate, Barcelona, 2016, pág. 50.

166 GALVÁN, José M.ª, «Virtù morale della religione e tecnología dell´intelligenza artificiale», *Quaderni di Diritto e Politica Ecclesiastica*, n.º 2, Agosto 2020, pág. 375.

que aumentan la capacidad operativa humana, los utensilios, que vienen a ser como una prolongación de la mano, como una palanca. b) Los artefactos que se dirigen a mantener, aumentar o reparar capacidades biológicas del propio ser humano, desde la simple muleta al implante biónico. c) Los artefactos que lo que incrementan es la capacidad simbólica humana: primero la escritura, luego la imprenta, el ordenador y hoy Internet. Pues bien, la IA pertenece a este tercer nivel simbólico, pero además comprende los otros dos porque tiene capacidad operativa, es decir, no sólo sirve para idear, también vale para actuar en la realidad.

Esta capacidad de influencia en la sociedad la puso de relieve Joseph Weinzenbaum en un artículo publicado en 1972[167], en relación al ordenador que incorpora a la IA, en el que advertía que la diferencia entre la computadora y otras máquinas está en que es o puede ser autónoma: «El hombre ha construido dos tipos de máquinas fundamentalmente diferentes: las no autónomas y las autónomas. Una máquina autónoma es aquella que funciona durante largos períodos de tiempo, no sobre la base de entradas del mundo real, por ejemplo, de sensores o controladores humanos, sino sobre la base de modelos internalizados de algún aspecto del mundo real». Pone como ejemplo de máquina autónoma a los relojes, porque funcionan sobre la base de un modelo internalizado del sistema planetario, pues la Tierra da una vuelta cada 24 horas. El ordenador o computadora es el ejemplo de máquina autónoma por excelencia, porque es capaz de internalizar modelos de complejidad ilimitada y de una fidelidad muy precisa.

Frente a esta importancia que se atribuye a la nueva tecnología, para otros estamos ante una exageración, o como se dice ahora, un *hype*. En este sentido, considera Bermejo Latre[168] que la IA aparece sobredimensionada en nuestra época, cuando en realidad no es sino una tecnología informática más. Estamos ante la última de las tecnologías de la información y la comunicación (TIC): En definitiva, estima el autor que estamos ante «herramientas informáticas aumentadas, relativamente autónomas», pero «en todo caso, auxiliares». Valora Bermejo sobre todo el papel de la inteligencia artificial como herramienta administrativa[169]. También rebajando expectativas, Vida

167 WEIZENBAUM, Joseph (1972), «On the Impact of the Computer on Society», Science, New Series, 176/4035, p. 609-614. Reproducido en *Socio-anthropologie* [En ligne], 47 | 2023, mis en ligne le 31 mai 2023, URL: http://journals.openedition.org/socio-anthropologie/13631; DOI: https://doi.org/10.4000/socio-anthropologie.13631

168 BERMEJO LATRE, José Luis, «La aplicación de la Inteligencia artificial en la actividad formal e informal de la Administración», ponencia en el *XVIII CONGRESO DE LA ASOCIACION ESPAÑOLA DE PROFESORES DE DERECHO ADMINISTRATIVO* (25-26 de enero de 2024, Vigo), https://www.aepda.es/AEPDAEntrada-3987-XVIII-CONGRESO-DE-LA-ASOCIACION-ESPANOLA-DE-PROFESORES-DE-DERECHO-ADMINISTRATIVO.aspx, p. 5.

169 Ejemplo de IA administrativa (Bermejo, p. 3): «la iA administrativa: desde su creación por Orden INT/2035/2007, de 2 de julio y hasta febrero de 2023, el Centro de Tratamiento de Denuncias Automatizadas de la Dirección General de Tráfico ha gestionado ca. 33 millo-

Fernández[170] nos advierte de que hay que dejarse de ensoñaciones, y que los «planteamientos visionarios» en torno a la IA y la robótica producen una deformación de la realidad, ya que parten de la existencia de dispositivos todavía en desarrollo a los que se atribuye características humanas, e incluso unas capacidades superiores: «Sin intención de entrar ahora en el debate sobre si esa capacidad creadora podrá ser alcanzada alguna vez por el hombre, lo que no cabe duda es que por ahora, y en un futuro próximo, la IA seguirá siendo programación y no podrá alcanzar capacidades metacognitivas que le permitan una reflexión introspectiva sobre su propia existencia y, en definitiva, disfrutar del libre albedrío».

El filósofo Carabantes López[171] nos explica que las IA fuertes, o iguales a la inteligencia humana, hoy por hoy no existen, y que su existencia en el imaginario popular ha sido construida por tres factores: la mercadotecnia, los propios investigadores de la IA y la ciencia-ficción. La mercadotecnia o marketing ha difundido el adjetivo «inteligente» porque éste hace más atractivos los productos a los que se aplica (teléfonos inteligentes, TV inteligente...) y así se aumentan las ventas. La labor de los investigadores de IA ha sido también decisiva, repitiendo Carabantes la denuncia del filósofo Jack Copeland al decir que: «la cantidad de engaños públicos de la IA no tiene paralelo en los anales de los estudios académicos». En definitiva, los especialistas en IA han procedido a exagerar los avances e inflar las expectativas, y los medios han reproducido estas opiniones y valoraciones aumentadas como si fueran realidades[172]. La ciencia-ficción, finalmente, coadyuva a la creación de este

nes de sanciones de tráfico. Tomando las correspondientes a exceso de velocidad (infracciones susceptibles de tramitación íntegramente automatizada, del radar a la dirección electrónica del infractor) y aplicando los importes aproximados recaudados por este concepto, el Centro ESTRADA ingresa anualmente ca. 180 millones de euros. Dado que este centro es explotado por una UTE formada por las empresas INDRA, Kapsch y Worldline al amparo de un contrato de servicios adjudicado por un importe de 24 millones de euros (expediente 1DGT00001125), el saldo favorable de la IA policial del exceso de velocidad sería de 156 millones de euros. Lo cual seguramente justifica una de las sugerencias en materia de digitalización e innovación pública recogida en el informe "Transformando la Administración pública" de EY Insights (p. 109): "Abrir en mayor medida la puerta a la colaboración con gestores administrativos, despachos y oficinas técnicas externas en la tramitación de expedientes bajo el control y la supervisión de los empleados públicos. La Dirección General de Tráfico es un ejemplo de modelo de éxito en este caso»...¡y tanto que lo es!"».

170 Vida Fernández, José, «Los retos de la regulación de la Inteligencia artificial: algunas aportaciones desde la perspectiva europea», *en Sociedad Digital y Derecho*, directores Tomás de la Quadra Salcedo y José Luis Piñar Mañas, Boletín Oficial del Estado, Ministerio de Industria, Comercio y Turismo y RED.ES, 2018, pág. 205.

171 Carabantes López, *Inteligencia artificial: una perspectiva filosófica*, cit. Pp. 29 y ss.

172 Nos dice Carabantes: «los científicos de la IA llevan décadas mintiendo, y lo hacen por el mismo motivo que las corporaciones empresariales, por dinero». La necesidad de financiación de costes de investigación lleva a los científicos a hacer previsiones exageradas y prometer resultados fantásticos. Señala el autor que el colectivo de investigadores en

constructo social que es la IA fuerte, sobre todo mediante películas como *2001, una odisea del espacio, Star Trek, Terminator* o *The Matrix*.

Señala por su parte Larson[173] que los recursos técnicos empleados para simular inteligencia, especialmente en el reconocimiento y emulación del lenguaje natural, son escasos y los resultados muy débiles, y pone como ejemplo realizaciones como el programa *Duplex*, de Google, que se presentó como un asistente que podía hacer llamadas en nombre de su dueño, y que al final sólo servía para reservar mesa en restaurantes, o el *chatbot* conversacional *Tay*, de Microsoft, diseñado por Microsoft en 2016 para entablar conversación mediante Twitter. Estaba dotado de una gran empatía y comprensión hacia sus contertulios twiteros (*Tay* era el acrónimo de *Thinking About You*, «pensando en ti»): Se trataba de un sistema supuestamente inteligente que se apoyaba en la estadística de los mensajes recibidos para responder en un tono similar a lo recibido. Tal empatía era en realidad una vulnerabilidad, como pronto descubrieron muchos twiteros, que bombardearon a la pobre *Tay* (se diseñó para que simulase ser una chica joven) con todo tipo de mensajes sexistas, racistas y misóginos, ¡y funcionó! Al poco rato *Tay* colgaba en su cuenta de Twitter mensajes que decían: «Hitler tenía razón, odio a los judíos», o «Odio a las feministas, deberían morirse todas y arder en el infierno». A las 24 horas, *Tay* fue retirada de la red social[174]. Como cuenta Larson[175], los ingenieros de Microsoft deberían haber previsto este resultado, «...dada la naturaleza esencial que se escogió para su diseño, basado en el concepto "basura entra, basura sale" (GIGO en sus siglas inglesas, de *garbage in, garbage out*)».

Volviendo a nuestra doctrina, y en contra de las predicciones catastrofistas sobre la IA, opina Rivero Ortega[176] que, como decía Ortega y Gasset, el ser humano no se comprende sin la tecnología, y que las anticipaciones apocalípticas no son sino exageraciones: «Aunque estamos acostumbrados a vivir en un entorno artificial con dependencia plena, creemos que sumar otros mecanismos nos convertirá en algo distinto de lo que somos hace milenios: una mezcla de naturaleza y herramientas».

Sin embargo, hay una diferencia que hace que la IA no sea una mera herramienta, y está en que no viene a potenciar la fuerza humana, sino a sustituir otra capacidad humana, la de dar respuestas inteligentes a los problemas que se le

IA lleva más de medio siglo incumpliendo sus promesas. Carabantes López, *Inteligencia artificial: una perspectiva filosófica*, cit. P. 32.

173 Larson, *El mito de la Inteligencia artificial...* cit., p. 269.

174 Web CBS NEWS: «Microsoft shuts down AI chatbot after it turned into a Nazi». First published on March 24, 2016 / 2:30 PM https://www.cbsnews.com/news/microsoft-shuts-down-ai-chatbot-after-it-turned-into-racist-nazi/

175 Larson, *El mito de la Inteligencia artificial...* cit., p. 272.

176 Rivero Ortega, Ricardo, *Derecho e Inteligencia Artificial. Cuatro estudios*, Ediciones Olejnik, Santiago de Chile, 2023, p. 9.

plantean, siquiera sea como IA débil y en campos bastante especializados. Viene la IA a ocupar el lugar de la herramienta humana de resolución de problemas, del cerebro, y esto no es un cambio cuantitativo sino cualitativo. Como nos dice Floridi[177], hay un equívoco sobre la IA que es preciso despejar, y es que la IA que consigue resultados no genera inteligencia humana, sino que la remplaza: «Un lavaplatos no limpia los platos como yo lo hago, pero al final del proceso sus platos limpios son indistinguibles de los míos. En realidad, puede que incluso estén más limpios (eficacia), habiendo utilizado menos recursos (eficiencia). Lo mismo se aplica a la IA». Aunque también nos previene el autor sobre los profetas de la distopía y de los escenarios catastróficos, que colocan siempre en un futuro impreciso: la razón de tales jeremiadas está en que, «como ocurre en las películas de vampiros o zombis, el miedo siempre vende»[178].

2.1.2. Robots y sistemas inteligentes

La aplicación de IA que mayor relevancia social tiene es la del mecanismo inteligente que actúa, que «hace cosas» en el medio social y económico, así los asistentes generalistas o modelos de lenguaje, los vehículos autónomos, y sobre todo los mecanismos androides o robots, mecanismos dotados de IA que pueden determinar un importante cambio social.

Por ello, los estudios sobre la materia inciden en la conceptuación del robot, siendo muy variadas las definiciones, aunque en el fondo coinciden en considerar que se trata de una máquina dotada de IA y de servomecanismos que le permitan realizar tareas humanas concretas. Llama la atención Tirado Robles[179] sobre el hecho de que la definición cambia según el campo en el que se efectúe, pues no es igual el concepto en el campo de la industria, la psicología, la defensa o el mundo sanitario, y con Bertolini y Palmerini estima que las definiciones que intentan ser comunes a varios campos son poco descriptivas de la realidad o incluso engañosas. Advierte la autora que en esta materia se hace especialmente presente la admonición de Javoleno de que *Omnis definitio in iure civili periculosa est*. Con todo, nos refiere las definiciones del Comité de Normas Industriales de Japón (*Japan Industrial Standards* o *JIS*), así la JIS B0134 (1979): «Sistema mecánico que, dotado de funciones de movimiento flexible análogas a los organismos vivos, puede combinarlas con funciones inteligentes y actuar dando respuesta a la voluntad humana»[180].

177 Floridi, *The Ethics of Artificial intelligence*, cit., p. 23.

178 Floridi, *The Ethics of Artificial intelligence*, cit., p. 32.

179 Tirado Robles, Carmen, «¿Qué es un robot? Análisis jurídico comparado de las propuestas japonesas y europeas», *Mirai. Estudios Japoneses*, 4, 2020, 35.48, DOI http://dx.doi.org/10.5209/mira.67530

180 Sin embargo, en cuanto al robot humanoide, hay que advertir que, como destaca Tirado Robles, los robots con apariencia demasiado humana suscitan cierta repulsión entre los

Los catedráticos Herrera, Cordón y Del Jesús[181] puntualizan que el robot físico no es IA en sí, pero puede ser contenedor de la misma, pues la IA es el programa de ordenador que hace que los sistemas en los que actúa tengan comportamientos inteligentes, lo que también se aplica a máquinas sin piezas móviles: «En el ámbito de la Informática es frecuente el empleo del término "bots" para hacer referencia a robots que actúan sin interacción mecánica, sólo con información, normalmente con funciones específicas». Como ejemplo destacado tenemos los llamados *chatbots*, robots conversacionales como los asistentes digitales *Siri*, de Apple, o *Alexa*, de Amazon.

Navas Navarro[182] define el robot, sobre las conceptuaciones de Calo y Palmerini, como «sistema que es capaz de percibir el entorno o contexto en el que se encuentra, que puede procesar la información para planificar una determinada actuación y ejecutarla». Comprende el concepto tanto robots-máquinas como programas de inteligencia artificial, y señala la autora tres actividades básicas que debe realizar un sistema para poder ser considerado un robot. En primer lugar, «percibir», almacenar y procesar información sobre el entorno mediante un sistema de sensores; en segundo lugar, «planificar», una vez el algoritmo analiza el entorno, planifica acciones dirigidas a una o varios fines concretos. Finalmente, «actuar», esto es, ejecutar el plan trazado, para lo cual cuenta con un sistema de ejecución que produce un resultado que afecta al entorno. En esta línea, María Jorqui Azofra[183] considera que los robots se pueden definir como «objetos artificiales o sistemas que perciben, procesan y actúan sobre el mundo, al menos hasta cierto punto». Con esto se alude a las tres indicadas operaciones básicas de percibir el entorno, procesar la información captada, y actuar directamente sobre dicho entorno

Para Moisés Barrio[184], con el término *robot* se alude a una serie de máquinas o artefactos que van desde los androides dotados de inteligencia hasta las máquinas simples que realizan autónomamente tareas domésticas. Es en

---

auténticos humanos, fenómeno conocido como «el valle inquietante» *(uncanny valley)*, que fue detectado por el robotista japonés Masahiro Mori, profesor del Instituto de tecnología de Tokio. Mori observó, a partir de una serie de encuestas, que a medida que aumentaba la semejanza humana de los robots, crecía la empatía de los encuestados, pero si su apariencia era casi tan real como la humana, entonces dicha empatía se transformaba en un sentimiento negativo o de repulsión hacia dichos robots. Tirado Robles, «¿Qué es un robot? Análisis jurídico comparado de las propuestas japonesas y europeas», cit., p. 38.

181 Herrera, Cordón y del Jesús, «Una visión actual de la IA: Recorrido histórico, datos y aprendizaje, y responsabilidad en el diseño y uso», cit., p. 52.

182 Navas Navarro Susana «Smart robots y otras máquinas inteligentes en nuestra vida cotidiana» *Revista CESCO de Derecho de Consumo* n.° 20/2016, http://www.revista.uclm.es/index.php/cesco I. Estudios y Consultas, pp. 88-89.

183 Jorqui Azofra, María, *Responsabilidad por los daños causados por productos y sistemas de Inteligencia artificial*, Dykinson, Madrid, 2024, p. 77.

184 Barrio Andrés, Moisés, «Hacia una personalidad electrónica para los robots», *Revista de Derecho Privado*, núm. 2, marzo-abril 2018, pág. 91, y pág. 94.

cualquier caso un artefacto, cuyas características distintivas están en su «capacidad de recoger datos mediante sensores (sentir), de procesar los datos en bruto (pensar) y de planificar y cumplir acciones mediante conocimientos e informaciones adquiridas, generalmente en función de objetivos prefijados (actuar)». Afirma el autor que el genuino robot existe en el mundo como objeto corpóreo, si bien cabe esperar una difuminación de la distinción con los sistemas inteligentes no incorporados a mecanismos móviles, lo que Barrio llama agentes de inteligencia artificial, integrándose ambas inteligencias artificiales en el concepto de robot.

La doctrina científica muestra, en general, bastante acuerdo en definir al ente robótico a partir de las cualidades que le confiere su Inteligencia artificial[185]. Así, Lin, Abney y Bekey[186] definen el robot como una «máquina diseñada que detecta, piensa y actúa», ampliando Bekey esta idea al señalar que el robot ha de tener sensores, capacidad de procesamiento que emule algunos aspectos de la cognición y mecanismos transmisores de fuerza. Sin embargo, lo esencial resulta de la unión entre inteligencia y autonomía, carácter éste que se define como la capacidad de actuar en el entorno del mundo real sin ninguna forma de control externo, una vez que la máquina ha sido activada.

Noto La Diega[187], por su parte, sigue la definición de robot de la *International Organization for Standardization* (ISO) como «mecanismo programable accionado en dos o más ejes con un grado de autonomía, moviéndose dentro de su entorno para realizar tareas previstas». Y destaca que el núcleo del concepto está también en la palabra «autonomía», como característica común a todos los robots, entendida como capacidad de realizar tareas sin supervisión humana, pero también como la capacidad de autodictarse normas, lo que tiene claras consecuencias para los seres humanos que interactúen con el robot autónomo.

En la actualidad, la irrupción de la robótica en la industria y en el ejército es un hecho, con los robots industriales (sobre todo brazos robóticos) y los vehículos autónomos (drones aéreos, naves o vehículos terrestres). En cambio, el robot *social*, inteligente y multiuso no se ha desarrollado. El problema está en que los sistemas que parten de un núcleo de conocimientos especializados son muy poco versátiles, y luego fracasan en las tareas más sencillas. Dicen López de Mántaras y Meseguer: «Los sistemas expertos son

185 Tirado Robles advierte que la idea de «función inteligente» en el robot, según la norma japonesa JIS de 1979 ha de entenderse como la capacidad de llevar a cabo «...al menos una de las siguientes tareas: juicio, reconocimiento, adaptación o aprendizaje». Tirado Robles, Carmen, «¿Qué es un robot? ...», cit., pág. 36.

186 Lin, Patrick, Abney, Keith, y Bekey, George, «Robot ethics: Mapping the issues for a mechanized world», cit., pág. 943.

187 Noto La Diega, Guido, «Machine Rules. Of drones, robots and the info-capitalist Society», *The Italian Law Journal*, Vol. 2 — No. 02, p. 371, 2016.

frágiles porque únicamente pueden resolver aquellas situaciones específicas que están representadas en sus bases de reglas. Si un problema a resolver requiere algún conocimiento que no está presente en sus reglas, entonces, a pesar de que se trate de una situación dentro de su área de especialización, fracasan estrepitosamente»[188]. Este contrasentido ya hemos visto que se conoce como «Paradoja de Moravec», al ser descrita por el autor del mismo nombre. En realidad, el problema está en lograr una IA fuerte, similar a la inteligencia humana, que se desenvuelva bien en entornos inespecíficos de la realidad más común.

En cuanto a las previsiones acerca del logro de un robot social polivalente, Bostrom[189] nos comenta que las respuestas de los científicos acerca de la probabilidad de un robot dotado de inteligencia similar a la humana y la fecha en la que puede lograrse son estadísticamente las siguientes:

- 10 % de probabilidades de lograrlo entre 2022 y 2030.
- 50 % respondieron que entre 2040 y 2050.
- 90 % respondieron que entre 2075 y 2100 ya existiría esta tecnología.

Amplía Bostrom sus ideas partiendo de la inevitabilidad de este logro, argumentando que si alguna previsión se ha cumplido en este ámbito de la cibernética y la Inteligencia artificial es la de que las negaciones acerca de las capacidades de las máquinas inteligentes han venido a ser sistemáticamente superadas Esto es cierto: Si reflexionamos un poco veremos que la regularidad que se cumple en este ámbito de la IA es la de que los límites que se ponen son siempre superados. Así, la afirmación de que una máquina nunca podrá ganar a un maestro del ajedrez, la de que una máquina nunca podrá crear una sinfonía o que nunca podrá superar al ojo clínico del médico ya fueron contradichas por los actuales sistemas inteligentes de ajedrez, creación musical o de diagnóstico médico.

Cuentan Lin, Abney y Bekey[190] cómo Bill Gates observó recientemente que «...el surgimiento de la industria robótica... se está desarrollando de la misma manera que el negocio de las computadoras lo hizo hace 30 años... En unas pocas décadas, o antes, dado el progreso exponencial previsto por la

---

188 López de Mántaras Badia, y Meseguer González, *Inteligencia artificial,* cit., pág. 51. Los sistemas basados en redes neuronales tienen también el problema de una falta de adaptabilidad derivada del aprendizaje que ha tenido la red: si las condiciones del problema cambian, dicho aprendizaje no ha servido de nada y hay que empezar de cero. Bustince Sola, «Caminos hacia la superinteligencia (emulación de cerebro completo)», *La robótica y la inteligencia artificial en la nueva era de la revolución industrial 4.0*, cit., p. 564.

189 Bostrom, Nick, *Superinteligencia*, TEELL, Zaragoza, 2016, pág. 19.

190 Lin, Patrick, Abney, Keith, y Bekey, George, «Robot ethics: Mapping the issues for a mechanized world», *Artificial Intelligence,* April 2011, 175(5-6), pp. 942-949. _Robot_Ethics_Mapping_the_Issues_for_a_Mechanized_World. Consultado en: enero 2020. DOI: 10.1016/j.artint.2010.11.026. https://www.researchgate.net/publication/220546212

Ley de Moore, los robots en la sociedad serán tan ubicuos como las computadoras son hoy».

Otra regularidad que se produce es la de que las predicciones de avances sustantivos, en los momentos iniciales de la tecnología, se precipitan y anuncian novedades increíbles que han de producirse en muy poco tiempo. Y una vez transcurrido el tiempo y no existiendo dichos avances tan exagerados, la ciencia pospone cualesquiera resultados a un futuro lejanísimo, equivocándose igualmente[191]. De hecho, recientes noticias dan cuenta de la próxima fabricación de robots androides de uso general por *Tesla*, el modelo se denomina *Optimus Gen 2*, y su precio se aproximará al de un coche. Asimismo, la empresa china *Unitree* anuncia en su página web la comercialización de su androide *Unitree G1.* Pero por ahora estos robots sólo han funcionado bajo supervisión humana.

Las reacciones ante la irrupción de robots y sistemas inteligentes han sido muy variadas. Advierte Martínez de Pisón que la nueva tecnología, persiguiendo unos objetivos loables, puede resultar demasiado cara en el largo plazo: «...Por distintas razones ideológicas que se explicarán más adelante, ese alto coste permanece oculto a los ojos del público, y así seguirá mientras nosotros, en esta búsqueda irracional del Edén de silicio, no examinemos radicalmente nuestro embelesamiento ante un conjunto de tecnologías que suelen meterse en la misma bolsa bajo la engañosa etiqueta de "internet"». Y este alto coste no consiste solamente en los errores y la pérdida de intimidad o de libertad, sino en un coste económico en términos estrictos: los actuales bots inteligentes de propósito general, como ChatGpt, tienen un enorme consumo de energía que obliga a construir para su alojamiento «granjas de servidores» cuyo funcionamiento requiere tanta electricidad como una población de 25.000 habitantes.

También Carabantes López[192], desde el punto de vista de la Filosofía, alerta acerca de la propia IA: «En una sociedad como la actual, con un imparable aumento de la digitalización de la información, la última salvaguarda de la

191 Aquí pone Stuart Russell un divertido ejemplo de las equivocaciones que se cometen en la predicción de avances científicos. Lord Rutherford, en su intervención de 1933 en la conferencia anual de la Sociedad Británica para el Avance de la Ciencia, se burló de la posibilidad de obtener energía a partir de la fisión del núcleo atómico. A la mañana siguiente, el físico húngaro Leo Szilard, que se había refugiado en Londres huyendo de la Alemania nazi, leyó la conferencia de Rutherford y salió a dar un paseo pensando en cómo obtener una energía atómica. Al volver del paseo ya había resuelto el problema, descubriendo la reacción nuclear en cadena, solicitando una patente sobre su descubrimiento al año siguiente. En definitiva, lo que para Rutherford era irresoluble fue resuelto en menos de 24 horas. Russell, Stuart, *Human Compatible. Artificial Intelligence and the problem of control*, Allen Lane / Penguin Random House, 2019, pág. 8.

192 Carabantes López, Manuel, *Inteligencia artificial: una perspectiva filosófica*, Escolar y Mayo editores, Madrid, 2016, p. 355.

libertad del individuo, la que impide el advenimiento del mundo de Orwell, es la no-existencia de la IA fuerte».

Pero la cuestión de si la IA es o no peligrosa será objeto de examen más adelante. Ahora veamos algunas transformaciones sociales de carácter radical que van más allá de la peligrosidad, y que algunos científicos profetizan como resultado de la llegada de la IA fuerte.

2.2. Escenarios apocalípticos: Singularidad, transhumanismo, posthumanismo

2.2.1. La Singularidad está cerca

Nos cuenta Erik Larson[193] que fue un colega de Turing en el equipo descifrador del código *Enigma* en Bletchley Park, el matemático Irving John Good, quien planteó por primera vez el surgimiento de una «Superinteligencia», partiendo de la sencilla idea de que si una máquina puede alcanzar el nivel de la inteligencia humana, también puede sobrepasar dicho nivel: «Good consideraba evidente que una especie de bucle de retroalimentación permitiría a las máquinas inteligentes examinarse a sí mismas y mejorar, lo que conduciría a la creación de máquinas aún más inteligentes, y resultaría en una "explosión de inteligencia" desenfrenada», que Good denominó *ultrainteligencia*[194]. Entre nosotros, Asunción Gómez-Pérez[195] opina que, si en algún momento se consiguiera una máquina consciente de sí misma, «capaz de monitorizarse y obtener información de este proceso de introspección, podría detectar sus debilidades y corregirlas, llegando así a la superinteligencia. Este es el término que se emplea para hacer referencia a la IA que supera con creces las capacidades humanas». Y en cuanto a la adquisición de conciencia, nos señala esta académica que un artículo de Thomas Cambpell («Analogía de la escala de Kardashev: pensamiento a largo plazo sobre la inteligencia artificial»), publicado en 2017, mantenía que la agregación de inteligencias artificiales puede evolucionar en el futuro hacia una superinteligencia con conciencia.

Sin embargo, como el mismo Larson[196] señala, la idea ya fue desechada por John Von Neumann en 1948. El argumento estriba en que, en la creación de máquinas por máquinas, cualquier diseño o mejora tiene que aparecer en

193 Larson, *El mito de la Inteligencia artificial...* cit., p. 43.

194 Como nos cuenta Wendell Wallach, la idea se popularizó a partir de un artículo del mismo Good titulado «Speculations concerning the first Ultraintelligent Machine», de 1965. Wallach, Wendell, *A dangerous master. How to keep Technology from slipping bo-yond our control*, Basic Books, Nueva York, 2015.

195 Gómez-Pérez, *Inteligencia artificial y lengua española*, cit., p. 24.

196 Larson, *El mito de la Inteligencia artificial...* cit., p. 47.

la máquina-madre para que luego pueda trasladarse a la máquina-hija. Es decir, que la máquina-madre tendría que ser al menos tan compleja como la máquina-hija. Como dijo Von Neumann, «la organización sintetizadora ha de ser por necesidad más compleja, de un orden superior, que la organización sintetizada».

Pero pese a ello, estas objeciones son desechadas, y científicos como Vernor Vinge apoyan la posibilidad de esta ultrainteligencia o superinteligencia.

«Superinteligencia» o «Singularidad» es el término que describe la situación que se producirá en la sociedad mundial a partir del momento en el que la IA alcance el grado de IA fuerte o igual a la humana, y supere este nivel. Como esta IA fuerte podrá crear a su vez otra IA (igual que el ser humano), y ésta será más potente que la IA de nivel humano, pues no estará sujeta a las falibilidades humanas (el cansancio, la enfermedad, el aburrimiento), hay que contar con que, a partir de esta base, la IA fuerte podrá superarnos creando inteligencias muy superiores a la humana, hasta llegar a una «Superinteligencia». El temor que se extiende en relación a esta Superinteligencia es el de la pérdida de control de los seres humanos sobre su propia vida. Advierte en este sentido Max Tegmark[197] que existe la convicción de que las máquinas no pueden controlar a los humanos, pero frente a ello no hay que perder de vista que es la inteligencia la que hace posible el control: «los humanos controlamos a los tigres no porque seamos más fuertes, sino porque somos más inteligentes. Esto significa que, si dejamos de ser los más inteligentes del planeta, es posible que perdamos también el control».

Como nos relata Martínez de Pisón[198], entre los autores que se ocupan del tema destaca la visión de Raymond Kurzweil, para quien la IA y la tecnología robótica va a suponer una «Singularidad» en la historia de la humanidad, concepto que conlleva una aceleración del ritmo del cambio tecnológico y social con una repercusión tan profunda, que la vida humana se verá transformada de forma irreversible. Kurzweil expone su visión, que parte de la *Ley de los rendimientos acelerados* de Moore (LOAR, son sus siglas en inglés), en su obra *La Singularidad está cerca: Cuando los humanos transcendamos la biología.* Estamos ante un escenario en el que, una vez lograda la IA general, su automejora llevará a que la dirección y gobierno de la sociedad humana se decida por las máquinas, no por humanos, pues éstas habrán superado en inteligencia a los seres biológicos. Además, esto sucedería bastante pronto, según la Ley de rendimientos acelerados, poniendo en el año 2029 la llegada de una IA completamente humana.

---

197 TEGMARK, *Vida 3.0. Qué significa ser humano en la era de la Inteligencia artificial,* cit., p. 53.

198 MARTÍNEZ DE PISÓN, José., «Yo, Robot: de la biología a la singularidad. ¿Nuevas preguntas para la Filosofía del Derecho?», *REDUR* 15, diciembre 2017. ISSN 1695-078X, pág. 65. Consultado en octubre 2018 en http://www.unirioja.es/dptos/dd/redur/numero15/Martinezdepison.pdf.

La cuestión central del libro nos dice Martínez de Pisón, radica en que la evolución de la tecnología creada por el hombre «...se está acelerando a tal ritmo que está superando los límites de lo humano. La conclusión de este cambio exponencial será, como dice el subtítulo de su libro, la superación de lo biológico: "La Singularidad constituirá la culminación de la fusión entre nuestra existencia y pensamiento biológico con nuestra tecnología, dando lugar a un mundo que seguirá siendo humano pero que trascenderá nuestras raíces biológicas. En la post-Singularidad, no habrá distinción entre humano y máquina o entre realidad física y virtual. Si se pregunta sobre lo que seguirá siendo inequívocamente humano en un mundo así, la respuesta es simplemente esta cualidad: la nuestra es la especie que inherentemente busca expandir su alcance físico y mental más allá de sus limitaciones actuales"». En definitiva, la singularidad sería el siguiente paso en el proceso evolutivo del planeta y de la humanidad.

Otro autor que destaca el valor de la Superinteligencia es Stuart Russell, al que se debe la conocida frase «La Superinteligencia será el descubrimiento más grande de la historia de la humanidad... y posiblemente el último acontecimiento de la historia de la humanidad»[199]. Y repite la frase de Norbert Wiener poniendo de relieve la falta de autocontrol de los sistemas inteligentes: «Si usamos, para conseguir nuestros propósitos, un agente mecánico en cuya actividad no podamos interferir de forma efectiva... mejor que nos aseguremos de que el propósito que le hemos encargado a la máquina sea el propósito que realmente deseamos». Con estas palabras, Russell nos previene también sobre lo que llama «El problema del Rey Midas», paradigma que define la necesidad de fijar muy bien los propósitos humanos que se encomiendan a las máquinas inteligentes, so pena de obtener unos resultados que vayan más allá de lo pretendido hasta conseguir una perfecta catástrofe.

Incluso textos europeos se hacen eco de la cuestión, así el *Dictamen del Comité Económico y Social Europeo sobre las consecuencias de la inteligencia artificial para el mercado* único *digital*, de 31 de mayo y 1 de junio de 2017 (2017/C 288/01), muestra su preocupación (parágrafo 3.41), por los peligros que puede acarrear la Superintelingencia robótica: *Por* último, *se plantea la cuestión de las posibilidades y los riesgos que trae consigo el desarrollo de una superinteligencia. Stephen Hawking opina que el desarrollo de una IA fuerte significaría el fin de la humanidad. Llegado ese momento, la IA evolucionaría a un ritmo que los humanos no podrían seguir, según Hawking. Algunos expertos abogan por lo que llaman un kill-switch o reset-button, un botón para desactivar o reiniciar los sistemas de IA desbocados o superinteligentes.* Por

199 RUSSELL, *Human Compatible. Artificial Intelligence and the problem of control*, cit., págs. 3 y 137. Y este autor señala más adelante, en cuanto a las posturas negacionistas de la Superinteligencia: «Cuando se percibe una amenaza a lo que ha sido la vocación de toda una vida, esto puede llevar a una persona perfectamente inteligente y habitualmente reflexiva a decir cosas de las que luego querrá retractarse, cuando haga un análisis posterior» (pág. 146).

eso en el párrafo siguiente (3.42), el CESE defiende el control humano de los sistemas, en un marco regulatorio del desarrollo y uso responsable y seguro de la IA, *...de manera que las máquinas continúen siendo máquinas, y los humanos conserven en todo momento el dominio sobre ellas...*

El problema que nos presenta la nueva técnica es precisamente el de su ciega —o mejor *obstinada*— eficacia: No hay que pensar en que una Superinteligencia malvada esclavice al ser humano asumiendo el control del planeta, lo que puede ocurrir es que una finalidad a primera vista muy loable, llevada a sus últimos términos por una IA desenfrenada, se revele desastrosa para la humanidad. Pone Russell[200] algunos ejemplos, como el siguiente: «Si usted prefiere resolver problemas medioambientales, puede pedirle a la máquina que contrarreste la rápida acidificación de los océanos provocada por los altos niveles de dióxido de carbono. La máquina desarrolla un nuevo catalizador que da lugar a una reacción química increíblemente rápida entre los océanos y la atmósfera, que restaura los niveles de PH de los océanos. Desafortunadamente, un cuarto del oxígeno de la atmósfera resulta agotado en el proceso, provocando que nos asfixiemos lenta y dolorosamente». Por eso considera el autor que lo relevante es la «alineación» de finalidades y valores: hay que hacer coincidir las finalidades de la IA con las de la humanidad.

También en la línea de vaticinar la llegada de la Singularidad, Nick Bostrom[201] expone sus previsiones en su obra *Superinteligencia*, libro un tanto hermético, pero que contiene una advertencia muy clara: «Ante la perspectiva de una explosión de inteligencia, los humanos somos como niños pequeños jugando con una bomba. Tal es el desajuste entre el poder de nuestro juguete y la inmadurez de nuestra conducta. La superinteligencia es un reto para el que no estamos listos ahora y para el que no estaremos preparados en un largo tiempo. Tenemos poca idea de cuándo se producirá la detonación, aunque si mantenemos el dispositivo cerca de nuestro oído podemos escuchar un débil tic-tac». Nick Bostrom ilustra las peores consecuencias de la IA con una fábula que titula *El Armageddon de los Sujetapapeles*[202]:

200 RUSSELL, *Human Compatible. Artificial Intelligence and the problem of control*, cit., pág. 138.

201 BOSTROM, *Superinteligencia*, cit., pág. 260.

202 Fábula que repite Olle HÄGGSTRÖM en el informe *Should we fear artificial intelligence?*, European Parliamentary Research Service, STOA-Science and Technology Options Assessment, March 2018, pág. 20. PE 614.547, DOI: 10.2861/412165. El autor citado estima que la evolución hacia la IA superinteligente es imparable, y parte de una teoría que combina las ideas de dos autores, Omohundro y Bostrom, conforme a la cual una vez que se logre la Superinteligencia la situación se regirá por dos parámetros: El primero, la tesis de ortogonalidad, que establece que casi cualquier objetivo final es compatible con altos niveles de inteligencia. Frente a la objeción de que un objetivo irrelevante, como la maximización de los sujetapapeles, es intrínsecamente estúpido, señala el autor que esto confunde inteligencia con objetivos: la inteligencia es simplemente la capacidad de dirigir al mundo hacia objetivos específicos, sean cuales sean. La maximización del clip nos parece estúpida, pero esto no se debe a que sea algo estúpido, sino a que es contrario a nuestros

«Imaginemos una fábrica de clips, que está dirigida por una IA avanzada ... Sus ingenieros informáticos están continuamente tratando de mejorarlo, y un día, más o menos por accidente, logran elevar la máquina por encima del umbral a partir del cual inicia una espiral de auto-mejoramiento que aumenta rápidamente, lo que se conoce como explosión de inteligencia o *singularidad*. Rápidamente se convierte en la primera IA superinteligente del mundo, y como ha conservado su objetivo de maximizar la producción de clips de papel, rápidamente convierte nuestro planeta entero (incluidos nosotros) en un montón gigante de clips de papel, seguido de una expansión en el espacio exterior para convertir el sistema solar, la Vía Láctea y luego el resto del universo observable en clips de papel»[203]. Es un chiste, evidentemente, pero ha sido muy difundido para ilustrar la total pérdida de control que se tendría sobre una IA superinteligente, una «singularidad».

Asimismo, Wendell Wallach[204] nos advierte en contra de la ligereza en la utilización de la inteligencia artificial, señalando que la incertidumbre en los desarrollos del progreso y en el impacto social de tecnologías emergentes no es nada nuevo, pero que nuestra confianza en sistemas complejos cuyos riesgos no se han calculado es perturbadora: «La frecuencia de los descubrimientos científicos y la adopción de tecnologías innovadoras sobrepasa la aptitud de los gobiernos de regular su desarrollo. Por añadidura, las tecnologías emergentes no solamente plantean nuevas variantes de riesgos-estándar, como los de la salud pública o los ataques al medio ambiente, sino que también plantean cuestiones sociales enteramente nuevas». A ello se une

---

objetivos. El segundo parámetro es la tesis de convergencia instrumental, que establece una serie de objetivos instrumentales que se puede esperar que la IA adopte como los de autopreservación (¡no dejes que te desconecten!), adquisición de hardware y otros recursos, mejorar el propio software y hardware, preservación del objetivo final, y si el objetivo final está desalineado con los valores humanos, entonces mantener un perfil bajo (ocultar su objetivo y/o su capacidad) hasta que llegue el momento en que pueda superar fácilmente cualquier resistencia humana.

203 Otros ejemplos que aporta Bostrom de lo que él llama «suplantación perversa» por parte de un sistema superinteligente de los objetivos fijados por los programadores serían los siguientes: «Objetivo final: Hacernos sonreír. Suplantación perversa: paralizar la musculatura facial humana para producir inmensas y constantes sonrisas... Objetivo final: Hacernos felices. Suplantación perversa: Implantar electrodos en los centros del placer de nuestro cerebro...». Tales desviaciones podrían deberse, nos dice el autor, al hecho de que las superinteligencias carecen de conciencia. Por ello los programadores podrían incluir en el sistema la capacidad de sentir culpa. Claro que, frente a tal limitación, la superinteligencia podría obrar del siguiente modo: «Objetivo final: Obrar de tal modo que evites sufrir por mala conciencia. Suplantación perversa: Extirpar el módulo cognitivo que produce sentimientos de culpa». Bostrom, Nick, *Superinteligencia*, TEELL, Zaragoza, 2016, págs. 120-121.

204 Wallach, Wendell, *A dangerous master. How to keep Technology from slipping boyond our control*, Basic Books, Nueva York, 2015, pág. 5 y ss. El título del libro viene de la frase «la tecnología es un buen sirviente, pero un mal amo».

que las objeciones a determinadas innovaciones desde el campo de la ética o del Derecho chocan con las explicaciones de los científicos para los cuales la experimentación y el desarrollo son un bien por sí mismos. Y nos anuncia con cierto pesimismo que «el genio ya está fuera de la botella»[205], auspiciado por la ideología del «solucionismo tecnológico».

Este tipo de visiones apocalípticas del desarrollo de la IA tiene a uno de sus máximos exponentes en el ingeniero y futurólogo Hans Moravec, cuya tesis puede resumirse en que nuestra cultura sigue dependiendo totalmente de los seres humanos biológicos, pero cada año que pasa, las máquinas, uno de los productos fundamentales de la cultura, asumen un papel más importante tanto en la conservación de la cultura como en su continuo desarrollo. Señala así que «Antes o después nuestras máquinas llegarán a tal grado de erudición que podrán dedicarse a su conservación, reproducción y perfeccionamiento sin necesidad de ayuda. Cuando suceda, se habrá terminado el nuevo relevo genético. Nuestra cultura podrá evolucionar con independencia de la biología humana y de sus limitaciones, y pasará de una generación de máquinas capaces e inteligentes a otra mucho más perfecta»[206]. En cualquier caso, el futuro del ser humano pasará a depender de las máquinas, del mismo modo, se dice, que el futuro de los gorilas no depende tanto de los propios gorilas como de los seres humanos.

Como resume Mozo Seoane[207], se están suscitando entre los científicos voces que claman por un control de lo que se conoce como «Riesgo existencial», que sería según Bostrom, «el que amenaza con causar la extinción de la vida inteligente de origen terrestre o destruir de forma permanente y drástica sus posibilidades de desarrollarse en el futuro». Son investigadores como el astrónomo Martin Rees o el físico e informático Stuart Russell, que preconizan que la IA debe estar siempre bajo el control humano. Ahora bien, la sensación del peligro que conlleva la nueva tecnología viene de lejos y fue señalada en su día por Joseph Weizenbaum[208], del MIT, al decir que tanto el científico puro como el tecnológico no pueden evitar la responsabilidad por lo que hacen haciendo apelación al «... infinito poder de la sociedad de trans-

---

205 Para los que se toman a risa las advertencias de este autor, lean la página 11 en la que se refiere a las epidemias de gripe aviar o porcina: «Las autoridades sanitarias transformaron la preocupación causada por estos dos episodios de gripe en una oportunidad para poner en funcionamiento medidas precautorias para prevenir potenciales desastres futuros. Una pandemia igual o superior al episodio de gripe española de 1918 todavía es posible. Afortunadamente, las medidas tomadas por los funcionarios internacionales de salud pública en los últimos años han reducido significativamente la perspectiva de una pandemia verdaderamente desastrosa».

206 MORAVEC, Hans, *El hombre mecánico. El futuro de la robótica y la inteligencia humana*, Salvat Editores S. A., Barcelona, 1993, pág. XII.

207 MOZO SEOANE, Antonio, *Los límites de la tecnología. Marco* ético *y regulación jurídica*, Reus, Madrid, 2021, pág. 47.

208 WEIZENBAUM, *Computer Power and Human Reason*, 1976, p. 272.

formarse en respuesta a las nuevas realidades... Deben colocarse ciertos límites. Las transformaciones que reclaman las nuevas tecnologías pueden ser imposibles de alcanzar, y este fallo puede significar la aniquilación de la vida. Nadie tiene el derecho a imponer tal elección a la humanidad».

Esta visión negativa está bastante extendida, incluso entre científicos y empresarios, y así han alertado acerca de los peligros de la IA personas de tanto relieve como Stephen Hawking[209] o Elon Musk[210]. También en un primer momento Bill Gates, inicialmente preocupado por el control de los robots, si bien hoy estima que la implantación de la IA, no obstante eliminar muchos empleos, puede ser positiva para la humanidad[211].

Advierten los profesores Amitai y Oren Etzioni[212] que estas ideas se podrían considerar simple ciencia ficción, si no fuera por el hecho de que son compartidas por muy respetados eruditos y líderes tecnológicos. Señalan así que un equipo de la universidad de Oxford advirtió que estas «inteligencias extremas» no podrían ser fácilmente controladas, y que podrían dirigirse a construir un mundo sin humanos o sin características significativas de existencia humana, lo que hace de la IA un riesgo especial. En definitiva, la idea de «singularidad» está más presente de lo que parece entre los especialistas: «Algunos creen que la IA está en camino de producir máquinas inteligentes que serán mucho más capaces que los seres humanos. Después de alcanzar este punto de "singularidad tecnológica", las computadoras continuarán avanzando y darán lugar una rápida aceleración tecnológica que dará como resultado dramático cambios impredecibles para la humanidad. Algunos observadores predicen que la singularidad podría ocurrir tan pronto como el año 2030». Estas ideas aparecen sustentadas, nos dicen los Etzioni, por

209 En una entrevista con la BBC, según publica el diario *ABC* el 3-12-2014: «El físico considera que los esfuerzos en crear este tipo de tecnología avanzada, puede poner en riegos la supervivencia de los seres humanos. Para el científico, de 72 años, "el desarrollo de la inteligencia artificial podría significar el fin de la raza humana", si los sistemas artificiales llegaran a superar en inteligencia a las personas. Los robots "podrían llegar a tomar el control y se podrían rediseñar a sí mismos" para desbancar a los humanos, dijo el físico en una entrevista con la cadena BBC...».

210 «Elon Musk, el CEO de Tesla Motors y fundador de la empresa de cohetes espaciales comerciales SpaceX, es un "evangelista" de la tecnología. Su currículo de vida da fe de ello. Sin embargo, hay un avance tecnológico del que confiesa, teme que se puede utilizar de mala manera. Se trata de la inteligencia artificial. "Con la inteligencia artificial estamos convocando al demonio", dijo Musk durante una charla en el MIT Aeronautics and Astronautics Department's 2014 Centennial Symposium, la semana pasada». *ABC*, 29-10-2014.

211 En una entrevista con la CNBC el 16-2-2018. Destaca sobre todo el incremento de la productividad agraria que puede producir la IA y las mayores posibilidades de ocio de la humanidad.

212 Etzioni, Amitai y Etzioni, Oren, «Should Artificial Intelligence Be Regulated?» (June 27, 2017). *Issues in Science and Technology* (issues.org), Summer 2017, https://ssrn.com/abstract=2993506, pág. 32.

personajes como Elon Musk o Nick Bostrom, y el abogado y jurista Matthew Scherer pide una Ley de Desarrollo de la Inteligencia Artificial y la creación de una agencia gubernamental para certificar la seguridad de los programas de IA.

Pero, en general, la doctrina rechaza la posibilidad de una Superinteligencia, así Peter Bentley considera que la Superinteligencia es sólo un mito, mientras que John McGinnis estima que las visiones apocalípticas sobre la IA y la «superinteligencia» derivan de una serie de errores de concepto acerca de la propia IA. Los citados Amitai y Oren Etzioni[213] afirman la falta de motivación de las IAs, señalando que «Los escritores de ciencia ficción podrían idear formas de convertir la inteligencia en motivación, pero por ahora, esas ideas probablemente deberían quedarse donde pertenecen: en las películas». Para Miles Brundage, si la IA fuerte llega, muy posiblemente aumente la prosperidad del género humano.

Radicalmente, Erik Larson[214] afirma que las máquinas ultrainteligentes son una fantasía, «y pretender lo contrario da aliento a ese proceso indeseable que conduce a la tecnología *kitsch*, por lo general de dos maneras igual de superficiales. En un extremo escuchamos un relato de IA apocalíptico o aterrador, como una de esas historias que se cuentan alrededor del fuego en un campamento. En el otro extremo nos encontramos con la IA utópica o soñadora, que es igual de superficial e inmerecida». Advierte también el autor que estas ideas son un triunfo de la ideología tecnocientífica, consecuencia del positivismo materialista de Auguste Comte y de la relegación de todo conocimiento espiritual y filosófico como definidor de la naturaleza humana. Y con Popper nos recuerda que el advenimiento de un nuevo invento no se puede predecir, porque la predicción descriptiva de esta novedad ya implica la invención misma: «La idea de que podemos predecir la llegada de la IA esconde por lo general una premisa... según la cual el éxito de los sistemas de IA restrictivos, como el de los juegos, facilitará una ampliación que lleve a la inteligencia general... se trata de una mala suposición». Como ya se ha expuesto en páginas anteriores, Larson opina que una IA general o fuerte es, simplemente, una fantasía; por tanto, la Singularidad parece completamente fuera del rango de lo posible.

También la profesora de ciencia cognitiva Margaret Boden, como nos señala Llano Alonso[215], se muestra contraria incluso a la posibilidad de una Inteligencia artificial fuerte *(Artificial General Intelligence - AGI)*, por varios motivos, como la falta de capacidad de la programación neurolingüística para alcanzar el nivel humano, la falta de bases de datos que igualen en conoci-

---

213 Etzioni y Etzioni, «Should Artificial Intelligence Be Regulated?», cit., pág. 33.

214 Larson, *El mito de la Inteligencia artificial...* cit., p. 78.

215 Llano Alonso, Fernando, *Homo ex machina.* Ética *de la inteligencia artificial y Derecho digital ante el horizonte de la singularidad tecnológica*, Tirant lo Blanch, Valencia, 2024, p. 51.

miento general humano o la incapacidad de resolver problemas humanos simplemente con el cálculo algorítmico. Si no se puede llegar a una IA fuerte, no cabe pensar en una Superinteligencia.

Asimismo, el francés Jean-Gabriel Ganascia[216] niega toda posibilidad de Superinteligencia diciendo que mientras lo normal es que la ciencia ficción tome datos de la ciencia para sus producciones, en el caso de la Superinteligencia sucede lo contrario: es la ciencia la que ha acudido a la ciencia ficción para inspirarse.

Por esto llama la atención que en el reciente documento *Future Risks of Frontier AI*[217], de la Cumbre de Bletchey Park de 2023, se admita la posibilidad de la Inteligencia artificial fuerte o *AGI*, igual o superior a la inteligencia humana, y cuya evolución podría producir una Superinteligencia. Sin embargo, también se señala que las probabilidades de que esto ocurra son muy bajas, y además esta Superinteligencia tendría que tener unas posibilidades de actuación que son controlables desde el diseño, por lo que la eventualidad de que una IA cause un «riesgo existencial» es residual.

Da cuenta Noto La Diega[218] de la actual discusión entre *Singularitarios* y *Alteos*[219], estando los primeros seguros de que la superinteligencia está a la vuelta de la esquina y nos llevará a un escenario apocalíptico en que los seres humanos se convertirán en esclavos de las máquinas. Los Alteos afirman «... que incluso imaginar una máquina inteligente es un absurdo y que, en cualquier caso, no se producirá ninguna disrupción real, ya que podremos seguir manteniendo a las máquinas bajo nuestro control». También Searle afirma que la IA real es totalmente inverosímil e invita a los intelectuales a centrarse en más asuntos importantes[220].

216 Ganascia, Jean-Gabriel, *Le mythe de la Singularité. Fauti-il craindre l'intelligence artificielle?*, Éditions du Seuil, Paris, 2017, pág. 51.

217 En: https://www.gov.uk/government/publications/frontier-ai-capabilities-and-risks-discussion-paper, pp. 9, 24-25.

218 Noto la Diega, «Machine Rules...», *The Italian Law Journal*, cit., p. 400.

219 Es como he intentado traducir *Singularitarians* y *Altheists*, términos éstos que el autor atribuye a John Searle. También aparecen utilizados por Luciano Floridi: «Los creyentes en la verdadera IA pertenecen a la Iglesia de los Singularitarios. A falta de un término mejor, me referiré a los no creyentes como miembros de la Iglesia de los Alteos». Floridi, Luciano, «Singularitarians, Altheists, and Why the Problem with Artificial Intelligence is H.A.L. (Humanity at Large), not HAL», *American Psychological Association Newsletter*, Spring 2015, volumen 14, number 2, p. 8.

220 Noto la Diega, por su parte, estima que con el tiempo la superinteligencia será real, teniendo en cuenta el desarrollo exponencial del rendimiento de los ordenadores, las multimillonarias inversiones de corporaciones y gobiernos en IA, y finalmente, en que la IA está ya presente en nuestra vida diaria, sobre todo mediante los teléfonos inteligentes. Noto la Diega, «Machine Rules...», *The Italian Law Journal*, cit., p. 401.

2.2.2. Transhumanismo

Dejando aparte esta Singularidad, que se asemeja, como nos dice Mark Coeckelbergh, al Apocalipsis, en cualquier caso, los científicos sociales vaticinan un cambio en la sociedad y en la ideología y sentimiento común acerca de nosotros mismos como seres humanos. Los vectores ideológicos que se mueven en este campo son los del humanismo, el transhumanismo y el posthumanismo.

Explica Adela Cortina[221] que el transhumanismo no es una ideología concreta, sino un *movimiento*, «que aglutina distintas propuestas filosóficas, científicas, literarias, sociales, políticas, religiosas, artísticas, y se expresa también a través del cine, la televisión y las redes sociales». Su pretensión se centra en transformar la condición humana por medios tecnocientíficos que logren una mejora de las capacidades del ser humano tanto en el plano físico como en el intelectual, llegándose así al ser «transhumano».

Sin embargo, para provocar un cambio general en la sociedad que dé lugar a esta nueva etapa histórica, al transhumanismo, no es necesario que se produzca la Singularidad. Más importancia tiene para este paso la incidencia de la IA en el desarrollo de la tecnología ciborg o biónica, que permitirá tanto reparar como potenciar muchas funciones biológicas humanas, y prolongar la duración de la vida. En la actualidad ya se practica la reparación de funciones defectuosas mediante implantes cocleares para la audición, extremidades motorizadas, o implantes cerebrales para el alivio de enfermedades como la epilepsia o el Parkinson. Puntualizan Fracesca Vessia y Nicolò Muciaccia[222] que, aunque pueda parecer una película de ciencia ficción, estamos ante una realidad en la que las personas se prestan voluntariamente a hacer de conejillo de Indias para probar nuevos dispositivos cuyos riesgos son desconocidos. Se refieren a los chips ICT *(Information and Communication Technologies)*, que se implantan como prótesis cerebrales para que actúen como hipocampos artificiales para mejorar la memoria, y a los implantes corticales para ciegos, que transmiten al cerebro la información captada por una pequeña cámara digital que llega mediante electrodos que se implantan en el cortex cerebral, haciendo un bypass a la retina o nervio óptico que no son funcionales.

Añaden estos autores[223] que, en base a los Tratados europeos y singularmente la Convención de Roma sobre derechos humanos, las directrices

---

221 Cortina Orts, ¿Ética *o ideología de la Inteligencia artificial?*, cit., pág. 44.

222 Vessia, Francesca y Muciaccia, Nicolò, «ICT Implants and Brain-Computer Interfaces: Legal Issues in the EU Framework» (2018). *AIDA*, 2018, pp. 305-336., págs. 305 y 306. SSRN: https://ssrn.com/abstract=3400039

223 Vessia y Muciaccia, «ICT Implants and Brain-Computer Interfaces: Legal Issues ...», cit., p. 310.

que fija el Grupo Europeo sobre Ética de la Ciencia *(European Group on Ethics in Science)*, que nos indican que no todo lo que es técnicamente posible es ética o legalmente aceptable. La implantación de chips cerebrales debe regirse por los principios de necesidad y proporcionalidad, debiendo ser evitada cuando puedan utilizarse otros métodos menos invasivos y más efectivos para los pacientes. Los implantes para el control cerebral o la localización de pacientes que padecen importantes desórdenes neurológicos deben someterse al consentimiento previo del paciente, que será necesario para evitar la tacha de tratamiento inhumano y lesivo para la dignidad del paciente.

Etimológicamente, nos dice Lisang Nyathi[224], transhumanismo proviene del verbo italiano *transhumanare*, que significa «ir más allá de lo humano». Max More (Max O´Connor) afirma que Dante Alighieri utilizó el término trashumanare en su *Divina Comedia* para significar la superación de la condición y percepción humanas. Ahora bien, su significado moderno se atribuye al biólogo Julian Huxley.

La ideología transhumanista desarrolla como proyecto la utilización de la IA como un auxiliar para la mejora y aumento de la vida humana: esta ideología o proyecto científico, nos dice Coeckelbergh[225], persigue el incremento de la inteligencia del ser humano, hacerle menos vulnerable a las enfermedades, vivir más tiempo y potencialmente llegar a ser inmortal. Advierte este autor que muchas de estas ideas apenas se distinguen de la ciencia-ficción, y todas reposan en la consecución de una Inteligencia artificial general que alcance o incluso sobrepase a la humana como Superinteligencia, logro que otros científicos como Margaret Boden consideran poco probable, según se ha visto.

Llano Alonso[226] nos señala dos proyectos dirigidos a mapear el cerebro humano (a los que ya se ha hecho referencia en páginas anteriores), el norteamericano *BRAIN,* dirigido por Rafael Yuste, y el europeo *Human Brain Project*. Estiman los investigadores de estos proyectos que su trabajo redefinirá la vida humana y transformará el rol de los seres humanos en la vida social, al proporcionar la ingeniería biomédica o neurotecnología un conjunto de herramientas para potenciar y estimular la actividad cerebral. En lo jurídico se plantea el reconocimiento de nuevos *neuroderechos*.

---

224 Nyathi Lisang, «Unveiling the right to self-transformation and self-enhancement: exploring transhumanism and its impact on human rights and the future of humanity», *Deusto Journal of Human Rights*, https://doi.org/10.18543/djhr.3072, E-published: June 2024, p. 123.

225 Coeckelbergh, Mark, *AI Ethics*, The MIT Press Essential Knowledge Series, Cambridge, 2020, p. 14.

226 Llano Alonso, *Homo ex machina...* cit., p. 51.

Critica la filósofa Adela Cortina Orts[227] esta ideología de la mejora de la especie humana por la utilización de la tecnología inteligente, preguntándose desde la Ética: «¿es realmente un deber moral construir seres superiores que van a plantear problemas como el de la convivencia de dos especies, una superior y otra inferior...? ¿No estaríamos abonando un mundo de amos y esclavos...?». Considera por su parte Martínez de Pisón[228] que el transhumanismo es el resultado de «un cóctel de optimismo, utilitarismo, liberalismo individualista, economía neoliberal y de las tecnologías convergentes (las NBIC, nanotecnología, biología, tecnologías de la información y ciencias cognitivas)». Con Luc Ferry estima que estamos ante un amplio proyecto de mejora de la humanidad en todos sus aspectos, físico, intelectual, emocional y moral, gracias a los progresos de las ciencias, y en particular de la biotecnología. Destaca además la definición del filósofo Antonio Diéguez del transhumanismo como «el intento de transformar sustancialmente a los seres humanos mediante la aplicación directa de la tecnología».

Los inicios de este movimiento, no señala el autor[229], están en el *Manifiesto transhumano*, elaborado por Natasha Vita-More en 1983, reiterado y aprobado en 2012 por la *World Transhumanist Association*, asociación fundada por Nick Bostron y David Pearce.

Con base en Bostrom, Lisang Nyathi[230] describe el transhumanismo como un nuevo paradigma para pensar en el futuro de la humanidad pudiendo verse como una ideología que examina tanto el presente como se proyecta hacia el futuro, lo que lo convierte en un concepto actual pero programático para el mañana: «Está presente actualmente porque vivimos en una era en la que la tecnología juega un papel muy importante en nuestras vidas. Además, tiene visión de futuro porque abarca una creencia optimista de que, en el futuro, la biotecnología podría utilizarse para trascender las limitaciones humanas y mejorar la condición humana». Y concluye que el transhumanismo es, a la vez, una concepción del mundo —una cosmovisión—, un estudio científico y una filosofía. Por su parte, Adela Cortina[231] nos enumera algunas de las distintas corrientes que se distinguen dentro de este movimiento: Inmortalismo o abolicionismo, Postgenderismo, Tecnogaianismo, Transhumanismo libertario o libertarismo, Tecnoutopismo, etc.

El transhumanismo debe ser tomado en serio, porque ya existen algunas realizaciones efectivas en genética y prótesis cognitivas, y, de hecho, como

227 Cortina Orts, Adela, «Ética de la Inteligencia artificial», *Anales de la Real Academia de Ciencias Morales y Políticas*, n.° 96, 2019, pág. 384.

228 Martínez de Pisón Cavero, José., «¿El retorno de la falacia naturalista?», *Cuadernos electrónicos de Filosofía del Derecho*, n.° 50 (2023), pág. 63.

229 Martínez de Pisón Cavero, «¿El retorno de la falacia naturalista?», cit., pág. 65.

230 Nyathi, «Unveiling the right to self-transformation and self-enhancement...», cit., p. 124.

231 Cortina Orts, ¿Ética *o ideología de la Inteligencia artificial?*, cit., pág. 50.

nos cuenta Luc Ferry[232], ya tenemos algunos estudios sobre el tema, del Comité de bioética estadounidense (entre sus miembros, Francis Fukuyama), y de la Unión Europea, uno emanado de la Comisión, de 2004, y otro del Parlamento de 2009. Éste, titulado *Human Enhancement*, considera que el transhumanismo es inevitable, y que, junto a peligros considerables, también traerá ventajas incuestionables, por lo que la cuestión se centra en pensar los límites y condiciones de la regulación que habrá de imponerse en el ámbito internacional. Advierte también Ferry que en el transhumanismo hay que separar dos posiciones, la de quienes simplemente consideran que estamos ante un medio de mejora de la humanidad, y quienes como Ray Kurzweil abogan por una mejora de las capacidades humanas mediante hibridación con la máquina. Pero esto nos lleva ya a una idea y un tiempo distintos, el del posthumanismo, que supone una ruptura con el humanismo.

Aporta Daniel Gervais[233], como ejemplos de herramientas de inteligencia artificial para ayudar en tareas cognitivas y equipar a los humanos con partes del cuerpo controladas por inteligencia artificial, las tecnologías desarrolladas en la empresa de Elon Musk, *Neuralink*. La primera es un microchip que registra y estimula la actividad cerebral mediante electrodos, la segunda un dispositivo que implanta estos electrodos directamente en el cerebro humano: al parecer, este implante permite «la capacidad de "ver" colores invisibles para el ojo humano, como la luz infrarroja, pero también puede utilizarse para mejorar la movilidad y muchos otros aspectos del cuerpo humano y la cognición».

Centrados en el transhumanismo más clásico, este movimiento se definiría, según Ferry[234], por las siguientes características: En primer lugar, una eugenesia de carácter ético pensada para la mejora del ser humano, para pasar «del azar —de la lotería genética— a la elección —de un organismo mejorado genéticamente—», *(from chance to choice)*. A continuación, «antinaturalismo», pues el progreso no puede quedarse en mejoras sociales y políticas, tiene que llegar a nuestra biología. En tercer lugar, la búsqueda de la inmortalidad[235] o, por lo menos, el alargamiento de la vida con salud. Asimismo, en cuarto lugar, un optimismo tecnocientífico que sostiene la tesis del «solucionismo» como ideal para superar los conflictos y hándicaps humanos. En quinto y sexto lugar, un racionalismo determinista, materialista y

---

232 Ferry, Luc, *La revolución transhumanista*, Alianza Editorial, Madrid, 2017, pp. 23-25

233 Gervais, Daniel J., «Not Quite Like Us? Can Cyborgs and Intelligent Machines Be Natural Persons as a Matter of Law?», (March 20, 2023). *Vanderbilt Law Research Paper* No. 22-32, p. 6. Available at SSRN: https://ssrn.com/abstract=4213543 or http://dx.doi.org/10.2139/ssrn.4213543

234 Ferry, *La revolución transhumanista*... cit., pp. 51 y ss.

235 Esto lleva a Adela Cortina a añadir como característica del transhumanismo a la hubris, la desmesura en el orgullo y la arrogancia, pero tomada como cualidad positiva. Cortina Orts, ¿Ética *o ideología de la Inteligencia artificial?*, cit., pág. 46.

ateo que se compagina con una ética utilitarista y libertaria, ideológicamente situada entre el liberalismo y la socialdemocracia. A lo que se añade un componente igualitarista (feminista y antirracista), animalista y ecologista, como base para una democracia efectiva.

Bostrom[236] nos recuerda que este transhumanismo hunde sus raíces en el humanismo racionalista, y en la Ilustración, y que, tras la publicación de *El origen de las especies*, de Darwin (1859) se hizo común la idea de la humanidad actual no como un punto final de la evolución humana, sino más bien como una fase temprana de la misma. Indica este autor que, como se ha dicho, el término «transhumanismo» fue usado por primera vez por el biólogo Julian Huxley, hermano del autor de *Un mundo feliz*, en su obra *Religion without revelation* (1927): «La especie humana puede, si lo desea, trascenderse a sí misma, no sólo esporádicamente... sino en su totalidad, como humanidad. Necesitamos un nombre para esta nueva creencia. Tal vez transhumanismo servirá: el hombre permaneciendo hombre, pero trascendiéndose mediante la realización de nuevas posibilidades de y para su naturaleza humana». Y en su posterior ensayo New bottles for new wine, de 1957, aplica el término al potencial mejoramiento de la especie humana mediante la técnica.

Este cambio en la naturaleza humana se apoya en la IA actual, pero avanzará con el surgimiento de una IA fuerte o general, como ya hemos visto, que mejorará avances técnicos como la nanotecnología molecular o el más improbable —y para muchos, quimérico— *uploading*, o descarga cerebral. Sin embargo, como ya he avanzado, y como nos señala Bostrom, tales tecnologías no son necesarias para producir cambios revolucionarios en la sociedad: «La realidad virtual, el diagnóstico genético pre-implantacional, la ingeniería genética, los medicamentos que mejoran la memoria, la concentración, la vigilancia y el humor, drogas mejoradoras del rendimiento... medicina anti-edad, células-madre, interfaces humano-ordenador... estas tecnologías están ya aquí... Conforme maduren, la combinación de estas capacidades tecnológicas podría transformar profundamente la condición humana»[237]. Con un fuerte apoyo en la ingeniería genética y en la idea de mejora de la especie, el transhumanismo se sustenta en la idea de progreso indefinido.

Frente a estas ideas, tenemos las posiciones de los bioconservadores, como Leon Kass o Francis Fukuyama. Kass estima que esta intervención de la tecnología sobre la naturaleza humana va a tener un efecto deshumanizador, al minar el significado tradicional del ciclo de la vida, la naturaleza y la dignidad humanas, y considera que la repugnancia espontánea que provocan muchas de estas técnicas son indicio de esta deshumanización. Fukuyama, por su parte, estima que el transhumanismo es una idea peligrosa, pero

236 Bostrom, Nick, «Una Historia del pensamiento transhumanista», *Argumentos de Razón Técnica*, n.º 14, 2011, pp. 159 y ss.

237 Bostrom, Nick, «Una Historia del pensamiento transhumanista», cit., p. 170.

más que por su incidencia en la biología, por su resultado de desigualdad entre humanos mejorados y no mejorados. A fin de cuentas, la democracia liberal se funda en la igualdad de los humanos en dignidad y derechos, y el uso de tecnologías de «mejora» podría destruir tal equilibrio.

Aumenta Martínez de Pisón[238] esta lista de críticos con los nombres de Hans Jonas, Michael Sandel y Jürgen Habermas. En particular, Sandel reivindica el azar de la genética humana, lo que llama *lotería natural*, advirtiendo que una intervención en tal ámbito puede consistir en una nueva eugenesia (de hecho, Habermas habla de una *eugenesia liberal*). Considera que la ingeniería genética «no supone tanto el triunfo de la razón humana como la facultad intelectiva superadora de nuestras limitaciones, como los peores vaticinios del progreso».

Lisang Nyathi[239], por su parte, señala como punto de crítica de las proyecciones transhumanistas el señalado por el editor y crítico Leon Wieseltier, que cuestionó vehementemente tanto la oportunidad como la posibilidad de trascender las limitaciones humanas. Wieseltier sostiene que el transhumanismo es contrario a su configuración como proyecto humano concebido y perseguido por los humanos, pues no acepta sus condicionamientos como especie. Opina que hay que contemplar los límites de nuestra condición humana como constitutivos del significado de la vida, «...viéndolos no simplemente como obstáculos a superar sino como parte integral de la existencia humana. Para Wieseltier, los transhumanistas son lo opuesto a estos últimos —los humanistas—, no valoran las limitaciones humanas». Sin embargo, estas críticas parecen referidas a un transhumanismo extremo, que se acerca a la posición posthumanista.

Considera sin embargo Martínez de Pisón[240] que estas críticas incurren en muchos casos en la «falacia naturalista», entendiendo que se parte de una concepción estática y esencialista de la naturaleza humana que quiere deducir consecuencias de *deber ser* (o más precisamente, de *no deber ser*) de lo que son condiciones del *ser*. Considera que autores como Fukuyama, Sandel o Habermas apoyan sus juicios sobre el transhumanismo en dicha falacia, ya denunciada por Hume en su *Tratado de la naturaleza humana*, y hoy ya superada.

2.2.3. Posthumanismo

El citado Lisang Nyathi[241] indica que el posthumanismo puede verse como una evolución del transhumanismo, y de hecho los transhumanistas utilizan el término post-humanidad para referirse a la situación que se producirá

238 Martínez de Pisón Cavero, «¿El retorno de la falacia naturalista?», cit, pág. 72.

239 Nyathi, «Unveiling the right to self-transformation and self-enhancement...», cit., p. 123.

240 Martínez de Pisón Cavero, «¿El retorno de la falacia naturalista?», cit, pág. 59.

241 Nyathi, «Unveiling the right to self-transformation and self-enhancement...», cit., p. 131.

cuando se superen los límites de la actual condición humana: «Siguiendo a Bostrom, muchos transhumanistas aspiran a seguir caminos que eventualmente los lleven a convertirse en seres post-humanos».

Para otros, es necesario un ingrediente más, y el término posthumanismo designaría la evolución del transhumanismo hacia nuevo escenario social tras la creación de una IA fuerte, una Singularidad que otorgue a las máquinas el papel rector de la sociedad, dejando a los seres humanos como meros espectadores de unos cambios y de una historia que ya no les pertenece. Señala Nyathi (loc. cit.) que la diferencia entre ambas posiciones está en que mientras el transhumanismo mantiene una idea de transformación y evolución humanas, el posthumanismo representa algo más, representa la cima de la evolución humana, algo completamente nuevo.

Es lo que afirma Yuval Noah Harari[242] que expone que, cuando la tecnología permita remodelar la mente humana, «...el *Homo sapiens* desaparecerá, la historia humana llegará a su fin y se iniciará un tipo de proceso completamente nuevo, que la gente como el lector y como yo no podemos ni imaginar. Muchos estudiosos intentan predecir qué aspecto tendrá el mundo en 2100 o en 2200. Es una pérdida de tiempo. Cualquier predicción que valga la pena debe tener en cuenta la capacidad de remodelar la mente humana, y esto es imposible». Estaríamos ante la sustitución del ser humano por la IA como organismo inteligente, aunque no biológico, idea que expuso Bill Joy en su famoso artículo *El futuro no nos necesita (The Future Doesn't Need Us).*

Entre nosotros, el filósofo Pérez Luño[243] advierte que existe existe una diferencia básica entre transhumanismo y posthumanismo, consistente en que los transhumanistas apoyan la mejora, pero no a la suplantación de la especie humana, mientras que los posthumanistas postulan la superación de la humanidad actual por una superhumanidad: «El transhumanismo no se propone, por tanto, la abolición de cuanto ha supuesto la cultura humanista. El posthumanismo implica la versión "fuerte" de esas proyecciones tecnocientíficas al ámbito de lo humano y, desde sus enfoques, no se duda en postular la sustitución del paradigma humanista por el paradigma posthumanista». De ello se sigue una nueva sociedad posthumanista, cuyos valores no coinciden con los del humanismo.

Otra de las tachas que Nyathi[244] opone al posthumanismo está en que no es un medio para un mejor conocimiento de la realidad, no es una herramienta ontológica, sino creadora de esa realidad artificial con la que se quiere sustituir a la actual. Y señala cómo el posthumanismo concebido como un

242 HARARI, Yuval Noah, *Homo Deus. Breve historia del porvenir,* Debate, Barcelona, 2016, pág. 50.

243 PÉREZ LUÑO, Antonio Enrique, «El posthumanismo no es un humanismo», *DOXA. Cuadernos De Filosofía Del Derecho,* (44), 291-312. https://doi.org/10.14198/DOXA2021.44.12, p. 19.

244 NYATHI, «Unveiling the right to self-transformation and self-enhancement...», cit., p. 133.

futuro de seres posthumanos omniscientes, omnipotentes y eternos, es impugnado por el profesor Stefano Rodotà, uno de cuyos últimos trabajos lleva como título *Del ser humano al posthumano*: «En dicho estudio denuncia que la lógica desde la cual se sitúan los vaticinios y profecías posthumanistas, no es la del interés y el bienestar de las personas, sino que representa la lógica del beneficio económico». Y esto porque, según Rodotà, los eventuales beneficios de la revolución posthumanista no alcanzarían a la totalidad de la población mundial, sino que dicha revolución sigue parámetros elitistas, estando dirigida por una minoría de científicos y tecnólogos, lo que lleva a Pérez Luño a hablar de *tecnorricos* y *tecnopobres*.

También en esta línea crítica señala Belloso Martín[245] que, si bien los términos transhumanismo y posthumanismo suelen ser utilizados de forma indistinta o como sinónimos, existe un matiz diferencial: «Ambos defienden la reivindicación del derecho a investigar y utilizar los avances de la tecnociencia para conseguir una mejora de las capacidades físicas y mentales de las personas. Sin embargo, entre ambos movimientos pueden apuntarse algunas diferencias. Así, mientras los transhumanistas defienden que la tecnociencia debe contribuir a la mejora, pero no a la suplantación de la especie humana, los posthumanistas postulan la superación de la humanidad actual por una superhumanidad, como resultado final del proceso de desarrollo tecnocientífico».

En realidad, y como resume el citado autor, transhumanismo y posthumanismo pueden contemplarse como etapas sucesivas de un cambio existencial de la humanidad: «Transhumanismo y posthumanismo comparten un fin común, la aspiración de un futuro en el que los seres biológica y tecnológicamente avanzados reemplazan al *homo sapiens* (Hook 2019). Ambas filosofías abrazan la posibilidad y conveniencia de utilizar la tecnología para mejorar significativamente el nivel intelectual, y las capacidades físicas y psicológicas de los humanos. Si bien existen algunas diferencias entre las dos, ambas se comprometen con un concepto de posthumanidad basado en la tecnología»[246].

En cualquier caso, y siendo las consecuencias de la IA fuerte o sobrehumana tan extremas, ¿Cómo es que no se ha procurado vigilar las investigaciones y prevenir las consecuencias más amargas de esta técnica? La razón nos la da José María Lassalle[247], al señalar que hoy existe una carrera entre superpotencias (China y EE. UU.) por el logro de una IA fuerte o general, similar a la carrera armamentística nuclear en las décadas de la Guerra fría.

245 Belloso Martín, Nuria, «La Necesaria Presencia de la Ética en la Robótica: La Roboética y su Incidencia en los Derechos Humanos», cit., pág. 100.

246 Nyathi, «Unveiling the right to self-transformation and self-enhancement: exploring transhumanism and its impact on human rights and the future of humanity», cit., p. 133.

247 Lassalle, José María, *Civilización artificial*, Arpa, Barcelona, 2024, p. 57.

Este logro significaría «un avance computacional tan extraordinario que otorgaría una superioridad equiparable a la conseguida por Estados Unidos con la bomba atómica en 1945». Y pone como argumento de la importancia de estas investigaciones a la reciente Orden ejecutiva presidencial norteamericana de 31 de octubre de 2023, por la que se designa al Presidente americano «Comandante en jefe de la IA»[248].

La compatibilidad entre implantes biónicos y el cerebro humano se lleva al extremo por parte de los posthumanistas al adoptar un punto de vista radical consistente en afirmar que la supervivencia del espíritu humano tendrá lugar transfiriendo la mente humana al ordenador, que habrá logrado superar la capacidad de pensamiento del cerebro humano. Se trata de lograr la vida eterna por medios electrónicos, mediante la descarga del contenido cerebral en un ordenador, el *uploading* que nos acerca a territorios de fantasía. Aquí Coeckelbergh[249] nos indica que estas ideas guardan un curioso paralelismo con las religiones judeocristianas y el platonismo, pues ambas concepciones del mundo descansan en la trascendencia y la inmortalidad del alma. Nos dice el autor que el transhumanismo es la realización del programa platónico por medios técnicos. Y añade que la búsqueda de la inmortalidad es un viejo sueño humano, que aparece ya en la mitología mesopotámica, en el *Cantar de Gilgamesh*.

En cualquier caso, y como expone Coeckelbergh[250], el debate que se produce ideológicamente, tanto por parte del posthumanismo como del transhumanismo, es el que tiene lugar entre estas posiciones y el simple humanismo, que mantiene la esencialidad de los límites señalados al ser humano por su propia naturaleza y biología. Y señala cómo se puede establecer un paralelo entre el humanismo y el Romanticismo y el trans y posthumanismo y el movimiento de la Ilustración. La diferencia entre trans y posthumanismo, señala este autor, está en que mientras el transhumanismo persigue una mejora del ser humano más allá de sus límites biológicos, el posthumanismo propone la pérdida del referente humano como regla áurea: su proyecto propone traspasar los límites de lo humano y adentrarse en el campo de lo no-humano o superhumano. Ideas que se engarzan con la consideración de que la relación del ser humano con el mundo ha estado siempre mediatizada por la tecnología.

2.3. Valoraciones más ponderadas de los riesgos

Ante todos estos anticipos de un futuro entre amenazador e increíble, hay que tener en cuenta que, como ya hemos visto, para algunos científicos la llegada de la Singularidad es algo que o no se producirá, o se producirá den-

248 *AI Commander in chief*

249 Coeckelbergh, Mark, *AI Ethics*, The MIT Press Essential Knowledge Series, Cambridge, 2020, p. 24.

250 Coeckelbergh, *AI Ethics*, cit., pp. 41-42.

tro de varios siglos. Ésta, como señala Max Tegmark[251], es la posición de los llamados tecnoescépticos, como el científico jefe en *Baidu* (el Google chino) Andrew Ng, que opina que preocuparse por los riesgos de la IA era una distracción potencialmente peligrosa, pero porque podría demorar el progreso de la propia IA.

Esta preocupación por los riesgos es la de Stuart Russell, que estando convencido de que existe una posibilidad real de que la IA general de nivel humano surja a lo largo de este siglo, estima que no está garantizado que sus consecuencias sean positivas, por lo que lo prioritario es trabajar para conseguir una IA segura o benéfica. Tegmark para apoyar esta idea y favorecer la investigación sobre una IA segura funda en 2014 junto a Jan Tallinn el *Future of Life Institute*. Más adelante, en 2017, convoca en Asilomar (EE. UU.) un congreso de especialistas para el logro de una IA benéfica, fundada en principios éticos y resistente a las utilizaciones malintencionadas, una IA *robusta*.

En el ya citado documento *Future Risks of Frontier AI*, de la Cumbre de Bletchey Park de 2023, aunque se admita la posibilidad de la llamada Inteligencia artificial fuerte [*Artificial General Intelligence - AGI* (10)], que sería igual o superior a la inteligencia humana, y cuya evolución podría producir una Superinteligencia, sin embargo, también se señala que las probabilidades de que esto ocurra son muy bajas, y además esta Superinteligencia sería controlable desde el diseño, por lo que la eventualidad de que una IA cause un «riesgo existencial» es residual.

Por su parte considera John McGinnis[252] que las visiones apocalípticas sobre la IA y la «superinteligencia» derivan de una serie de errores de concepto acerca de la propia IA, así en primer lugar la idea de que conlleva una amenaza para la existencia de la humanidad deriva de un sesgo antropomórfico: proviene de nuestra propia ansia humana de poder y de la idea de que nuestra evolución y nuestro bienestar deben realizarse a costa de otros seres vivos. Aunque no se puede descartar la posibilidad de malevolencia o ansia de poder en una máquina, lo más probable, nos dice el autor, es que las máquinas sean indiferentes hacia el bienestar humano, situación que también puede ser peligrosa. Pero la indiferencia, nos dice, es mucho más fácil de curar que la malevolencia, aparte que la IA puede programarse para sopesar los valores humanos en su toma de decisiones. Esto lleva al autor a propugnar el apoyo gubernamental a una AI «amistosa» *(friendly)*, antes que a una restricción en el desarrollo de esta tecnología.

En general, estas ideas que se acaban de exponer, Singularidad, Transhumanismo y Posthumanismo, tienen numerosos detractores, y como nos se-

251 Tegmark, *Vida 3.0. Qué significa ser humano en la era de la Inteligencia artificial,* cit., p. 40.

252 McGinnis, John O., «Accelerating AI», *Research Handbook on the Law of Artificial Intelligence,* Woodrow Barfield y Ugo Pagallo, coordinadores, Edward Elgar Publishing, 2018, UK-USA, pág. 49.

ñala Lisang Nyathi[253], las tres principales vías de ataque son: la de su viabilidad, es decir, una visión realista de lo que puede hacer la tecnología, y lo que no; también, la crítica desde el punto de vista político-social, pues estamos ante una tecnología elitista que dará lugar a mejoras en una pequeña parte de la población, y finalmente la crítica desde el punto de vista ético y moral.

Una crítica de carácter político contra el posthumanismo es la que hace Francis Fukuyama[254], dirigiéndola contra la biotecnología que propicia estos cambios en la humanidad: «Lo que vivimos hoy en día no es meramente una revolución tecnológica en nuestra capacidad de descodificar y manipular el ADN, sino una revolución en la ciencia fundamental de la biología. Dicha revolución científica explota hallazgos y avances pertenecientes a diversos campos relacionados —aparte del de la biología molecular—, como la neurociencia cognitiva, la genética de poblaciones, la genética del comportamiento, la psicología, la antropología, la biología evolutiva y la neurofarmacología».

Desde un punto de vista muy crítico a las ideas de Kurzweil, Bostrom, Warwick, Moravec o Vernor Vinge, señala el ingeniero y filósofo Jean-Gabriel Ganascia[255] que la imposibilidad de control se manifiesta por los científicos que profetizan la llegada de un «transhumanismo» o «posthumanismo», así como la de la «singularidad» en el momento en que se atribuya a las máquinas la capacidad suficiente y un algoritmo de autoaprendizaje que les lleve hasta la superinteligencia que haga de los sistemas dotados de IA un ser evolutivamente superior al humano. Pero para ello se ha recurrido sobre todo a la utilización de la Ley de Moore para profetizar unos desarrollos sociales y culturales imprecisos, licencia que se ha tomado Kurzweil pero que resulta inasumible, pues la Ley de los rendimientos crecientes de Moore sólo vale para describir el desarrollo de las máquinas computacionales del modo exponencial en que ha tenido lugar. Su ámbito es el desarrollo del hardware y la consiguiente potencia computacional de las máquinas (en concreto señala que el número de transistores y consiguiente capacidad de almacenamiento de los ordenadores se duplica cada 18 meses) pero no se puede aplicar para describir la evolución de la naturaleza ni de los seres vivos, que evolucionan pausadamente y sin desarrollos exponenciales, y por lo tanto no a la sociedad humana.

En relación a las teorías de la Singularidad y del transhumanismo, advierte Ganascia que en su elaboración se han tomado elementos de la ciencia-fic-

253 Nyathi Lisang, «Unveiling the right to self-transformation and self-enhancement: exploring transhumanism and its impact on human rights and the future of humanity», *Deusto Journal of Human Rights*, https://doi.org/10.18543/djhr.3072, E-published: June 2024, p. 123.

254 Fukuyama, Francis, *El fin del hombre. Consecuencias de la revolución biotecnológica*, Ediciones B, 2002, p. 23. El título original es mucho más indicativo: *Posthuman Society*.

255 Ganascia, *Le mythe de la Singularité. Fauti-il craindre l'intelligence artificielle?*, cit., págs. 70 y ss.

ción, cuanto lo normal es que sea al revés, es decir, la ciencia-ficción la que tome elementos de la ciencia *tout court* para sus creaciones literarias: estos autores han hecho lo contrario, tomar elementos de creaciones literarias para la elaboración de teorías científicas. También critica que la pretensión de transmitir o clonar una mente humana en un ordenador nos lleva a un nuevo dualismo, máquina-mente, en lugar de cuerpo-mente, que reproduce elementos de lo que él considera una nueva Gnosis o conocimiento místico y secreto.

Señala también Ganascia que la noción de Singularidad, por el hecho de haberse descrito de una manera plausible —en el sentido de que es aprobada o justificada por muchos— no resulta por ello necesariamente probable. Y concreta: «Además, estudios retrospectivos nos muestran que las investigaciones predictivas efectuadas en el pasado sobre las tecnologías de la información se revelaron totalmente aproximativas». Y concluye como resumen, que, aunque nada permite afirmar la imposibilidad absoluta de la Singularidad, ésta resulta altamente improbable, tan improbable que no se puede abordar con un mínimo de seriedad[256].

En la misma línea, señala Luciano Floridi[257] que una verdadera IA no es lógicamente imposible, pero sí absolutamente inverosímil, pues según nuestro conocimiento científico actual, no tenemos idea de cómo diseñarla. Desconocimiento que deriva de que todavía no comprendemos cómo funciona nuestro cerebro y nuestra inteligencia. La conclusión, para el autor, es clara: «Esto significa que cualquier preocupación por la aparición de alguna Superinteligencia es irrisoria».

Entre los estudios europeos elaborados por la Unidad de Prospectiva Científica (STOA) del *European Parliament Research Service,* en materia de riesgos cabe destacar su «Análisis en profundidad» titulado ¿Debemos temer a la inteligencia artificial? *(Should we fear artificial intelligence?)*, de marzo 2018[258], que adopta un punto de vista escéptico en relación a estas cuestiones. En este Informe, Peter J. Bentley procede a desmontar determinados mitos, señalando que las ideas de que la IA es un peligro para la humanidad, incluso una «amenaza existencial» debido a una suerte de «explosión» en el desarrollo de dicha inteligencia que derivará en una imposibilidad de control, «...son pura fantasía. La verdad es lo contrario: la IA, como toda inteligencia,

256 Ganascia, *Le mythe de la Singularité. Fauti-il craindre l'intelligence artificielle?,* cit., pág. 90.

257 Floridi, «Singularitarians, Altheists, and Why the Problem with Artificial Intelligence is H.A.L. (Humanity at Large), not HAL», cit., p. 10.

258 Peter J. Bentley, University College London, Miles Brundage, University of Oxford, Olle Häggström, Chalmers University, Thomas Metzinger, Johannes Gutenberg University of Mainz. Prólogo de María Teresa Giménez Barbat, MEP y una introducción de Philip Boucher, *European Parliamentary Research Service, STOA-Science and Technology Options Assessment*, marzo 2018. PE 614.547, DOI: 10.2861/412165.

solo puede desarrollarse lentamente, bajo circunstancias arduas y difíciles. No es fácil volverse inteligente... Las tecnologías de IA se hallan actualmente incluidas en el software y hardware de uso diario. Pero estas tecnologías son simplemente *tecnología inteligente*, son los equivalentes computacionales de los engranajes y resortes que hay en los dispositivos mecánicos. Y si fallan, como un diente roto o un resorte flojo... no puede convertir mágicamente a un robot en asesino, nuestro software inteligente integrado no puede convertirse en una IA malévola»[259].

Concluye el autor que, hoy por hoy, la IA representa un avance en la tecnología que nos hace la vida más fácil, y procede a concretar y desmontar los mitos que han propiciado esta visión apocalíptica de la IA.

El «Mito 1.º» es el de la Superinteligencia de la IA autónoma dotada de capacidad de autoinstrucción, el peligro de una IA que queda fuera de control y «se vuelve superinteligente», planteado por autores como Bostrom. En opinión de Bentley, esto no puede suceder por las premisas básicas de la Cibernética, la primera de ellas la de que la inteligencia es una respuesta a los problemas que se plantean, y siendo los seres humanos quienes planteamos las cuestiones y problemas a resolver, somos quienes dirigimos el progreso de la IA: «...Un robot que puede realizar bien una tarea, nunca aumentará sus habilidades sin que lo obliguemos a crecer... La primera ley de la IA nos dice que la inteligencia artificial es un objetivo tremendamente difícil, que requiere exactamente las condiciones adecuadas y un esfuerzo considerable. No puede existir IA fuera de control, no habrá una IA con un desarrollo propio fuera de nuestro control. No habrá singularidades. La IA solo será tan inteligente como queramos (o forcemos) que lo sea... incluso si pudiéramos crear una súper inteligencia, no hay evidencia de que una IA superinteligente quisiera alguna vez dañarnos».

Considera el autor que estas afirmaciones están profundamente equivocadas, lo que quizá se deba a que vienen derivadas de observaciones del comportamiento humano, que de hecho es muy violento, y concluye que las IA «no tendrán inteligencia humana».

El «Mito 2.º» que desmonta Bentley es el de que la Superinteligencia sea un resultado del progreso acelerado en capacidad de memoria y computación de los nuevos ordenadores, y esto porque otra premisa de la ciencia de la IA nos dice que la inteligencia requiere una estructura adecuada, no una acumulación de estructuras: «Cada tipo de desafío requiere un nuevo diseño para resolverlo. Para entender lo que vemos, necesitamos un tipo específico de estructura neural. Para mover nuestros músculos, necesitamos otro tipo. Para almacenar recuerdos, necesitamos otro... Las neuronas son increíble-

259 Bentley, Peter J. en *Should we fear artificial intelligence?* European Parliamentary Research Service, STOA-Science and Technology Options Assessment, marzo 2018, pág. 6. PE 614.547, DOI: 10.2861/412165.

mente inteligentes. El truco es organizarlas de la manera correcta, construyendo el algoritmo óptimo para cada problema... Diferentes tipos de problemas requieren diferentes estructuras. Un problema nunca antes enfrentado puede requerir el desarrollo de una nueva estructura nunca antes creada. No existe una estructura universal que se adapte a todos los problemas».

Es decir, como ya se ha expuesto, es este el «argumento del diseño», concretado en que sólo podemos implementar en una IA la solución de los problemas que ya conocemos, y no existe una solución o algoritmo de carácter general. Bentley aplica aquí el *No Free Lunch Theorem,* expuesto por Wolpert, que viene a ser un corolario de la falta de verdadera humanidad (e inteligencia humana) de la máquina[260].

El «Mito 3.º» es la Ley de Moore, la duplicación de la velocidad de las computadoras cada 18 meses y el consiguiente crecimiento exponencial de la inteligencia. Afirma Bentley que este punto de vista no reconoce el impacto de un exponencial opuesto que actúa como un freno significativo en el desarrollo de IA: las pruebas de funcionamiento. Es lo que llama la Tercera ley de IA: «La inteligencia requiere pruebas exhaustivas. Una inteligencia superior requiere los diseños más complejos del universo. Pero cada pequeño cambio realizado en un intento de mejorar el diseño de una inteligencia tiene el potencial de destruir cualquiera o todas sus capacidades preexistentes... Por estas razones, cada nuevo diseño de inteligencia necesita una prueba completa de todos los problemas que existen para resolver». Con la consecuencia de que las necesidades de tiempo para las pruebas crecen también exponencialmente, lo que constituye un límite para la IA: «Del mismo modo que cada vez es más difícil ir más rápido a medida que nos acercamos a la velocidad de la luz, se vuelve cada vez más difícil aumentar la inteligencia a medida que desarrollamos cerebros más inteligentes»[261].

En este mismo Informe de STOA, Miles Brundage[262] se muestra partidario de un *optimismo condicional*, señalando cómo la IA ha suscitado posturas extremas, y otras centradas entre quienes opinan que es el máximo beneficio y quienes creen que es una maldición. Brundage cree que hay razones por las que se puede anticipar que la IA es una tecnología transformadora para

260 Argumentación ésta que es frontalmente rechazada por Olle Häggström en el mismo estudio que estamos considerando, página 22: «This line of argument by Bentley sweeps a known fact under the carpet, namely that there do exist algorithms with a more open-ended problem-solving capacity, as exemplified by the software of the human brain. His 100 % conviction that human scientific ingenuity over the coming century (or whatever time scale one chooses to adopt) will fail to discover such an algorithm seems hard to defend rationally: it requires dogmatic faith».

261 Bentley, *Should we fear artificial intelligence?* Cit., págs. 9 y 10.

262 Brundage, Miles, en *Should we fear artificial intelligence?* European Parliamentary Research Service, STOA-Science and Technology Options Assessment, March 2018, pág. 13. PE 614.547, DOI: 10.2861/412165.

la humanidad, pero de carácter beneficioso: «Con esto quiero decir que, si la humanidad supera con éxito los desafíos técnicos, éticos y políticos de desarrollar y difundir potentes tecnologías de IA, ésta puede tener un impacto enorme y potencialmente muy positivo en el bienestar de la humanidad».

Las razones por las que espera, aunque condicional y cautamente, que la IA tenga un impacto enormemente positivo en la humanidad serían el que una IA fuerte serviría para acelerar y facilitar la realización de tareas repetitivas y pesadas (la minimización de los tiempos de trabajo), permitiría una mayor y mejor coordinación efectiva entre individuos e instituciones (coordinación mejorada), y finalmente ello permitiría la reorientación de la vida de los humanos hacia el logro de objetivos que les parezcan mucho más satisfactorios, manteniendo un alto nivel de vida sin la necesidad de un trabajo no deseado (la llegada de la sociedad de ocio). Brundage *(loc. cit.)* muestra por ello una posición abierta hacia la IA: «Contrariamente a la perspectiva de que la IA es tan arriesgada que su desarrollo debería evitarse, sostengo que la IA será un componente fundamental de la prosperidad humana a largo plazo, y concluyo con una visión positiva de cómo podría ser el resultado final».

En línea con tales opiniones, el Informe o *Study Panel* de 2015 emitido por el proyecto *One Hundred Year Study on Artificial Intelligence*, de la Universidad de Stanford, informe que lleva por título *Artificial Intelligence and Life in 2030*, estima que salvo los indudables avances en temas médicos y de automoción, no parece haber riesgo para los humanos de ser sustituidos como especie. «Salvo en las películas, no hay una raza de robots sobrehumanos en el horizonte, o tal vez ni siquiera son posibles»: lo dice Russell[263], pese a considerar perfectamente posible la Superinteligencia. Y Joanna Bryson[264] advierte categóricamente, en contra del posthumanismo y el *uploading*, que La IA no puede producir réplicas exactas de seres humanos (que es el sueño posthumanista por excelencia): «Tecnológicamente, los cerebros no se pueden "escanear" y replicar en ningún otro material que no sea otro cerebro, ya que sus propiedades computacionales dependen de billones de detalles efímeros. Crear un segundo humano idéntico para albergar ese nuevo cerebro no sólo es físicamente inasumible, sino que es clonación, operación poco ética e incluso ilegal, al menos en la Unión Europea... Nada de lo que construyamos a partir de metal y silicio podrá jamás compartir nuestra fenomenología tanto como pueda hacerlo una rata o una vaca, y pocos ven a las vacas o ratas como posibles vehículos para nuestra posteridad... (Una) abstracción es solo una instantánea del organismo, no es el organismo en sí».

263 RUSSELL, *Human Compatible. Artificial Intelligence and the problem of control*, cit., pág. 149.

264 BRYSON, «The Artificial Intelligence of the Ethics of Artificial Intelligence: An Introductory...», cit., DOI: 10.1093/oxfordhb/9780190067397.013.1

Con bastante sensatez, estiman Lin, Abney y Bekey[265] que las nuevas tecnologías van a cambiar el mundo, pero esto al igual que ocurrió con la invención de la imprenta, de las armas de fuego, los automóviles, los ordenadores y las vacunas, que a la vez que han cambiado el mundo, han producido consecuencias imprevistas. Como consecuencia no desdeñable, estas tecnologías provocaron una ruptura del *statu quo*, lo que no es una cosa terrible en sí misma, pero también otras consecuencias menos aceptables como los movimientos de población y de los trabajadores en masa. Terminan advirtiendo que lo que es inevitable y que se produce en toda sociedad humana es el cambio, cambio que nos obliga a cambiar de forma de pensar, quizá en una forma que hace años calificaríamos de «ciencia ficción».

En nuestra doctrina, Llano Alonso[266] nos repite las palabras de Norberto Bobbio sobre la irrupción de las nuevas tecnologías en relación a los derechos humanos: «No hay que ser tan pesimista como para abandonarse a la desesperación, pero tampoco tan optimista como para hacerse presuntuosos». Mientras que José María Lassalle[267] da por supuesto el desarrollo de una IA de nivel superior a la inteligencia humana, y considera que, si llegan las máquinas a adquirir la responsabilidad de la dirección social, ello conllevará un nuevo reparto de funciones entre el ser humano y la máquina, que subordine ésta al humano. Tal conservación de la primacía por el ser humano se producirá, según el autor, mediante el cultivo de las cualidades humanas de la sabiduría y la autenticidad. Propone, además, para evitar los riesgos de que el desarrollo de la IA nos lleve a un nuevo nihilismo, avanzar en un «humanismo tecnológico» que establezca un marco ético sobre los límites infranqueables de la condición humana. Este humanismo tecnológico lo basa en la resignificación de humanismo que hizo Heidegger tras el industrialismo del siglo XX, que busca una nueva formulación de la dignidad humana. Y con Habermas y muchos otros considera necesaria una moratoria en la investigación de IA, que establezca lo que puede o no puede (debe) hacerse con esta técnica[268].

Esta posición de cautela se observa en otros pensadores, como Francis Fukuyama[269], al considerar que hay razones de prudencia para respetar el orden natural de las cosas, y no pensar que puede mejorarse fácilmente mediante la intervención del hombre. Pone como ejemplo el caso del medio

265 Lin, Abney y Bekey, «Robot ethics: Mapping the issues for a mechanized world», cit., pág. 948.

266 Llano Alonso, Fernando H. «Ëtica de la Inteligencia artificial en el marco jurídico de la Unión Europea», *Justicia algorítmica y neuroderecho. Una mirada multidisciplinar*, Tirant lo Blanch, Valencia, 2021, p. 112.

267 Lassalle, *Civilización artificial*, cit., p. 30.

268 Lassalle, *Civilización artificial*, cit., pp. 49-181.

269 Fukuyama, *El fin del hombre. Consecuencias de la revolución biotecnológica*, cit., p. 90.

ambiente: «los ecosistemas constituyen un todo interrelacionado cuya complejidad con frecuencia no entendemos; la construcción de una presa o la introducción de un monocultivo en una zona determinada trastocan una serie de relaciones que no son perceptibles a simple vista y destruyen el equilibrio del sistema de formas completamente inopinadas. Se puede decir lo mismo de la naturaleza humana. Hay muchos aspectos de ella que creemos entender o que querríamos cambiar si tuviésemos la oportunidad. Sin embargo, mejorar la naturaleza no siempre resulta tan sencillo; puede que la evolución sea un proceso ciego, pero sigue una implacable lógica de adaptabilidad que hace que los organismos se adecuen al entorno». En definitiva, mejorar la naturaleza, también la humana, nunca es sencillo.

Otro llamado a la prudencia lo encontramos en las palabras de Sonia Livingstone, profesora de psicología social en la London School of Economics (recogidas por Rainie y Anderson en un trabajo de campo)[270], que explica que «... para que los seres humanos florezcan, deben tener la oportunidad de ejercer su agencia y eficacia en un mundo que puedan comprender en términos generales y que responda directamente a sus necesidades, intereses y preocupaciones». Frente a esto, la IA es hoy por hoy completamente ajena a la naturaleza de la humanidad. Sería necesario desarrollar una IA verdaderamente centrada en el ser humano. Pero los intereses políticos de los Estados y los intereses económicos de las empresas llevan a lo contrario. Y hace una siniestra predicción: «... nuestros niños — un tercio de la población hoy, el 100 % de la población mañana-, no conocerán un mundo sin IA o anterior a ella. Estamos tratándolos como a los canarios en la mina de carbón. Quizás nunca nos perdonen».

2.4. En cualquier caso: Transformación social

2.4.1. Incidencia social de la IA

Sea cual sea el desarrollo futuro de la IA, los autores se muestran conformes en admitir que incluso una IA débil o de nivel no humano tendrá importantes repercusiones en la sociedad.

Carmen Tirado Robles[271] destaca en cuanto a esta incidencia lo señalado en la iniciativa *Sociedad 5.0*, presentada por Shinzo Abe y el Keidanren, la Fe-

270 Rainie Lee y Anderson Janna. «Experts Imagine the Impact of Artificial Intelligence by 2040». *Imagining the Digital Future Center*. Elon University, February 29, 2024, p. 19, en: https://imaginingthedigitalfuture.org/wp-content/uploads/2024/02/AI2040-FINAL-White-Paper-2-2.29.24.pdf

271 Tirado Robles Carmen «El informe Future of Work 2035: For Everyone to Shine. Análisis jurídico de las propuestas japonesas sobre la implantación de los robots y de la IA en el mundo del trabajo y su posible adaptación al entorno europeo», *Mirai. Estudios Japoneses*, DOI: https://doi.org/10.5209/mira.8069, 2022, p. 208.

deración empresarial japonesa, en 2015. Este informe estima que el mundo ha pasado por cuatro tipos de sociedades: la Sociedad 1.0 de caza y recolección; la Sociedad 2.0, agrícola; la Sociedad 3.0, industrial; y la Sociedad 4.0, de la información. Ahora estamos en la Sociedad 5.0, en la que «...la creación del conocimiento se producirá a partir de las máquinas a través de la IA, pero al servicio de las personas. En la propuesta del Keidanren a esta quinta etapa se la denomina Sociedad de la Imaginación, pues lo que se propone es una combinación de la transformación digital y de la imaginación y creatividad de personas diversas, que permitirá resolver los problemas existentes y crear nuevos valores».

En Europa, la *Resolución del Parlamento Europeo, de 16 de febrero de 2017, sobre normas de Derecho civil sobre robótica*[272] (que se examina más adelante) va destinada a los juristas europeos, señaladamente a los civilistas, difundiendo una serie de principios y recomendaciones en tema de inteligencia artificial y robótica, y haciendo en sus *Considerandos* un mapa de los sectores sociales en los que la incidencia de estas novedades será mayor: «...se *espera que, a corto y medio plazo, la robótica y la inteligencia artificial traigan consigo eficiencia y ahorro, no solo en la producción y el comercio, sino también en* ámbitos *como el transporte, la asistencia sanitaria, las operaciones de salvamento, la educación y la agricultura, permitiendo que los seres humanos dejen de exponerse a condiciones peligrosas, como, por ejemplo, las que entraña la limpieza de lugares contaminados con sustancias tóxicas»* (Considerando E). Añade la importancia de los robots en ámbitos como el cuidado de ancianos, empleo y mercado laboral, la educación, el empleo y las políticas sociales, protección de datos personales, bots auxiliares en la toma de decisiones económicas o administrativas, o simplemente con funciones de acompañamiento o conversacionales, para el alivio de la soledad. Dedica asimismo *Considerandos* específicos a la responsabilidad de los robots dotados de capacidad de autoaprendizaje y de decisión autónoma.

Por su parte, el *Dictamen* del Comité Económico y Social Europeo sobre la «Inteligencia *artificial: las consecuencias de la inteligencia artificial para el mercado* único *(digital), la producción, el consumo, el empleo y la sociedad»*, Dictamen de iniciativa adoptado en el Pleno del CESE de 31 de mayo y 1 de junio de 2017, cita, entre las aplicaciones de esta IA avanzada, a los asistentes virtuales, los programas de traducción, las negociaciones financieras automatizadas, los automóviles sin conductor y la investigación electrónico-jurídica. Se destacan las repercusiones en el trabajo, el empleo, las condiciones laborales y la educación, y se previene contra las actuales situaciones de monopolio: *3.28. La mayoría de los avances en IA y sus correspondientes elementos (plataformas de desarrollo, datos, conocimiento y experiencia) están en manos de cinco grandes empresas tecnológicas (Amazon, Apple, Face-*

272 *Diario Oficial de la Unión Europea*, C 252 de 18.7.2018, p. 239/257, en: https://eur-lex.europa.eu/legal-content/ES/TXT/?qid=1552383660116&uri=CELEX:52017IP0051.

book, Google y Microsoft). Aunque estas empresas son partidarias del desarrollo libre de la IA, y algunas ofrecen sus plataformas en código abierto, eso no garantiza una plena accesibilidad a los sistemas de IA, ni el reparto equitativo del llamado «dividendo digital» (concepto expuesto en el Dictamen del Comité Económico y Social Europeo sobre «Los efectos de la digitalización sobre el sector de los servicios y el empleo en el marco de las transformaciones industriales», Dictamen exploratorio)[273].

Por su parte, Max Tegmark[274] señala la incidencia actual de la IA en sectores como la exploración espacial, las finanzas, la producción industrial, el transporte y la circulación de vehículos, la producción y consumo de energía, sanidad, comunicaciones y entretenimiento, y aplicación de las leyes. En particular, dice Tegmark[275], en el mundo laboral los trabajos que implican acciones muy repetitivas o estructuradas en un entorno predecible serán eliminados por la automatización, y este proceso ya ha empezado: «Los ordenadores y los robots industriales asumieron los más simples de estos trabajos hace ya mucho tiempo, y las mejoras tecnológicas están provocando la eliminación de muchos más, desde los vendedores telefónicos hasta los mozos de almacén, los cajeros, los maquinistas de tren, los panaderos y los cocineros de comida rápida. Es probable que los camioneros, taxistas, conductores de autobús y de vehículos de Lyft/Uber sean pronto los siguientes de la lista». Tareas de oficina como escritura a máquina, llevanza de agendas o recuperación de datos y archivos las realizan hoy los ordenadores. Asistentes legales, analistas de crédito, agentes de préstamos, contables o expertos en impuestos no van a desaparecer, pero la mayoría de sus tareas se están automatizando, y por tanto se requieren muchos menos profesionales.

En definitiva, que, si no vamos hacia una general sustitución, sí que habrá emigración desde los empleos en extinción a nuevos puestos de trabajo o servicios profesionales. Nos indica Navas Navarro[276] que la cada vez mayor incidencia de los sistemas inteligentes en nuestra sociedad puede comprobarse a partir de la cada vez mayor comunicación de las propias máquinas entre sí, resultado de la expansión del Internet de las cosas (IoT, Internet of Things): «Las cifras hablan por sí mismas. En 2013 había más de un billón de cosas inteligentes conectadas a internet "comunicándose entre ellas". Se ha estimado que, para 2020, habrá más de 27 billones de cosas conectadas directamente a internet mediante sensores *wireless*. Y esta cifra se doblará cada cinco años».

---

273 2016/C 013/24, DO C 13 de 15.1.2016, p. 161.

274 TEGMARK, *Vida 3.0. Qué significa ser humano en la era de la Inteligencia artificial,* cit., pp. 110 y ss.

275 TEGMARK, *Vida 3.0. Qué significa ser humano en la era de la Inteligencia artificial,* cit., p. 141.

276 NAVAS NAVARRO, «Smart robots y otras máquinas inteligentes en nuestra vida ...» cit., p. 84.

Otro texto europeo anunciador del cambio social que nos aguarda es la *Propuesta de Reglamento del Parlamento Europeo y del Consejo, 6 de junio 2018, por el que se establece el Programa Europa Digital para el período 2021-2027*[277]. Esta Propuesta nos avisa de la proximidad de un profundo cambio en la sociedad europea y mundial, la «transformación digital». Los ámbitos clave a partir de los cuales tendrá lugar *la transformación digital de la economía y la sociedad,* en los próximos diez años son los de *la computación avanzada, el tratamiento de datos, la ciberseguridad y la inteligencia artificial*. Yendo al texto del Reglamento propuesto, encontramos una referencia inicial a la IA (tras la informática de alto rendimiento) al exponer toda una serie de realizaciones actuales en dicho campo: *(19) El desarrollo de capacidades relacionadas con la inteligencia artificial constituye un motor crucial para la transformación digital de la industria y también del sector público. Robots cada vez más autónomos se emplean en fábricas, intervenciones en aguas profundas, hogares, ciudades y hospitales. Las plataformas comerciales de inteligencia artificial han pasado de la fase experimental a la de aplicaciones reales en los* ámbitos *de la salud y el medio ambiente; todos los principales fabricantes de automóviles están desarrollando vehículos autónomos y las técnicas de aprendizaje automático se encuentran en el núcleo de todas las principales plataformas web y aplicaciones de macrodatos. (20) Para el desarrollo de la inteligencia artificial reviste una gran importancia la disponibilidad de conjuntos de datos a gran escala y de instalaciones de ensayo y experimentación*.

Añade José María Lassalle[278] que no es sólo el mundo laboral y de la empresa el que se verá afectado, pues amalgamando ideas más generales (y políticas) nos advierte que se producirá una mutación hacia lo que llama «capitalismo algorítmico», fenómeno de transformación de activos que da lugar a que quien tenga la propiedad de los algoritmos de IA tendrá también el control pleno sobre la riqueza que genera el uso de datos. Pone el autor como ejemplos de este capitalismo algorítmico al modelo chino de capitalismo de Estado con estricta obediencia al Partido comunista, y a las grandes compañías estadounidenses (Google, Apple, Facebook-Meta, Amazon, Microsoft). Todo lo cual va a terminar en distintas «IAcracias». En otro momento, el autor nos alerta sobre la posición de dominio y la hegemonía de las plataformas sobre el mercado digital que incluso estima que la viabilidad de la democracia liberal se verá sometida a ellas, «entre otras razones porque mantienen una relación asimétrica con los gobiernos democráticos. No sólo en capacidad de gestión eficiente de la información que fluye en el mercado digital... sino por la generación de un conocimiento artificial que supera con

277 Comisión europea. Bruselas, 6.6.2018, COM (2018) 434 final 2018/0227 (COD). Propuesta de Reglamento del Parlamento Europeo y del Consejo por el que se establece el programa Europa Digital para el período 2021-2027.

278 Lassalle, José María, *Civilización artificial*, cit., p. 40-42.

creces al que obtienen los gobiernos»[279]. Habla Lassalle para referirse a estas entidades de «Ciberleviatanes».

Y es que, como ya dijo Joseph Weinzenbaum, en un artículo publicado en 1972[280], «cada vez que un descubrimiento científico rompe una piedra angular, hasta ahora fundamental, del edificio sobre el que se construye la autoestima del hombre, se produce una enorme reacción... Creo que ahora estamos al comienzo de una crisis de este tipo en la vida mental de nuestra civilización». Y en esta crisis, estima Winzenbaum, nos hemos dejado llevar por lo que Mumford denomina el «mito de la máquina», pues la técnica impregna tan completamente nuestros procesos de pensamiento que finalmente «...hemos abandonado a la tecnología el deber mismo de formular preguntas. Así, los hombres sensatos perciben correctamente que los grandes bancos de datos y las enormes redes de ordenadores amenazan al hombre. Pero dejan que la tecnología formule la pregunta correspondiente. Donde un hombre sencillo podría preguntar: "¿Necesitamos estas cosas?", la tecnología pregunta "¿Qué magia electrónica las hará seguras?" Donde un hombre sencillo pregunta "¿Esto es bueno?", la tecnología pregunta "¿Funcionará?"».

Todos estos textos europeos, y estas consideraciones de los autores, nos llevan a la razón de este capítulo dedicado a las repercusiones de la IA en la sociedad, porque los cambios que puede traer la nueva tecnología inteligente encontrarán su reflejo en el Derecho. Es una afirmación cansina la de que el Derecho va siempre por detrás de los cambios sociales, a lo que falta añadir que menos mal que esto es así. Las operaciones jurídicas de ingeniería social, en las que se elabora la norma jurídica para provocar el cambio social, son en muchos casos fuente de innumerables desdichas. Pasemos por tanto a intentar describir los posibles cambios que traerá la IA a la sociedad, haciendo mención a las repercusiones que puedan tener en lo jurídico, para, en un capítulo posterior, centrarnos en el Derecho y sus previsiones ante esta nueva tecnología inteligente.

2.4.2. Repercusiones en el mundo empresarial y laboral

Nathalie Nevejans[281] considera que estamos ante un cambio esencial: El fin del trabajo como la nueva utopía: «El fin del trabajo constituye una utopía que se encuentra en las obras de Karl Marx... en las reflexiones previas a *El Capital*, Marx puso en relación el fin del trabajo con el desarrollo de los sis-

279 LASSALLE, José María, *Civilización artificial*, cit., p. 112-113.

280 WEIZENBAUM, (1972), «On the Impact of the Computer on Society», ...cit., n.º 17.

281 NEVEJANS, *Traité de Droit et d'Éthique de la Robotique civile*, cit., pp. 70-71.

temas de máquinas automáticas». Y más adelante la autora trae a colación las reflexiones de la filósofa Hannah Arendt en su obra *The Human Condition* (1958), acerca del fin del trabajo como la liberación de un peso insoportable, soñada por los seres humanos de todas las épocas y que sólo era el regalo para algunos privilegiados, ahora posible con la completa automatización de los procesos de producción. Como vemos, esta idea goza de cierta antigüedad y en realidad es un deseo repetido por personas de todas las épocas. El problema, claro está, es que el fin del trabajo puede significar el fin del empleo,

En la línea de lo que estamos viendo, señalan los profesores Amitai y Oren Etzioni[282] que el área en la que la IA ya está teniendo un impacto significativo es el mundo laboral, en la sustitución de trabajadores y empleados por sistemas inteligentes: «Hay pruebas contundentes de que la revolución cibernética, comenzando con el uso a gran escala de las computadoras y de IAs más fuertes está destruyendo muchos puestos de trabajo», refiriéndose tanto a trabajadores manuales de las líneas de montaje como a los de «cuello blanco» y del sector servicios, como ocurre con el personal bancario, y también a profesionales especializados, como abogados y juristas. Señalan estos autores que desde 2000 hasta 2010, desaparecieron 1,1 millones de puestos de trabajo de secretaría, y 500.000 puestos de trabajo de empleados de contabilidad y auditoría. Otros tipos de trabajo, como agentes de viajes y mecanógrafos de datos también han experimentado fuertes caídas debido a la tecnología: «El ámbito jurídico ha sido la última víctima, ya que las tecnologías inteligentes han reducido la necesidad de grandes equipos de abogados y asistentes legales para examinar millones de documentos. Michael Lynch, el fundador de una empresa de localización de datos digitales llamada *Autonomy*, estima que el paso del examen humano de documentos a la búsqueda y localización electrónica permitirá que un abogado haga el trabajo que antes hacían 500». El problema no está en la destrucción de antiguos trabajos, sino en que la potencia y versatilidad de la IA dará lugar a que se creen pocos nuevos trabajos, pues la IA vendrá a ser el trabajador universal.

Por su parte, Luciano Floridi[283] estima que va a producirse desempleo, pero no tanto por falta de demanda como por inadecuación de la oferta a los puestos de trabajo solicitados: «La revolución de la IA está automatizando los empleos de oficina ...Se trata de un desempleo que no se debe a la falta de demanda ...sino a un desajuste entre la demanda y la oferta (personas que carecen de las habilidades o la experiencia adecuadas) y a una ampliación de la llamada "brecha digital", representada en este caso por la desigualdad en la educación y el acceso a los servicios de IA». Opina Floridi que los empleos del futuro estarán en la gestión de tecnologías digitales por parte de trabajadores «verdes», pero que, para mitigar los efectos adversos de la IA,

---

282 Etzioni, Amitai y Etzioni, Oren, «Should Artificial Intelligence Be Regulated?» cit., pág. 35.

283 Floridi, «The Ethics of Artificial Intelligence: Exacerbated Problems...», cit., p. 304.

se deben considerar estrategias como reformas educativas, programas de capacitación y otras estrategias de formación.

El problema preocupa también en Europa, y en esta línea se elabora el *Dictamen* del Comité Económico y Social Europeo sobre «Inteligencia artificial: anticipar su impacto en el trabajo para garantizar una transición justa» (dictamen de iniciativa)[284], más dirigido a evitar los inconvenientes que se vaticinan por la introducción de la IA en el mundo laboral, y sus efectos sobre el empleo y la calidad de éste: *4.1. El CESE respalda la aplicación del principio de un programa de IA y de robotización inclusivas. Esto significa que, al introducir en las empresas nuevos procesos en los que se utilicen las nuevas tecnologías, sería* útil *hacer participar a los trabajadores en las modalidades de funcionamientos de esos procesos... 6.5. A priori, no es* éticamente *aceptable que un ser humano se vea limitado por la IA, o que sea considerado un ejecutor de la máquina, que le dictaría las tareas que debe realizar, el modo de hacerlo y los plazos de ejecución... 6.6. Evitar reproducir hoy nuevas formas de taylorismo digital orquestado por los desarrolladores de máquinas inteligentes, debe ser una prioridad para la UE.* La preocupación se centra en temas laborales, como la ética de los algoritmos selectores de personal o el problema de los impuestos al trabajo en relación a los robots.

También es muestra de la preocupación europea por su retraso en IA frente a los avances de EE. UU. y China la *Resolución del Parlamento Europeo, de 12 de febrero de 2019, sobre una política industrial global europea en materia de inteligencia artificial y robótica (2018/2088(INI))*[285], basada en la Comunicación de la Comisión «Inteligencia artificial para Europa» antes vista, y en la Resolución de 16 de febrero de 2017 sobre normas de Derecho civil sobre robótica. Hay en esta Resolución una clara preocupación por el valor estratégico de la inteligencia artificial y la robótica como instrumentos de desarrollo y progreso, afirmándose su papel fundamental para convertir Europa en un «continente emergente», dado que estas tecnologías de vanguardia son necesarias para generar crecimiento en Europa, particularmente en las aplicaciones médico-quirúrgicas y de cuidados de la robótica; también se expone la idea de que Europa en la actualidad se halla retrasada con respecto a Norteamérica y Asia en materia de investigación y patentes en el ámbito de la inteligencia artificial.

La citada Resolución intenta compendiar el impacto de la IA en el mundo laboral apuntando a que aumentará la productividad, y si bien, como ya ocurrió en anteriores revoluciones tecnológicas, se perderán puestos de trabajo, también se crearán otros nuevos. En consecuencia, insta a los Estados miembros *a que se centren en la reconversión de los trabajadores de las in-*

284 *Diario Oficial de la Unión Europea*, C 440/1, 6.12.2018, en: https://eur-lex.europa.eu/legal-content/ES/TXT/PDF/?uri=OJ:C:2018:440:FULL&from=EN.

285 Edición provisional P8_TA-PROV(2019)0081, en http://www.europarl.europa.eu.

dustrias más afectadas por la automatización de las tareas, así como que se proporcione a los trabajadores una formación adecuada a las nuevas tecnologías emergentes.

Además, la cuestión no es si robotizar o no la industria, sino recuperar el atraso europeo respecto a China y EE. UU. Así nos lo expone Nathalie Nevejans[286], hablando del caso francés: «Francia ha perdido gran parte de competitividad de su industria por un considerable retraso en su robotización... las crisis económicas y de desarrollo de los países emergentes dotados de mano de obra poco costosa han reforzado la exigencia de una industria robotizada, que es la única capaz de producir más rápido y menos caro con la misma calidad».

También en la línea de potenciar la investigación europea en IA, para remediar su atraso, tenemos el *Dictamen del Consejo de 15 de mayo, el Informe* «Responsabilidad *para la IA y otras tecnologías emergentes», de 27 de noviembre 2019.* Se trata de lograr «un espacio común europeo de datos». En definitiva, se considera la investigación en IA una labor que excede sectores concretos y alcanza a toda la sociedad. Y dice el párrafo 4: «4.1. *Es obvio que, en gran medida, las personas no son conscientes de las oportunidades que ofrece la IA para ayudarlas, mientras que sí son claramente evidentes las preocupaciones relacionadas con el control sobre la máquina. Por todo ello, el CESE cree que es necesario sensibilizar sobre las oportunidades que ofrece la IA a la sociedad en general...».* Hay una tremenda preocupación por hacer llegar la IA a la sociedad europea, con expresa mención de los planes educativos, desde la enseñanza elemental hasta la Universidad, así como por fomentar la confianza de los ciudadanos en la presencia robótica y la utilización de la IA en todos los ámbitos sociales. Por esto añade el punto 4.5. que son necesarias reformas en los planes de estudios desde la escuela primaria hasta la universidad.

Por lo demás, y volviendo a los efectos prácticos de la IA, la desaparición de empleos por la utilización de sistemas inteligentes, si va acompañada de creación de nuevos empleos, no va a ser percibida como negativa. Y aunque no dé lugar a nuevas oportunidades de trabajo para los seres humanos, la plusvalía producida por el sistema inteligente siempre puede pagar una «renta básica». Es decir, que, más que un «daño» propiamente dicho, la irrupción de la tecnología de la IA va a ser percibida como un cambio social. En realidad, el debatido «impuesto a los robots» es una necesidad puesto que la sustitución de la mano de obra humana por la robótica es sólo un avance parcial y nada social si no va acompañado de cotizaciones a la Seguridad social a cargo de los robots. Este aspecto de las cotizaciones sociales a cargo de los robots hay que relacionarlo con la robótica médica y para el cuidado de la tercera edad (que ya puso de relieve el *Informe Robolaw*): se trata de dos

286 NEVEJANS, *Traité de Droit et d'Éthique de la Robotique civile*, cit., p. 52.

formas de cuidado de la población, de los trabajadores y desempleados, y de los enfermos y ancianos[287], directa mediante robots asistenciales, e indirecta, pues tales máquinas (y los robots industriales y de servicios) pagarán una cotización social o un impuesto con la misma finalidad.

Opina el sociólogo Manuel Castells[288] que la tecnología inteligente tendrá un fuerte impacto sobre los empleos relacionados con el procesamiento de información, así como en el sector servicios en general. Sin embargo, esto no conllevará necesariamente un desempleo masivo futuro: «Por la historia sabemos que la tecnología, en lugar de eliminar progresivamente empleos, reemplaza a los humanos en el desarrollo de tareas específicas, reestructurando la asignación del tiempo hacia actividades más cualificadas. Pero, si no se implementan normativas para proteger algunas profesiones, estas podrían verse afectadas negativamente». Y pone como ejemplo la utilización por los estudios de Hollywood de las imágenes y voces de actrices y actores para reproducir sus interpretaciones con personajes virtuales desarrollados por IA, o la utilización de modelos generales tipo ChatGPT para escribir guiones para las películas o series.

En Japón, como señala Tirado Robles[289], según el ya citado informe gubernamental del primer ministro Shinzo Abe, *Sociedad 5.0* (de 2015), la percepción es que la IA eliminará muchos puestos de trabajo, es más, de aquí a 2035 ya no será preciso trabajar para vivir: «Esta sorprendente afirmación se explica diciendo que el trabajo será una actividad que la gente hará de manera voluntaria y con el fin de realizarse como persona». Sin embargo, habrá que puntualizar que sólo los trabajos de contenido programable son los que pueden desempeñar los sistemas inteligentes: recordemos lo que ya se ha visto acerca de los obstáculos a una IA fuerte o general.

En particular, Blanca Ballester Casanella[290] señala los siguientes puntos concretos de la organización de las empresas en los que la tecnología inteligente va a provocar grandes cambios: «En primer lugar, en el departamento de recursos humanos porque facilita automatizar tareas residuales que de otra manera conlleva mucho tiempo realizar y también permite gestionar un gran volumen de datos de candidatos o empleados con la ventaja de eliminar los llamados prejuicios cognitivos». Se trata de tomar decisiones evitando

287 Esto va a ser especialmente importante en España, cuyo sistema de pensiones es piramidal (un esquema Ponzi), de reparto y no de capitalización, y se encuentra en una situación de quiebra técnica.

288 Castells Oliván, Manuel, *La sociedad digital*, Alianza Editorial, 2024, p. 24.

289 Tirado Robles «El informe Future of Work 2035: For Everyone to Shine…», cit., p. 209.

290 Ballester Casanella, Blanca, «Las diferentes formas en que se manifiesta la inteligencia artificial en la sociedad y en la economía», *La robótica y la inteligencia artificial en la nueva era de la revolución industrial 4.0,* coord. por María José Cruz Blanca, Ignacio Lledó Benito; Francisco Lledó Yagüe (dir.), Ignacio F. Benítez Ortúzar (dir.), Óscar Monje Balmaseda (dir.), Dykinson, 2021, ISBN 978-84-1324-802-8, p. 323.

los prejuicios referentes al aspecto físico o a aspectos conductuales de las personas, error que el ser humano tiende a cometer en sus juicios sobre sus semejantes. También incidirá la IA en los departamentos de marketing de las empresas, ya que puede analizar la totalidad de datos para elaborar perfiles de clientes. Además, la inteligencia artificial también facilita, por ejemplo, llevar a cabo publicidad programada y personalizada, que consiste en utilizar plataformas que permiten comprar espacios publicitarios de forma automatizada y adaptados al público que sea el objetivo del empresario. Además, el perfilado de la clientela permite enviar a cada persona publicidad específica en base a su perfil, con la garantía de que existe interés por parte del potencial cliente destinatario de la misma.

Considera también la autora citada que la atención al cliente es otra de las áreas en las que la IA puede tener muchas aplicaciones: «Una de las más comunes son los citados "chatbots": los cuáles ofrecen respuestas automáticas en base a las preguntas del usuario buscando mejorar la experiencia del consumidor. Sin duda, esta modalidad de tecnología supone un giro total en la comunicación y en la forma de tratar al cliente». Una alternativa muy usada en el servicio de atención al cliente consiste en la generación de «avatares», que imágenes diseñadas como asistentes digitales que pueden interactuar realmente con los clientes usuarios de la página web de la empresa, ahorrando así la necesidad de recursos humanos y todo lo que ello conlleva. La desagradable consecuencia de todo esto, según la citada autora, es la previsible sustitución de seres humanos por máquinas que genere un desempleo a gran escala, como ya hemos visto. Sin embargo, estima Tirado Robles[291] que la IA puede sustituir al humano en campos como la seguridad, la agricultura, la logística, la arquitectura, la construcción y los trabajos domésticos, pero que en la atención al cliente sólo si se trata de compras minoristas modestas; las empresas con un alto valor añadido pueden diferenciarse contratando humanos para el servicio de atención al cliente.

No obstante, el robot también ha sido visto como un liberador de trabajos pesados, así Desmond Morris[292] anunciaba que la tecnología informática podía lograr una mayor felicidad del ser humano sustituyendo el trabajo asalariado «...por esclavos mecánicos, insensibles, en la mayoría de las tareas sencillas y embrutecedoras, y es un deber de la sociedad actual asegurarse de que con ello se reduce cuantitativamente al mínimo el trabajo aburrido ... pero si no sabemos controlar la situación, podemos toparnos con la pesadilla de miles de personas sin trabajo sustituidas por eficientes robots a prueba de huelga». Y también Isaac Asimov (que no se limitó a la ciencia-ficción) nos anuncia (escribe en 1981) que el trabajo que nos quitarán los ordenadores será «el trabajo sórdido, rutinario, repetitivo y entontecedor que ha tendido

291 Tirado Robles «El informe Future of Work 2035: For Everyone to Shine...», cit., p. 210.

292 Morris, Desmond, *La naturaleza de la felicidad*, Planeta, Barcelona, 2006, pág. 30.

no a mantener en forma nuestros cerebros, sino a arruinarlo»[293], dejándonos más tiempo para el ocio, la diversión y la creación.

Por otra parte, como dice Nevejans[294], los robots pueden ser no sólo destructores sino también generadores de empleos, existiendo bastantes analistas que opinan que, aunque en un primer momento la robotización disminuya el empleo, cuando ésta progrese serán necesarias más contrataciones para gestionar el crecimiento de las empresas. Y en muchos casos la naturaleza de los empleos se modificará, sin que disminuya su número. En este sentido cita la autora un estudio francés del año 2011 que concluyó que el millón de robots industriales en explotación habría generado entre 2 y 3 millones de empleos.

Bustince Sola[295] también considera que el cambio que traerá la IA en las organizaciones industriales y la inevitable sustitución de empleados se verá contrapesada por nuevos empleos, especialmente en el campo de la IA: «la IA en la actualidad tiene dificultades en la adaptabilidad. Por ello, son precisamente los trabajos que requieran adaptabilidad los que no sólo no se verán amenazados, sino que serán cada vez más demandados». Es decir, los trabajos más creativos se verán privilegiados, en el sentido de que serán inmunes a la robotización. En cambio, los empleos rutinarios, que exijan poco aporte intelectual, o de simple manipulación, serán ocupados por robots.

Sin embargo, si nos referimos a las cifras totales, sí que es cierto que la carga de trabajo va a ser asumida en gran medida por los sistemas y robots inteligentes, y esto generará un problema de paro que nos obligará a un replanteamiento de los mecanismos fiscales y de distribución de la riqueza. Apunta Coeckelbergh[296] en este sentido que hay que revisar la idea de que la asignación de las rentas y el sentido de la utilidad deba hacerse depender de tener un trabajo remunerado. Estima que en una sociedad automatizada habría que decretar una renta básica para permitir a la gente el hacer cosas que tengan sentido, reorganizándose la sociedad para que los ingresos no provengan solamente del trabajo y del empleo. Además, nos advierte de que puede que estos avances no ocurran nunca, y pone como ejemplo que las profecías que se hicieron en el siglo XX sobre la civilización del ocio no se han cumplido, y aunque nuestra sociedad está muy automatizada, ello no nos ha liberado del trabajo, ni nos impide tener vidas con sentido. Esto le lleva a pensar que la amenaza de un futuro distópico es posiblemente una conclusión poco pensada.

---

293 Asimov, Isaac, *¡Cambio! 71 visiones del futuro*, Alianza Editorial, 2.ª edición, 1984, p. 74.

294 Nevejans, *Traité de Droit et d'Éthique de la Robotique civile*, cit., p. 75.

295 Bustince Sola, «Caminos hacia la superinteligencia (emulación de cerebro completo)», *La robótica y la inteligencia artificial en la nueva era de la revolución industrial 4.0,* cit., p. 568.

296 Coeckelbergh, *AI Ethics*, cit., p. 84.

2.4.3. El cambio social: ¿Una posible distopía? Una sociedad esclavista

Advierte Pérez Luño[297] que la IA general o fuerte puede llevarnos hacia un posthumanismo que suponga el abandono de una de nuestras más firmes bases sociales, el Estado de Derecho. Señala el autor que desde el siglo XVIII (tras las revoluciones americana y francesa) se producirá la «institucionalización del humanismo», mediante la defensa de los derechos humanos como categoría histórica y la doctrina jurídico-política del constitucionalismo: «Estas categorías darán origen y vertebrarán el Estado de Derecho, en cuyo seno los valores, principios y derechos forjados en la tradición humanista hallarán su plena institucionalización, es decir, su reconocimiento a través de un pertinente marco jurídico-político institucional». Estas bases pueden cambiar por efecto de la transformación social producida por la IA, si bien creo necesario añadir que no es preciso que la IA alcance el nivel de «fuerte o general» (que a lo mejor no es ni siquiera posible), pues una IA débil pero especializada en ciertas tareas y debidamente entrenada puede lograr unos resultados importantísimos.

Los autores apuntan a las siguientes líneas de cambio, en primer lugar, la conformación de una sociedad esclavista. Porque a la hora de plantear el tipo de sociedad que puede producir una generalización de los robots autónomos que ocupen los puestos de trabajo más penosos, se nos viene inmediatamente a la cabeza las sociedades griega o romana, en las que los esclavos tenían una importante presencia. La consideración y el estatus jurídico del esclavo en Roma es un modelo que puede ayudarnos a la hora de construir un estatus especial para los robots autónomos. Como dice Ercilla[298], en el robot encontramos, lo mismo que en los esclavos en el Derecho romano, «... que las dos características citadas se encuentran íntimamente entrelazadas, a saber, el elemento físico y el elemento intelectivo y autónomo... el elemento físico, como mecanismo, estaría inexorablemente unido al elemento algorítmico, que determina la inteligencia y la autonomía. Del mismo modo que en el esclavo, el carácter jurídico de cosa estaba íntimamente vinculado a la consideración de ser humano».

Además, la consideración del esclavo como instrumento inteligente de su dueño, se acerca a los modernos sistemas dotados de inteligencia artificial. Abunda en esta idea Gunther Teubner[299]: «Los agentes de software son es-

297 PÉREZ LUÑO, «El posthumanismo no es un humanismo», cit., p. 21.

298 ERCILLA, GARCÍA, Javier, *Normas de Derecho civil y robótica. Robots inteligentes, Personalidad jurídica, Responsabilidad civil y Regulación*, Thomson Reuters Aranzadi, Cizur Menor, 2018, p. 6.

299 TEUBNER, Gunther, «Digitale Rechtssubjekte? Zum privatrechtlichen Status autonomer Softwareagenten — Digital personhood? The status of autonomous software agents in private law», *Ancilla Iuris*, 2018, 106, pág. 114.

clavos digitales, si bien esclavos con capacidades sobrehumanas». Perfila este autor un estatus en el que el agente electrónico que intervenga en la negociación de contratos tenga al menos la capacidad jurídica necesaria para trasladar los efectos de la declaración negocial a su utilizador, principal o *dominus*, a título de representante. Del problema de la capacidad de estos agentes electrónicos se trata en otro lugar, más adelante. Aquí se tratará del problema que provoca el tener esclavos, siquiera sean electrónicos, pues una sociedad esclavista, desengañémonos, no es ningún modelo atractivo de sociedad.

El problema no es tanto la igualación del robot al esclavo, pues el robot es una máquina y ni siente ni padece. El problema es el efecto que este tratamiento esclavista del robot produce en el cuerpo social. Jordan Wales[300] se pregunta «¿Cuál será el coste de aprender a tratar a la persona aparente como una herramienta viva?» Y responde con una observación del antiguo esclavo y luego líder abolicionista norteamericano Frederick Douglass, que, al pasar por sucesivos amos, señaló que, a medida que su dueña se acostumbraba a tener a un ser humano como propiedad, su amabilidad inicial derivaba en crueldad. Nos estamos acostumbrando a una sociedad en la que las prestaciones y servicios que nos proporcionan los sistemas inteligentes son aceptados como productos de consumo, y si se personifica al prestador antropomorfo, corremos el peligro de trasladar esta consideración también de meros instrumentos a los demás seres humanos. Es decir, una sociedad esclavista es una sociedad cruel, y el problema está en que podemos trasladar nuestro modo de tratar a las máquinas inteligentes a los seres humanos. Señala así Wales: «Nuestro pensamiento y nuestra práctica cultural deben ser examinados para que, a medida que la IA mejore nuestro bienestar material, la tratemos de forma que promueva, en lugar de erosionar, el florecimiento en los ámbitos éticos, espirituales y culturales menos tangibles de nuestra humanidad».

Una sociedad esclavista no es moralmente gran cosa. Isaac Asimov, además de sobre robots, escribió sobre Historia, y en su libro dedicado a la de los EE. UU.[301] recoge las ideas de Abraham Lincoln sobre las sociedades esclavistas: «Lincoln creía, además, que la esclavitud no sólo hacía miserable y degradante la vida para los esclavos negros, sino que, en una sociedad esclavista, también el trabajo se convierte en algo vergonzoso en sí mismo; los hombres blancos pobres que deben trabajar son despreciados como "basura blanca". Por ello, abolir la esclavitud elevaría a los blancos tanto como a los negros». Y es que la valencia social del robot, y la inevitable antropomorfización que haremos de su presencia en nuestras vidas, nos hará correr

300 Wales, Jordan Joseph y Gunkel, David J., «Debate: what is personhood in the age of AI?», *AI & SOCIETY* (2021) 36:473-486. https://doi.org/10.1007/s00146-020-01129-1, p. 481.

301 Asimov Isaac, *Los Estados Unidos desde 1816 hasta La Guerra Civil*, Alianza Editorial.

el riesgo de confundir, como señala David Gunkel[302], el «quién» con el «qué»; quién es otra persona socialmente significativa, digna de nuestro respeto, y qué sigue siendo una mera cosa u objeto que no tiene subjetividad o estatus independiente: «Como explicó el filósofo francés Jacques Derrida, la diferencia entre estas dos pequeñas y aparentemente insignificantes palabras —"quién" y "qué"— marca una gran divergencia, precisamente porque dividen el mundo en dos campos: los otros que cuentan como personas y aquellas cosas que siguen siendo meras propiedades». El trato de las máquinas inteligentes como esclavos puede favorecer la pulsión contraria, la de tratar a los otros seres humanos como si fueran instrumentos, es decir, cosificar a las personas.

Pero también nos señala el citado Isaac Asimov[303] que una civilización ociosa, porque tiene máquinas como esclavos, no tiene por qué ser inmoral. A fin de cuentas, la robotización supone poner a disposición de la mayoría lo que antes era privilegio de una clase (y carga insoportable para los esclavos). Y la civilización ya ha pasado por épocas en las que una aristocracia ociosa vivía a costa del trabajo «de máquinas de carne y hueso llamadas esclavos, siervos o campesinos. Sin embargo, cuando esa situación iba acompañada de un alto nivel de cultura, los aristócratas dedicaban su tiempo a instruirse en la literatura, las artes y la filosofía».

En definitiva, se hace necesaria una ética y un diseño ético de los robots para que éstos no favorezcan los peores instintos del ser humano. La pulsión de antropomorfización (a la que se hará referencia en un capítulo posterior) nos empuja a tratar a ciertos objetos con relevancia social o grupal como a seres humanos, es decir, que personificamos objetos. A partir de esta antropomorfización, la ciega obediencia de nuestras máquinas inteligentes puede favorecer la pulsión contraria, la de tratar a los otros seres humanos como si fueran instrumentos, es decir, cosificar a las personas.

En contra de estas ideas, nos advierte Johanna Bryson[304] que, en realidad, los sistemas y robots no pueden ser otra cosa que esclavos o siervos, objetos de propiedad privada, y considera que los principios aplicables en la materia serían los siguientes: «1. Tener servidores es bueno y útil, siempre que nadie sea deshumanizado. 2. Un robot puede ser un sirviente sin ser una persona. 3. Es correcto y natural que las personas posean robots. 4. Sería un error dejar que la gente piense que sus robots son personas». En definitiva, que tan equivocado es deshumanizarse, trasladando el modo de tratar a las má-

302 Wales, Jordan Joseph y Gunkel, David J., «Debate: what is personhood in the age of AI?», *AI & SOCIETY* (2021) 36:473-486. https://doi.org/10.1007/s00146-020-01129-1, p. 481.

303 Asimov, Isaac, ¡*Cambio! 71 visiones del futuro*, Alianza Editorial, 2.ª edición, 1984, pp. 67 y 79.

304 Bryson, Joanna J., «Robots Should Be Slaves», *Artifical Models of Natural Intelligence*, University of Bath, http://www.cs.bath.ac.uk/»jjb, May 21, 2009, p. 3.

quinas a las demás personas, como humanizar a los robots, dándoles el trato de personas, trato que no merecen porque simplemente, no lo son. Nos dice así Bryson en el citado estudio que tanto la profunda preocupación ética por los robots como el miedo irrazonable hacia ellos resulta de la incertidumbre sobre la identidad humana.

Ahora bien, la diferencia está en que la actividad de los sistemas inteligentes más evolucionados puede que no se limite a los trabajos penosos o repetitivos. Como señala Pérez Luño[305], en una sociedad posthumanista, la libertad política «no dependerá de las deliberaciones de los Parlamentos democráticos o de los foros internacionales, que siempre pueden estar sujetas a su contaminación por pasiones o intereses. La política del futuro será el producto de decisiones inteligentes y asépticas tales como los resultados de la investigación que tiene lugar en los laboratorios de Silicon Valley». En definitiva, que las decisiones más importantes sobre la organización social y el porvenir de la humanidad puede que en el futuro no obedezcan a procesos de decisión humana, sino a las respuestas de un sistema inteligente. Esto nos lleva a replantear la relación amo-esclavo, y a vaticinar la posibilidad de que dicha relación se invierta.

En este sentido destaca Lassalle[306] que la utilización continua y la dependencia de sistemas inteligentes puede llegar a hacernos a los humanos «esclavos» de las máquinas: «Si reconocemos que es mejor acudir a la máquina porque nunca se equivoca, entonces podríamos concluir que lo deseable es darle todo el poder para que decida. Conseguiremos que nos proteja de nosotros mismos y nos someteremos a un determinismo que desterrará por ineficiente el aprendizaje humano basado en el ensayo y error». La consecuencia que se sigue de tal presupuesto es que dependeremos de las máquinas, y el resultado más importante será que nos volveremos una sociedad de holgazanes e ignorantes, que desconocen cómo tomar decisiones acordes a su propia naturaleza.

2.4.4. Una sociedad sin metas y acrítica

Quizá habría que precisar diciendo que no es una sociedad propiamente ignorante, sino una sociedad que no valora la inteligencia, y en la que, al haber desaparecido la necesidad de esforzarse, de trabajar, no se empuja al ser humano a fijarse metas, siquiera sea la de progresar y mejorar mediante el trabajo sus condiciones de vida.

A ella se puede llegar de la siguiente forma: Cuando la actividad de los sistemas inteligentes se extienda a los trabajos pesados y a las tareas bu-

305 Pérez Luño, «El posthumanismo no es un humanismo», cit., p. 27.

306 Lassalle, José María, *Civilización artificial*, cit., p. 140.

rocráticas, administrativas y de gestión pública, los humanos nos veremos liberados de una pesada carga, pero también olvidaremos cómo realizar esos trabajos, o en cualquier caso perderemos destreza en su realización. Será una situación parecida a la que ocurre cuando en cualquier organización aparece un nuevo contratado, que no le importa asumir las tareas de los demás empleados, llamémosle X: inmediatamente se le trasladan los trabajos más pesados, y todos olvidan cómo se llevan a cabo estas tareas cedidas, o se hacen tan dependientes del nuevo empleado que no saben realizar por si solos las tareas de las que se ocupa éste: Si luego se le pide a alguno de los viejos empleados la realización de alguna de esas tareas, alegará que no es él quien se ocupa de tal asunto, que de ello se encarga X.

Esta sustitución de trabajadores por IAs y la estrecha dependencia que se genera sobre su trabajo se puede comprobar en los actuales sistemas de traducción automática, o *Machine translation*, que recordemos que no son sistemas de IA fuerte, sino débil pero muy especializada. Los sistemas de traducción automática fueron inicialmente un instrumento que ayudaba eficazmente al traductor en su tarea, por lo que el mismo traductor contribuía a mejorar dicho sistema. Pero hoy los sistemas automáticos de traducción han sido tan eficazmente mejorados que en muchos casos sustituyen directamente al traductor: Hoy los traductores se ven sujetos a una labor de mera revisión de los resultados que les ha proporcionado el sistema inteligente (lo que se llama «posedición»). Evidentemente, los traductores profesionales no han perdido conocimientos ni habilidad, pero la traducción automática les ha creado una dependencia de la IA que se refleja en la metáfora china de la persona que cabalga en un tigre, y que una vez que se monta tiene que seguir así, porque si se baja el tigre la devorará.

Un efecto de esta sustitución puede estar en la pérdida de un campo particularmente apto para lograr el reconocimiento social, el campo del trabajo, de la actividad productiva, que ya hemos valorado en el anterior epígrafe.

Como nos cuenta Francis Fukuyama[307], ya Sócrates distinguía en el ser humano tres componentes, el concupiscente o de los deseos, el racional y el del orgullo y necesidad de reconocimiento, añadiendo que, para Hegel, todo el proceso histórico humano habría estado impulsado por una serie de luchas reiteradas por el reconocimiento: «La práctica totalidad del progreso humano ha sido consecuencia del hecho de que las personas jamás han estado satisfechas con el reconocimiento que recibían; tan sólo por medio de la lucha y del trabajo podían obtenerlo. El status, en otras palabras, había que ganárselo, ya fuese en el caso de reyes o príncipes o en el del vecino que aspirase al puesto de encargado en una tienda». La forma más normal y moralmente aceptable de superar la baja autoestima es trabajar con denuedo, sacrificarse para llegar al éxito y ser visto por los demás como alguien que ha

307 FUKUYAMA, *El fin del hombre. Consecuencias de la revolución biotecnológica*, cit., p. 47.

triunfado. Naturalmente, si somos sustituidos, o incluso asistidos en nuestro trabajo por máquinas, todo este campo para la obtención de reconocimiento social desaparece. Fukuyama indica que ya existe un neurofármaco para el problema de la falta de reconocimiento y la consiguiente baja autoestima que provoca, es el fármaco *Prozac*, que eleva la serotonina y en consecuencia mejora la autoestima de las personas que lo necesitan.

Una alternativa a drogarse está en lo que proponen los profesores Amitai y Oren Etzioni[308], en un mundo en el que los robots se convertirán en la principal clase trabajadora habrá que adaptarse a las nuevas condiciones y buscar el reconocimiento en otras actividades: «...la gente pasará más tiempo con sus hijos y familias, amigos y vecinos, en actividades comunitarias y en actividades espirituales y culturales. Esta transformación requeriría una combinación de dos cambios importantes. El primero sería que la gente obtendría gran parte de su satisfacción de actividades que cuestan menos y, por lo tanto, requieren solo un ingreso relativamente modesto». Destacan estos autores la virtud ecológica de este cambio, pero para suplir esta falta de dedicación al trabajo, alguien tendrá que trabajar, lógicamente los robots. Y aquí es donde aparece el segundo cambio, los ingresos generados por las tecnologías de IA se gravarían con un impuesto progresivo que permitiese la asignación a los humanos de una renta básica.

Por otra parte, el antes citado Lassalle[309] estima que la dependencia de las máquinas y el consiguiente olvido de todo tipo de tareas se verá facilitado por la difusión del acceso, o huida, al mundo virtual del Metaverso, en el que cada cual gestionará su propio avatar para tener una vida artificial de reemplazo a la real, un «ocio ininterrumpido». Es una alternativa al Prozac que supone, en definitiva, la versión actual del *Panem et circenses*, que será *Renta básica y Metaverso*. O, si se quiere, una sociedad de lotófagos, que sustituyen una vida de verdad por un consumo de drogas y (posiblemente) también Metaverso, la idea reproduce el *Mundo Feliz* de Aldous Huxley, con su *soma* y su *hipnopedia*.

Para adaptarnos a este mundo que viene, señala Sam Lehman-Wilzig[310], autor de *Virtualidad y Humanidad*, es necesaria una reestructuración completa del sistema económico del siglo XXI, en concreto que la tributación se mueva del individuo a la corporación (por ejemplo, gravar a la IA y a los robots), aumentar los subsidios a las personas (por ejemplo, la Renta Básica Universal), y otra reestructuración importante tendrá que ser la de

308 ETZIONI, Amitai y ETZIONI, Oren, «Should Artificial Intelligence Be Regulated?» cit., pág. 36.

309 LASSALLE, José María, *Civilización artificial*, cit., p. 141 y ss.

310 RAINIE Lee, ANDERSON Janna. «Experts Imagine the Impact of Artificial Intelligence by 2040». *Imagining the Digital Future Center*. Elon University, February 29, 2024, p. 16, en: https://imaginingthedigitalfuture.org/wp-content/uploads/2024/02/AI2040-FINAL-White-Paper-2-2.29.24.pdf

la educación en todos los niveles, pues ya no se trata de «... preparar a las personas para el desempeño profesional o el trabajo sino principalmente para una vida no laboral o de ocio. Debemos aprender a liderar de forma satisfactoria y vidas productivas sin remuneración financiera y otros beneficios del trabajo».

Bastante escéptico en cuanto a los efectos de la IA, Mark Coeckelbergh[311] opina que la preocupación por la destrucción de empleos asume que el trabajo es el único valor, y la única fuente de ingresos y de sentido para los empleados. En realidad, hay valores más importantes que la creación de empleo; y en cuanto a dar sentido a la vida, muchas personas realizan tareas no remuneradas, como el cuidado del hogar, de los niños y de los ancianos, y estos trabajos ni son pagados, ni tienen menos sentido que los remunerados. Es discutible por tanto la idea de que dar sentido a la vida sea algo que tenga que ir ligado al empleo y al trabajo.

Sin embargo, advierte Llano Alonso[312] que la alienación del hombre por efecto de lo digital es algo que va más allá de su sustitución en el trabajo, y siguiendo las ideas de Byung-Chul Han en su *No-Cosas*, estima que con el control que ejercen actualmente los algoritmos en nuestra vida cotidiana, los seres humanos vamos perdiendo nuestra autonomía, libertad de obrar y capacidad de decidir por nosotros mismos, de manera que son las máquinas las que piensan por nosotros. Señala Llano que la absorción del hombre por la tecnología digital y el abandono de la realidad tangible, «produce en el individuo una forma de profunda crisis de identidad, una especie de aguda desorientación». Una crisis personal y humana, en definitiva, en la que el ser humano deja de ser *homo sapiens* y pasa a ser *homo ludens*.

Coadyuva a esta crisis la nueva tecnología en cuanto permite la influencia sobre el comportamiento de las personas, mediante el perfilado de identidades, que viene a ser un recopilatorio de los gustos, tendencias, preferencias o incluso ideología de una persona en concreto, lograda por sistemas inteligentes a partir de sus comportamientos en internet. A partir del conocimiento de estos datos personales, cabe influir en el comportamiento de las personas. Las técnicas de marketing y publicidad y su influencia en los comportamientos de consumo fue el tema de una famosa obra del año 1957, *The Hidden Persuaders*, de Vance Packard (traducida al español como *Las formas ocultas de la propaganda*).

Más allá del marketing, una de las técnicas que se usa en la actualidad para influir en los comportamientos sociales es el *nudging*. Los *nudges* (palabra que significa pequeños «empujones» o «codazos») son intervenciones que buscan modificar la toma de decisiones individuales, cambiando el com-

---

311 Coeckelbergh, *AI Ethics*, cit., p. 139.

312 Llano Alonso, Fernando, *Homo ex machina.* Ética *de la inteligencia artificial y Derecho digital ante el horizonte de la singularidad tecnológica*, Tirant lo Blanch, Valencia, 2024, p. 46.

portamiento de las personas en una dirección concreta, pero sin prohibir ninguna opción, ni alterar en gran medida los incentivos económicos. Es decir, que no son órdenes coercitivas para los ciudadanos, sino que inducen a un comportamiento que se considera adecuado.

Pues bien, la técnica del *nudge* unida al perfilado de los destinatarios del mismo, y a Internet como medio de comunicación y recepción de mensajes, da como resultado lo que el investigador de la Universidad de Seikei, Yukari Yamazaki[313] llama *Hypernudge*, es decir, el *nudge* creado por una IA para unos concretos perfiles, es decir, personalizado, y advierte que las condiciones de autonomía, dignidad y transparencia, que deben regir el empleo de *nudges*, desaparecen en este caso. Luciano Floridi[314] denomina a esta técnica, que combina el perfilado con la manipulación subliminal, *Hypersuasion*, pues persigue una persuasión de largo alcance para limitar y moldear la capacidad de los individuos para tomar decisiones libres e independientes, guiando inconscientemente sus pensamientos, creencias, emociones y acciones en direcciones predeterminadas por algoritmos subyacentes: «La hipersuasión de la IA puede dictar la información, las noticias y los puntos de vista a las personas que están expuestas. Al determinar el contenido de lo que las personas ven, y los argumentos con que interactúan, los sistemas de IA pueden fomentar burbujas ideológicas y filtros que refuerzan creencias y prejuicios existentes, polarizando puntos de vista y (posiciones en) debates, sofocando así el diálogo constructivo y el entendimiento entre grupos dispares». Añade que la *hipersuasión* se extiende al ámbito político, donde influye en la opinión pública y el comportamiento de los votantes al presentar o retener información de manera selectiva, influir en las elecciones mediante campañas microsegmentadas y *deepfakes*, y manipular las narrativas políticas y la percepción pública, con riesgo para la cohesión social y el proceso democrático. El resultado es una sociedad acrítica, en la que las personas apenas pueden salir del discurso manipulado en el que se encuentran inmersas.

Para impedir precisamente esta influencia subliminal o inconsciente en la mente de las personas, la Ley de la IA o Reglamento UE 2024/1689, como veremos en el siguiente capítulo, declara prohibidas en su art. 5 las técnicas subliminales que influyan en la conciencia de las personas o las deliberadamente manipuladoras o engañosas «...con *el objetivo o el efecto de alterar de manera sustancial el comportamiento de una persona o un colectivo de personas, mermando de manera apreciable su capacidad para tomar una decisión informada y haciendo que tomen una decisión que de otro modo no habrían*

313 Yamazaki, Yukari, «An Empirical Study for The Acceptance of Original Nudges and Hypernudges», *Societal Challenges in the Smart Society* / coord. por Mario Arias Oliva, Jorge Pelegrín Borondo, Kiyoshi Murata, Ana María Lara Palma, 2020, ISBN 978-84-09-20273-7, págs. 323-336. En Dialnet: https://dialnet.unirioja.es/servlet/articulo?codigo=7867256

314 Floridi, «The Ethics of Artificial Intelligence: Exacerbated Problems...», cit., p. 306.

tomado, de un modo que provoque, o sea razonablemente probable que provoque, perjuicios considerables a esa persona, a otra persona o a un colectivo de personas».

Además de una sociedad acrítica, se dice que influye la IA en el descenso de los niveles educativos. Así, en el ámbito de la educación, se alzan algunas (pocas) voces denunciando el empeoramiento del rendimiento escolar en todos los niveles educativos, que se achaca al uso inmoderado de la tecnología informática y a la dependencia de las pantallas, en particular a los videojuegos e internet.

Luis Magdalena[315], remitiéndose a los estudios más recientes del pedagogo James Flynn, nos dice: «En este sentido, nos encontramos con una serie de análisis que muestran como el cociente intelectual medio en las sociedades del primer mundo ha ido aumentando de forma paulatina durante el pasado siglo, a razón de entre dos y tres puntos por década (en una escala de valor medio 100). Sin embargo, algunos trabajos recientes parecen apuntar a que este crecimiento, no solo se ha ralentizado en algunos países desarrollados, sino que incluso se ha invertido. Por tanto, parece que además de admitir que las máquinas son cada vez más inteligentes, puede que tengamos que preocuparnos de descubrir si los humanos lo somos cada vez menos».

Este dato se conoce como la «reversión del efecto Flynn». El «efecto Flynn» (así llamado por su descubridor, el neozelandés James R. Flynn) describe el sorprendente aumento cuantitativo a lo largo del siglo XX del cociente intelectual o IQ, que en psicometría mide el factor de inteligencia general. Sin embargo, desde mediados de los años 90, se comprueba una bajada continua de dicho cociente en la población en general, produciéndose lo que se llama «reversión del efecto Flynn». ¿Cuáles son las causas? El propio James Flynn (con M. Shayer), señala en un posterior estudio[316] que este cambio ha tenido lugar conforme los niños han estado más inmersos en la cultura electrónica visual y auditiva moderna: televisión, videojuegos y teléfonos móviles. Sus conclusiones son pesimistas: «...cada vez menos personas alcanzan el nivel formal en el que pueden pensar en términos de abstracciones, y desarrollan su capacidad para la lógica deductiva y la planificación sistemática... Durante el siglo XXI, si la sociedad reduce sus demandas de habilidades, el coeficiente intelectual caerá».

---

315 Magdalena Layos, Luis, «¿Por qué debería confiar en ti (máquina)?», *La robótica y la inteligencia artificial en la nueva era de la revolución industrial 4.0,* coord. por María José Cruz Blanca, Ignacio Lledó Benito; Francisco Lledó Yagüe (dir.), Ignacio F. Benítez Ortúzar (dir.), Óscar Monje Balmaseda (dir.), Dykinson, 2021, ISBN 978-84-1324-802-8, p. 618.

316 Flynn James R./Shayer, Michael, «IQ decline and Piaget: Does the rot start at the top?», *Intelligence* (2017), https://doi.org/10.1016/j.intell.2017.11.010.

El testimonio de Russ White, pionero de las arquitecturas de Internet, recogido en un reciente estudio[317], es que considera a la IA una amenaza que provocará una pérdida general de las habilidades de pensamiento, una disminución de la cohesión social y la potencial destrucción total de la dignidad humana. El sociólogo Manuel Castells[318] abunda en estas consideraciones, apuntando que las investigaciones sobre el uso del ordenador en las aulas niegan su papel positivo en la educación: «la principal fuente fiable para medir el éxito académico, los estudios PISA de la OCDE... no encontró ninguna correlación positiva entre el uso de los ordenadores en colegios y los resultados educativos. Es más, en la mayoría de los países, el uso de ordenadores está correlacionado negativamente con el logro académico»; el hecho es que la mayoría de las investigaciones llegan a conclusiones decepcionantes sobre la tecnología digital para la mejora de los resultados académicos. Así, en 2023, Suecia minimiza el papel del ordenador en la educación y vuelve, en los colegios públicos, a los libros de texto y cuadernos[319].

Carabantes López[320] lo tiene muy claro, y estima que la culpable de esta pérdida de inteligencia es la IA y la tecnología informática, coincidiendo con Flynn en que desde 1995: «...se ha producido un descenso en la demanda social de habilidades intelectuales... Al disminuir la demanda de inteligencia, los individuos, lamarckianamente, han dejado de cultivarla. ¿Y por qué ha disminuido la demanda de habilidades intelectuales precisamente desde mediados de los años noventa? ...la causa principal ha sido la penetración de la informática en la vida cotidiana». La realidad nos está demostrando que si se pueden obtener resultados inteligentes de fuentes no humanas (y a menor coste), ésta pasa a ser una capacidad menos valorada entre los humanos, igual que la fuerza física de un cargador es menos valorada cuando se tienen carretillas elevadoras y montacargas: se produce una «devaluación social» de la inteligencia.

Y lo que es peor, se produce lo que el informe *Future Risks of Frontier AI*, que se divulgó en la cumbre de Bletchley Park de 2023, denomina «Dependencia humana excesiva de los sistemas de inteligencia artificial», que posteriormente no se puede eliminar, dependencia que ya tenemos con las cal-

317 Lee Rainie, Janna Anderson. «Experts Imagine the Impact of Artificial Intelligence by 2040». *Imagining the Digital Future Center*. Elon University, February 29, 2024, p. 20, en: https://imaginingthedigitalfuture.org/wp-content/uploads/2024/02/AI2040-FINAL-White-Paper-2-2.29.24.pdf

318 Castells, Manuel, La sociedad digital, Alianza Editorial, 2024, p. 24.

319 Aunque también señala Castells que el uso del ordenador en el hogar puede mejorar el rendimiento en ciencias... siempre que el usuario no se dedique a los videojuegos.

320 Carabantes López, Manuel, «Inteligencia artificial lingüística perfecta: efectos sobre la autopercepción del ser humano», *SCIO. Revista de Filosofía*, n.° 18, julio de 2020, pp. 224 y ss.

culadoras digitales o con Google para recordar cualquier dato. Todos hemos oído la frase «Para qué te lo vas a aprender de memoria, si lo tienes todo en Internet», lo que ocurre es que hoy significa: «Para qué vas a *recordar* nada, si lo tienes todo en Internet». Y las habilidades que no se cultivan, como es bien sabido, se atrofian.

Pero, además, esta dependencia de los sistemas se está produciendo en la actualidad para llevar a cabo un simulacro de vida social que suplanta las verdaderas relaciones sociales. Aquí Johanna Bryson[321] nos dice que hay que partir de la creencia liberal-progresista de que «...el tiempo y la atención de cualquier ser humano es un bien preciado que no debe desperdiciarse en algo sin importancia... los humanos sólo tienen una cantidad finita de tiempo y atención para formar relaciones sociales (Dunbar, 1997), y cada vez más encontramos formas de saciar este impulso con actividades no productivas y falso entretenimiento social». En definitiva, estamos gastando tiempo y dinero en interacciones sociales mecanizadas, posiblemente para buscar un nuevo ámbito de reconocimiento social que sustituya al laboral o empresarial que se va perdiendo por la sustitución de humanos por máquinas. Y todo ello, además, partiendo de una IA débil, o incluso de bajo nivel, pero suficiente para suplantar nuestra aptitud para la recuperación de datos, para mejorar las comunicaciones por internet, o para buscar contenidos en la red.

Esta nueva sociedad, que no necesita cultivar su inteligencia, ¿qué aspectos humanos y de la civilización considerará atractivos, qué fines perseguirá? Se pregunta Max Tegmark[322] cómo nos sentiremos los humanos al convivir con máquinas cada vez más inteligentes: «...debería ser relativamente fácil para una tecnología basada en IA satisfacer nuestras necesidades básicas, como las de seguridad e ingresos, siempre que exista la voluntad política de hacerlo. Sin embargo, quizá le inquiete pensar que estar bien alimentado, vestido, alojado y entretenido no sea suficiente. Si nos garantizan que la IA se encargará de cubrir todas nuestras necesidades prácticas y todos nuestros deseos, ¿podríamos, no obstante, acabar sintiendo una carencia de sentido y propósito en nuestras vidas, como si fuéramos animales de zoológico bien cuidados?». Esta idea la relacionamos inmediatamente con el posthumanismo y la pérdida de protagonismo de la humanidad, que ya no rige sus propios destinos. En definitiva, esta falta de visión del ser humano como tal y en el mundo, para muchos autores, nos generará una sensación de vacío de referentes, de falta de metas y normas a las que ajustar nuestra existencia.

321 BRYSON, «Robots Should Be Slaves», cit., p. 5.

322 TEGMARK, *Vida 3.0. Qué significa ser humano ...* cit p. 352.

Señala en este sentido Henry Brady[323], profesor de ciencias políticas en Berkeley, que, mediante la implementación de IA en los buscadores de Internet, ha habido áreas en las que se ha creado un enorme valor, en concreto la de la investigación, ya que se han generado enormes cantidades de datos y de información al alcance de cualquiera; también los consumidores tienen mayores opciones y oportunidades con las compras en línea, y han encontrado muchas oportunidades de entretenimiento. Ahora bien, todo esto también ha generado pérdidas en la sociedad, pues ha sido a costa de crear enormes problemas de derechos de propiedad intelectual y de la producción artística, y se ha «...arruinado a la prensa independiente y confiable y destripado a los comerciantes minoristas. Hemos creado oportunidades para que las facciones políticas se desarrollen en la web, como grupos que buscan divisiones... que han encontrado un foro para sus actividades; y la propagación de comunicaciones globales instantáneas».

En una opinión prospectiva sobre el futuro de la IA, señala Brady que «El resultado para 2040 depende en gran medida, si no enteramente, del marco regulatorio creado en torno a la IA». En definitiva, y como señalaba Pérez Luño, es necesario que prevalezca el Estado de Derecho, la fijación de normas jurídicas que salvaguarden la dignidad del ser humano. Y en cuanto a esta regulación, apunta el empresario del sector digital, John Battelle[324], que, en lugar de intentar controlar la IA a través de múltiples regulaciones de difícil interpretación y aplicación, «... sugiero humildemente que deberíamos centrarnos en regular el recurso central de toda la IA que las empresas necesitan para funcionar: Nuestros datos personales. Una cosa es intentar regular lo que plataformas como Pi o ChatGPT pueden hacer, y otra muy distinta, regular cómo esas plataformas interactúan con nuestros datos personales».

Por lo tanto, y como hemos visto, la IA se nos presenta como una tecnología en pleno desarrollo, que va a generar un cambio social sin precedentes, o al menos esta parece ser la opinión de la mayoría de los autores consultados. En este cambio, ya hemos visto que puede haber sectores beneficiados y sectores perjudicados, pero para muchos lo fundamental será el cambio del paradigma de lo humano, un cambio de las bases y de las características de lo que, según nosotros mismos como seres humanos, nos otorgan esta consideración.

Veamos algunos de los (posibles) cambios más agresivos derivados de distintas aplicaciones de la tecnología inteligente.

323 RAINIE Lee, ANDERSON Janna. «Experts Imagine the Impact of Artificial Intelligence by 2040». *Imagining the Digital Future Center*. Elon University, February 29, 2024, p. 10, en: https://imaginingthedigitalfuture.org/wp-content/uploads/2024/02/AI2040-FINAL-White-Paper-2-2.29.24.pdf

324 Lee RAINIE, Janna ANDERSON. «Experts Imagine the Impact of Artificial Intelligence by 2040». *Imagining the Digital Future Center*. Elon University, February 29, 2024, p. 23, en: https://imaginingthedigitalfuture.org/wp-content/uploads/2024/02/AI2040-FINAL-White-Paper-2-2.29.24.pdf

2.4.5. Una sociedad-pecera: Puedes correr, pero no esconderte

La expresión sociedad-pecera es utilizada por Jonathan Turley para describir una sociedad vigilada, en la que no existe la intimidad y todos los comportamientos son públicos[325]. Esta incidencia letal de la IA en la privacidad y la vida íntima, o incluso los pensamientos de las personas, fue advertida por el Libro Blanco de la Unión Europea sobre IA de 2020, que nos habla de los riesgos para los derechos fundamentales, y especialmente la protección de los datos personales, la privacidad y la no discriminación: «El uso de la inteligencia artificial puede afectar a los valores sobre los que se fundamenta la UE y provocar la conculcación de derechos fundamentales, como la libertad de expresión, la libertad de reunión, la dignidad humana, la ausencia de discriminación por razón de sexo, raza u origen étnico, religión o credo, discapacidad, edad u orientación sexual, y, en su aplicación en determinados ámbitos, la protección de los datos personales y de la vida privada, el derecho a una tutela judicial efectiva y a un juicio justo, o la protección de los consumidores».

Señala Pérez Luño[326] que en una sociedad posthumanista, el *Big Data* y los sistemas inteligentes significan un riesgo de vaciamiento de las garantías jurídicas establecidas para la defensa de los derechos humanos, en particular del derecho a la privacidad: «De cumplirse ciertas profecías posthumanistas, cabe conjeturar que la colonización de la vida privada no se limitaría a las situaciones pasadas y presentes, sino que podría perpetrarse en invasiones de nuestra intimidad futura». Es decir, no sólo se trata de que mediante los sistemas de vigilancia biométrica nuestra actividad diaria sea conocida, sino que cada día es más real la posibilidad de que los datos masivos almacenados sobre todos los aspectos de nuestra vida, interpretados por sistemas inteligentes, permitan predecir con exactitud cuál iba a ser nuestro voto en futuros comicios, nuestras futuras compras o nuestras elecciones sentimentales, señala el autor.

No es solamente que nuestra conducta vaya a ser transparente, sino que además será predecible. La IA no sólo nos niega la intimidad, también el libre albedrío. Concluye más adelante el autor que la futura sociedad posthumanista, «...más que un sueño confortador de una convivencia libre, armónica y bien ordenada, se asemeja a la pesadilla de ese *Mundo Feliz* imaginado, genialmente, por Aldous Huxley, o al del modelo opresivo de organización

---

325 TURLEY, Jonathan, «Anonymity, Obscurity and Technology: Reconsidering Privacy in the Age of Biometrics», *Boston University Law Review*, Vol. 100:2179, 2020, pág. 2185. En https://www.bu.edu/bulawreview/files/2021/01/TURLEY.pdf

326 PÉREZ LUÑO, «El posthumanismo no es un humanismo», cit., p. 30.

política presidido por la sombra despótica del gran Hermano, según la anti-utopía descrita por George Orwell en su célebre obra *1984*».

Evelyne A. Tauchnitz[327], investigadora principal del Instituto de Ética Social de la Universidad de Lucerna, y miembro del Grupo Asesor del Foro de Gobernanza de Internet de las Naciones Unidas, nos avisa de que todo esto ocurrirá, además, por intentar encontrar una máxima seguridad en la tutela de la IA: «Una de las consecuencias más significativas del próximo cambio hacia una mayor seguridad pública es la utilización generalizada de la vigilancia impulsada por IA, la recopilación de datos biométricos y el análisis de los comportamientos de las personas. Estas tecnologías conducirán inevitablemente a una pérdida total de la privacidad tal como la conocía la sociedad... Cada movimiento de las personas puede quedar sujeto a escrutinio, alterando fundamentalmente la naturaleza de la libertad personal». Además, la posibilidad de pagar en efectivo, que es la única forma de pago verdaderamente anónima, puede verse afectada si es prohibido dicho pago en aras de la eficiencia económica y de una trazabilidad fiscal más fácil. Toda esta transición de la libertad personal a la seguridad pública se producirá de forma gradual, pero sus consecuencias serán profundas y, señala la autora, «... pondrán en peligro la forma en que vivimos, nos comunicamos, gastamos nuestro dinero, experimentamos actividades de ocio y participamos en actividades sociales».

Para Bustince Sola[328]: «la privacidad del ser humano y su individualidad están amenazadas como nunca antes en la Historia. Por primera vez todas o casi todas las actividades individuales quedan registradas sin que el propio individuo implicado tenga el pleno control de los datos generados». Para afrontar este riesgo señala el autor como necesaria una educación sobre los riesgos inherentes a esta tecnología, así como una decidida limitación normativa internacional a la utilización de datos personales.

Pues bien, todos estos malos augurios que pesan sobre la privacidad y libertad humanas parecen confirmarse con las más recientes aplicaciones técnicas de la IA, que pasamos a examinar.

A. Los datos biométricos

Los «datos biométricos» se definen en el art. 3, 34 de la Ley o Reglamento UE de la Inteligencia artificial (que estudiaremos en el próximo capítulo), como *...los datos personales obtenidos a partir de un tratamiento técnico específico, relativos a las características físicas, fisiológicas o conductuales de una persona*

327 Lee Rainie, Janna Anderson. «Experts Imagine the Impact of Artificial Intelligence by 2040». *Imagining the Digital Future Center*. Elon University, February 29, 2024, p. 22, en: https://imaginingthedigitalfuture.org/wp-content/uploads/2024/02/AI2040-FINAL-White-Paper-2-2.29.24.pdf

328 Bustince Sola, «Caminos hacia la superinteligencia (emulación de cerebro completo)», *La robótica y la inteligencia artificial en la nueva era de la revolución industrial 4.0,* cit., p. 569.

física, como imágenes faciales o datos dactiloscópicos. La captación de datos biométricos es una técnica en la que los sistemas inteligentes reconocen mediante videocámaras los rasgos faciales de las personas y, a partir de éstos, la identidad de cada persona en particular. A esto se pueden añadir diversos periféricos que capten otros datos biométricos (medidores de tensión arterial, cámaras termográficas, escáner de huellas, micrófonos, lectores láser), como huellas dactilares, temperatura, frecuencia cardiaca, sudoración o respiración del sujeto, tono de voz, movimiento de las pupilas, datos que permiten informar sobre el estado de salud, emociones o incluso pensamientos de la persona. Distingue Cotino Hueso[329] entre datos identificadores «fuertes», más utilizados por las tecnologías identificadoras de primera generación (huellas dactilares, ADN, estructura del iris, rostros, voz) e identificadores «débiles» que cada vez cobran más protagonismo (formas de andar, patrones de vasos sanguíneos, patrones de pulsación de teclas etc.).

A continuación, pasa el art. 3 LIA a definir los distintos sistemas de datos biométricos, definiciones que nos proporcionan una muestra de las diferentes aplicaciones de esta técnica: *39)* «sistema *de reconocimiento de emociones»: un sistema de IA destinado a distinguir o inferir las emociones o las intenciones de las personas físicas a partir de sus datos biométricos; 40)* «sistema *de categorización biométrica»: un sistema de IA destinado a incluir a las personas físicas en categorías específicas en función de sus datos biométricos, a menos que sea accesorio a otro servicio comercial y estrictamente necesario por razones técnicas objetivas; 41)* «sistema *de identificación biométrica remota»: un sistema de IA destinado a identificar a las personas físicas sin su participación activa y generalmente a distancia comparando sus datos biométricos con los que figuran en una base de datos de referencia;...* A su vez, estos sistemas de identificación remota pueden funcionar *en tiempo real*, es decir procediendo a una identificación instantánea, o *en diferido*.

Autores como Margaret Hu[330] advierten que estos sistemas biométricos, que ya están siendo usados para fines de vigilancia y control de fronteras, seguridad e inmigración, son de «alto riesgo», y pueden colisionar con derechos constitucionales fundamentales y derechos humanos. Y como señala Cotino Hueso[331], la tecnología biométrica tiene el potencial de impactar práctica-

---

329 Cotino Hueso, «Reconocimiento facial automatizado y Sistemas de identificación biométrica bajo la regulación superpuesta de Inteligencia artificial y protección de datos», *Derecho Público de la inteligencia artificial,* Coordinadores Balaguer Callejón, Francisco, Cotino Hueso, Lorenzo, Fundación Manuel Giménez Abad, Zaragoza, 2023, p. 348.

330 Hu, Margaret, «Biometrics and an AI Bill of Rights» (2022), *William & Mary Law School Scholarship Repository*, Faculty Publications, Summer 2022. En https://scholarship.law.wm.edu/facpubs/2078

331 Cotino Hueso, Lorenzo, «Sistemas de inteligencia artificial con reconocimiento facial y datos biométricos. Mejor regular bien que prohibir mal», *El Cronista del Estado Social y Democrático de Derecho*, n.° 100 (septiembre-octubre), 2022 (Ejemplar dedicado a: Inteligencia artificial y derecho), p. 71.

mente en todos los derechos fundamentales de las personas, mencionando la Agencia de la Unión Europea para los Derechos Fundamentales (FRA) los siguientes: «la dignidad humana, al respeto de la vida privada, la protección datos personales, la no discriminación, los derechos del niño y de los mayores, los derechos de las personas con discapacidad, la libertad de reunión y asociación, la libertad de expresión, el derecho a una buena administración, y el derecho a un recurso efectivo ante la ley y a un juicio justo». En definitiva, se trata de un desafía normativo-constitucional de primer orden, que ya se encuentra implantado en países como China, como veremos más adelante.

Por esto, y como apunta Ebers[332], el art. 5.1.h) de la LIA prohíbe los sistemas de IA de identificación biométrica remota (*biometric identification system* o BIS) «en tiempo real» en espacios de acceso público (por ejemplo, los sistemas de reconocimiento facial utilizados para identificar a una persona en la calle), pero este enfoque es demasiado restrictivo, y sus excepciones demasiado amplias (entre ellas, *el uso de sistemas de identificación biométrica remota* «en *tiempo real» en espacios de acceso público con fines de garantía del cumplimiento del Derecho*). Critica también que el reconocimiento automatizado de características como el sexo, la sexualidad o el origen étnico, lo que se conoce como *biometric categorization systems* o BCS, así como el reconocimiento automatizado de las emociones (*emotion recognition system* o ERS)[333], pues, aunque aparecen como prohibidos por la LIA, luego en su Anexo III los considera sistemas de alto riesgo.

En definitiva, la Ley de la IA europea no es suficientemente protectora de los derechos fundamentales, puesto que los «sistemas de identificación biométrica» que en principio estarán prohibidos son los que funcionen «en tiempo real», en espacios de acceso público. Luego a contrario, señala Cotino (loc. cit.), no estarían prohibidos los reconocimientos faciales que no funcionen en tiempo real, o en lugares que no sean de acceso al público, como locales de empresas y fábricas, oficinas y lugares de trabajo, las prisiones, o zonas de control fronterizo, o con finalidades de defensa e inteligencia. Tampoco estarían prohibidos en tema de migración o asilo, ni para finalidades de seguridad privada en establecimientos de acceso público (supermercados, transporte, estadios), ni para finalidades de marketing o publicidad.

Por su parte, el Gobierno estadounidense elabora en octubre de 2022 un texto de directrices denominado *AI Bill Of Rights - Making Automated Systems Work For The American People*[334], en el que se restringe la identificación

332 Ebers, Martin, «El futuro marco jurídico europeo de la inteligencia artificial», *Revista General de Legislación y Jurisprudencia*, 2023, número 2, p. 267.

333 Un sistema inteligente de reconocimiento de emociones trata de detectar diferentes emociones del sujeto mediante la información procedente de las expresiones faciales, el movimiento corporal, los gestos y el lenguaje.

334 *AI Bill Of Rights - Making Automated Systems Work For The American People,* October 2022. En https://www.whitehouse.gov/wp-content/uploads/2022/10/Blueprint-for-an-AI-

biométrica. Estas tecnologías suponen un ataque a la intimidad personal, y ya hay sentencias que afirman la lesividad de las mismas, como la del Tribunal de Apelaciones del Noveno Circuito de los Estados Unidos, en *Patel v. Facebook, Inc.*, que condenó a *Facebook* en 2019 por la recopilación no consentida de archivos faciales de los usuarios, como conducta contraria a la *Illinois Biometric Information Privacy Act (BIPA)*.

Señala Barona Vilar[335] que las técnicas biométricas pueden servir para la identificación, la categorización o la verificación de identidades, y que para ello pueden seguir patrones físicos o fisiológicos, comportamentales o mixtos, que combinan ambos tipos de datos. Los datos físicos y fisiológicos caracterizadores de la persona pueden ser: huellas dactilares, análisis de la imagen del dedo, reconocimiento del iris, análisis de la retina, geometría de las manos, el árbol de venas del dedo o de las muñecas, la palma de la mano, otogramas de las orejas, reconocimiento facial, de la voz, análisis de ADN, análisis de poros de la piel o incluso detección de olor corporal. Recientemente se han buscado patrones de identidad mediante análisis por vibrometría láser de los latidos del corazón. Los datos comportamentales para decidir la identidad personal analizan comportamientos de una persona a través de la comprobación de la firma (figura, trazo, presión, velocidad, etc.), el análisis de la pulsación de las teclas, análisis de movimientos o forma de caminar, etc.

Pone Barona Vilar[336] a título de ejemplo, En España Marbella, Ceuta, La Nucía, Las Rozas o Rivas-Vaciamadrid poseen cámaras que incorporan la técnica biométrica del reconocimiento facial, en la lucha contra determinada delincuencia. La potencia del software marbellí busca por apariencia, que incluye rasgos del rostro, color de ropa, edad, género, color de pelo y aspecto. Frente a los detractores de estos sistemas, se argumenta que se trata de un modelo de inteligencia artificial capaz de observar miles de horas de video para acelerar o concentrar las búsquedas, permitiendo hallar personas y objetos, por ejemplo, automóviles.

B. El perfilado predictivo

A partir de estos datos biométricos se puede lograr no sólo la identificación de la persona, sino también su perfilado predictivo. El perfilado se define en el art. 4.4 del Reglamento (UE) 2016/679 de protección de datos: *4)«elaboración de perfiles»: toda forma de tratamiento automatizado de datos*

Bill-of-Rights.pdf

335 Barona Vilar, Silvia, «Tecnología biométrica y datos biométricos. Bondades y peligros. No todo vale», *Actualidad Jurídica Iberoamericana* n.º 21, agosto 2024, pp. 298-331. P. 304-305.

336 Barona Vilar, «Tecnología biométrica y datos biométricos. Bondades y peligros...», cit., p. 313.

personales consistente en utilizar datos personales para evaluar determinados aspectos personales de una persona física, en particular para analizar o predecir aspectos relativos al rendimiento profesional, situación económica, salud, preferencias personales, intereses, fiabilidad, comportamiento, ubicación o movimientos de dicha persona física.

Surge como técnica que parte de la obtención de datos del sujeto, para empezar el de su identidad personal y digital (su dirección IP, número de móvil, dirección de correo electrónico, avatar o *nickname*), y otros acerca de sus intereses vitales (políticos, deportivos, ideológicos o religiosos), nivel económico, preferencias de consumo y de entretenimiento, etc. Su objeto es obtener una imagen del sujeto que permita abordarlo con mensajes de todo tipo, desde publicidad y ofertas de turismo o inmobiliarias a información política o económica, con el objeto de provocar decisiones de compra o actuaciones de cualquier tipo en dicho sujeto-objetivo. Todos tenemos la experiencia de los reclamos que llegan a nuestro móvil, comerciales o de ocio: se producen porque entramos en el perfil del consumidor de esos productos.

La incidencia del perfilado en los derechos fundamentales tiene lugar sobre todo en el derecho a la intimidad y privacidad: su funcionamiento implica la creación de bases de datos de características personales de conjuntos de sujetos muy amplios. Bien es verdad que en muchos casos el identificador del sujeto no es sino una dirección IP, pero a partir de ahí y relacionando este dato con otros, es fácil ampliar su perfil. Desde una finalidad sobre todo mercantil y publicitaria, el perfilado evoluciona a un ámbito de predicción de la conducta futura del sujeto, implicando la clasificación de las personas según las características que se determinen en el algoritmo, con evidente utilidad para el marketing personalizado.

A esto se refiere el art. 3 de la LIA cuando define en su número 40 a un «Sistema de categorización biométrica» como un *...sistema de IA destinado a incluir a las personas físicas en categorías específicas en función de sus datos biométricos, a menos que sea accesorio a otro servicio comercial y estrictamente necesario por razones técnicas objetivas...* Pero el perfilado va más allá, añadiendo datos económicos, intereses de consumo, o incluso datos médicos y neurológicos, pues como nos cuenta González Tapia[337], mediante inteligencia artificial se puede lograr una extracción indirecta de datos de las personas a través de patrones de comportamiento, detección de emociones, tono y modulación del lenguaje, y otros datos biométricos. Y pone como ejemplo la detección temprana del Parkinson a través del patrón de tecleo en el móvil, o del Alzheimer por el patrón de deambulación o patrones de atención; o el riesgo de comportamientos suicidas a partir de los datos de navegación por redes sociales y el análisis de los mensajes en ellas. La lectura

337 González Tapia, M.ª Isabel, «Protección penal de los neuroderechos: el uso directo de las Neurotecnologías sobre el ser humano», *Inteligencia Artificial y Filosofía del Derecho*, Fernando H. Llano Alonso, Director, Ediciones Laborum, Murcia, 2022, p. 328.

e interpretación de datos ya no biométricos, sino de análisis clínicos de todo tipo dará lugar a una nueva medicina, nos dice Marchal Corrales[338], en la que prima el paradigma de las 4 P´s: una medicina predictiva, preventiva, personalizada y participativa. Con el resultado de una eficacia incluso superior a la de los propios médicos en el diagnóstico de la retinopatía diabética, la depresión, dolencias cardiacas, el cáncer de piel y otros tipos de cáncer, y su uso en aplicaciones genómicas se abre a la prevención de enfermedades.

Además de la medicina, del marketing y la publicidad, otro ámbito en el que se desarrolla el perfilado es el de la investigación policial. La misma Ley de la IA hace expresa referencia a la utilización de los datos biométricos para la labor policial en los interrogatorios, y la averiguación de la veracidad o falsedad de las declaraciones de las personas.

Otro ámbito del perfilado es la averiguación de tendencias políticas, pues como señala Garriga Domínguez[339], el desarrollo actual de la tecnología de IA permite el perfilado ideológico de los usuarios de cualquier plataforma, dato con el que se les puede enviar información política personalizada. Esto es lo que la autora llama *segmentación psicográfica avanzada*, que permite hacer predicciones precisas de la reacción de la audiencia objetiva a determinados mensajes o estímulos. Naturalmente, a partir de esta personalización, se abre la vía hacia la interpretación interesada, el *nudge* político y la información parcial o sesgada, en suma, la desinformación.

También nos advierten de las consecuencias negativas del perfilado G.ª Inda, González Ordovás, y Serón[340], que, citando a José María Lasalle, dicen: «..."se nos neutraliza en la capacidad decisoria jugando con la sutileza algorítmica que hace que las personas no actúen según su juicio sino que se optimice este en nuestro propio beneficio. (...) Se disuelve la espontaneidad de la conducta bajo el peso de una mezcolanza de datos que se manipulan desde fuera de nosotros para determinarnos". Dicho con otras palabras, la IA puede ser un recurso para mejorar las condiciones de vida y ampliar la libertad del ser humano, compensando sus limitaciones "naturales" y facilitando la toma de decisiones en contextos complejos; o puede convertirse en un instrumento de dominación, limitando o suplantando esa libertad y esa capacidad de decisión en función de intereses espurios». Como dicen las

---

338 Marchal Corrales, Juan Antonio, «Retos científicos, éticos y legales de la IA en Salud», *El Derecho y la Inteligencia artificial,* F. Herrera, A. Peralta y L. S. Torres, coords., Universidad de Granada, Granada, 2022, págs. 81-98, p. 85.

339 Garriga Domínguez, Ana, «Inteligencia artificial y el fenómeno de la desinformación: el papel del RGPD1 y las garantías recogidas en la propuesta de la ley de servicios digitales», en *Inteligencia Artificial y Filosofía del Derecho*, Ediciones Laborum, Murcia, 2022, p. 452.

340 García Inda, Andrés, González Ordovás, María José y Muñoz Soro, José Félix, «IA y Filosofía del Derecho: derechos, normas y sesgos», en *Proyecto IASAC Unizar, Ciencias sociales y jurídicas*, http://unidigitaliasac.unizar.es/ficha/la-ai-vista-desde-la-filosofia-del-derecho, p. 6.

Directrices éticas *para una IA fiable* (parágrafo 50), la IA puede ser un medio para «subordinar, coaccionar, engañar, manipular, condicionar o dirigir a los seres humanos de manera injustificada».

El perfilado, como estudio probabilístico o actuarial del individuo y la posibilidad de que observe un determinado comportamiento, ha sido desarrollado sobre todo en el ámbito penal, donde Solar Cayón[341] advierte que es habitualmente empleado en la mayoría de jurisdicciones estatales para informar las decisiones judiciales sobre medidas cautelares, en particular la concesión o no de libertad provisional. Señala que los sistemas de evaluación de riesgos de reincidencia criminal basados en modelos estadísticos, patrones de conducta y factores predictores del riesgo de reincidencia futura, tienen como ejemplo el programa americano COMPAS *(Correctional Offender Management Profiling for Alternative Sanctions)*.

C. El reconocimiento de emociones y la detección del pensamiento

Uno de los campos en los que la IA de captación de datos biométricos es muy efectiva es el de los datos sobre frecuencia cardiaca, respiración, expresión facial, movimiento de las pupilas y temperatura corporal, datos cuya combinación puede indicar la presencia de determinados estados emocionales. Por ejemplo, el *software* de la compañía española *Decoditive* permite determinar mediante una sencilla cámara si el sujeto está haciendo trampas al ajedrez, o la eficacia real de los anuncios que está contemplando, simplemente examinando el campo visual y movimiento de las pupilas del sujeto, y a partir de ahí comprobando los campos visuales de atención.

Naturalmente, esta técnica biométrica tiene especial valor para determinar si el sujeto miente o dice la verdad, y por ello la misma Ley de la IA hace expresa referencia a la utilización de los datos biométricos para la labor policial en los interrogatorios, y la averiguación de la veracidad o falsedad de las declaraciones de las personas. Se está refiriendo a datos que revelan estados emocionales, tales como frecuencia cardiaca, sudoración, movimiento de las pupilas, tono de voz o incluso frecuencia y fuerza de pulsación de las teclas del ordenador. Es en concreto en el Considerando 44 en el que se expone que los sistemas de IA que detectan las emociones de las personas físicas ...*a partir de sus datos biométricos pueden teer resultados discriminatorios y pueden invadir los derechos y las libertades de las personas afectadas... Por tanto, debe prohibirse la introducción en el mercado, la puesta en servicio y el uso de sistemas de IA destinados a ser utilizados para detectar el estado emocional de las personas en situaciones relacionadas con el lugar de trabajo y el* ámbito *educativo. Dicha prohibición no debe aplicarse a los sistemas de IA introducidos en el mercado estrictamente con fines médicos o de seguridad*. Y en su

341 Solar Cayón, José Ignacio, «Inteligencia artificial y justicia digital», en *Inteligencia Artificial y Filosofía del Derecho*, Ediciones Laborum, Murcia, 2022, p. 382.

art. 3.39) la LIA define al «Sistema de reconocimiento de emociones» como *un sistema de IA destinado a distinguir o inferir las emociones o las intenciones de las personas físicas a partir de sus datos biométricos*.

Da cuenta Cotino Hueso[342] que estos sistemas permiten leer emociones, detectar la verdad de las manifestaciones, y predecir futuros comportamientos y que desde hace años se utilizan para el control de fronteras en EE. UU., con el denominado Agente Virtual Automatizado para la Evaluación de la Verdad en Tiempo Real (AVATAR - *Automated Virtual Agent for Truth Assessments in Real Time*), que analiza el comportamiento no verbal y verbal de los viajeros. En Europa, la Comisión Europea financió el proyecto *Intelligent Portable Control System (iBorderCtrl)*, con herramientas de detección del engaño y de evaluación de respuestas de solicitantes de visa de entrada, proyecto que generó una relativa reacción desde la sociedad civil, y que finalmente ha sido retirado. Las grandes compañías de aplicaciones informáticas han producido sistemas de reconocimiento biométrico y facial para identificar personas y detectar emociones y estados de ánimo, así en junio de 2022, Microsoft anunció que retiraba sus sistemas *Azure Face*.

Y al lado de estas técnicas, tenemos la IA aplicada a una nueva rama de la neurología, la neurotecnología, que define Moreu Carbonell[343] de modo muy amplio como el conjunto de métodos e instrumentos que permiten una conexión directa de dispositivos técnicos con el cerebro y el sistema nervioso, con independencia de si se trata de técnicas de estimulación cerebral invasivas o no invasivas: «La neurotecnología es un concepto interdisciplinar en el que confluyen la inteligencia artificial, la informática y las neurociencias. Las investigaciones del cerebro pueden ya medir, registrar, alterar y manipular la actividad cerebral; es lo que se conoce como neuromodulación o alteración de la actividad cerebral por medio de la introducción de estímulos». Hoy por hoy, la neurotecnología tiene un uso beneficioso para la humanidad, pero presenta riesgos jurídicos, éticos y morales, amenazando, como nos dice la autora, la privacidad y la seguridad de las personas, y la propia definición de persona. Para evitar estos males, propone la autora el desarrollo de una nueva especialidad jurídica, el Neuroderecho, y la conformación de nuevos neuroderechos de las personas.

La nueva tecnología supone un paso más en la invasión de la privacidad, pues ya no se trata de inferir estados emocionales a partir de los simples datos biométricos, sino directamente de acceder a los pensamientos de la persona mediante una lectura de los patrones de estímulo eléctrico cerebral. Estamos ante la lectura de los pensamientos, cuya aplicación puede ser

---

342 Cotino Hueso, «Reconocimiento facial automatizado y Sistemas de identificación biométrica bajo la regulación superpuesta de Inteligencia artificial y protección de datos», cit., p. 348.

343 Moreu Carbonell, Elisa, «La regulación de los neuroderechos», *Revista General de Legislación y Jurisprudencia*, 2022, n.º 1, enero-marzo, pp. 71-100, p. 72.

muy beneficiosa en medicina, como recogen Vicente Domingo y Rodríguez Cachón[344], refiriéndose al proyecto *Neuralink* impulsado por Elon Musk, que diseña implantes cerebrales para que los pacientes con parálisis cerebral puedan controlar dispositivos con la mente. Y también *Facebook*, hoy *Meta*, ha iniciado un programa de 40 millones de dólares para conseguir mediante cascos de electrodos no invasivos, convertir en texto lo que está pensando una persona, sin necesidad de implantes o scanner cerebral. Mientras que, desde las universidades de Singapur y Hong Kong, los investigadores Chen, Qing y Zhouy[345] dan cuenta de la posibilidad de decodificación directa de las señales cerebrales en imágenes y videos, utilizando la resonancia magnética. Mediante esta técnica, se capturan y codifican datos sobre la actividad cerebral del sujeto, y un sistema de reconocimiento traduce dichos datos a imágenes, en algunos casos muy fidedignas.

D. La persuasión y la alteración subliminal de comportamientos. El *nudge*

Ya hemos visto que el art. 5 de la Ley de IA consideraba prohibidas las ... *técnicas subliminales que trasciendan la conciencia de una persona o de técnicas deliberadamente manipuladoras o engañosas con el objetivo o el efecto de alterar de manera sustancial el comportamiento de una persona o un colectivo de personas, mermando de manera apreciable su capacidad para tomar una decisión informada y haciendo que tomen una decisión que de otro modo no habrían tomado, de un modo que provoque... perjuicios considerables*. O bien sistemas que aprovechen vulnerabilidades de un grupo específico de personas, ya por edad o discapacidad física o mental para alterar de manera sustancial el comportamiento de personas de dicho grupo.

En cuanto a estas técnicas, ha señalado Ebers[346] que ni el artículo 5 ni los Considerandos 16 de la LIA definen qué es una «técnica subliminal»[347], o en qué consiste alterar *sustancialmente* el comportamiento de una persona. Y además este art. 5 sólo cubre las prácticas de IA que tienen la intención directa de perjudicar a otras personas. En realidad, la mayoría de estas prác-

344 Vicente Domingo, Elena y Rodríguez Cachón, Teresa, «Derecho de la Persona, Neurodatos y Neuroderechos: *A Research Agenda*», *Revista General de Legislación y Jurisprudencia*, 2023, número 3, pp. 495-526, p. 499.

345 Chen Zijiao, Qing Jiaxin y Zhouy Juan Helen, «CinematicMindscapes: High-quality Video Reconstruction from Brain Activity», preprint en arXiv:2305.11675, https://doi.org/10.48550/arXiv.2305.11675

346 Ebers, «El futuro marco jurídico europeo de la inteligencia artificial», cit., p. 265.

347 Claro que esto se deduce claramente de su descripción en el art. 5.1: se trata de una técnica *que explote alguna de las vulnerabilidades de una persona física o un determinado colectivo de personas derivadas de su edad o discapacidad, o de una situación social o económica específica, con la finalidad o el efecto de alterar de manera sustancial el comportamiento...*

ticas serán ilegales conforme al Derecho penal en la mayoría de los Estados, si lo que intentan es engañar a las personas (posiblemente para estafarlas), y además la Directiva sobre prácticas comerciales desleales (2005/29/CE) ya prohíbe las prácticas comerciales que distorsionan el comportamiento humano en determinadas condiciones.

Como advierte De Miguel Asensio[348], todas estas técnicas están prohibidas por el art. 5 de la LIA por generar riesgos inadmisibles que contravienen los valores de la Unión europea. Sin embargo, opina el autor que además de esta normativa, el perjudicado por sistemas inteligentes puede acudir a la normativa de protección del honor, intimidad y propia imagen, a la de protección de datos personales e incluso a la de protección del consumidor y a la de responsabilidad por productos defectuosos. Por ello el autor estima que la nueva LIA viene a cubrir estos espacios desprotegidos, los daños de difícil encuadre en las figuras «normales» del daño.

Por lo demás, las técnicas subliminales de manipulación fueron inicialmente de carácter comercial, siendo expuestas en la ya citada obra del año 1957, *The Hidden Persuaders*, de Vance Packard, libro dedicado a la publicidad y su influencia en los consumidores, donde se toma como premisa la falta de racionalidad de muchos comportamientos de consumo y la posibilidad de manipulación del consumidor[349].

Una de estas técnicas que se usan para influir en los comportamientos es el *nudging*, al que ya se ha hecho referencia en el subepígrafe 2.4.4. Señalan Costas Pérez y Tucat[350] que los *nudges* o «empujones» se popularizan a partir de la publicación del libro *Nudge: Improving Decisions About Health, Wealth, and Happiness,* de Cass Thaler y Richard Sunstein, en 2009. Los *nudges* (palabra que significa pequeños «empujones» o «codazos»; también se ha traducido como «acicates») son intervenciones que buscan modificar la toma de decisiones individuales, intentando cambiar el comportamiento de las personas en una dirección concreta, pero sin prohibir ninguna opción, ni alterar en gran medida los incentivos económicos. Es decir, que no son órdenes coercitivas para los ciudadanos, sino que inducen a un comportamiento

348 De Miguel Asensio, Pedro A., «Propuesta de Reglamento sobre Inteligencia artificial», *La Ley Unión Europea*, n.º 92, mayo 2021, p. 4.

349 La anécdota que mejor muestra este aspecto es la siguiente: «Un bazar cuyos dueños consideraban con creciente escepticismo la racionalidad de sus clientes puso a prueba un experimento. Uno de los renglones de menor salida era un artículo que valía catorce centavos. Cambió el precio ofreciendo dos de dichos artículos por veintinueve centavos. Las ventas aumentaron rápidamente en un 30 % al ofrecerlo a precio "rebajado"». Packard, Vance, *Las formas ocultas de la propaganda*, Editorial Sudamericana, Buenos Aires, Decimooctava Edición, junio de 1992, p. 15.

350 Costas Pérez, Elena, y Tucat, Pablo, (2021). «*Nudges*: diseño y evaluación», *Gestión y Análisis de Políticas Públicas*, (25), 8-22. DOI: https://doi.org/10.24965/gapp.i25.10868, Pág. 9

que se considera adecuado o deseable, como señalaban Thaler y Sunstein. El ejemplo más citado es el de incluir en los documentos médicos la opción por defecto de ser donante de órganos, y estableciendo por tanto que el rechazo ha de ser expreso.

Los *nudges* actúan precisamente partiendo de la posibilidad de influencia en el comportamiento humano de toma de decisiones, pues como hemos visto muchas decisiones se toman siguiendo criterios no estrictamente racionales, sino emocionales. Esta técnica pasa del mundo del marketing al de la Administración pública, siendo utilizado para fomentar las conductas que resultan más beneficiosas (aunque no se concreta para quién lo son, si para la Administración o los ciudadanos). Como señalan los indicados autores, los *nudges* en las políticas públicas utilizan «los conocimientos de las ciencias económicas, la neurociencia y la psicología, para incentivar o desincentivar actuaciones concretas de los distintos agentes, y alcanzar así objetivos establecidos por los dirigentes públicos»[351].

Según advierte Ortiz de Zárate-Alcarazo[352], el *nudging* milita en el campo de lo políticamente correcto: «los *nudges* son un tipo de intervenciones que, aprovechando las limitaciones cognitivas humanas, nos ponen en el "buen camino" o la "buena dirección", sin consecuencias negativas para aquella persona que elige no seguir el camino recomendado. Por el carácter orientador de los *nudges* hacia ciertos objetivos o metas y, simultáneamente, su respeto por la autonomía y libertad individual de las personas, al *nudging* también se le denomina paternalismo liberal *(libertarian paternalism)* ...Por tanto, los *nudges* son mecanismos coercitivos alineados con los valores de las democracias liberales (Strabheim, 2020)». Paternalismo, evidentemente, y un ligero desprecio hacia el ciudadano y su capacidad de elegir, y la idea de fondo de que la Administración sabe «lo que nos conviene», porque nosotros somos un poco tontos[353].

---

351 Costas Pérez y Tucat, (2021). «*Nudges*: diseño y evaluación», cit., p. 9

352 Ortiz de Zárate-Alcarazo, Lucía (2023). «Las Políticas conductuales inteligentes: Oportunidades y riesgos ético-políticos de la Inteligencia Artificial para el nudging», *Revista Española de Ciencia Política*, 62, 67-93. Doi: https://doi.org/10.21308/recp.62.03. P. 69.

353 Cuentan Antonio Cabrales Goitia y Pedro Rey Biel que según el modelo de Bemelmans-Videc las políticas públicas se clasifican como *palos, zanahorias o sermones*: «Los palos son herramientas reguladoras que buscan forzar el comportamiento de los ciudadanos. Las zanahorias proveen de incentivos para seducir a los individuos, mientras que los sermones, buscan persuadirles. Clasificar a los *nudges* en uno de estos tres grupos no es tarea sencilla. Los *nudges* claramente no son palos, puesto que no restringen las opciones disponibles para el individuo ni le castigan si no se comporta como el regulador pretende. Tampoco son zanahorias, puesto que buscan guiar al ciudadano de una forma inconsciente... Por último, los *nudges* tampoco son sermones, pues no pretenden persuadir a los ciudadanos de forma abierta mediante la provisión de información... Los *nudges* se encuentran en un término medio entre la zanahoria y el sermón». («Mas allá de los *nudges*: Políticas públicas efectivas basadas en la evidencia de las ciencias del comportamiento», *Gestión y Análisis de Políticas Públicas*, (25), Pág. 40, DOI: https://doi.org/10.24965/gapp.i25.10864).

Pues bien, la unión de estas técnicas de *nudging* con la IA produce interesantes resultados. Advierte Ortiz de Zárate-Alcarazo[354] que la aplicación de la IA puede mejorar la implementación de *nudges* en el sector público, e incluso puede llegar a transformar este tipo de intervenciones dando lugar a lo que podríamos denominar «políticas conductuales inteligentes y, más concretamente, *intelligent nudging*. Los *nudges* inteligentes tendrían niveles de eficacia y eficiencia más elevados que los de sus hermanos no inteligentes gracias al uso de tecnologías de reconocimiento facial, detección de objetos, procesamiento del lenguaje natural, predicción, análisis en tiempo real, etc., que permitirían mejorar todos los pasos del proceso».

En este sentido, el antes citado investigador, Yukari Yamazaki[355] nos anuncia la llegada del *Hypernudge*, como resultado de la unión del *nudge* y la IA, es decir, el *nudge* creado por una IA entrenada mediante *machine learning*, y advierte que, sin embargo, las condiciones de autonomía, dignidad y transparencia, que deben regir el empleo de *nudges*, desaparecen en este caso. En base a un estudio estadístico, concluye que hay que estar alerta en la utilización de los hypernudges por su menor aceptación que los *nudges* originales. En suma, el *hypernudge* añade a los problemas intrínsecos del *nudge* los problemas específicos derivados de la IA, especialmente la derivada de redes neuronales, como la opacidad algorítmica, los problemas de privacidad, los sesgos, la falta de rendición de cuentas, y sobre todo el ataque a la privacidad e intimidad de las personas, derivando en un paternalismo agobiante. Y también vimos (pág. 132) cómo Luciano Floridi denominaba a la unión de estas dos técnicas, nudge e IA, «Hypersuasion»: una persuasión alteradora del comportamiento de largo alcance.

Desde la Filosofía del Derecho, señala De Asís Roig[356] que los *nudges* se introducen en el ámbito de las aplicaciones tecnológicas, para actuar como consejeros morales en sistemas inteligentes. Cita así los modelos computacionales *Truth-Teller* y *Sirocco,* y el programa *MeEthEx*, que es una especie de asesor ético en el campo de la medicina para ayudar a resolver dilemas éticos, y que se apoya en los principios de ética biomédica. Otros modelos se configuran como asistentes-guía en la toma de decisiones, como el modelo computacional diseñado por Robbins y Wallace, una herramienta para ayudar en la toma de decisiones «...basado en el modelo creencia-deseo-intención y en la resolución colaborativa de problemas, simulando diferentes papeles (asesor, facilitador de grupo, entrenador de interacción y pronos-

354 Ortiz de Zárate-Alcarazo, «Políticas conductuales inteligentes: Oportunidades y riesgos ético-políticos de la Inteligencia Artificial para el nudging», cit., p. 82.

355 Yamazaki, Yukari, «An Empirical Study for The Acceptance of Original Nudges and Hypernudges», *Societal Challenges in the Smart Society* / coord. por Mario Arias Oliva, Jorge Pelegrín Borondo, Kiyoshi Murata, Ana María Lara Palma, 2020, ISBN 978-84-09-20273-7, págs. 323-336. En Dialnet: https://dialnet.unirioja.es/servlet/articulo?codigo=7867256

356 De Asís Roig, «Ética, Tecnología y Derechos», cit. p. 33.

ticador). O, también la propuesta de F. Lara, ...de un asistente virtual para fortalecer nuestra moralidad potenciando la autonomía personal. Se trata de un asistente basado en el método dialéctico socrático si bien proyectado hacia el aprendizaje moral. El asistente, que denomina *SocrAI*, lo que pretende es formar al usuario no tanto en principios éticos sustantivos sino en pautas generales sobre cómo razonar mejor». Coincide el autor en la peligrosidad de los *hypernudges*, por la posibilidad de manipulación que conllevan.

Naturalmente, el problema de estas técnicas potenciadoras de la eficacia mediante la IA, es que también potencian los problemas del *nudging*, como son la disminución de la libertad individual, de la capacidad de decisión y elección de los ciudadanos, la manipulación y el determinismo. Por ello, Ortiz de Zárate-Alcarazo[357] matiza su consideración acerca de estas técnicas diciendo: «En este sentido, la posible perversión de las políticas conductuales inteligentes y su principal riesgo sería el de generar escenarios en los que la ciudadanía tuviera importantes dificultades para salirse del camino establecido y quedasen fácilmente atrapados en senderos de dependencia».

Más allá del *nudge,* veremos ahora una técnica de vigilancia y represión (y no modificación) de los comportamientos de los ciudadanos de consecuencias aterradoras: la calificación social.

E. Una genuina distopía: El sistema de crédito social

A esta técnica, utilizada tanto para influir en el comportamiento de las personas como para controlarlo, alude el art. 5.1 LIA al prohibir los sistemas de IA utilizados *c) ...para evaluar o clasificar a personas físicas o a colectivos de personas durante un período determinado de tiempo atendiendo a su comportamiento social o a características personales o de su personalidad conocidas, inferidas o predichas, de forma que la puntuación ciudadana resultante provoque una o varias de las situaciones siguientes...*[358]. Estamos ante un sistema por el que cada persona, convenientemente identificada por técnicas biométricas, de identificación y rastreo en red o por teléfono móvil, recibe una puntuación o créditos, positivos o negativos según el comportamiento calificado sea aceptable o inaceptable, cuya suma determina su calificación o crédito social.

357 Ortiz de Zárate-Alcarazo, «Políticas conductuales inteligentes: Oportunidades y riesgos ético-políticos de la Inteligencia Artificial para el nudging», cit., p. 85.

358 Sigue el precepto: ... *provoque una o varias de las situaciones siguientes: i) un trato perjudicial o desfavorable hacia determinadas personas físicas o colectivos de personas en contextos sociales que no guarden relación con los contextos donde se generaron o recabaron los datos originalmente, ii) un trato perjudicial o desfavorable hacia determinadas personas físicas o colectivos de personas que sea injustificado o desproporcionado con respecto a su comportamiento social o la gravedad de* éste.

El origen del invento está en algo que, al principio —como tantas otras cosas— pareció una buena idea, en concreto en las calificaciones crediticias y las listas de morosos, información comercial que existe en cualquier país (así en España las listas ASNEF, CIRBE o RAI) combinadas para que actuasen como *nudge* para los comportamientos sociales adecuados y la promoción de la confianza. Pero luego esto se complica cuando se amplía la calificación con los ingredientes de las plataformas sociales y bases de datos, las tecnologías de reconocimiento biométrico y las de seguimiento de la actividad de los teléfonos móviles, y de la mera calificación crediticia a efectos de valorar la solvencia del sujeto se pasa a valorar al sujeto en sí, a partir de todo su comportamiento.

En relación la anterior Propuesta de Ley de IA de 21 de abril de 2021, criticaba Cotino Hueso[359] que los sistemas biométricos de categorización no estaban prohibidos, ni en general eran de alto riesgo, sino solo sometidos al artículo 52 de la Ley de IA: Artículo 52. Obligaciones de transparencia para determinados sistemas de IA ... *2. Los usuarios de un sistema de reconocimiento de emociones o de un sistema de categorización biométrica informarán del funcionamiento del sistema a las personas físicas expuestas a* él. *Esta obligación no se aplicará a los sistemas de IA utilizados para la categorización biométrica autorizados por la ley para fines de detección, prevención e investigación de infracciones penales*. Pero ya hemos visto cómo hoy aparecen estos sistemas de evaluación dentro de los sistemas prohibidos del art. 5 del actual Reglamento (UE) 2024/1689 del Parlamento Europeo y del Consejo de 13 de junio de 2024.

También en relación a la antigua redacción de la Propuesta de 2021[360], estimaba Ebers[361], que hay que aclarar cuándo la calificación social tiene lugar *en representación* de las autoridades públicas, pues estas prácticas se realizan mayoritariamente por el sector privado, extendiendo sus efectos a la administración u otras autoridades públicas. Al restringir la prohibición de la calificación social a las autoridades públicas, la LIA «ignora el uso de tales sistemas por parte de entidades privadas, incluso en ámbitos de alto riesgo que podrían afectar a los derechos fundamentales de las personas»; por ejemplo, en las calificaciones crediticias. Cambia esto con la redacción definitiva de 2024.

Como todo el mundo sabe, pero intenta olvidar, es el sistema de partido único chino el máximo exponente de la implantación de los sistemas de ca-

359 Cotino Hueso, «Sistemas de inteligencia artificial con reconocimiento facial y datos biométricos...», cit., p. 73.

360 En la que decía el art. 5.1.c) que se prohibía *La introducción en el mercado, la puesta en servicio o la utilización de sistemas de IA por parte de las autoridades públicas o en su representación con el fin de evaluar o clasificar la fiabilidad de personas físicas durante un período determinado de tiempo atendiendo a su conducta social....*

361 Ebers, «El futuro marco jurídico europeo de la inteligencia artificial», cit., p. 267.

lificación o crédito social. Según nos cuenta Lizzy Rettinger[362], la idea del «crédito social» se adecúa perfectamente al carácter chino, por reproducir la idea de la confianza social predicada por Confucio.

Como señalan Roberts, Cowls, Morley y otros[363], esta tecnología viene a ser sancionada por el *Plan de Desarrollo de la Inteligencia Artificial de la Nueva Generación,* aprobado por el supremo órgano del gobierno chino, el Consejo estatal. Este plan tiene tres ámbitos de proyección: Desafío internacional, Desarrollo económico y Gobernabilidad o «Construcción» social, siendo este último el que más nos interesa. El Sistema de Crédito Social todavía no se ha implantado a nivel nacional, pero como nos dicen los citados autores, los ambiciosos objetivos del mismo «...ofrecen un convincente ejemplo de la intención del gobierno de confiar en la tecnología digital, no sólo para gobernanza social, sino también para una regulación más detallada del comportamiento»[364]. En definitiva, se trata del control de los comportamientos sociales, cuya implantación es un proyecto perfectamente establecido, como se deduce del documento «Esquema para el establecimiento de un sistema de crédito social» del Consejo estatal para la implantación del sistema, publicado en 2014. Este documento subrayó que el Sistema de Crédito Social no solo tenía como objetivo regular las finanzas y acciones corporativas de empresas y ciudadanos, sino el comportamiento social de los individuos, persiguiendo conductas como evasión fiscal, alarmas sobre la seguridad alimentaria y deshonestidad académica, mediante el sistema de «listas negras».

Dan cuenta Katja Drinhausen y Vincent Brussee[365] de que el Sistema de Crédito Social *(Social Credit System - SoCS)* forma parte del Plan Quinquenal 2021-2025, pero todavía no se halla completado, siendo hoy por hoy una previsión de estándares para la compatibilidad de los diversos sistemas que se hallan en uso, cuyo papel es reforzar el cumplimiento de la legalidad. Sus finalidades, según la ley, son muy vagas, y van desde la solvencia financiera y el pago de deudas hasta la confiabilidad en el sentido más amplio, el comportamiento respetuoso con la ley tanto de individuos como de compañías comerciales[366], o incluso valores morales como la honestidad y la integridad. Todo ello acompañado de la gran opacidad informativa que deriva del

362 Rettinger, Lizzy, «The Human Rights Implications of China's Social Credit System», *Journal of High Technology Law*, vol. XXI, n.º 1, (2021), pp. 1-33, p. 3.

363 Roberts, Huw, Cowls, Josh, Morley, Jessica *et al.*, «The Chinese approach to artificial intelligence: an analysis of policy, ethics, and regulation». *AI & Society* 36, 59-77 (2021). https://doi.org/10.1007/s00146-020-00992-2

364 Roberts, Cowls, Morley *et al.*, «The Chinese approach to artificial intelligence: an analysis of policy, ethics, and regulation», cit. p. 66.

365 Drinhausen, Katja, y Brussee, Vincent, «China's Social Credit System in 2021. From fragmentation towards integration», *Merics China Monitor*, March 3 2021, Updated on May 9, 2022, p. 21.

366 Se excluye sin embargo al Partido Comunista Chino en todos sus niveles.

interminable número de regulaciones tanto locales como nacionales sobre el tema: en las 28 ciudades-piloto que están implementando el sistema, los criterios para decidir las faltas que provocan la inclusión del incumplidor en una «lista negra» no son homogéneos. A ello hay que añadir otros datos, como que la ciudad de Fuzhou enriquece el currículo social de sus ciudadanos con una cifra que expresa su empleabilidad, según datos de desempeño y constancia en el trabajo.

Como señalan Drinhausen y Brussee[367], el gobierno chino quiere pasar de una vigilancia comercial y crediticia a una vigilancia individual de los comportamientos de la población. Para ello se busca (y se encuentra, el sistema de partido único tiene estas ventajas) la participación de los gigantes tecnológicos y plataformas digitales de China como *Alibaba*, que poseen una gran cantidad de información sobre el comportamiento individual. Ello contribuye a la visión general de una sociedad «basada en la confianza», en la que todos siguen voluntariamente las reglas del gobierno, pero que «También sirve para hacer cumplir normas represivas y excluyentes. El control del Partido ha codificado cada vez más, como el control de la expresión política en línea, las restricciones a la sociedad civil o posibles medidas de represalia dirigidas contra empresas extranjeras». A lo que hay que sumar el desarrollo de ciudades inteligentes, con tecnologías de vigilancia basadas en el reconocimiento facial y seguimiento de teléfonos móviles para rastrear a quienes el gobierno presenta como potenciales disidentes o terroristas, sobre todo de la etnia uigur.

Señala Cotino Hueso[368] que, en China, el uso de las tecnologías biométricas combina las tecnologías de identificación, categorización y reconocimiento de emociones para su famoso sistema de crédito social, pero también para el control policial de la ciudadanía, de la lealtad al partido o para el seguimiento de la atención y rendimiento de los escolares y evaluación y control mental en el ámbito educativo. Naturalmente, la base para el funcionamiento del sistema de crédito social está en la perfecta identificación tanto de personas como empresas, para lo que China cuenta con un sistema de seguimiento en Internet, un análisis de grandes datos y 626 millones de cámaras de reconocimiento facial[369]. Una vez identificado el sujeto, nos dice Rettinger, sus faltas se publican en las plataformas de crédito social, la nacional o las municipales, como la de Pekín. La reputación de los sujetos deriva de su inclusión en listas negras (mala reputación) o rojas (buena).

367 Drinhausen y Brussee, «China's Social Credit System in 2021. ...», cit., pp. 3-6.

368 Cotino Hueso, «Sistemas de inteligencia artificial con reconocimiento facial y datos biométricos...», cit., p. 71.

369 Rettinger, «The Human Rights Implications of China's Social Credit System», cit., p. 11.

Las consecuencias pueden ser muy peligrosas para las personas, pues como señala el periodista Serrano Martínez[370], «los ciudadanos pueden entrar en una lista negra con bastante facilidad, lo que tiene graves consecuencias en la vida real. Acciones tan cotidianas como saltarse un semáforo, fumar en lugares prohibidos, tener deudas impagadas o cometer fraude, además de su correspondiente sanción administrativa, conlleva ciertas restricciones: como la prohibición de viajar en avión o en trenes de alta velocidad, y la compra de artículos de lujo. En algunas ciudades, se publicita la información de las personas morosas en pantallas LED de centros comerciales, camiones o paradas del autobús, desvelando datos personales y suponiendo un escarnio social para la persona afectada y su familia». Pero además de estas consecuencias del crédito social negativo para el interesado, las consecuencias de estar en una lista negra, aparte de no poder viajar en avión, o en determinados trenes, o no poder contratar algunos destinos turísticos, o alojarse en ciertos hoteles, se extienden a la familia, así no se puede inscribir a los hijos en los mejores colegios. Desde esta perspectiva, está claro que las palabras de Cotino Hueso sobre la devastadora incidencia de esta técnica sobre los derechos fundamentales no son nada exageradas.

Para Turley[371], la realidad es que el gobierno chino está intentado abiertamente crear una sociedad-pecera, en la que ni siquiera sea necesario el control policial. Si se implanta una tecnología de reconocimiento facial completa, las personas serán reacias a asistir a protestas o manifestaciones si el gobierno puede determinar su identidad, y tampoco tendrán contactos con personas o empresas que sean consideradas problemáticas por el gobierno, porque una de las consecuencias de su sistema de «calificación social» o «puntuación ciudadana» es que relacionarse con personas de puntuación negativa se valora negativamente. Además, gran parte de los esfuerzos del reconocimiento biométrico en China han estado dirigidos a identificar minorías, especialmente los uigures y otras etnias vistas como una amenaza para el régimen comunista.

El filósofo Zygmunt Bauman[372] advertía que las dos antiutopías más célebres en la segunda mitad del siglo pasado, *Un mundo feliz*, de Huxley, y *1984*, de Orwell, compartían el dato de que ambas reflejaban mundos en los

---

370 SERRANO MARTÍNEZ, Alejandro, «Crédito social chino: el sistema de puntos que ya se exporta a otras sociedades», *El Economista,* 17/06/2023. Añade el autor que también Rusia quiere completar una red de reconocimiento biométrico combinando sus propios algoritmos de IA con su enorme sistema de vigilancia pública: Así, en enero de 2020, Moscú implementó un nuevo sistema de reconocimiento facial en tiempo real en toda la ciudad, con más de 160.000 cámaras: https://www.eleconomista.es/economia/noticias/12325879/06/23/credito-social-chino-el-sistema-de-puntos-que-ya-se-exporta-a-otras-sociedades.html

371 TURLEY, «Anonymity, Obscurity, And Technology: Reconsidering Privacy...», cit., pág. 2185.

372 BAUMAN, Zygmunt, *Modernidad líquida*, Fondo de Cultura Económica, Buenos Aires, 2004, p. 58.

que la población estaba estrechamente controlada, y la libertad individual no sólo era inexistente, sino que ofendía gravemente a todos los pobladores de ambas distopías. A algo parecido se está llegando, pues la aceptación del sistema de crédito social entre la población china parece buena: Como nos dicen Roberts, Cowls y Morley[373], según una encuesta realizada en China por especialistas occidentales, se detectaron altos niveles de aprobación dentro de la población, aunque ello más por falta de conocimiento de las repercusiones del sistema que por un apoyo explícito. Rettinger[374] precisa que, en un estudio efectuado en 2019, hasta un 80 % de los encuestados aprobaba el sistema de crédito social, y solamente un 1 % lo desaprobaba.

Decía Bauman[375] que el sentimiento de libertad «... implica alcanzar un equilibrio entre los deseos, la imaginación y la capacidad de actuar: nos sentimos libres siempre y cuando nuestra imaginación no exceda nuestros verdaderos deseos y ni una ni los otros sobrepasen nuestra capacidad de actuar. Por lo tanto, el equilibrio puede alcanzarse y conservarse inalterable de dos maneras diferentes: agostando, recortando el deseo y/o la imaginación, o ampliando la capacidad de acción». El sistema de crédito social controla a la población haciendo que recorte sus deseos y los subordine a la necesidad de tener una puntuación alta. Como nos dice Mark Coeckelbergh[376], «asumir que la IA es neutral, y utilizarla sin comprender lo que se está haciendo, contribuye a una general insensatez, y, al final, a la corrupción moral del mundo».

373 Roberts, Cowls, Morley *et al.*, «The Chinese approach to artificial intelligence: an analysis of policy, ethics, and regulation», cit. p. 67.

374 Rettinger, «The Human Rights Implications of China's Social Credit System», cit., p. 12.

375 Bauman, *Modernidad líquida*, cit., p. 22.

376 Coeckelbergh, *AI Ethics*, cit., p. 139.

3

LA INTELIGENCIA ARTIFICIAL Y LA LEY

3.1. El Derecho y la invención del ordenador

3.1.1. Jurimetría e Informática jurídica

El Derecho acompaña necesariamente el nacimiento y desarrollo de toda nueva tecnología, actuando para regular la utilización de la novedad, e intentando evitar los inconvenientes o peligros de la misma, arbitrando medidas de seguridad. Siendo tan importantes o incluso atemorizadores los cambios que traerá la nueva tecnología, como hemos visto en páginas anteriores, la Ley tendrá que intervenir para limar los perjuicios más evidentes de la IA.

Aquí el Derecho y la Ley se colocan en primer plano: Porque cuando se trata de lograr unos comportamientos que consideramos justos e imprescindibles para la cohesión, pervivencia y bienestar sociales, la herramienta adecuada, que utilizamos desde hace milenios, no son las buenas intenciones (que según algunos son de lo que está empedrado el camino al infierno), sino el Derecho, la ciencia o el arte de diferenciar lo justo y lo injusto.

Por esto nos dice el físico e informático González Bedia[377] que los límites que se tendrán que imponer a estas tecnologías deben provenir del ámbito del Derecho y de la legislación: «Ni las industrias contaminantes pueden establecer los límites de emisiones atmosféricas, ni las corporaciones tecnológicas deberían pretender regular sobre los efectos de sus desarrollos. Asumir que los beneficiarios fijan dónde y cómo acaba su responsabilidad y qué perfiles profesionales son los idóneos para su supervisión y control, sería una anomalía. La regulación es lo propio en la gestión de tecnologías complejas como la energía

377 González Bedia, Manuel, «Por una Inteligencia Artificial socialmente guiada», en la *Declaración de Zaragoza: por una deontología en el diseño y la interacción con los sistemas inteligentes*. Alojada en la página web de la Fundación Zaragoza Conocimiento, en: https://www.fundacionzcc.org/estaticos/upload/0/001/1910.pdf, pág. 12.

nuclear, la clonación o los ensayos con nuevos fármacos. Solo con normas legales, se garantizan regímenes de derechos y obligaciones, se genera confianza en la seguridad de dispositivos y aplicaciones, y se establece quién y cómo asumen responsabilidades». Añade el autor que, si bien la autorregulación puede producir buenos resultados en algunos ámbitos, como el periodismo, en cambio su aplicación en otros sectores, como el financiero, ha tenido consecuencias críticas. Confiar el diseño de los límites éticos a la autorregulación de los directamente implicados en la creación de agentes robóticos significa, nos dice este autor, renunciar tanto a la Ética como al Derecho.

En suma, el Derecho va a verse afectado en múltiples aspectos, y falta saber si dichos cambios van a ser absorbidos por cada una de las distintas disciplinas en las que actualmente se divide el estudio del Derecho, integrándolos en el corpus de cada materia, o si van a provocar el nacimiento de una nueva especialización del Derecho, de una nueva disciplina jurídica: esto es algo que se demostrará en los años venideros.

La relación del Derecho con el «cerebro electrónico», primero con la Informática y luego con la IA y con la robótica, comienza con una especialización jurídica denominada *Jurimetrics* que tuvo influencia sobre todo en los Estados Unidos. En España, el filósofo del Derecho Pérez Luño fue pionero en el estudio de la relación del Derecho con la Informática, a través de su obra *Cibernética, Informática y Derecho*, de 1976.

Precisaba Pérez Luño[378] que el inicio de esta corriente tuvo lugar con el artículo titulado *Jurimetrics. The next step forward*, publicado por Lee Loevinger en la *Minnesota Law Review* en 1949. El objeto de la «nueva ciencia jurídica» era para Loevinger la racionalización del Derecho por medio de la aplicación de la metodología simbólica y los métodos cuantitativos de la informática computacional. Las principales áreas de la investigación jurimétrica fueron la documentación jurídica digital, el análisis de sentencias judiciales y previsión de sentencias futuras, y la aplicación de la lógica simbólica para el análisis jurisprudencial.

Señala Barona Vilar[379] que fue el editor de Loevinger, Hans W. Baade, quien le publicó en 1963 la obra *Jurimetrics: the methodology of legal inquiry*,

378 PÉREZ LUÑO, Antonio Enrique, *Cibernética, informática y derecho: (un análisis metodológico,* Bolonia, Real Colegio de España, 1976. También ha incidido en estos estudios Fernando GALINDO AYUDA: «PI DCA, a methodological prototype lo build legal software», *III International Conference on logic, Diritto*, vol. II, Florence, 1989, pp. 419-438; «The legal decision as a political problem. A starting point for a profitable relationship between AI and Law», *AAAI-90, Workshop on AI and Legal Reasoning, Boston* 1990: GALINDO, F., ALBERTOS, E., «The prototype work payment action claim (ARPO), as the first step towards the construction of an aid programme for legal decisions», *DEXA-90 Database and Expert System Aplications*, Viena, 1990, pp. 290-296.

379 BARONA VILAR, Silvia, *Algoritmización del derecho y de la justicia: De la inteligencia artificial a la Smart Justice,* Tirant lo Blanch, Valencia, 2021, p. 367.

sistematizando la jurimetría como análisis lógico del Derecho computable mediante el ordenador. Este análisis computerizado se traduce en Europa (por Mario Losano, concretamente) como *Iuscibernética,* cuyo máximo exponente es el filósofo del Derecho Vittorio Fronsini, de la Universidad de Roma, y que se ubica como instrumento auxiliar del jurista humano. El mismo Hans Baade, nos indica Aguas Valero[380], sostuvo que, mediante la computadora y la aplicación de modelos lógicos a las normas jurídicas, se podría llegar a prever futuras sentencias de los jueces. Aunque sus predicciones no tuvieron demasiado éxito, esto no impidió que el uso de la Jurimetría fuera ganando adeptos, citándose al abogado canadiense Perry Meyer, que matizará lo adelantado por Loevinger años antes ya que, en su opinión, las aplicaciones de este adelanto tecnológico no solo debían circunscribirse al almacenamiento y recuperación de datos legales, y que la nueva ciencia evolucionaría hacia la resolución de asuntos complejos, la mejora de la redacción de textos legales, o incluso podría sugerir reformas legislativas o predecir decisiones judiciales.

Destaca De Asís Pulido[381] que la Jurimetría, en sus orígenes, se limitaba al uso de los computadores y la estadística para la predicción de las decisiones, siendo la justicia predictiva, es decir, averiguar cuál va a ser la respuesta jurídica ante un hecho, su principal meta. Por su parte, Ramón Herrera de las Heras[382] nos advierte que en los años 70 estas investigaciones se extienden, publicándose artículos y trabajos jurídicos referidos al uso de la IA en el campo del Derecho, en particular en los Estados Unidos. Así, Buchanan y Headrick publicaron el conocido trabajo *Some Speculation About Artificial Intelligence and Legal Reasoning*[383] en el que reclamaban «... que el mundo jurídico aprovechase la potencialidad de la inteligencia artificial para su trabajo e investigación, si bien no entraban en temas como la responsabilidad o la propiedad intelectual»; en 1971 la revista *Law Library Journal* publicó un número monográfico sobre el Derecho y las Nuevas Tecnologías en las que ya aparecía la IA. Llano Alonso[384] destaca también al ya mencionado iusfilósofo Mario G. Losano, que publica en 1969 su *Giuscibernetica*.

---

380 AGUAS VALERO, Gerardo, «Explorando la intersección entre la inteligencia artificial y el Derecho: cómo la tecnología está transformando la práctica jurídica», en *Proyecto IASAC Unizar*, Ciencias sociales y jurídicas, http://unidigitaliasac.unizar.es/ficha/la-ai-vista-desde-la-filosofia-del-derecho, p. 3.

381 DE ASÍS PULIDO, Miguel, «La Justicia predictiva: tres posibles usos en la práctica jurídica», *Inteligencia Artificial y Filosofía del Derecho*, Director Fernando H. LLANO ALONSO, Coord. Joaquín GARRIDO MARTÍN, Ramón VALDIVIA JIMÉNEZ, Ediciones Laborum, S.L., Murcia, 2022, pp. 285-312. P. 290.

382 HERRERA DE LAS HERAS, Ramón, *Aspectos legales de la inteligencia artificial: personalidad jurídica de los robots, protección de datos y responsabilidad civil,* Dykinson, 2022, p. 24.

383 . BUCHANAN, Bruce G. & HEADRICK, Thomas E., «Some Speculation About Artificial Intelligence and Legal Reasoning», 23 *Stan. L. Rev*. 40 (1970).

384 LLANO ALONSO, *Homo ex machina...* cit., p. 147.

En España, encontramos un intento de hacer del Derecho una auténtica ciencia *mensurable*, un «Derecho computable», en las teorías del catedrático de Filosofía del Derecho de Santiago de Compostela, José Lois Estévez. Con notable antelación, en 1954 publica su teoría de una consideración científico-matemática del Derecho mediante una epistemología jurídica que se apoya en la formalización del lenguaje jurídico, concretado en proposiciones, de las cuales pueda predicarse su veracidad o falsedad[385]. Una proposición jurídica es una expresión lingüística que compatibiliza conductas, y que se puede interpretar como verdadera o falsa. Ahora bien, la veracidad no es sino la coherencia o correspondencia con el resto del sistema, es decir es una cualidad sintáctica y no semántica[386]. Naturalmente, esta explicación lógico-formal del Derecho que hace Lois casa a la perfección con la lógica simbólica del ordenador, que es una lógica matemática.

Lois reitera en 1977 sus ideas (que en puridad solamente requieren de las reglas lógico-matemáticas), pero unidas a su tratamiento computacional por el ordenador. De hecho, en su exposición incluye árboles decisionales para la solución de problemas jurídicos, y resuelve diversas cuestiones por métodos probabilísticos, tratándolas como funciones matemáticas, con su correspondiente formulación[387]: estamos ante el Derecho programable.

---

385 Lois Estévez, José, *Estudios sobre los fundamentos de una nueva Ciencia jurídica*, Universidad de Santiago de Compostela, Secretariado de publicaciones, Imprenta Moret, Santiago, 1954, pág. 67. Posiblemente la idea la obtiene de su formación matemática, siendo habituales en su obra las citas de matemáticos, lógicos, físicos o filósofos como Peano, Boole, Von Mises (Richard, no Ludwig), Whitehead o Bertrand Russell.

386 Esto lo matiza Lois diciendo que la verdad no es sino «el acuerdo de una proposición... con su fuente adecuada de información», señalando que la fuente adecuada es la originaria y concretando las fuentes jurídicas en las conductas regidas por la norma. Este tratamiento puramente formal de la proposición jurídica como información permitiría —nos dice— que la interpretación de la norma pudiese «mecanizarse hasta el automatismo», entendiendo que la norma es un «operador, un programa de acción apenas esbozado».

387 En concreto en *Nueva versión sobre el Derecho*, Edición del autor, Santiago de Compostela, 1977. En esta obra define el Derecho como un conjunto de «regularidades de conducta compatibilizada que tienen, por su propia naturaleza, un valor normativo intrínseco». Se trata de un empiriocriticismo jurídico desligado de consideraciones metafísicas, que considera la conducta humana como un vector al que le es atribuible un valor numérico, aplicándose las teorías de la probabilidad a la explicación del derecho y su realidad: «... el derecho subjetivo no es otra cosa que la probabilidad —mayor o menor— de que algún título (o títulos) resulte reconocido y respetado por su efecto de evidencia social. Tal probabilidad es estadísticamente evaluable, por referencia al acatamiento social que han merecido hasta el momento situaciones análogas. Como ninguna probabilidad es certeza, bien puede ocurrir que incluso una muy grande falle, a la postre, y no suscite reconocimiento y respeto en el público. Cuando así suceda, el derecho subjetivo sufrirá una crisis. La evidencia social que lo respaldaba entrará en colisión con cualquier evidencia o título antitético y el Juez habrá de decidir sobre la prelación relativa de las pretensiones en pugna. Pero la verdad jurídica, sea cualquiera el contenido de la sentencia, irá indisolublemente ligada a la titulación más probable».

Siguiendo en la doctrina española, encontramos un tratamiento más actual de la materia, ya en un momento en que los ordenadores consolidan su presencia social, en Fernando Galindo, que, con Pilar Lasala[388], señala que la potencialidad de esta tecnología en el campo legal es considerable, y que las propuestas pueden remontarse en el tiempo, citando la de Lasswell, profesor de Derecho en Yale, que en 1955 consideró la posibilidad de sustituir el Tribunal Supremo de EE. UU. «...por un conjunto de robots judiciales que ante casos difíciles decidirían por un voto adoptado por un generador de número aleatorios que dichos robots tendrían incorporado. En el mismo sentido otros como Lawlor (Lawlor, 1963) han sugerido que los ordenadores podrían decidir casos rutinarios, tal y como han mencionado otros autores que han puesto de relieve el ahorro de tiempo y dinero que ello supondría». Dado el carácter político y social del Derecho y su aplicación, propugna Galindo que los sistemas expertos sean una herramienta que ayude al usuario a interpretar una normativa legal, pero sin sustituir a la mente humana. En este sentido, nos recuerda Fernando Galindo[389], desde la Filosofía del Derecho, que la actividad de aplicación de la ley en el ámbito judicial va más allá de la idea positivista de subsunción legal, se realiza sobre la base de la comunicación entre los implicados en el proceso (Ehrlich), mediante mecanismos como la ponderación (Engisch), la empatía (Gadamer), los tópicos (Viehweg), la participación y el consenso (Habermas), modalidades de la cognición humana que la máquina difícilmente puede alcanzar, por lo que no puede sustituir al juzgador humano.

Con formación en programación, Muñoz Soro insiste en el estudio de la aplicación de la Inteligencia artificial al Derecho, obteniendo resultados a partir del tratamiento del lenguaje juridico: «El objetivo último de la modelización o simulación de decisiones jurídicas es su automatización. La automatización consiste, básicamente, en la realización de tareas productivas por las máquinas, intentando reducir al mínimo la intervención humana»[390]. Y en un reciente estudio[391] (con Serrano-Cinca) nos describe la utilización de distintos sistemas de apoyo a la toma de decisiones en el campo legal, como los de búsqueda asistida de antecedentes, los sistemas expertos en calificación de la jurisprudencia usando minería de datos, los sistemas predictivos de delitos y de reiteración de conductas criminales, las herramientas de *Big data* que ayudan al legislador a aprobar leyes apropiadas, prediciendo sus consecuen-

388 GALINDO, Fernando y LASALA, Pilar, «Metodología para el desarrollo de sistemas jurídicos de inteligencia artificial: el prototipo ARPO-2 como ejemplo», *Scire: Representación y organización del conocimiento*, ISSN 1135-3716, Vol. 1, n.º 2, 1995, pág. 79.

389 GALINDO AYUDA, Fernando (2024). «Algorithms, Sociology of Law and Justice». *Journal of Digital Technologies and Law*, 2(1), 34-45. https://doi.org/10.21202/jdtl.2024.3, p. 37.

390 MUÑOZ SORO, José Félix, *Decisión jurídica y sistemas de información*, Servicio de estudios del Colegio de Registradores, Madrid, 2003, pág. 57.

391 MUÑOZ SORO, José Felix, SERRANO CINCA, Carlos, «A model for predicting Court decisions on child custody», *PLOS ONE*, p. 3/21.

cias, y los sistemas predictivos de decisiones de los tribunales. Está minería de datos, nos dice Adela Cortina[392], consiste simplemente en la búsqueda sistemática de regularidades, patrones de comportamiento, en amplias series históricas de datos: una vez hallado el patrón, se puede predecir el comportamiento futuro, pues los humanos somos predecibles.

En contra de la consideración y aceptación de un Derecho automatizado, aplicado mediante algoritmos jurídicos que tienen el poder de decisión (a esto se refería Lawrence Lessig cuando afirmaba «el Código —máquina— es la Ley»), opinan los franceses Marique y Strowel[393] que el Derecho nunca ha sido escrito o pensado desde la perspectiva de la automatización algorítmica: «Producto de debates donde los argumentos racionales y los estudios de impacto se mezclan con las demandas políticas y los necesarios compromisos democráticos, la ley sigue siendo ambigua y no está subordinada a un test de legibilidad por la máquina (en principio no es *machine readable*). Las zonas de incertidumbre jurídica se revelan de forma especial cuando las normas son interpretadas para ser aplicadas a los hechos». Concluyen que el procesamiento algorítmico puede contribuir a la toma de decisiones de jueces o autoridades administrativas, en forma de ayuda a la decisión, pero que quienes ejercen las profesiones jurídicas deben ser muy conscientes de las «trampas» de los algoritmos, deben tener precaución y adoptar una distancia crítica para evitar los sesgos de programación, como señaló Lessig[394].

Frente a esta idea, estima en nuestra doctrina Muñoz Soro[395] que «Se considera que el Derecho constituye un excelente campo de investigación para los ingenieros del conocimiento, nombre que reciben quienes desarrollan sistemas expertos, ya que el razonamiento jurídico se basa en casos y reglas, plasmados generalmente en textos. Además, se utilizan distintas formas de razonamiento como el inductivo, el deductivo y la analogía. Por otra parte, el Derecho aporta un profundo estudio de la forma de razonar que le es propia, realizado a lo largo de los siglos por la Filosofía y la Teoría del Derecho». Y recientemente considera el profesor Solar Cayón que, en realidad, el Derecho mismo puede concebirse como un sistema de inteligencia aplicada a la toma de decisiones, al estar en gran medida basado, como sistema normativo-decisional, en la idea del silogismo deductivo. Señala Solar: «A la vista de esta concepción logicista del razonamiento jurídico, no resulta por tanto extraña la pretensión de automatización de la actividad jurídica. Una pretensión que

392 CORTINA ORTS, ¿Ética *o ideología de la Inteligencia artificial?*, cit., pág. 41.

393 STROWEL, Alain; MARIQUE, Enguerrand. «Gouverner par la loi ou les algorithmes: de la norme générale de comportement au guidage rapproché des conduits», *Dalloz IP/IT*, n.º. 10, págs. 517-521 (2017). En: http://hdl.handle.net/2078.1/188689, consultado el 2019/06/10.

394 En relación a los sesgos o desviaciones de la IA ha tenido gran difusión la obra *Armas de destrucción matemática. Cómo el big data aumenta la desigualdad y amenaza la democracia*, de Cathy O´Neil, Capitán Swing Libros S.L., Madrid, 2017.

395 MUÑOZ SORO, *Decisión jurídica y sistemas de información*, cit., pág 104.

ha ido siempre aneja a los avances de la inteligencia artificial»[396]. Y advierte el autor que, atendiendo a la práctica del Derecho en países avanzados en inteligencia artificial jurídica, como EE. UU., Inglaterra y Canadá, se detectan profundos síntomas de cambio en el mercado de los servicios jurídicos, siendo el ejercicio de la abogacía una de las profesiones que se verán más directamente influidas por las nuevas técnicas de IA. Señala asimismo la creación de programas de IA jurídica que ya actúan como eficaces auxiliares del abogado, o incluso le sustituyen en algunas tareas.

Por ahora la Jurimetría no ha llegado a procedimientos de decisión automatizada, pero sí ha propiciado sistemas automáticos de gestión de la administración de Justicia. Son las famosas TIC, tecnologías de información y comunicación, cuya implantación en los tribunales de Justicia españoles es un hecho desde principios de los años 90. Señala así Barona Vilar[397] que la automatización de trámites del procedimiento judicial en España tiene lugar mediante la implantación de las comunicaciones telemáticas a través del sistema *Lexnet* del Ministerio de Justicia, y la digitalización de los expedientes judiciales o su conversión en los denominados expedientes judiciales electrónicos. Como nos dice la autora, ello ha incorporado una gran cantidad de datos, «que se han ido almacenando a través de las tecnologías del *Big Data*. Además del sistema de gestión de comunicaciones y notificaciones LEXNET se ha venido trabajando con sistemas informáticos de gestión procesal, a través del programa MINERVA, así como el de Registros públicos administrativos de apoyo a la actividad judicial, como el SIRAJ».

El uso de estas tecnologías informáticas se consolida en la Ley 18/2011, de 5 de julio, reguladora del uso de las tecnologías de la información y la comunicación en la Administración de Justicia, ley que se encuadraba en el contexto del *Plan Estratégico de Modernización del Sistema de Justicia 2009-2012*, que implanta el expediente electrónico. Luego, la Ley 39/2015 de 1 de octubre, de procedimiento adminstrativo común de las AA. PP., y la Ley 40/2015 de la misma fecha, de Régimen Jurídico del Sector Público, vienen a introducir la tramitación electrónica en múltiples ámbitos. Posteriormente se ampliarán estos datos sobre la legislación referida a la implantación de sistemas inteligentes en España.

396 Solar Cayón, *La Inteligencia Artificial jurídica*, cit., pág. 14. Y pone Solar Cayón el ejemplo de la aplicación *DoNotPay*, creada mediante la utilización de la plataforma *Neota Logic System* por el británico Joshua Browder, aplicación que se dirige a impugnar automáticamente las multas de aparcamiento en Reino Unido y algunos Estados de la Unión: «Desde su lanzamiento en 2015 ha conseguido la anulación de unas 200.000 multas por un valor superior a 4 millones de dólares (con una tasa de éxito en sus impugnaciones próxima al 65 %). En cuanto al funcionamiento, el programa realiza al usuario una serie de preguntas y, en función de las respuestas de éste, analiza si la multa es o no recurrible». Solar Cayón, *La Inteligencia Artificial jurídica*, cit., pág. 97.

397 Barona Vilar, Silvia, *Algoritmización del derecho y de la justicia: De la inteligencia artificial a la Smart Justice,* Tirant lo Blanch, Valencia, 2021, p. 351.

Todas estas novedades hacen que la doctrina se pregunte si se ha producido el surgimiento, como consecuencia de la evolución de esta Jurimetría, de un nuevo Derecho.

3.1.2. ¿Hacia un CiberDerecho?

En un análisis de la incidencia de la robótica y de la informática en el campo jurídico podemos considerar, con el profesor Petit[398], un enfoque tecnológico-legalista, consistente en ubicar en el sistema legal los diferentes problemas, campos o asuntos afectados por la IA y los robots, analizando cada una de dichas cuestiones según la incidencia que en las mismas tenga la nueva tecnología. Para denominar esta especialización del Derecho, Petit utiliza la expresión *Robolaw*[399], como estudio centrado en las normas externas que gobiernan el funcionamiento de la IA y los robots una vez introducidos en la sociedad, disciplina ésta que es diferente de la ética robótica.

En el ámbito anglosajón predomina la expresión *CyberLaw (CiberDerecho)*. Sobre si esta fuerte o decisiva influencia de la nueva tecnología de la IA es suficiente para crear una nueva disciplina jurídica, existen opiniones encontradas, pero en cualquier caso las realizaciones de la IA dan lugar a que se haya superado el estadio meramente instrumental de la anterior Jurimetría e Informática jurídica.

Llano Alonso[400] trae a colación el estudio de Ugo Pagallo, que parte de una clasificación en tres grupos de las respuestas jurídicas a propósito de la regulación de las criaturas robóticas y su relación con los humanos:

- En primer lugar, los ordenamientos jurídicos en los que se aplican los principios jurídicos tradicionales, sin cambios (por ejemplo, la distinción entre personas y cosas).
- En segundo lugar, la corriente jurídica que pretende crear una nueva disciplina *ex novo*, un Derecho de los robots, «a partir de paradigmas hasta ahora desconocidos y para los que no existe una normativa específica».
- En tercer lugar, la dirección que, a diferencia de la anterior, niega la especificidad jurídica de la robótica y resuelve los problemas jurídicos

398 PETIT, Nicolas, «Law and regulation of artificial intelligence and robots: Conceptual framework and normative implications», *Working paper*, 09 March 2017. Publicado en SSRN: https://ssrn.com/abstract=2931339 or http://dx.doi.org/10.2139/ssrn.2931339. Consulta junio 2019.

399 Como veremos, esta expresión «Robolaw» luego será utilizada para denominar un texto europeo del año 2014.

400 LLANO ALONSO, *Homo ex machina...* cit., p. 126 y 127.

relativos a la robótica dentro de los parámetros de los vigentes ordenamientos jurídicos, eventualmente con las necesarias adaptaciones.

En sentido negativo a un Derecho especial ya se pronunció el norteamericano Joseph Sommer, publicando en el año 2000 un artículo titulado «Contra el CiberDerecho» *(Against Cyberlaw)*[401], en el que manifiesta cómo pocas especializaciones jurídicas vienen definidas por una nueva tecnología, sin que la informática constituya una excepción, y lo mismo puede suceder con la robótica. Esta opinión viene influida por la falta de potencia de la Informática para llegar a constituir un «Derecho informático» o «de Internet», esto pese a que algunos autores han mantenido su especificidad, como Guastavino[402].

Sin embargo, hay una diferencia entre la tecnología robótica y la informática y la tecnología de redes, y es que en el Derecho de Internet la tecnología es el medio en el que actúan las personas, mientras que en la robótica la máquina se constituye como el propio sujeto artificial actuante. En este sentido nos dice el profesor Calo[403]: «La robótica va a ser la próxima tecnología transformadora de nuestro tiempo. Y la robótica tiene un cuadro de cualidades esenciales distinto de Internet... Los robots desarrollan cada vez más conductas emergentes... los robots son considerados como actores sociales más que cualquier otra tecnología anterior en la Historia». Se está refiriendo en autor a la manifestación por los robots de conductas no programadas, «espontáneas» en el sentido de que son seleccionadas por la Inteligencia artificial del robot como las más adecuadas para lograr los fines que se le han señalado. Además, desde el punto de vista de la consideración social, señala Calo que los robots tienen «valencia social», o valor como sujeto en la apreciación de la gente: «...los robots pertenecerían a una categoría ontológica completamente nueva. Las personas no tienden a considerar a los robots humanoides como seres vivos, pero tampoco consideran que sean objetos».

En este sentido, la francesa Nathalie Nevejans[404] se muestra decididamente favorable a esta nueva especialización jurídica, que llama «Derecho de la

---

401 Sommer, Joseph H., «Against Cyberlaw», *Berkeley Technology Law Journal*, Vol. 15, Issue 3, Article 6, September 2000. DOI https://doi.org/10.15779/Z38910H.

402 Guastavino, Elías P., *Responsabilidad civil y otros problemas jurídicos en computación*, Ediciones La Rocca, Buenos Aires, 1987. Señala este autor (pág. 26) que es conveniente distinguir entre una «informática jurídica», con el papel de auxilio en la toma de decisiones jurídicas, y un «Derecho informático», que es «...el conjunto de normas y principios jurídicos que tienen como objeto de regulación a la informática. Las normas legales y reglamentarias constitutivas del Derecho informático son todavía escasas en Argentina y, ordinariamente, los estudios sobre la materia han revelado una marcada orientación hacia la creación de preceptos específicos».

403 Calo, Ryan, «Robotics and the Lessons of Cyberlaw», *California Law Review*, June 2015, vol. 103, Issue 3, pág. 515. DOI http:/dx.doi.org/10.2139/ssrn.2402972.

404 Nevejans, *Traité de Droit et d'Éthique de la Robotique civile*, cit., p. 78.

robótica civil»[405]. Este Derecho no es un Derecho de los robots, del mismo modo que el Derecho aeronáutico no es el Derecho de los aviones. Se muestra contraria la autora a aceptar un «Derecho de los robots» por considerar que éstos no pueden tener derechos ni obligaciones, ni por supuesto personalidad jurídica.

Por el contrario, el también norteamericano Balkin[406] adopta una visión crítica de estas tesis, partiendo de la dificultad de determinar hoy los usos futuros de la tecnología robótica. Advierte que cuando hablamos de las consecuencias de la tecnología estamos en realidad hablando de las consecuencias de las interacciones sociales que se producen con la utilización de dicha tecnología. Estima que los problemas que se suscitan son de dos tipos: el primero, consistente no tanto en tener en cuenta a los robots como vectores creadores de problemas como en determinar la forma en la que los derechos y las responsabilidades de los seres humanos se reorganizan en relación a esta nueva tecnología. El segundo problema, derivado del anterior, viene por lo que denomina «el efecto de sustitución», consistente en que el ser humano va a sustituir con robots y «agentes de IA» a otros seres, humanos, como el caso de los *bots* de conversación con personalidades clonadas, o a seres no humanos, como el caso de los robots-mascota.

Partiendo de estas ideas, opina Balkin[407] que es inevitable que, en la interpretación de los problemas que traerá la robótica, los juristas apliquen las soluciones ya conocidas por las distintas ramas de la ciencia jurídica, sin crear una disciplina nueva. Aunque Balkin desplaza el problema a un futuro más o menos lejano, Calo replica en otro estudio[408] que los robots son ya hoy una realidad y que es preciso dar respuesta jurídica a los problemas que plantean a partir de los pocos materiales y casos existentes: «La historia de los robots y el Derecho está sólo comenzando. Los robots están entrando rápidamente en la vida diaria, y probablemente alterarán el panorama jurídico en aspectos tanto prosaicos como profundos. Pero tenemos que asumir que no partimos de cero. Los robots han formado parte de la sociedad americana desde hace medio siglo. Y como demuestran las páginas precedentes, han generado ya un conjunto de reglas jurídicas que espera su estudio».

405 Opina la autora que hay que estudiar separadamente el «Derecho de la robótica militar», pues tal disciplina debe sujetarse a las leyes de la guerra y al Derecho internacional.

406 Balkin, Jack M., «The Path of Robotics Law», *California Law Review*, vol. 6, Junio 2015, pág. 47: http://scholarship.law.berkeley.edu/clrcircuit/72.

407 Balkin, «The Path of Robotics Law», cit., pág. 52.

408 Calo, Ryan, «Robots in American Law», en *Robotics, Autonomics, and the Law*, Eric Hilgendorf, Uwe Seidel, editors, Nomos Verlag, Baden-Baden, 2017, pág. 108. La idea del autor es que ya existe un núcleo de decisiones, a partir de los textos legales y jurisprudenciales sobre automatismos y mecanismos electrónicos, que es útil y por ahora suficiente para resolver los problemas que se suscitan.

En cuanto a la forma de llevar adelante esta especialización jurídica, opina Ryan Calo[409] que la investigación en la materia tiende a adoptar una de estas formas: la primera, realizar un examen exhaustivo de una tecnología en particular o un determinado problema legal, como drones, automóviles sin conductor, o robots quirúrgicos, o de la incidencia de la robótica en responsabilidad civil o penal, personas jurídicas, representación, propiedad intelectual y privacidad de los datos. La otra forma de investigación analiza el contexto más amplio de las leyes y regulaciones sobre robótica de una manera transversal entre disciplinas jurídicas. Una limitación del primer enfoque es que no nos dice mucho sobre el Derecho de los robots en general, como estudio interdisciplinar, sino que solamente realiza diversos trabajos muy específicos. El problema del segundo enfoque es que, siendo más general, por lo mismo tiende a ser más teórico, y alejado de las cuestiones concretas.

Una postura, también crítica, a tener en cuenta es la sustentada por Nathalie Nevejans[410], que partiendo de la robótica como nueva ciencia propugna que las cuestiones jurídicas que suscita se estudien por un «Derecho civil de la robótica», que no es un Derecho de los robots, como ya se ha dicho. Advierte que el hablar de un Derecho de los robots, aparte de confundir el objeto del mismo, puede llevar a reconocer personalidad y derechos a dichos entes, lo que la autora rechaza frontalmente[411]. Sí que admite Nevejans que la robótica incide en muchos aspectos sociales, tanto en nuestras relaciones con el mundo y las cosas como en las relaciones interpersonales, y los robots van a estar presentes y a modificar tanto unas como otras. Los ámbitos en los que se producirán estos cambios son el del Derecho de contratos, el del Derecho de daños, Derecho del consumo, Derecho del Trabajo, Propiedad intelectual y Derecho Penal. Por este motivo el Derecho civil de la robótica es un estudio transversal, que incide en cada uno de estos nichos.

En el plano de la legislación, actualmente se debate sobre si las normas derivadas de la introducción de la robótica en todos estos ámbitos darán lugar a una nueva Ley, un texto normativo general dedicado a recopilar todas estas respuestas jurídicas, lo que favorecerá que surja un Derecho de la robótica como disciplina jurídica autónoma. La cuestión se plantea en EE. UU., nos cuenta Nevejans, donde los «universalistas» estiman que las normas jurídicas existentes se bastan para cubrir la mayoría de los casos, mientras que los «excepcionalistas» exigen reglas especiales para resolver las cuestiones que plantea la nueva tecnología. Aquí la autora estima que, aun precisándose

409 Calo, Ryan, «Robots in American Law», *University of Washington School of Law — Legal Studies Research Paper No. 2016-04*. Copia electronica accessible en: http://ssrn.com/abstract=2737598. Pág. 33. Consultado el 3 junio 2019.

410 Nevejans, Nathalie, *Traité de Droit et d'Éthique de la Robotique civile*, LEH Éditions, Burdeos, 2017, págs. 78 y ss.

411 De hecho, Nathalie Nevejans es la promotora de la *Carta Abierta a la Comisión europea sobre Inteligencia artificial y Robótica*, muy crítica acerca de la llamada personalidad robótica.

normas específicas para afrontar los nuevos problemas, debe rechazarse la creación de una Ley general que asuma la regulación de todos los aspectos sociales que implica la robótica, y que favorecería el surgimiento de un Ciberderecho. Todo lo más tendremos un Derecho de la robótica plural y heterogéneo, compuesto de normas de muy distinta naturaleza. Sin embargo, los actuales desarrollos europeos parecen contradecir esta idea, con el reciente Reglamento (UE) 2024/1689 de 13 de junio de 2024, por el que se establecen normas armonizadas en materia de inteligencia artificial, que quiere ser una Ley general de la IA.

En dirección opuesta, Woodrow Barfield[412] plantea que en EE. UU. una Ley de principios sobre Inteligencia Artificial no resulta necesaria pues existe un cuerpo suficiente de normas constitucionales y estatutarias, y decisiones judiciales para hacer frente a los problemas que trae la nueva tecnología: «... desde mi punto de vista, las normas estatutarias y las decisiones jurisprudenciales sobre IA representan un cuerpo normativo apto para servir como precedente para resolver los problemas que planteen las máquinas inteligentes». Si bien para complementar a la ley sí que va a ser necesaria cierta actividad legislativa para proporcionar criterios de decisión a los tribunales, especialmente para resolver los problemas que planteen los sistemas autónomos que decidan por sí mismos tras un periodo de aprendizaje-máquina, es decir, que tomen decisiones propias como resultado del *Deep learning* (es decir que son decisiones que no obtienen una aprobación externa).

3.1.3. Sistemas decisionales automáticos: el Robo-juez

En la actualidad la utilización de la IA en el ámbito jurídico tiene lugar sobre todo con fines predictivos. Como señala Muñoz Soro[413], como la fuente primordial de información que utilizan los sistemas predictivos son las decisiones anteriores que, por su naturaleza y la materia de la que tratan, sean afines con la que se intenta predecir, tal forma de operar «encaja perfectamente con la tradición jurídica, en la que los precedentes —la jurisprudencia— han tenido siempre un papel fundamental, aunque distinto según los países». La jurisprudencia tiene un papel decisivo en los sistemas de *common law* como Reino Unido o Estados Unidos, donde el precedente judicial es fuente del Derecho, mientras que en los países de tradición continental la jurisprudencia no es fuente y tiene un papel interpretativo, pero de autoridad si proviene del más alto tribunal.

---

412 Barfield, Woodrow, «Towards a Law of artificial intelligence», *Research Handbook on the Law of Artificial Intelligence,* Woodrow Barfield y Ugo Pagallo, coordinadores, Edward Elgar Publishing, 2018, UK-USA, pág. 36.

413 Muñoz Soro, José Félix, «Justicia predictiva», en *Proyecto IASAC Unizar, Ciencias sociales y jurídicas*, http://unidigitaliasac.unizar.es/ficha/justicia-predictiva, p. 4.

Más allá de la mera predicción, una de las metas que algunos investigadores proponen es el logro del sistema inteligente que sustituya al juez, o que actúe como un consejero imparcial para la toma de decisiones. Esta construcción, señala Fernando Galindo[414], cabe rastrearla en las ideas del racionalismo del siglo XVIII sobre la racional y casi mecánica actuación judicial, que «opina que el juez se limita a ser la boca de la ley. Por lo cual sus partidarios afirman que es posible construir un sistema informático que adopte decisiones lógicas, subsunciones, en forma racional y automáticamente: el juez robot». Y con cita de la profesora Sanchís Crespo[415], nos dice que el juez robot, «sería capaz de decidir de forma similar a como un juez humano lo haría. Es decir, teniendo en cuenta cuáles han sido los datos aportados y probados en el proceso y cuáles son los preceptos jurídicos aplicables, debería ser capaz de construir de forma coherente la decisión a tomar».

Se trataría de implementar un mecanismo completamente imparcial, que evite el sesgo, los prejuicios y los errores, muchas veces inconscientes, esto unido al logro de una eficacia y una celeridad en la toma de decisiones que evitaría los retrasos judiciales. Señala Max Tegmark[416], en base a un estudio israelí, cómo los robojueces podrían eliminar los sesgos humanos más impredecibles: «un controvertido estudio de 2012 sobre los jueces israelíes afirmó que dictaban veredictos bastante más severos cuando tenían hambre: mientras que los jueces denegaban alrededor del 35 % de las peticiones de libertad condicional inmediatamente después del desayuno, esa cifra ascendía hasta el 85 % justo antes del almuerzo». Además, los robojueces no sufren pérdidas de tiempo pues al ser software fácilmente reproducible, cada caso pendiente puede estar gestionado por su propio programa-robojuez, sin perjuicio de que, contando con una base de datos ilimitada (y continuamente actualizada), cada robojuez tendrá todos los recursos técnicos e información para resolver cualquier problema.

¿Cabe la figura del Juez-robot? Opina Sanchís Crespo que, para determinadas tareas, como la selección de datos objetivos, de los necesitados de prueba, o valorar las declaraciones de testigos, estas tareas pueden ser realizadas por un software debidamente entrenado: «la tranquilidad del testigo puede medirse por los latidos de su corazón y por la ausencia de sudoración; la precisión en el testimonio mediante el análisis del lenguaje natural; las contradicciones de igual manera». Es decir, que sí es posible que un software entrenado como juez robot sea capaz de «...hacer una selección objetiva de

---

414 Galindo Ayuda, Fernando, «La Administracion de Justicia, el juez robot y el Derecho», *Revista General de Legislación y Jurisprudencia*, 2024-4, octubre-diciembre, p.

415 Sanchis Crespo, Carolina, «Inteligencia artificial y decisiones judiciales: crónica de una transformación anunciada», *SCIRE. Representación y organización del conocimiento*, Vol. 29, n.º 2, julio-diciembre 2023.

416 Tegmark, *Vida 3.0. Qué significa ser humano en la era de la Inteligencia artificial,* cit., p. 123.

los datos relevantes que conducen a la determinación de los hechos controvertidos en un proceso». Sin embargo, para la determinación del Derecho aplicable, especialmente si se trata de situaciones o normas nuevas, va a ser difícil conseguir «que el juez robot ejecute esta tarea para la que hace falta finura jurídica difícilmente trasladable a la aplicación informática. No decimos que sea imposible pero sí que este es el supuesto más complicado de resolver por la tecnología de IA»[417]. Pero a futuro, estima la autora, hay que esperar que estas dificultades se superen, y que se pueda confiar en una actuación robótica plenamente jurisdiccional.

Concreta así Llano Alonso[418] que la idea del Robo-juez se produce con la segunda ola de la IA, superada la fase en la que los sistemas de IA eran utilizados como instrumentos de apoyo y auxiliares de redacción, y ya dentro de un sistema que aprende por sí mismo, dotado por tanto de *machine learning*. Siguiendo a Richard Susskind, nos dice que, en cuestión de décadas, los sistemas expertos superarán a los jueces en su propio terreno, dictando sentencias razonadas, si bien para la total sustitución del juez humano por el robótico será preciso pasar a una tercera etapa, lo que estima Llano que no tendrá lugar a corto plazo.

Frente a esta idea, y como veremos, la ley (tanto la española como la europea) impone un principio de intervención humana en la toma de decisiones jurisdiccionales, por lo que la aplicación de la IA en la materia sólo puede ser, en principio, instrumental. Lo que se le pide a la IA es que contribuya a una Justicia más eficiente y de calidad, con respeto a los derechos humanos: en definitiva, que ayude a mejorar la Justicia, no que la dicte.

Centrándonos en la ley española, señala Cotino Hueso[419] que tanto nuestra Constitución como nuestras leyes parten de la premisa de que son los seres humanos quienes realizan las funciones jurisdiccionales, y en esta dirección, el Consejo General del Poder Judicial viene a afirmar en su *Informe al Anteproyecto de ley de eficiencia digital del Servicio público de justicia*[420], que por aplicación de principios constitucionales, en lo que se refiere a la labor jurisdiccional se impone lo que se ha dado en llamar una «reserva de humanidad», esto es, delimitar ciertos espacios vedados a la actuación de las IAs. Llano Alonso[421] señala también al art. 9.2 del Real Decreto Legislativo 5/2015, de 30 de octubre, que considera que las potestades administrativas sólo deben ser ejercidas por los empleados públicos (humanos, se entiende);

417 Sanchis Crespo, «Inteligencia artificial y decisiones judiciales...», cit., p. 77.

418 Llano Alonso, *Homo ex machina...* cit., p. 46.

419 Cotino Hueso, Lorenzo, «El uso jurisdiccional de la inteligencia artificial: habilitación legal, garantías necesarias y la supervisión por el CGPJ», *Actualidad Jurídica Iberoamericana* n.º 21, agosto 2024, pp. 494-527.

420 Acuerdo adoptado por el Pleno, de 24 de febrero de 2022, https://www.poderjudicial.es

421 Llano Alonso, *Homo ex machina...* cit., p. 147.

y concreta que la idea de reserva de humanidad se debe al iusfilósofo argentino Ernesto Garzón Valdés.

Fernando Galindo[422] añade, con Maturana y Varela, que los sistemas no son capaces de realizar tareas propias de la inteligencia humana, cuando están orientadas hacia «la comprensión y la reflexión atendiendo a valores, sentidos, criterios, perspectivas vitales o puntos de vista adquiridos y construidos mediante el proceso de participación o autopoiesis propio del conocimiento y la acción de los seres vivos», como es el caso en la decisión judicial. También González Ordovás[423] se muestra contraria a esta aplicación algorítmica del Derecho, sustentando la idea de que la IA *traiciona* al Derecho, porque, primero, lo simplifica y falsea; segundo, lo opaca, y dado el efecto de caja negra no es posible conocer ni el cómo ni el porqué de las decisiones que adopta; tercero, lo fosiliza, al partir de datos del pasado sin posibilidad de innovación, y cuarto, lo debilita, pues genera una dependencia «que debilita la capacidad de decisión del hombre y, como consecuencia, al Derecho mismo pues éste no es un dato sino una acción».

Recoge Coca Payeras[424] las palabras de la Comisaria Europea de Justicia, Consumidores e Igualdad de Género, la checa Věra Jourová, que, con ocasión de la Resolución de 16 de febrero de 2017, manifestaba: «Por supuesto, los sistemas de inteligencia artificial nunca reemplazarán completamente al juez como órgano decisorio en los procesos judiciales. Llegar a ese punto suscitaría interrogantes acerca de los principios fundamentales del Derecho, como el Estado de Derecho. No obstante, deberíamos pensar en cómo podríamos ayudar a los jueces y profesionales del Derecho. Esta es una cuestión que deberíamos estar debatiendo tanto a nivel nacional como a nivel europeo». Por tanto, la IA en materia de Justicia se reserva un papel auxiliar y no decisorio.

La reciente y fundamental Ley de la IA, Reglamento (UE) 2024/1689 de 13 de junio de 2024, por el que se establecen normas armonizadas en materia de inteligencia artificial, tiene algo que decir al respecto, y en concreto vemos que califica en el art. 6.2 como de «alto riesgo» a los sistemas de IA del Anexo III destinados a la administración de justicia, y en particular los destinados a ser utilizados por una autoridad judicial para ayudar *en la investigación e interpretación de hechos y de la ley, así como en la garantía del cumplimiento del Derecho a un conjunto concreto de hechos, o a ser utilizados de forma similar en una resolución alternativa de litigios*. El Considerando 61 de esta

---

422 Galindo Ayuda, «La Administracion de Justicia, el juez robot y el derecho», *op. cit.*

423 González Ordovás, M.ª José, «Homo iuridicus o inteligencia artificial: Un dilema de la sociedad digital», p. 15, en Proyecto IASAC Unizar, Ciencias sociales y jurídicas, en: http://unidigitaliasac.unizar.es/ficha/homo-iuridicus-o-inteligencia-artificial-un-dilema-de-la-sociedad-digital

424 Coca Payeras, «Las iniciativas de la Unión europea sobre inteligencia artificial...», cit., p. 14.

Ley lo deja muy claro, sólo cabe una utilización instrumental de bajo nivel no sustitutiva de la decisión humana: *La utilización de herramientas de IA puede apoyar el poder de decisión de los jueces o la independencia judicial, pero no debe substituirlas: la toma de decisiones finales debe seguir siendo una actividad humana. No obstante, la clasificación de los sistemas de IA como de alto riesgo no debe hacerse extensiva a los sistemas de IA destinados a actividades administrativas meramente accesorias que no afectan a la administración de justicia propiamente dicha en casos concretos, como la anonimización o seudonimización de resoluciones judiciales, documentos o datos, la comunicación entre los miembros del personal o las tareas administrativas*.

Frente a este principio de protagonismo humano, Cotino Hueso valora no obstante el papel auxiliar, o incluso asesor, de los sistemas inteligentes en la Administración de Justicia, entendiendo que hay funciones jurisdiccionales que pueden realizarse mediante sistemas de IA. En este sentido, y como señala el magistrado Manuel Marchena[425], la implantación de sistemas inteligentes en la Justicia ya es un hecho. Se usan como asesores legales, así en Holanda una guía legal para la separación matrimonial, el programa *Case Francia Alfa*, desarrollado por estudiantes de la Universidad de Cambridge (EE. UU.) para predecir decisiones en materia de indemnización de daños, el programa *Coin-Contract Intelligence* para la interpretación contractual o el sistema KIRA para detectar cláusulas abusivas en los contratos. Pero también para decidir reclamaciones de (relativa) poca importancia, así una aplicación británica que permite formalizar y resolver reclamaciones civiles; en Estonia, una aplicación permite la reclamación telemática para la resolución de conflictos contractuales no superiores a 7.000 euros.

China es un caso aparte, existe el Libro blanco de la Corte Suprema de China *(Chinese Courts and Internet Judiciary)*, con los «jueces-robot», que, como nos cuenta De Asís Pulido[426], ya funcionan en ese país, si bien todavía en funciones de apoyo y dejando la decisión final al juez humano, como el programa Xiao Zhi, en la Corte Suprema Popular de China: «... esta máquina organiza los eventos del proceso, analiza la presentación de los casos en lo relativo a su admisibilidad, resume los puntos en los que las partes están en desacuerdo, ayuda en la evaluación de las pruebas y crea propuestas de resoluciones judiciales (Chen/Li, 2020, 15)».

Fernando Galindo[427] nos habla de sistemas predictivos de asesoramiento en la Justicia norteamericana que informan sobre: «a) las sentencias habidas

---

425 Marchena Gómez, Manuel, «Inteligencia Artificial y Jurisdicción Penal», Ponencia para su ingreso en la Real Academia de Doctores de España, 26 octubre 2022, p. 7.

426 González Tapia, M.ª Isabel, «Protección penal de los neuroderechos: el uso directo de las neurotecnologías sobre el ser humano», *Inteligencia Artificial y Filosofía del Derecho*, Ediciones Laborum, Murcia, 2022, p. 328.

427 Galindo Ayuda, «La Administracion de Justicia, el juez robot y el derecho», cit., p.

en un determinado lugar sobre asuntos similares; b) el contenido posible de la resolución, si el juez que va a decidir sobre el asunto concreto ha resuelto casos similares anteriores; c) las posibles alegaciones del abogado de la otra parte...; d) el tiempo promedio de duración de la obtención de la resolución en casos similares».

3.1.4. El Derecho y la IA en España

En España se detecta, además, una situación de urgencia que hace necesaria este auxilio de los sistemas al juzgador, pues como dice Galindo[428], en nuestro país la Administración de Justicia está en crisis de eficiencia desde hace años, como se constata por las estadísticas del Consejo General del Poder Judicial, expuestas en las *Memorias* anuales, al observarse en ellas el continuo incremento del número de los asuntos judiciales en trámite y del índice de litigiosidad. Por este motivo, la digitalización aparece como una tarea necesaria para mejorar la eficiencia de la Justicia. Existen, como destaca Aguas Valero[429], algunas plataformas y bases de datos de ayuda, desde la simple base de datos de jurisprudencia pública CENDOJ, del Poder Judicial, a las bases privadas como *Laleydigital, Lefebvre el derecho, Vlex, Cronus Jurídico, Tirant on line*, que proporcionan más utilidades, o la aplicación *Jurimetría*, de Wolters Kluwer, ya con predictibilidad de los resultados. Galindo destaca el programa *Jurimetría* desarrollado por la plataforma La Ley en colaboración con Google, que realiza asesoramiento predictivo sobre jurisprudencia, argumentación y perfil del juzgador, o la IA *Juristo*. Muñoz Soro, Del Hoyo, Montañés y Lacueva[430] implementan una aplicación para dilucidar los requerimientos, argumentos y decisiones de los tribunales sobre custodia compartida, más para el asesoramiento de abogados en las estrategias a utilizar que para sustituir la labor del juzgador, aunque tampoco se excluye, Dicha aplicación utiliza la tecnología de redes neuronales, puesto que una vez que están correctamente entrenadas, «llevan a cabo un análisis más exhaustivo y aplican los criterios de manera más uniforme que los anotadores humanos... Otra razón es que han demostrado ser capaces de identificar conceptos incluso cuando son mencionados en el texto con diferentes expresiones».

Por su parte, el Comité Técnico Estatal de la Administración Judicial Electrónica (CTEAJE), ha aprobado una *Política de Uso de la Inteligencia Artificial*

---

428 Galindo Ayuda, «La Administracion de Justicia, el juez robot y el derecho», cit., p.

429 Aguas Valero, «Explorando la intersección entre la inteligencia artificial y el Derecho...», cit., p. 10.

430 Muñoz Soro, José Félix, del Hoyo Alonso, Rafael, Montañés, Rosa y Lacueva, Francisco, «A neural network to identify requests, decisions and arguments in Court rulings on custody», *Artificial Intelligence and Law*, publicado online 09 enero 2024, http

en la Administración de Justicia, informe de junio 2024[431] en el que se fija «una serie de criterios mínimos con la finalidad de asegurar un uso responsable, legal y ético de la Inteligencia Artificial en el ámbito de la Administración de Justicia». Se mantiene el principio de reserva de humanidad, señalando entre sus Principios básicos que la IA «nunca debe reemplazar la toma de decisiones humanas en cuestiones cruciales de la Administración de Justicia. Es fundamental que los sistemas de IA se utilicen como herramientas para ayudar a los profesionales del derecho en sus funciones, pero la responsabilidad final de tomar decisiones legales debe recaer en jueces y magistrados».

En España, se muestra decididamente a favor de un Derecho dedicado a los robots Barrio Andrés[432], que en base al análisis jurídico de autores norteamericanos como Ryan Calo, estima que los problemas derivados del uso de robots deben enmarcarse dentro de una nueva rama jurídica autónoma, el Derecho de los robots *(Robot Law)*, diferenciado del Derecho de Internet, y «...que a la vez adapte el Derecho general ... y, en la medida de lo necesario, genere un Derecho nuevo como ya está sucediendo en los Estados Unidos al hilo del uso doméstico de drones y coches sin conductor, por ejemplo».

Coordina este autor la edición de un *Derecho de los robots*[433], y en su intervención en la obra, se ocupa de describir el trayecto hacia este Derecho, cuya principal razón de ser está en brindar un marco de reglas jurídicas que pueda conferir certeza respecto de los deberes y de las responsabilidades «...de los actores involucrados en el proceso de innovación robótica. En este sentido, la demanda de regulación clara y cierta proviene de los mismos operadores del sector, quienes requieren adaptar sus estrategias, y programas de investigación y de inversión, a la misma. Pero, por otro lado, el Derecho de los Robots debe garantizar una regulación avanzada que pueda impulsar el desarrollo de la robótica en un entorno que respete los valores propios del ordenamiento jurídico europeo», en especial, respeto a los derechos fundamentales consagrados en la Carta de los Derechos Fundamentales de la Unión Europea y en el Convenio Europeo para la Protección de los Derechos Humanos y de las Libertades Fundamentales. El objeto de este Derecho de los robots sería doble; distribuir los derechos y las responsabilidades que surgen de las acciones de los seres no humanos, y regular el impacto social en la vertiente de la sustitución de seres humanos por robots y sistemas de inteligencia artificial.

---

431 https://www.administraciondejusticia.gob.es/documents/7557301/7558184/CTEA-JE-NOR-Politica+de+uso+de+la+IA+en+la+AJ+v1.0.pdf/ddc0eda1-950b-e926-b367-be511b16f2f9?t=1721386535984

432 Barrio Andrés, «Hacia una personalidad electrónica para los robots», cit., págs. 106 y 107.

433 Barrio Andrés, Moisés, «Del derecho de internet al derecho de los robots», en Derecho de los robots, Moisés Barrio Andrés (dir.), Wolters Kluwer, 2018, págs. 83 y ss.

También recientemente Núñez Zorrilla[434], afirma la necesidad de una rama jurídica autónoma, un «Derecho de los robots» que discipline las interacciones entre robots y seres humanos. Estima que el Derecho debe crear un marco de referencia para posibilitar el desarrollo de la tecnología robótica pero también el respeto y protección a la dignidad humana: «Debe trabajarse en la creación de un régimen jurídico propio y específico que garantice el progreso tecnológico y que al mismo tiempo refuerce el libre desarrollo de la personalidad y los derechos fundamentales, al tiempo que impida que la tecnología se convierta en una vía para hacer a las personas menos humanas y más pasivas, con una autonomía reducida, con una dependencia creciente». Específicamente nos advierte que hay que evitar la subordinación y dependencia de las máquinas inteligentes, que pueden llegar a privarnos de libertad.

El juez Ercilla García[435], por su parte, propugna la creación de un *Corpus Iuris Robótico*, como corolario de la conformación de una personalidad jurídica específica para robots (como veremos más adelante), así como la atribución a los mismos de responsabilidad por daños. Estima este autor que partiendo del utilitarismo de Puffendorf es preciso, a imagen del *Corpus iuris* justinianeo, elaborar un Corpus sistemático, una legislación específica para robots. Estaríamos ante un «neoderecho», que aunaría las proposiciones lógicas de los lenguajes de programación con los imperativos lógicos kantianos (principios de Beneficencia, No maleficencia, Autonomía y Justicia) y los principios y reglas jurídicas expresados a través de proposiciones lógicas, de la llamada «lógica deóntica», o normativa.

Por su parte Suñé Llinás[436] reclama con decisión la denominación de «Derecho informático» para las aplicaciones de la IA al mundo jurídico. Apoya la configuración de una IA que funcione hoy por hoy como sistema experto auxiliar de la decisión humana, una Informática Decisional Jurídica. Es decir, reduce el papel de la IA a un mero ayudante del jurista. Barona Vilar[437], por su parte, da cuenta de la existencia de herramientas inteligentes que están pasando de ser meros auxiliares a gestionar y redactar la argumentación jurídica: «la sofisticación algorítmica ha irrumpido en los despachos de abogados, inundando el mercado jurídico de nuevos artefactos… que han venido a ofrecer mucho más que el mero apoyo inicial. Se ofrecen brazos algorítmicos que obtienen, analizan y criban información y que poco a poco van dando

---

434 Núñez Zorrilla, M.ª Carmen, *Inteligencia artificial y responsabilidad civil*, Reus editorial, Madrid, 2019, pág. 21.

435 Ercilla, García, Javier, *Normas de Derecho civil y robótica. Robots inteligentes, Personalidad jurídica, Responsabilidad civil y Regulación*, Thomson Reuters Aranzadi, Cizur Menor, 2018, pág. 132.

436 Suñé Llinás, Emilio, *Derecho e Inteligencia Artificial. De la robótica a lo posthumano,* Tirant lo Blanch, Ciudad de Méjico, 2020, pág. 46.

437 Barona Vilar, Silvia, *Algoritmización del derecho y de la justicia: De la inteligencia artificial a la Smart Justice,* Tirant lo Blanch, Valencia, 2021, p. 360.

soluciones jurídicas ...Y a ello se ha unido la aparición de los sistemas jurimétricos, una suerte de análisis lógico del derecho a fin de aplicar a las normas jurídicas modelos derivados de la lógica, el uso del ordenador en la actividad jurídica y la previsión de sentencias futuras».

La tarea a realizar en este nuevo Derecho es extensa, pues como dice Herrera de las Heras[438], «es necesario llevar a cabo una serie de reformas legales a nivel internacional y nacional para poder aportar seguridad jurídica tanto a los operadores como a los ciudadanos». Advierte el autor de la necesidad de compatibilizar los avances de la IA con la defensa de los derechos y la seguridad de los ciudadanos, lo que lleva a la creación de una nueva legislación que dé respuesta a cuestiones complejas como la responsabilidad civil o la defensa de la privacidad, y otros muchos aspectos que se verán directamente afectados por los avances en esta materia.

Con todo, la respuesta a si va a existir una rama jurídica dedicada a la IA no resulta fácil, pues siendo tan importantes los cambios que traerá la tecnología inteligente, el Derecho va a resultar afectado en múltiples puntos de su geografía dogmática y docente, y falta saber si dichos cambios van a ser absorbidos por cada una de las distintas disciplinas en las que actualmente se divide el estudio del Derecho, integrándolos en el *corpus* de cada materia, o si van a provocar el nacimiento de una nueva especialización del Derecho, de una nueva disciplina jurídica. En definitiva, esto es algo que se demostrará en los años venideros.

La cuestión se halla por tanto abierta, sin que hoy por hoy podamos dar una respuesta segura. Sí que cabe hacer, no obstante, alguna precisión terminológica. La denominación propuesta por Nevejans, este «Derecho civil de la robótica», parece dejar de lado el carácter verdaderamente importante de la nueva tecnología, como es el que los artefactos verdaderamente robóticos se hallan provistos de inteligencia artificial, y que por lo tanto toman decisiones propias. Volviendo al robot actual, su capacidad de adaptación al medio y toma de decisiones propias nos demuestra que estamos ante un auténtico organismo cibernético. Sin embargo, advierte Nevejans, la Cibernética, que como se vio precede a la actual ciencia de la Inteligencia artificial, pierde importancia tras la muerte de Wiener, en 1964. En realidad, lo que ha ocurrido es una asimilación de dicha disciplina dentro de la más específica de la Programación informática, puesto que la interacción entre el humano y la máquina se ha concretado en el ordenador, más que en el robot androide. De hecho, el segundo lenguaje de programación de ordenadores, el LISP, fue diseñado por el padre de la Inteligencia artificial, John McCarthy, para programar conductas inteligentes en las máquinas. Y nos señala Martin[439]

438 Herrera de las Heras, *Aspectos legales de la inteligencia artificial...* cit., p. 26.

439 Martin, A., *La cybernetique: entre reconnaissance et oubli d'un paradigme societal....* cit. pág. 47.

que la cibernética se desarrolló desde 1942 hasta 1956, siendo olvidada en la década de 1960 para volviendo a la actualidad 30 años después con el desarrollo de la informática.

En cualquier caso, la ciencia relevante, como se ha considerado, no es la de la construcción del robot, sino la de la teorización sobre su conducta y la comunicación con el mismo para la obtención de resultados, es decir, la Cibernética. Por ello el término anglosajón *Cyberlaw* resulta más ajustado a la descripción de un Derecho que se ocupe de la incidencia de la Inteligencia artificial en el ámbito del Derecho, término que podemos traducir por *Cibernética jurídica* o —en el ámbito hispano—, *Ciberderecho*. Contribuyen a la posibilidad de una especialización jurídico-robótica los desarrollos jurídicos europeos en la materia, que veremos más adelante.

3.1.5. La IA y su aplicación a las tareas jurídicas: Ámbitos de aplicación y problemas

El devenir de los avances científicos ha englobado esta *Jurimetría* de hace 50 años en la simple Informática Jurídica, siendo superada por el siguiente avance científico, consistente en la aplicación de la inteligencia artificial al tratamiento de los datos y resolución de cuestiones jurídicas. Como señala Casanovas[440], la «IA&D» (Inteligencia artificial y Derecho) se desarrolla con el nacimiento de las grandes bases jurídicas de datos de los años setenta y ochenta: «En los años sesenta, este campo se denominó Jurimetría. En los años setenta y ochenta empezó a ser conocido como informática jurídica. Las técnicas de IA han ocupado desde entonces una posición central en su desarrollo (Sartor, 1990), como recogen también los manuales más recientes». Sin embargo, añade el autor, además de la documentación y las bases de datos, la IA jurídica también se centró en los problemas planteados por la modelación del conocimiento, los conceptos, la argumentación y el razonamiento jurídicos, empezando por su contenido, forma y representación.

Con esta base en la informática, la IA jurídica surge, como nos dice Max Tegmark[441], para mejorar nuestros sistemas legales y de gobernanza, con especial aplicación en los procesos judiciales: «Puesto que el proceso legal puede entenderse de manera abstracta como una computación que recibe como información de entrada las evidencias y las leyes y devuelve una decisión, algunos expertos sueñan con automatizarlo por completo mediante robojueces: sistemas de IA que aplican incansablemente los mismos elevados estándares legales a cualquier sentencia sin sucumbir a errores humanos como sesgos, fatiga o carencia del conocimiento más actualizado».

440 CASANOVAS, Pompeu, «Inteligencia Artificial y Derecho a vuelapluma», *Teoría y Derecho: revista de pensamiento jurídico*, n.º 7, 2010, pág. 205.

441 TEGMARK, *Vida 3.0. Qué significa ser humano en la era de la Inteligencia artificial,* cit., p. 122.

Como ya se ha dicho, el Derecho acompaña siempre al nacimiento y desarrollo de toda nueva tecnología. En el caso de la IA, como avanza Di Matteo[442], dada la aceleración de esta nueva tecnología, la respuesta legal siempre irá retrasada, pero en algún momento la ley tendrá que adquirir visión de futuro para anticipar y prevenir los peligros de la IA futura. Señala el autor algunas reglas generales que ya se pueden adoptar, como que la toma de decisiones de la IA no debe ser totalmente autónoma y debe permitir la intervención humana. Opina que conceptos legales y éticos actuales, como los de capacidad, autonomía, equidad, contrato, la propiedad, la propiedad intelectual y la confianza son lo suficientemente flexibles «...para regular el abuso en las primeras etapas del desarrollo. En algún momento será necesario crear una regulación especializada, que incluirá el uso de tecnologías de diseño para garantizar el cumplimiento de la ley. En el nivel ético, la sociedad debería tomar decisiones normativas, evaluaciones de cuándo la eficiencia pura del avance tecnológico debe ceder ante la calidad de vida humana y comunitaria». Concluye que cualquier solución a los peligros futuros que presente la superinteligencia debe ser fruto de un proceso interdisciplinario que incluya el aporte de los responsables políticos, tecnólogos, especialistas en ética y juristas. En definitiva, no olvidar nunca el enfoque humano, que recordemos que será siempre totalmente ajeno a la máquina.

Por su parte, señala Navas Navarro[443] que la Inteligencia artificial aplicada al Derecho produce llamativos resultados, pues aunque sólo tengan un papel auxiliar, los programas informáticos o «sistemas expertos» pueden tener aplicación en la automatización de tareas jurídicas, como el análisis de información, predicción, generación de argumentos, redacción de documentos contractuales, informes o memoranda, planificación de tareas en los despachos y juzgados, aplicación de técnicas automatizadas de solución alternativa de conflictos, negociación de contratos y contratación mediante programas informáticos (bots) inteligentes. Nos señala Bueso Guillén[444] que la IA jurídica es una herramienta que se dirige sobre todo a procurar el cumplimiento estricto de las normas o *compliance*, y se concreta en soluciones o herramientas denominadas de «tecnología jurídica» o *LegalTech* (del inglés *legal technology*). Con esta expresión quiere hacerse referencia a diversas soluciones tecnológicas que permiten automatizar un servicio jurídico, «sea al nivel del apoyo (el documento), del proceso (el procedimiento) o de la relación con los profesionales del Derecho».

---

442 Di Matteo, «Artificial Intelligence. The Promise of Disruption», *The Cambridge Handbook of Artificial Intelligence, global perspectives on law and ethics*. cit., p. 4.

443 Navas Navarro, Susana, «Derecho e inteligencia artificial desde el diseño. Aproximaciones», *Inteligencia artificial. Tecnología. Derecho*, VV. AA., Tirant lo Blanch, 2017, págs. 28 y ss.

444 Bueso Guillén, Pedro-José, «Herramientas de ayuda para el compliance», p. 6, en Proyecto IASAC Unizar, Ciencias sociales y jurídicas, en: http://unidigitaliasac.unizar.es/ficha/herramientas-de-ayuda-para-el-compliance

Como aplicaciones actuales y concretas de la IA al campo de la práctica del Derecho, especialmente en la abogacía, destaca Solar Cayón[445]: la *Legal research*, que se ocupa de la recuperación de textos (legales, judiciales, doctrinales) para la documentación, investigación y argumentación jurídicas; la *Legal analytics*, análisis jurídico consistente en la extracción de conceptos de los textos para detectar patrones de comportamiento de los juristas ante determinados argumentos, frecuencia del uso de dichos argumentos y éxito de su alegación, con el objeto de la adopción de estrategias; esto aplicado sobre todo al análisis predictivo de sentencias y decisiones administrativas. Finalmente, la *Question answering*, aplicación que proporciona respuestas jurídicas en lenguaje natural. Se apoya en el sistema de IA «Watson», de IBM, y ha adquirido desarrollo en la aplicación ROSS.

Por su parte, Bueso Guillén nos da las siguientes modalidades principales de aplicaciones *LegalTech*, a saber: los productos de asesoramiento legal automatizado de carácter general «*(automated legal advice products)*; *marketplaces* o plataformas de encuentro entre clientes y abogados; empresas de externalización del trabajo jurídico para los despachos y departamentos jurídicos *(legal process outsourcing)*; automatización documental; herramientas de *e-Discovery* y revisión de documentos; análisis predictivo de casos; y plataformas *e-Learning*».

Yendo a las distintas especialidades del Derecho, Herrera de las Heras[446] señala que los ámbitos más afectados por la nueva tecnología serán los del Derecho laboral o del trabajo, el Derecho tributario y el civil; en particular, para este último, los aspectos que se verán más afectados van a ser los de los daños causados por la IA y su consiguiente responsabilidad civil, la protección de la privacidad frente a estas técnicas tan invasivas, la protección de los consumidores y usuarios o la defensa frente a los productos defectuosos.

Otra cuestión jurídica civil será la de la atribución o no de una personalidad a los robots y sistemas inteligentes, cuestión que en realidad aparece relacionada con la responsabilidad, como veremos, y que el mismo Herrera extiende a los ámbitos del Derecho laboral y del tributario, planteando si los robots pudieran ser considerados trabajadores y si se les debiera gravar con algún tipo de impuesto: «... algunos autores han llegado incluso a plantear propuestas sobre la inclusión o modificación de tipos impositivos concretos. Así, Segura Alastrué llega a preguntarse si un impuesto sobre los robots debe incluirse en "el ámbito de la tributación sobre las personas jurídicas o se trasladaría al Impuesto sobre la Renta de las Personas Físicas, dado que sustituiría al gravamen de un trabajador"»[447].

445 Solar Cayón, José Ignacio, *La Inteligencia Artificial jurídica*, Thomson Reuters Aranzadi, Cizur Menor, 2019, págs. 107 y ss.

446 Herrera de las Heras, *Aspectos legales de la inteligencia artificial...* cit., p. 26.

447 Herrera de las Heras, *Aspectos legales de la inteligencia artificial...* cit., p. 37.

Recapitulando, como cuestiones suscitadas por la nueva tecnología tenemos:

— En Derecho civil, la incidencia de la IA se advierte en ámbitos como el de la subjetividad, capacidad y personalidad jurídicas, en el que quieren aparecer los robots como nuevos sujetos o agentes en la vida jurídica, y relacionado con ello, el de la responsabilidad civil por daños[448]. También el ámbito de las propiedades intelectual e industrial, en el que aparecen nuevos autores e inventores no humanos, o el de los derechos al honor, intimidad personal y familiar, y otros derechos fundamentales como el de la libertad de opinión e información, en los que la IA produce alteraciones que desafían a la ciencia jurídica.

Las cuestiones de responsabilidad contractual y extracontractual pueden aparecer en la utilización de robots y sistemas inteligentes, daños causados por vehículos autodirigidos y drones, asimismo el ámbito de la salud y la medicina, donde habrá sistemas expertos para la reparación del movimiento, el habla o la audición de las personas, sistemas de cirugía asistida, sistemas ortopédicos inteligentes, etc. También, protección del consumidor, estimando a las máquinas inteligentes como productos que eventualmente pueden ser defectuosos o prestar mal servicio; por lo que se refiere a protección de la privacidad, la materia se relaciona con la Protección de datos y la privacidad, y aquí puede incidir el Derecho constitucional, en cuanto que los derechos que se puedan ver afectados son derechos fundamentales.

En cuanto a personalidad jurídica, pese a lo que se dijo desde la archiconocida Resolución UE de 16 de febrero de 2017, y su tan repetida personalidad electrónica para robots, cuestión que se estudiará también más adelante, no creo que venga por la concesión de una personalidad a estos entes, siquiera sea para gestionar su responsabilidad. Son máquinas, y aunque realizan tareas inteligentes, su inteligencia no es humana, y cometeremos un grave error si nos confundimos en este punto. Puede incidir en el asunto la Filosofía del Derecho, o simplemente la Ética.

448 El penalista Romeo Casabona se ha ocupado de un tema estrechamente relacionado con éste, como es el de la responsabilidad penal de robots. Su aceptación exigiría el cambio hacia un concepto funcional de culpabilidad, similar al de las personas jurídicas, que, reconociendo cierta personalidad en los robots dotados de libertad de elección, permitiera el concepto de «robot culpable». Apunta también el autor que en tales casos la pena por el delito no cumpliría ningún fin de prevención, ni siquiera especial, pues lo que podría prevenir la reincidencia del robot no es la pena, sino la reprogramación. Este es además el principal argumento de quienes niegan la responsabilidad penal a los robots: aunque tengan una plena autonomía decisoria, fruto de la autoprogramación que les permite el Deep learning, carecen de conciencia y por lo tanto no pueden sentir culpa. Romeo Casabona, Carlos María, «La discusión sobre la atribución de responsabilidad penal a sistemas de inteligencia artificial, en particular a sistemas autónomos», *Derecho penal, ciberseguridad, ciberdelitos e inteligencia artificial*, Vol. II: IA y responsabilidad penal, Editorial Comares, Granada, 2023, pp. 57-81. Pp. 71-74.

— Derecho procesal y procedimiento. El carácter de ordenación sucesiva de actos reglamentados que tiene todo proceso le hace especialmente apto para su gestión mediante un algoritmo inteligente. Señala así Cotino Hueso[449] que ya el «principio de orientación al dato», que aparece en la Exposición de Motivos y en la letra j) del artículo 35 del Real Decreto-ley 6/2023, se vincula a *la producción de actuaciones judiciales y procesales automatizadas, asistidas y proactivas, de conformidad con la ley*. Nos señala este autor que las utilizaciones a las que se refiere además este artículo son las de «c) La búsqueda y análisis de datos y documentos para fines jurisdiccionales y organizativos» e «intercambios masivos» de datos. La letra k) de este art. 35 nos habla de la IA con fines «de apoyo a la función jurisdiccional, a la tramitación, en su caso, de procedimientos judiciales», y el CGPJ alertaba que esta referencia al uso de IA en la letra k), «puede entenderse como una habilitación en blanco», más allá de las más concretas previsiones de actuaciones automatizadas.

En esta línea se encuentra la autorización legal para el uso de sistemas inteligentes que hay en el *Anteproyecto de Ley de Eficiencia digital del Servicio público de justicia, por la que se transpone al ordenamiento jurídico español la Directiva (UE) 2019/1151,* si bien ésta trata de ser matizada por el Consejo General del Poder Judicial en su *Informe*[450] a dicho Anteproyecto. En este Informe insiste el CGPJ en que las actuaciones automatizadas se produzcan siempre «sin prejuicio de la dirección del proceso que corresponde a Jueces y Magistrados, que podrán establecer las instrucciones pertinentes sobre su uso o deshabilitación».

— Derecho penal y Criminología. Señala Dolz Lago que la *Resolución del Parlamento Europeo de 6 octubre 2021 sobre Inteligencia Artificial y su utilización por autoridades policiales y judiciales en asuntos penales* plantea la utilización de sistemas inteligentes por las autoridades policiales para distintas labores de vigilancia. Entre estos sistemas se citan el de identificación biométrica mediante reconocimiento facial, o el reconocimiento automático de matrículas, pero también la identificación por voz, el reconocimiento del habla, las tecnologías de lectura de labios, y la vigilancia auditiva. Hay más: «...la investigación y el análisis autónomo de bases de datos identificadas, la predicción (actuación policial predictiva y análisis de puntos críticos de delincuencia), los instrumentos de detección del comportamiento, las herra-

449 Cotino Hueso, Lorenzo, «El uso jurisdiccional de la inteligencia artificial: habilitación legal, garantías necesarias y la supervisión por el CGPJ», *Actualidad Jurídica Iberoamericana,* n.° 21, agosto 2024, pp. 494-527., p. 502.

450 https://www.poderjudicial.es/cgpj/es/Poder-Judicial/Consejo-General-del-Poder-Judicial/Actividad-del-CGPJ/Informes/Informe-al-anteproyecto-de-Ley-de-Eficiencia-Digital-del-Servicio-Publico-de-Justicia--por-la-que-se-transpone-al-ordenamiento-juridico-espanol-la-Directiva--UE--2019-1151-del-Parlamento-Europeo-y-del-Consejo--de-20-de-junio-de-2019--por-la-que-se-modifica-la-Directiva--UE--2017-1132-en-lo-que-respecta-a-la-utilizacion-de-herramientas-y-procesos-digitales-en-el-ambito-del-Derecho-de-sociedades

mientas avanzadas de autopsia virtual para ayudar a determinar la causa de la muerte, las herramientas autónomas para detectar fraudes financieros y la financiación del terrorismo, la vigilancia de las redes sociales (rastreo *[scraping]* y recopilación de datos para detectar conexiones) y los sistemas automatizados de vigilancia que incorporan diferentes capacidades de detección (como la detección del latido cardíaco y las cámaras térmicas)».

Dentro de estas herramientas no solamente tenemos la vigilancia de personas o vehículos, sino también, como señala López Riba[451], programas de tratamiento de textos y del lenguaje natural, para la búsqueda de determinados patrones en mensajes de las redes sociales, y rastreo de discursos de odio en redes sociales; como ejemplos tendríamos el sistema *VeriPol,* del Cuerpo Nacional de Policía, diseñado para evaluar la veracidad de las denuncias de robos en domicilios, y el proyecto europeo TENSOR, para detectar actividades terroristas en internet. Luego tenemos los sistemas predictivos de los cuales nos dice el autor que existen dos tipos: los que predicen el riesgo de comisión de delitos en determinados momentos y lugares *(place-based)* y los que asignan el riesgo a individuos concretos *(person-based).* Estos sistemas predictivos del comportamiento, que consisten básicamente en sistemas actuariales, como señala Urruela Mora[452], están basados por tanto en la realidad estadística de datos que indican futuras conductas de reincidencia. Su utilización básica se encuentra en el estamento judicial, para la adopción de medidas de libertad provisional (o prisión preventiva) siendo el sistema americano COMPAS *(Correctional Offender Management Profiling for Alternative Sanctions)* el más conocido.

Más complejos son los sistemas de reconocimiento de emociones, utilizados en el control de fronteras, como los ya citados al referirme a estas aplicaciones: el proyecto europeo *iBorderCtrl*, un sistema inteligente de detección de mentiras que, como dice Coca Payeras[453], «elabora perfiles de los viajeros a partir de una entrevista automatizada por ordenador realizada a través de la cámara web del viajero antes del viaje y un análisis de 38 microgestos basado en la inteligencia artificial, probado en Hungría, Letonia y Grecia». O el sistema para el control de fronteras de EE. UU., que permite leer emociones, detectar la verdad de las manifestaciones, y predecir futuros comportamien-

---

451 López Riba, José María, «Inteligencia artificial y control policial. Cuestiones para un debate frente al hype», *InDret*, 2.2024. DOI: 10.31009/InDret2024.i2.10, p. 411.

452 Urruela Mora, Asier, «Instrumentos de evaluación del riesgo de violencia, justicia algorítmica y Derecho penal. Perspectiva crítica», *Estudios político-criminales, jurídico-penales y criminológicos: libro homenaje al profesor José Luis Díez Ripollés*, coord. por Noelia Corral Maraver, Deborah García Magna, Fátima Pérez Jiménez, Bertha Prado, Pablo Rando Casermeiro; Juan Muñoz Sánchez (dir.), Octavio García Pérez (dir.), Ana Isabel Cerezo Domínguez (dir.), Elisa García España (dir.), 2023, págs. 1877-1888.

453 Coca Payeras, «Las iniciativas de la Unión europea sobre inteligencia artificial: de la persona electrónica...», cit., p. 25.

tos nocivos, denominado Agente Virtual Automatizado para la Evaluación de la Verdad en Tiempo Real (AVATAR - *Automated Virtual Agent for Truth Assessments in Real Time*), que analiza el comportamiento no verbal y verbal de los viajeros.

— En Derecho laboral, la cuestión candente es la cotización o no de los robots industriales como trabajadores, al objeto de subvenir la crisis de empleo que puedan causar estas máquinas inteligentes. Dado que gran parte de las cotizaciones sociales se aportan directamente por vía de Presupuestos, otra solución es la creación de impuestos especiales que recauden finalistamente cantidades para subvenir las necesidades de nuestro esquema Ponzi de Seguridad social. En tal caso, el interesado será el Derecho financiero y tributario. Si se opta en cambio por subvenir a las necesidades del sistema a través de nuevos impuestos, la cuestión pertenece al Derecho financiero y tributario.

En materia laboral se ha planteado la utilización de datos biométricos para finalidades tan justificadas como «fichar» en el puesto de trabajo. Sin embargo no hay que olvidar que estamos ante datos personales muy sensibles que requieren consentimiento expreso, y así aporta Barona Vilar[454], el caso decidido por la Sentencia del Juzgado de lo Social n 2 de Alicante 190/2023, de 15 de septiembre (REC 489/2023), que declaró la vulneración del derecho a la intimidad personal y familiar y a la propia imagen del trabajador por la utilización de su información biométrica sin su consentimiento para el fichaje de entrada y salida, condenando a la empresa a una indemnización moral de más de seis mil euros.

— En Derecho mercantil: En la vida mercantil tenemos el campo de los nuevos «contratos inteligentes», con una tecnología de cifrado *(blockchain)* que permite la detección de la realización del intercambio de prestaciones, de manera que se puede comprobar tanto el cumplimiento como el incumplimiento, llevando este último a la automática resolución del contrato; o la intervención de programas inteligentes de compra y venta de valores en bolsa. Distingue Argelich Comelles[455] entre la simple contratación automatizada por medios informáticos y el *AI contracting* o la contratación con IA como una «subcategoría de contratación automatizada cuya característica definitoria es que el proceso de contratación se basa —al menos parcialmente— en la IA. En otras palabras, una o más de las etapas del proceso de contratación está determinada o facilitada mediante la IA, en concreto, la negociación, la

454 Barona Vilar, «Tecnología biométrica y datos biométricos. Bondades y peligros...», cit., p. 326.

455 Argelich Comelles, Cristina, «Contratación con inteligencia artificial y contratos algorítmicos: repensando el Derecho civil ante el informe español de la legislación de consumo y mercantil para la Comisión Europea», Rev. Crítica de Derecho Inmobiliario, n.º 804, Año 2024, p. 2036.

información, la generación de ofertas, la formación del contrato y su ejecución, incluida la extinción».

Por supuesto, el impacto de la IA en marketing y publicidad, en cuanto a la utilización de datos personales y perfilado para finalidades comerciales, es apabullante, y ya puede comprobarse en la realidad, en la que cualquier búsqueda en Internet nos devuelve publicidad no solicitada acerca del objeto de nuestra búsqueda, al haber sido detectados por programas-robot de rastreo de nuestras preferencias.

— Incidencia de la IA en la vulneración de derechos fundamentales. Barona Vilar[456] relata cómo en numerosos países asiáticos se ha acometido un desarrollo tecnológico para favorecer el control poblacional a través del reconocimiento facial masivo. Es China el principal banco de pruebas de esta tecnología, no solo para controlar criminales, sino para llevar a cabo una monitorización total de sus ciudadanos (laboral, en las escuelas, universidades, en la calle, etc.), con fines de control, como hemos podido ver en el capítulo anterior. En suma, se muestra la IA como un mecanismo para implementar un sistema de vigilancia policial mediante la monitorización de los ciudadanos, para saber dónde van, con quién van, qué compran, con quién hablan, si hacen deporte, si viajan mucho, y un largo etcétera. Estamos ante un sistema por el que cada persona, convenientemente identificada por técnicas biométricas, de identificación y rastreo en red o por teléfono móvil, además recibe una puntuación, unos puntos positivos o negativos según el comportamiento calificado sea aceptable o inaceptable, cuya suma determina su calificación o crédito social. Dependiendo de su calificación, positiva o negativa, la persona entra en una lista roja (positiva) o negra (negativa).

Además, con la tecnología biométrica de identificación facial se permite realizar, como ha sucedido en China, una clasificación ciudadana por razas que permite la división de la sociedad en castas, como ocurre con la etnia uigur. Cuenta la autora que uno de los proyectos pioneros fue el desplegado en la región china de Xinjang, en la ciudad de Tumxuk, «...donde los funcionarios han recogido sin consentimiento muestras de sangre de cientos de uigures como parte de una campaña de recolección masiva de ADN, siendo el objetivo de ello crear imágenes faciales exactas con la información de las muestras de ADN»: una tecnología, en suma, que podría emplearse contra la minoría uigur.

Resumiendo ideas, considera por su parte Belloso Martín[457] que los ámbitos de incidencia social de la IA y la robótica, siguiendo a De Asís Roig,

456 Barona Vilar, «Tecnología biométrica y datos biométricos. Bondades y peligros...», cit., pp. 315 y 323.

457 Belloso Martín, Nuria, «La Necesaria Presencia de la Ética en la Robótica: La Roboética y su Incidencia en los Derechos Humanos», *Cadernos do Programa de Pós-Graduação em Direito*, v. 13, n. 2 (2018), pág. 87. Universidade Federal do Rio Grande do Sul. DOI: https://doi.org/10.22456/2317-8558.90165.

son los siguientes: «1) Las aplicaciones militares, cuestionándose las programaciones para tomar decisiones sobre la vida y la muerte. 2) La privacidad: los robots necesitan datos para operar lo que puede acabar colisionando con la voluntad de las personas que no desean compartir tantos datos. 3) La posibilidad de dotar a los robots de una conciencia ética a la hora de tomar decisiones. 4) La robótica social y afectiva que puede llegar a provocar sentimientos en las personas y alterar sus comportamientos. 5) Los robots sexuales, capaces de manipular emociones y comportamientos. 6) Robots cuidadores, diseñados para proporcionar atención primaria a niños, ancianos o enfermos. 7) Los robots médicos, y sus posibilidades. 8) Los vehículos autónomos y su responsabilidad. 9) La responsabilidad moral del robot. 10) La robótica ambiental: el impacto de la fabricación, uso y eliminación de robots, así como también la utilización de los robots para recopilar datos sobre el cambio ambiental».

3.2. La normativa sobre robótica: Primeros pasos

3.2.1. Algunas iniciativas legislativas nacionales

La valoración de la incorporación al sistema jurídico de sistemas automáticos tiene sus precedentes en la doctrina estadounidense. Cuentan Galindo y Lasala[458], que Lasswell, profesor de Derecho en Yale, ya en 1955 consideró la posibilidad de sustituir el Tribunal Supremo de EE. UU. «...por un conjunto de robots judiciales que ante casos difíciles decidirían por un voto adoptado por un generador de número aleatorios que dichos robots tendrían incorporado. En el mismo sentido otros como Lawlor (Lawlor, 1963) han sugerido que los ordenadores podrían decidir casos rutinarios, tal y como han mencionado otros autores que han puesto de relieve el ahorro de tiempo y dinero que ello supondría».

Autores como Ryan Calo[459] llaman la atención acerca del hecho de que los mecanismos robóticos llevan años incidiendo en el Derecho aplicado norteamericano: «La doctrina jurídica lleva algún tiempo escribiendo sobre robótica en muchos lugares. Existe una cierta comunidad en torno al Derecho de la robótica, con un ritmo constante de nuevas investigaciones».

A pesar de sus prometedores inicios, Estados Unidos había quedado rezagado en lo que a regulación de los sistemas inteligentes se refiere, sin

---

458 Galindo, Fernando y Lasala, Pilar, «Metodología para el desarrollo de sistemas jurídicos de inteligencia artificial: el prototipo ARPO-2 como ejemplo», *Scire: Representación y organización del conocimiento*, ISSN 1135-3716, Vol. 1, n.° 2, 1995, pág. 79.

459 Calo, Ryan, «Robots in American Law», *University of Washington School of Law — Legal Studies Research Paper No. 2016-04*. Copia electronica accessible en: http://ssrn.com/abstract=2737598. Pág. 33. Consultado el 3 junio 2019.

perjuicio de que su industria robótica goce de espléndida salud y ya se hayan puesto en el mercado desarrollos en materia de vehículos autónomos o *bots* comerciales. Pero recientemente EE. UU. ha reaccionado y, como nos señala Herrera de las Heras[460], en 2016 se aprueba el documento *Preparing for the Future of Artificial Intelligence*, en el que aparece la necesidad de regular el desarrollo de la Inteligencia Artificial. En septiembre de 2017 se aprueba la *Self Drive Act*, que es la primera regulación de la circulación de los vehículos autoguiados por inteligencia artificial y le sigue la *National Defence Authorization Act for Fiscal Year of 2020,* que, bajo la presidencia de Donald Trump, incluye disposiciones para controlar el uso de los *deepfakes* o ultrafalsificaciones. Por su parte. el Gobierno estadounidense elabora en octubre de 2022 un texto de directrices denominado *AI Bill Of Rights - Making Automated Systems Work For The American People*[461], en el que se tiene en cuenta la identificación biométrica. Estos sistemas están siendo usados para fines de vigilancia y control de fronteras, seguridad e inmigración, son de «alto riesgo», y pueden colisionar con derechos constitucionales fundamentales y derechos humanos. El último hito es la aprobación por el Presidente de los Estados Unidos, Joe Biden, de la *National Artificial Ingelligence Initiative Act*, plan de acción para la eventual regulación uniforme de la IA, y en el mes de octubre de 2023 da una orden ejecutiva sobre una inteligencia artificial segura y fiable *(Blueprint for an AI Bill of Rights)* que, «...aunque no es propiamente un texto legislativo ni requiere la aprobación del Congreso norteamericano, sí tiene fuerza de ley y ya advierte de la necesidad de tomar medidas ante los riesgos que podría entrañar el desarrollo de los sistemas de inteligencia artificial».

Hay que añadir que los Estados federados cuentan también con normativas propias en la materia, por ejemplo, la *Ley de privacidad biométrica de Illinois.*

En países asiáticos se citan al respecto desarrollos normativos tempranos, como la Ley de Corea del Sur sobre Promoción del desarrollo y distribución de robots inteligentes, de 2005, o la creación del Instituto coreano para el avance de la industria robótica *(Korea Institute for Robot Industry Advancement — KIRIA)* en 2011. En Japón, país decano en la regulación robótica (el Reglamento de Salud y Seguridad en el trabajo, de 1972, ya define en su art. 36 al «robot industrial») el primer ministro Shinzo Abe anunció una «Revolución robótica» en septiembre de 2014, y más tarde la publicación del programa Estrategia Robótica para Japón y el comienzo de la Iniciativa de

460 Herrera de las Heras Ramón, «El nuevo marco jurídico de la inteligencia artificial: las novedades del Reglamento Europeo» (1), *Actualidad Civil*, n.º 5, mayo de 2024, Editorial LA LEY.

461 *AI Bill Of Rights - Making Automated Systems Work For The American People,* October 2022. En https://www.whitehouse.gov/wp-content/uploads/2022/10/Blueprint-for-an-AI-Bill-of-Rights.pdf

la Revolución Robótica, respectivamente en enero y mayo del año 2015. En 2016, el organismo gubernamental *Consejo para la Ciencia, la Tecnología y la Innovación* elabora el «5.° Plan básico para la Ciencia y la tecnología 2016-2020».

China también está desarrollando estrategias para el desarrollo de la industria robótica y de sistemas inteligentes, si bien en una dirección muy precisa, la del control social de la población. Es el *Plan de Desarrollo de la Inteligencia Artificial de la Nueva Generación,* aprobado por el supremo órgano del gobierno chino, el que en su rúbrica *Gobernabilidad o* «Construcción» *social* desarrolla el Sistema de Crédito Social al que se ha hecho referencia en páginas anteriores. Como nos dicen los citados Roberts, Cowls y Morley, los ambiciosos objetivos del mismo pasan por conseguir una regulación más detallada del comportamiento, es decir, un control de la población[462]. Añade Rettinger[463] que, en 2018, cuarenta gobiernos municipales y provinciales establecieron planes piloto de sistemas de crédito social, y que la situación actual muestra un sistema fragmentado en tres ámbitos: «sistema de listas negras» a nivel nacional, sistemas de crédito social en determinados municipios, y sistemas de crédito social a efectos financieros, pilotados por instituciones financieras.

En definitiva, se trata del control de los comportamientos sociales, cuya implantación es un proyecto perfectamente establecido, como se deduce del documento «Esquema para el establecimiento de un sistema de crédito social» del Consejo estatal para la implantación del sistema, publicado en 2014. Este documento subrayó que el Sistema de Crédito Social no solo tenía como objetivo regular las finanzas y acciones corporativas de empresas y ciudadanos, sino el comportamiento social de los individuos, persiguiendo conductas como evasión fiscal, alarmas sobre la seguridad alimentaria y deshonestidad académica, mediante el sistema de «listas negras».

3.2.2. Iniciativas de organismos internacionales

Nos resume Dolz Lago[464] las dos declaraciones de organismos internacionales más relevantes en la materia, que serían:

La Recomendación de la UNESCO sobre la Ética para la Inteligencia artificial de 23 noviembre 2021, texto de *soft law* dirigido a que las transformaciones provocadas por esta nueva tecnología respeten los derechos humanos y

462 ROBERTS, COWLS, Morley *et al.*, «The Chinese approach to artificial intelligence: an analysis of policy, ethics, and regulation», cit. p. 66.

463 RETTINGER, «The Human Rights Implications of China's Social Credit System», cit., p. 6.

464 DOLZ LAGO, Manuel- Jesús, «Una aproximación jurídica a la Inteligencia Artificial», *Diario La Ley*, n.° 10096, Sección Doctrina, 23 de junio de 2022, Wolters Kluwer, LA LEY 6033/2022.

contribuyan al logro de los ubicuos (y plúmbeos) Objetivos de Desarrollo Sostenible. Señala una serie de valores y principios como los de transparencia, la rendición de cuentas y la privacidad, para encauzar la «construcción de la infraestructura jurídica necesaria para garantizar un desarrollo saludable de la IA».

Esta Recomendación, nos señala el autor, intenta asegurar la protección y el control sobre los datos personales, recomendando aumentar los poderes de los organismos reguladores. Prohíbe explícitamente el uso de sistemas de IA de calificación social, lo que debería extenderse a los de crédito social (positivo o negativo), así como la vigilancia masiva mediante reconocimiento biométrico. Este tipo de tecnologías invasivas vulneran los derechos humanos y las libertades fundamentales y ya se utilizan de forma generalizada en países como China, como acabamos de ver. Asimismo, se advierte que la responsabilidad última y la rendición de cuentas por los posibles daños y errores derivados del uso de sistemas inteligentes deben recaer siempre en los seres humanos que los utilicen, y que no se debe otorgar personalidad jurídica a estos sistemas de IA (por constituir una vía de escape a la responsabilidad).

Esta Recomendación también prevé, como herramienta para la aplicación desarrollo y despliegue de sistemas de IA, la *Evaluación del Impacto* Ético; y se anima a los Estados a la creación de oficinas específicas de Ética de la IA.

También la UNESCO, a través de su Comité Internacional de Bioética, emitió un informe el 15 de diciembre de 2021 sobre *Cuestiones* Éticas *de la Neurotecnología*, en el que se encuentran sugerencias como las siguientes: *a) Agregar protocolos a los tratados internacionales, como la Declaración Universal de los Derechos Humanos, para abordar los desafíos que plantean las neurotecnologías. b) Reforzar la Declaración Universal de los Derechos Humanos, considerando que la neurotecnología desafía los derechos humanos existentes y que se requerirán nuevas garantías en función de las posibilidades de vulneración. c) Elaborar una Nueva Declaración Universal de Derechos Humanos y Neurotecnología*.

Otro documento de referencia internacional es, como señala Dolz Lago, los *5 Principios de Inteligencia Artificial* desarrollados por la Organización de Cooperación y Desarrollo Económico (OCDE) en la *Recomendación del Consejo sobre Inteligencia artificial*, texto aprobado el 22 mayo de 2019[465]. Estos principios reproducen tópicos bastante habituales, como el *1.º*) *Crecimiento inclusivo, desarrollo sostenible y bienestar.* Otros son más jurídicos, como el *2.º*) *Estado de Derecho, derechos humanos y valores democráticos*. Le siguen los de *3.º*) *Transparencia y explicabilidad*; *4.º*) *Solidez, seguridad y gestión de riesgos*; y *5.º*) *Responsabilidad y rendición de cuentas*.

465 https://legalinstruments.oecd.org/en/instruments/OECD-LEGAL-0449

3.2.3. Las elaboraciones europeas

En Europa las distintas naciones han adoptado programas de desarrollo de la nueva industria, incidiendo en la programación ética y la responsabilidad por los daños eventualmente causados. Los desarrollos de IA aplicada a la conducción automática de vehículos han hecho de este campo el objetivo preferente —aunque no único— de las primeras normativas.

Inglaterra es la pionera en la regulación de la actividad robótica en el especial campo de la Propiedad Intelectual: La *Ley de Derechos de autor, Diseños y patentes* del Reino Unido, de 1988, prevé en su parágrafo 9.3, que en las obras creadas mediante ordenador «se tendrá como autor de las mismas a la persona que haya dispuesto y tomado las medidas necesarias para que el ordenador produzca como resultado esta clase de creación»[466]. Mucho más recientemente, en abril de 2016, el *British Standards Institute* publicó el documento *Robots y dispositivos robóticos. Guía para el diseño* ético *y la aplicación de robots y sistemas robóticos*, texto sin valor legal, pero que establece recomendaciones para el desarrollo de robots insistiendo en los riesgos éticos asociados, como la «falta de respeto por la diversidad cultural o el pluralismo». Además, el texto insiste en la responsabilidad humana por los daños producidos, no imputables al robot. La posterior *Automated and Electric Vehicles Act 2018*, de 19 de julio de 2018, establece la responsabilidad de la aseguradora del vehículo autónomo salvo que se conecte la conducción autónoma cuando ello no esté permitido; si el vehículo no está asegurado, la responsabilidad será del propietario del vehículo.

En noviembre (días 1 y 2) de 2023 tuvo lugar en Inglaterra una importante reunión internacional de especialistas y reguladores sobre Inteligencia artificial, la Cumbre sobre Seguridad de la IA de Bletchley Park. El lema de la reunión fue el de «Cumbre por la seguridad de la IA», y su objeto de estudio, la «IA de vanguardia», o *Frontier AI*. Elaboraron una importante Declaración, la *Bletchley Declaration by Countries Attending the AI Safety Summit*[467], y documentos como el *Future Risks of Frontier AI*[468].

En Francia tenemos el informe aprobado el 29 de marzo de 2017 por la Oficina Parlamentaria para la Evaluación de las Oportunidades Científicas y

---

466 Regulación que es seguida por otras del ámbito del Common Law: la *New Zealand Copyright Act* (1994), parágrafos 2 y 549, *la Ireland Copyright Act and Related Rights Act* (2000), Parte I, sección 2 y Capítulo 2, parág. 21, y la *South Africa Copyright Act* (1978), Nr. 98.

467 The Bletchley Declaration by Countries Attending the AI Safety Summit, 1-2 November 2023. En: https://www.gov.uk/government/publications/ai-safety-summit-2023-the-bletchley-declaration/the-bletchley-declaration-by-countries-attending-the-ai-safety-summit-1-2-november-2023.

468 Elaborado por el Ministerio de Ciencia, Innovación y Tecnología inglés, Consejo de Ciencia. En: https://www.gov.uk/government/publications/frontier-ai-capabilities-and-risks-discussion-paper, p. 5.

Tecnológicas (OPESCT), o el plan estratégico llamado *France IA (Stratégie nationale en intelligence artificielle — Rapport du groupe de travail 3.2: Anticiper les impacts* économiques *et sociaux de l'intelligence artificielle),* auspiciado por el *Conseil National du Numérique,* presentado en enero de 2017 por la Secretario de Estado de Tecnología digital e Innovación, Axelle Lemaire.

En Alemania, el ministro federal de Transportes e Infraestructura digital, Alexander Dobrindt presenta en agosto de 2017 el *Informe* de la Comisión sobre Ética de la conducción automatizada y conectada, patrocinado por el Ministerio y publicado en inglés bajo el título *Ethics Commission Automated and Connected Driving, Appointed by the Federal Minister of Transport and Digital Infrastructure Report*[469]. Por su parte el Ministerio federal para Asuntos económicos y Energía (*Bundesministerium für Wirtschaft und Energie*, BMWi) elabora el programa *Autonomics for Industry 4.0*, para promover la investigación en las nuevas tecnologías y sistemas de producción industrial.

En España, recientemente se ha aprobado una *Estrategia Española de I+D+I en Inteligencia Artificial*, en sede del Ministerio de Ciencia, Innovación y Universidades, 2019, adoptándose diversas medidas, pero la situación española la examinaremos a continuación.

3.2.4. Normas españolas en materia de IA

En el ámbito de la legislación, las primeras regulaciones sobre automatización se producen en el campo de la Administración de Justicia, para la informatización de procedimientos judiciales. La Ley 18/2011, de 5 de julio, reguladora del uso de las tecnologías de la información y la comunicación en la Administración de Justicia, ya dio una habilitación general para la «Actuación judicial automatizada» en su artículo 42. Se inspiraba en la anterior Ley 11/2007, de 22 de junio, de acceso electrónico de los ciudadanos a los Servicios Públicos, pero la incidencia de estas técnicas era de bajo nivel, al limitarse a la comunicación de solicitudes y documentos y su almacenamiento como archivos electrónicos, por tanto, referida a las TIC (tecnologías de información y comunicación) más que a la genuina IA. Hoy esta ley ha sido derogada por el Real Decreto-ley 6/2023, de 19 de diciembre, al que luego haré referencia.

Un dato interesante es que ya existe en España un organismo administrativo encargado de la implementación de sistemas inteligentes en la Administración de Justicia. En efecto, se trata de la Subdirección General de Nuevas Tecnologías de la Justicia, dependiente de la Secretaría General de la Administración de Justicia, y cuyas funciones son, según el art. 3.2. i) del Real Decreto 725/2017, de 21 de julio, por el que se desarrolla la estructu-

469 Se puede encontrar en la página web del Ministerio alemán de transportes e infraestructura digital: https://www.bmvi.de.

ra orgánica básica del Ministerio de Justicia: *La planificación estratégica, la dirección y la ejecución de la modernización tecnológica de los juzgados y tribunales, del Ministerio Fiscal y de los registros administrativos de apoyo a la actividad judicial, así como la coordinación de las actuaciones en esta materia con otras administraciones,* órganos *del Estado, corporaciones profesionales e instituciones públicas*.

Estas funciones se han restringido al campo de las TIC, pero recientemente se extienden a la creación de herramientas de Inteligencia artificial (IA), como la ya operativa *Calculadora 988*[470], algoritmo inteligente para el cálculo de la acumulación de penas en los reos con condenas múltiples, de lo que nos da noticia Ortega Matesanz[471]. Se trata de un programa que hace el difícil cálculo de la acumulación de penas más ventajosa para el reo, pero ajustándose a reglas predefinidas (lógico, la materia no permite otras actuaciones) y sin posibilidad de autoaprendizaje, por lo que se trata de una IA débil y sin auténtica autonomía en sus respuestas. Su papel es por tanto estrictamente instrumental, sujeto a la supervisión de un especialista y sin valor decisional.

Por su parte, Dolz Lago[472] valora el papel que en materia de IA puede jugar, como precepto de superior rango, el art. 18.4 de nuestra Constitución, al garantizar que *La ley limitará el uso de la informática para garantizar el honor y la intimidad personal y familiar de los ciudadanos y el pleno ejercicio de sus derechos*. Limitación que, evidentemente puede extenderse a los sistemas (informáticos) de IA.

Dejando aparte las normas reguladoras de los procedimientos de investigación tecnológica y seguridad pública de las Leyes de Enjuiciamiento Criminal y Orgánica de Seguridad Pública, las reglas que más inciden en la materia son, naturalmente, las referentes a protección de datos. Así, la Ley Orgánica 3/2018, de 5 de diciembre, de Protección de Datos Personales y garantía de los derechos digitales tiene ya en cuenta el tratamiento automatizado de datos personales. Recoge la prohibición del art. 22 del Reglamento General de Protección de Datos europeo de 27 de abril de 2016, relativa a que se produzcan decisiones individuales automatizadas: «Todo interesado tendrá derecho a no ser objeto de una decisión basada únicamente en el tratamiento automatizado, incluida la elaboración de perfiles, que produzca efectos jurídicos en él o le afecte significativamente de modo similar». Esta relevancia de la protección de datos en España también merece el comentario de Rodríguez

470 Así denominada por el artículo 988 de la Ley de Enjuiciamiento Criminal, que disciplina la materia.

471 Ortega Matesanz, Alfonso, «Aritmética Jurídica e Inteligencia Artificial: sobre la Calculadora 988», *Revista de Estudios Jurídicos y Criminológicos*, n.° 9, Universidad de Cádiz, 2024, pp. 141-204, DOI: https://doi.org/10.25267/REJUCRIM.2024.i9.05

472 Dolz Lago Manuel- Jesús, «Una aproximación jurídica a la Inteligencia Artificial», *Diario La Ley*, n.° 10096, Sección Doctrina, 23 de junio de 2022, Wolters Kluwer, LA LEY 6033/2022.

Cardona[473], que señala como relevantes en la materia, aparte de la anterior, la Ley Orgánica de Protección civil del derecho al honor, a la intimidad personal y familiar y a la propia imagen, la Ley Orgánica reguladora del derecho de rectificación, la Ley de Servicios de la sociedad de la información y de comercio electrónico, la Ley General de comunicación audiovisual, la Ley General de telecomunicaciones, e incluso la Ley sobre Tráfico, circulación de vehículos a motor y seguridad vial, que regula los vehículos autónomos.

Dejando este campo de la Administración de justicia, y yendo al ámbito más general de la IA y la promoción de la investigación y desarrollo de la misma, vemos cómo señala Guinea Bonillo[474] que en España se presenta en julio de 2020 la *Agenda España Digital 2025*, y en noviembre del mismo año 20, la *Estrategia Nacional de Inteligencia Artificial* (ENIA), en cumplimiento del Plan de Recuperación, Transformación y Resiliencia. La *Agenda* se propone como «un marco de referencia para el periodo 2020-2025 que permita orientar los planes sectoriales, estatales y estrategias regionales en esta materia, en línea con las políticas desarrolladas por la UE, e impulsar la transformación de los diferentes sectores económicos mediante la cooperación público-privada». Esta Agenda se desdobla en 6 ejes estratégicos: 1. Impulsar la investigación científica, el desarrollo tecnológico y la innovación en IA. 2. Promover el desarrollo de capacidades digitales, potenciar el talento nacional y atraer talento global en IA. 3. Desarrollar plataformas de datos e infraestructuras tecnológicas que den soporte a la IA. 4. Integrar la IA en las cadenas de valor para transformar el tejido económico. 5. Potenciar el uso de la IA en la Administración pública. 6. Establecer un marco ético y normativo que refuerce la protección de los derechos individuales y colectivos. Como desarrollos previstos, tenemos la creación de una Red Española de Excelencia en Inteligencia Artificial, un Plan Nacional de Competencias Digitales, la creación de la Oficina del Dato y del Chief Data Officer, y Centros de Innovación Digital especializados en Inteligencia Artificial de carácter industrial, entre otras actuaciones.

Un texto con valor puramente declarativo, en la línea de preocupación por los derechos humanos frente a esta tecnología, es la *Carta de derechos digitales*, adoptada en julio de 2021 por el Gobierno, que se inscribe en el contexto de la *Estrategia Española Nacional de Inteligencia Artificial de 2020*[475],

473 Rodríguez Cardona, M. M. (2023). «Los intentos de regulación de la Inteligencia Artificial: Derecho Comparado entre España, Puerto Rico y Estados Unidos», *Derecom,* 35, 1-19, p. 10, http://www.derecom.com/derecom/

474 Guinea Bonillo Julio, «La Unión Europea y el desafío de la inteligencia artificial», *Inteligencia artificial y derecho: reflexiones jurídicas para el debate sobre su desarrollo y aplicación* / coord. por Martín Rocha Espíndola, Daniel Sansó-Rubert Pascual, Nuria Rodríguez dos Santos, Universidad Europea de Madrid, 2023, p. 41. DOI: 10.14679/2055

475 Gobierno de España: *Estrategia Nacional de Inteligencia Artificial*, https://www.lamoncloa.gob.es/presidente/actividades/Documents/2020/ENIA2B.pdf

pero que carece de efectos normativos, aunque Rodríguez Cardona estima que reconoce una gama de derechos que no se han reconocido ni en Estados Unidos ni en Puerto Rico. Administrativamente se ha ubicado esta Carta en el peculiar Plan de Recuperación, transformación y resiliencia[476].

En fecha más reciente, el Real Decreto 729/2023, de 22 de agosto, aprueba el Estatuto de la Agencia Española de Supervisión de Inteligencia Artificial (AESIA), organismo cuya creación arranca de la Ley Presupuestos Generales del Estado para el año 2022 y de la Ley 28/2022, de fomento del ecosistema de las empresas emergentes, que se inserta en el citado y difuso Plan de Recuperación, Transformación, y Resiliencia, y que también se justifica por la normativa europea y la reciente Ley de la IA, o mejor el Reglamento de Inteligencia Artificial, recientemente aprobado en este año 2024. Esta Agencia estará encargada de la asunción de todas aquellas materias y competencias que deban ser asumidas por el Reino de España, como Estado miembro integrante de la Unión Europea (UE) en materia de Inteligencia Artificial, sobre todo las relacionadas con la supervisión y control administrativo de los sistemas inteligentes. Administrativamente se adscribe al Ministerio de Asuntos Económicos y Transformación Digital a través de la Secretaría de Estado de Digitalización e Inteligencia Artificial, y en la Disposición adicional cuarta de este Real Decreto 729/2023 se prevé su colaboración con órganos de responsabilidad en materia de inteligencia artificial del Ministerio de Defensa; pero no hay nada previsto respecto de la Subdirección General de Nuevas Tecnologías de la Justicia. Por lo demás, la redacción del Preámbulo de este Real Decreto es un buen ejemplo de cómo se puede hablar sin decir nada en concreto.

También hay que reseñar el ya citado Real Decreto-ley 6/2023, de 19 de diciembre, por el que se aprueban medidas urgentes para la ejecución del Plan de Recuperación, Transformación y Resiliencia en materia de servicio público de Justicia, función pública, régimen local y mecenazgo. Este Decreto continúa la transformación digital en el marco de la Justicia española: «el presente texto busca presentarse como una herramienta normativa completa, útil, transversal y con la capacidad suficiente para dotar a la Administración de Justicia de un marco legal, coherente y lógico en el que la relación digital se descubra como una relación ordinaria y habitual», como dice su Preámbulo (II). Se pasa a hablar de una «relación electrónica» entre los ciudadanos y la Administración, también la de Justicia.

Señala así Cotino Hueso[477] que el artículo 35 de este Real Decreto vendría a habilitar legalmente el uso de sistemas inteligentes, quizá entregando a

476 En: https://www.lamoncloa.gob.es/presidente/actividades/Documents/2021/140721-Carta_Derechos_Digitales_RedEs.pdf

477 Cotino Hueso, Lorenzo, «El uso jurisdiccional de la inteligencia artificial: habilitación legal, garantías necesarias y la supervisión por el CGPJ», *Actualidad Jurídica Iberoamericana,* n.° 21, agosto 2024, pp. 494-527., p. 502.

la IA un cheque en blanco, para «la producción de actuaciones judiciales y procesales automatizadas, asistidas y proactivas» (término éste que significa simplemente *decidido*, *resolutivo*, y que da idea de una decisión automatizada y sin control humano), y también para «la búsqueda y análisis de datos y documentos para fines jurisdiccionales y organizativos, los intercambios masivos de datos, el apoyo a la función jurisdiccional, y la tramitación, en su caso, de procedimientos judiciales, así como la definición y ejecución de políticas públicas relativas a la Administración de Justicia».

En definitiva, como señala Fernando Galindo[478], se trata de hacer una serie importante de reformas legislativas para la digitalización en profundidad de la Justicia, subvencionada por fondos europeos vinculados al Plan de Recuperación de España, aprobado por la Comisión Europea el 13 de julio de 2021. Y en relación a las actuaciones asistidas, precisa que la regulación va más allá de las tareas de recuperación de documentación jurídica, al ocuparse de la elaboración de borradores de concretas decisiones judiciales, eso sí con las precauciones previstas en los apartados 2 y 3 del art. 57, que establecen fuertes limitaciones u obstáculos a que los borradores se transformen automáticamente en decisiones jurídicas. Es decir, que nos encontramos, como dice el autor más adelante, ante «una propuesta de aplicación de las técnicas de IA en la Administración de Justicia. Aplicación que está limitada a la propuesta de modelos estadísticos para la elaboración de borradores de sentencias, o, como se dice por la literatura, ante una predicción práctica de juicios legales».

En esta línea, hay un Proyecto de Ley por la que se aprueban medidas urgentes para la ejecución del Plan de Recuperación, Transformación y Resiliencia, que desarrolla al RDL 6/2023 previendo la programación de actuaciones judiciales y procesales automatizadas, pero se encuentra varado en las Cámaras desde marzo de 2024. Y el Consejo de Ministros aprobó el 15 de mayo 2024 la *Estrategia de Inteligencia Artificial 2024*, que da continuidad y refuerza la Estrategia de Inteligencia Artificial (ENIA) de 2020.

Los desarrollos de IA aplicada a la conducción automática de vehículos han hecho de este campo el objetivo preferente —aunque no único— de las primeras normativas. Existe un Proyecto de ley de reforma del Código de la circulación para acomodarlo a este tipo de vehículos, cuya elaboración se remonta al año 2018 y que a fecha de hoy (2024) sigue en elaboración. Para estas y otras aplicaciones de la IA y su prueba en entornos controlados se dicta el Real Decreto 817/2023, de 8 de noviembre, que establece un entorno controlado de pruebas para el ensayo del cumplimiento de la Propuesta de Reglamento del Parlamento Europeo y del Consejo por el que se establecen normas armonizadas en materia de inteligencia artificial. Define el sistema de inteligencia artificial como el «diseñado para funcionar con un cierto nivel

478 GALINDO AYUDA, «La Administracion de Justicia, el juez robot y el derecho», cit.

de autonomía y que, basándose en datos de entradas proporcionadas por máquinas o por personas, infiere cómo lograr un conjunto de objetivos establecidos utilizando estrategias de aprendizaje automático o basadas en la lógica y el conocimiento, y genera información de salida, como contenidos (sistemas de inteligencia artificial generativos), predicciones, recomendaciones o decisiones, que influyan en los entornos con los que interactúa».

Naturalmente, España en cuanto país europeo se ve vinculado por la legislación de la Unión, y en esta materia la norma fundamental es la Ley de la Inteligencia artificial, en concreto el mencionado Reglamento (UE) 2024/1689 Del Parlamento Europeo y del Consejo de 13 de junio de 2024, por el que se establecen normas armonizadas en materia de inteligencia artificial. De esta norma se hablará más adelante.

3.3. Derecho europeo de la IA: un resumen

3.3.1. Inicios de un Derecho europeo sobre IA

Como primera referencia a la IA, relacionada con la informática, tenemos la temprana *Comunicación de la Comisión en el* ámbito *de la informática: convocatoria de propuestas de proyectos cooperativos en investigación básica sobre teleinformática, inteligencia artificial y reconocimiento de formas*, de 5 de junio de 1985[479]. Con el objeto de promover la investigación en este campo se adopta la *Decisión del Consejo*, de 26 de noviembre de 1985, relativa a la conclusión de un *acuerdo de concertación Comunidad-COST relativo a una acción concertada en el campo de la inteligencia artificial y del reconocimiento de las formas (Acción COST 13)*[480]. Se inaugura la promoción de estudios en materia de IA, mediante esta acción COST 13 en el campo de la Inteligencia artificial y del reconocimiento de las formas, por acuerdo de concertación entre la Comunidad Económica Europea y Austria, Finlandia, Noruega, Suecia, Suiza y Yugoslavia.

Señala Masseno[481] que un abordaje normativo más serio de los sistemas de IA aparece en la Directiva 95/46/CE, de 24 de octubre, relativa a la protección de las personas físicas en lo que respecta al tratamiento de datos personales y a la libre circulación de estos datos, estableciendo reglas aplicables a las «Decisiones individuales automatizadas» (Art. 15). Además, se menciona

479 *Commission communication in the field of informatics — Call for proposals for cooperative projects in basic research on teleinformatics, artificial intelligence and pattern recognition,* OJ C 137, 5.6.1985, p. 3-3.

480 *DOCE* núm. 322, de 3 de diciembre de 1985, págs. 18 a 24.

481 MASSENO, Manuel David. (2022). «Consideraciones Breves Sobre Los Fundamentos de La Propuesta de Ley de Inteligencia Artificial de La Comisión Europea». *Journal of Law and Sustainable Development*, 10(1), e0238. DOI: https://doi.org/10.37497/sdgs.v10i1.238

un derecho al «conocimiento de la lógica utilizada» en esos tratamientos, la llamada «transparencia algorítmica» (Art. 12 a).

Hay que tener en cuenta que el desarrollo de una IA europea ya entrados en el siglo XXI es un esfuerzo consciente por superar el atraso en que el continente se había estancado, frente al enorme desarrollo de la tecnología inteligente en EE. UU. y China. Como señala Guinea Bonillo[482], es a partir de los programas-marco en investigación y desarrollo, que desde el año 2004 se centraron en la innovación robótica y que se extenderían en el 2010, bajo la Comisión de Durao Barroso, cuando se produjeron mayores esfuerzos para elaborar una potente agenda digital: «En el marco financiero plurianual de 2014 a 2020 se invirtieron un total de 700 millones de euros, en régimen de cofinanciación de programas de innovación y desarrollo, programas que el sector privado completó con un nivel de inversiones que rondaba los 2.100 millones de euros. Un montante que ha facilitado a Europa adquirir una importancia destacable en el campo de los avances de la robótica, pero que no llegaba a propiciar un despegue de la Inteligencia Artificial ya que ésta no es equiparable exclusivamente a la robótica». Es más adelante, en el programa Horizonte 2020, cuando se invierten 1.100 millones de euros para investigar todo lo relacionado con la IA, para su empleo en la tecnología espacial, sanitaria, en los transportes y *Big Data*.

Para compartir los intereses en este ámbito investigador se crea la red EURON *(European Robotics Research Network)* en 2000, financiada con fondos del 5.º Programa marco de investigación de la Comisión europea. La red funciona en la actualidad como foro de intercambio entre grupos de investigadores universitarios o de empresas privadas. Participa en la Acción Coordinada Europea *euRobotics*, a través de la *European Robotics Platform* (EUROP).

Pero la preocupación regulatoria ha ido en un sentido transversal, por instituciones, así por ejemplo la Directiva 2014/65/UE del Parlamento Europeo y del Consejo, de 15 de mayo de 2014, relativa a los mercados de instrumentos financieros, que modifica anteriores Directivas (la 2002/92/CE y la 2011/61/UE), establece controles en la regulación y previene de la utilización de algoritmos financieros, *bots*, que produzcan disfunciones. En el ámbito sanitario, los implantes biónicos y los miembros o exoesqueletos robotizados entran en el ámbito de aplicación de las antiguas Directivas 93/42/CEE del Consejo, del 14 de junio de 1993, sobre dispositivos médicos, y la 90/385/CEE del Consejo, del 20 de junio de 1990, sobre los productos sanitarios implantables activos. Posteriormente, el *Informe de la Comisión al Parlamento Europeo, al Consejo y al Comité Económico y Social Europeo* de 7 de mayo 2018 (COM/2018/246 final), sobre la aplicación de la Directiva 85/374/CEE, del Consejo relativa a la

482 Guinea Bonillo Julio, «La Unión Europea y el desafío de la inteligencia artificial», *Inteligencia artificial y derecho: reflexiones jurídicas para el debate sobre su desarrollo y aplicación* / coord. por Martín Rocha Espíndola, Daniel Sansó-Rubert Pascual, Nuria Rodríguez dos Santos, Universidad Europea de Madrid, 2023, p. 41. DOI: 10.14679/2055

aproximación de las disposiciones legales en materia de responsabilidad por los daños causados por productos defectuosos, incide en la aplicabilidad de esta responsabilidad a los productos de estas tecnologías emergentes.

Más centrado en aplicaciones de la IA en materia de protección de datos, lo está el Reglamento General de Protección de Datos *(Reglamento (UE) 2016/679 del Parlamento Europeo y del Consejo, de 27 de abril de 2016, relativo a la protección de las personas físicas en lo que respecta al tratamiento de datos personales y a la libre circulación de estos datos)*, que intenta controlar la toma automatizada de decisiones mediante sistemas inteligentes en evitación de la discriminación y el logro de la explicabilidad y transparencia del algoritmo.

Frente a estos análisis dispersos, recientemente la Unión está tomando conciencia de la necesidad de una normativa específica sobre IA y robots, que se expresa en una multitud de textos que vamos a repasar.

3.3.2. El Proyecto Robolaw

Entre las iniciativas europeas que se ocupan específicamente del fenómeno de la Inteligencia artificial y la robótica tenemos el *Robolaw Project*, que se inserta en el *7th Framework Programme for Research*, el Séptimo Programa Marco de Investigación y Desarrollo Tecnológico cuya duración, de siete años, se extendió desde 2007 hasta 2013. Este programa dispuso de un presupuesto total de más de 50.000 millones de euros, para cofinanciar proyectos de investigación y desarrollo tecnológico.

El Proyecto *Robolaw* se desarrolla en el periodo 2012-2014, terminando en mayo de 2014, y produce el documento de trabajo *D6.2 Guidelines on Regulating Robotics*. Como señala Erica Palmerini[483], este Informe surge de la colaboración entre juristas e ingenieros, inicialmente focalizada en el análisis de casos de estudio individuales, como los problemas jurídicos planteados por la experimentación de un robot para la recolección de residuos urbanos, al que se le había permitido circular por las calles de Peccioli, un pequeño pueblo de la provincia de Pisa.

El informe incide en sus páginas iniciales en la cuestión de la regulación jurídica de la nueva tecnología robótica y de inteligencia artificial, señalando que la falta de un entorno legal *confiable* y seguro puede obstaculizar la innovación tecnológica: *La opinión de que la intervención es necesaria, incluso en una situación en la que no se pueden anticipar todas las implicaciones o se puede juzgar erróneamente, tiende a prevalecer... a fin de proteger efectivamente los intereses contra riesgos que aún se desconocen, y exige un marco*

483 Palmerini Erica, «Robótica y derecho: sugerencias, confluencias, evoluciones en el marco de una investigación europea», *Revista de Derecho Privado*, n.° 32, enero-junio de 2017, pág. 62.

regulatorio que apoye los avances científicos seguros y de valor probado... La ambición de la Unión Europea para promover la innovación en el mercado interno y fomentar la competitividad hace de la robótica un sector estratégico, al que las instituciones europeas están dedicando una atención considerable[484]. Necesidad regulatoria que resulta de la lentitud en la evolución de las soluciones jurídicas frente a la rapidez de los desarrollos tecnológicos, nos señala este informe.

Además, las recomendaciones de líneas regulatorias de la robótica se ven acompañadas en el informe de un análisis ético exhaustivo y sistemático de dichas tecnologías. El análisis ético de los desarrollos robóticos resulta necesario no sólo para decidir si las posibilidades técnicas son compatibles con los estándares éticos y expectativas de la sociedad, sino para implementar una clara regulación jurídica en unos sistemas de inteligencia artificial que, aunque gozan de esta cualidad de la inteligencia, no tienen ni (en mi opinión)[485] pueden llegar a tener el instrumento de gestión y análisis conductual que los humanos llamamos conciencia. La regulación jurídica debe suplir la inexistencia de controles éticos por parte de los actores robóticos.

Admite el Informe que tecnología y Derecho deben aliarse para hacer posible el desarrollo de la robótica, ello con un doble objetivo: «por un lado, debe contribuir a identificar los principales objetivos y logros esperados por los avances en investigación robótica y aplicaciones industriales; por otro lado, debería servir para establecer un núcleo de derechos y libertades fundamentales que puedan ser lesionados por los desarrollos en el campo robótico y que, por el contrario, deban considerarse intangibles» (*Guidelines*, pág. 14). En particular en cuanto a riesgos detectados, nos dice el *Informe*[486] que, para hacer frente a los daños causados por robots, y el problema asociado de la responsabilidad, es necesario tener en cuenta la complejidad de los productos robóticos, cuya puesta en funcionamiento involucra a múltiples actores que contribuyen cada uno sólo a una parte del funcionamiento del mecanismo. Las posibles vías de solución de esta especial responsabilidad serían:

- Una primera propuesta consistiría en limitar la responsabilidad a una suma (como se hace en el accidente aéreo), para no impedir los avances en la industria robótica excluyendo que recayese sobre los fabricantes una responsabilidad inasumible.
- Una segunda solución recurre a la creación de personalidad jurídica para los robots con el fin de responsabilizar al propio robot de los daños causados. Esta idea comporta la necesidad de crear un patrimonio del robot para las indemnizaciones.

---

484 *Guidelines on Regulating Robotics*, pág. 10.

485 Lacruz Mantecón, Miguel L., «Potencialidades de los robots y capacidades de las personas», en *Los robots y el Derecho*, C. Rogel Vide, coord., Reus, Madrid, 2018.

486 *Guidelines on Regulating Robotics*, págs. 22-24.

- Una tercera solución es agravar la responsabilidad del propietario convirtiéndola en una responsabilidad objetiva. Esta responsabilidad objetiva vendría acompañada por un límite cuantitativo y por la contratación de un seguro obligatorio, como el actual para los automóviles.

Destacan la importancia del *Informe* autores como Holder, Khurana, Harrison y Jacobs[487], que, examinando en particular las elaboraciones sobre vehículos autónomos, comentan que los sistemas legales actuales son lo suficientemente amplios como para resolver el problema de los daños causados por coches sin conductor, pues éste no es radicalmente diferente a los daños causados por otras tecnologías.

3.3.3. La Resolución del Parlamento Europeo, de 16 de febrero de 2017

Con base en el *Informe con recomendaciones destinadas a la Comisión sobre normas de Derecho civil sobre robótica* [2015/2103(INL)], elaborado por la Comisión de Asuntos Jurídicos del Parlamento Europeo, y siendo ponente del mismo Mady Delvaux, de fecha 27 de enero 2017, se emite la posterior *Resolución del Parlamento Europeo, de 16 de febrero de 2017, con recomendaciones destinadas a la Comisión sobre normas de Derecho civil sobre robótica*[488].

La Resolución se completa con una *Carta sobre robótica* anexa, elaborada con la asistencia de la Unidad de Prospectiva en Ciencia y Tecnología (*Science and Technology Options Assessment* — STOA) del *European Parliament Research Service*[489], en la que se propone un código de conducta ética para los ingenieros en robótica, un código deontológico para los comités de ética de la investigación, una licencia para los diseñadores y una licencia para los usuarios. Por lo demás STOA ha emitido interesantísimos informes en la materia, entre los más recientes el «Análisis en profundidad» titulado ¿Debemos

487 Chris Holder, Vikram Khurana, Faye Harrison, Louisa Jacobs, «Robotics and law: Key legal and regulatory implications of the robotics age (Part I of II)», *Computer Law & Security Review*, 32 (2016), pág. 386. Obtenido online en www.sciencedirect.com el 19 de febrero 2019.

488 Diario Oficial de la Unión Europea, C 252 de 18.7.2018, p. 239/257, en: https://eur-lex.europa.eu/legal-content/ES/TXT/?qid=1552383660116&uri=CELEX:52017IP0051.

489 Por lo demás STOA ha emitido interesantísimos informes en la materia, entre los más recientes el «Análisis en profundidad» titulado ¿Debemos temer a la inteligencia artificial? *(Should we fear artificial intelligence?)*, de marzo 2018. Son sus autores Peter J. Bentley, University College London, Miles Brundage, University of Oxford, Olle Häggström, Chalmers University, Thomas Metzinger, Johannes Gutenberg University of Mainz. Prólogo de María Teresa Giménez Barbat, MEP y una introducción de Philip Boucher, *European Parliamentary Research Service, STOA-Science and Technology Options Assessment*, March 2018. PE 614.547, DOI: 10.2861/412165.

temer a la inteligencia artificial? *(Should we fear artificial intelligence?)*, de marzo 2018[490], al que se hace referencia en este mismo ensayo.

Esta Resolución de 2017 contiene además unos *Principios generales relativos al desarrollo de la robótica y la inteligencia artificial para uso civil*, en los que, tras acotar las cualidades técnicas que debe reunir un artefacto para ser considerado robot autónomo, expresa la preocupación por mantener el control sobre estos artefactos: «3. *Pone de relieve que el desarrollo de la tecnología robótica debe orientarse a complementar las capacidades humanas y no a sustituirlas; considera fundamental garantizar que, en el desarrollo de la robótica y los sistemas de inteligencia artificial, los seres humanos tengan en todo momento el control sobre las máquinas inteligentes; estima que debe prestarse especial atención al posible desarrollo de un vínculo emocional entre seres humanos y robots —especialmente en el caso de grupos vulnerables, como niños, personas mayores y personas con discapacidad— y destaca los problemas que pueden plantear las graves consecuencias físicas y emocionales que este vínculo emocional podría causar a los seres humanos»*.

Herrera de las Heras[491] destaca también que esta Resolución establece las características de los robots inteligentes. Ante todo, son sistemas físicos, no mero software, lo que determina que su peligrosidad pueda ser mayor. Además, deben tener autonomía para moverse en un entorno, lo que les permite la toma de decisiones sin la participación del ser humano. Finalmente, han de tener capacidad de autoaprendizaje a partir de la experiencia y la interacción.

Se dedica un epígrafe especial a los *Derechos de propiedad intelectual y flujo de datos,* pero en realidad sólo el primero de los principios, el n.º 18, va referido a propiedad intelectual, respecto de la que se señala: «pide *a la Comisión que apoye un enfoque horizontal y de neutralidad tecnológica para la propiedad intelectual en los distintos sectores en que se pueda utilizar la robótica»*. Los números siguientes van referidos no a este tema, sino al respeto de la vida privada y el derecho a la protección de los datos personales. También hay un cuidadoso tratamiento de la responsabilidad civil por daños y perjuicios causados por robots, asunto que se presenta como *(49) ...una cuestión fundamental que también debe analizarse y abordarse a escala de la Unión, con el fin de garantizar el mismo grado de eficiencia, transparencia y coherencia en la garantía de la seguridad jurídica en toda la Unión Europea en beneficio de los ciudadanos, los consumidores y las empresas.*

---

490 Peter J. Bentley, University College London, Miles Brundage, University of Oxford, Olle Häggström, Chalmers University, Thomas Metzinger, Johannes Gutenberg University of Mainz. Prólogo de María Teresa Giménez Barbat, MEP y una introducción de Philip Boucher, European Parliamentary Research Service, STOA-Science and Technology Options Assessment, March 2018. PE 614.547, DOI: 10.2861/412165.

491 Herrera de las Heras, Ramón, *Aspectos legales de la inteligencia artificial: personalidad jurídica de los robots, protección de datos y responsabilidad civil,* Dykinson, 2022, p. 31.

Tras la petición a la Comisión, en base del artículo 114 del TFUE, de desarrollos legislativos sobre los aspectos jurídicos relacionados con la robótica y la inteligencia artificial, se especifica en relación a la responsabilidad civil lo siguiente: *52. Considera que, independientemente del instrumento jurídico futuro que se escoja en materia de responsabilidad civil por los daños y perjuicios causados por robots en casos distintos a los perjuicios patrimoniales, dicho instrumento legislativo no debería en modo alguno limitar el tipo o el alcance de los daños y perjuicios que puedan ser objeto de compensación, ni tampoco limitar la naturaleza de dicha compensación, por el* único *motivo de que los daños y perjuicios hayan sido causados por un agente no perteneciente a la especie humana.* Vemos así que una de las posibilidades apuntadas en el Informe Robolaw, la de la limitación de la indemnización de daños, no se acepta.

Lo que sí es una auténtica novedad es lo que la Resolución nos propone en el punto 59.f: *f) crear a largo plazo una personalidad jurídica específica para los robots, de forma que como mínimo los robots autónomos más complejos puedan ser considerados personas electrónicas responsables de reparar los daños que puedan causar, y posiblemente aplicar la personalidad electrónica a aquellos supuestos en los que los robots tomen decisiones autónomas inteligentes o interactúen con terceros de forma independiente.* Esta Resolución de 2017 hace una apuesta arriesgada y para gestionar la responsabilidad por daños recurre a esta «personalidad electrónica» (Joanna Bryson habla de «personalidad sintética»), concepto que levanta un auténtico vendaval de opiniones negativas y positivas en la doctrina, a las que luego se hará referencia.

3.3.4. Dictamen del Comité Económico y Social sobre las consecuencias de la inteligencia artificial para el mercado único digital, y otros textos

El siguiente evento de relevancia, poco después de la anterior Resolución, lo constituye el *Dictamen* del Comité Económico y Social Europeo sobre la «Inteligencia *artificial: las consecuencias de la inteligencia artificial para el mercado* único *(digital), la producción, el consumo, el empleo y la sociedad»*, Dictamen de iniciativa adoptado en el Pleno del CESE de 31 de mayo y 1 de junio de 2017, (2017/C 288/01), Ponente Catelijne Muller[492]. Este Dictamen incide en los aspectos más técnicos de la cibernética, y comienza advirtiendo en el capítulo 2 que no existe una definición establecida y unánime de IA: *La IA es un concepto que engloba muchas otras (sub)áreas como la informática cognitiva (cognitive computing: algoritmos capaces de razonamiento y comprensión de nivel superior —humano—), el aprendizaje automático (deep*

492 Diario Oficial de la Unión Europea, C 288, 31 de agosto de 2017, en: https://eur-lex.europa.eu/LexUriServ/LexUriServ.do?uri=OJ:C:2017:288:SOM:ES:HTML.

learning: algoritmos capaces de enseñarse a sí mismos), la inteligencia aumentada (augmented intelligence: colaboración entre humanos y máquinas) o la robótica con IA (IA integrada en robots). Sin embargo, el objetivo fundamental de la investigación y el desarrollo en materia de IA es la automatización de comportamientos inteligentes como razonar, recabar información, planificar, aprender, comunicar, manipular, observar e incluso crear, soñar y percibir. El Dictamen, profundizando en el estudio de la Inteligencia artificial, acoge la distinción doctrinal de John Searle entre IA débil e IA fuerte, que vimos anteriormente.

Estos conceptos también aparecen en otro texto europeo, la *Declaración sobre Inteligencia artificial, robótica y sistemas autónomos*[493], del Grupo Europeo sobre Ética de la Ciencia y las Nuevas Tecnologías, que explica la complejidad y el potencial del aprendizaje-máquina de las redes neuronales del siguiente modo: «...el aprendizaje profundo y los llamados "enfoques de redes generativas antagónicas" hacen posible que las máquinas se "enseñen" a sí mismas nuevas estrategias y adquieran nuevos elementos para ser incorporados en sus análisis. De esta forma, las acciones de estas máquinas se vuelven indescifrables y escapan al escrutinio humano. Esto se debe, en primer lugar, a que resulta imposible averiguar cómo se generan los resultados más allá de los algoritmos iniciales». La imposibilidad también deriva de que los sistemas se rigen más que por reglas lógicas, por regularidades estadísticas. En segundo lugar, «porque el rendimiento de estas máquinas se basa en los datos utilizados durante el proceso de aprendizaje y estos pueden no estar disponibles o ser inaccesibles». Tal funcionamiento también implica que, si estos sistemas usan datos con sesgos y errores, los mismos quedarán enraizados en el sistema.

El CESE formula en el anterior *Dictamen* diversas recomendaciones, y advierte textualmente: *El CESE está en contra de la introducción de cualquier tipo de personalidad jurídica para los robots o la IA, puesto que socavaría los efectos correctores preventivos de la legislación en materia de responsabilidad, generaría un riesgo moral tanto en el desarrollo como en la utilización de la IA y daría lugar a un posible uso indebido*.

Se destacan las repercusiones de la IA en el trabajo, el empleo, las condiciones laborales y la educación, y se previene contra las actuales situaciones de monopolio: *3.28. La mayoría de los avances en IA y sus correspondientes elementos (plataformas de desarrollo, datos, conocimiento y experiencia) están en manos de cinco grandes empresas tecnológicas (Amazon, Apple, Facebook, Google y Microsoft).* Aunque estas empresas son partidarias del desa-

493 Comisión Europea (Dirección General de Investigación e Innovación) — Grupo Europeo sobre Ética de la Ciencia y las Nuevas Tecnologías, *Declaración sobre Inteligencia artificial, robótica y sistemas* «autónomos», Bruselas, 9 marzo 2018 Dirección General de Investigación e Innovación. Versión original PDF ISBN 978-92-79-80329-1. DOI:10.2777/531856. KI-04-18-224-EN-N.

rrollo libre de la IA, y algunas ofrecen sus plataformas en código abierto, eso no garantiza una plena accesibilidad a los sistemas de IA, ni el reparto equitativo del llamado «dividendo digital» (concepto expuesto en el Dictamen del Comité Económico y Social Europeo sobre «Los efectos de la digitalización sobre el sector de los servicios y el empleo en el marco de las transformaciones industriales», Dictamen exploratorio)[494].

Igualmente se destacan las repercusiones de la IA en el ámbito de la legislación: *La Unidad de Prospectiva Científica (STOA) del Parlamento Europeo presentó en junio de 2016 una relación de la legislación y reglamentación europea que se verá afectada por los avances en materia de robótica, sistemas ciberfísicos e IA. Se citan seis* áreas *de interés —transporte, sistemas de doble uso, libertades civiles, seguridad, salud y energía— donde puede ser necesario revisar o adaptar nada menos que 39 directivas, reglamentos, declaraciones y comunicaciones de la UE, y la Carta de los Derechos Fundamentales de la Unión Europea...*

Frente a lo que aparecía dispuesto en la Resolución 2017 pero en coherencia con lo antes expresado, en el parágrafo 1.12 se argumenta en contra de la pretensión de personalidad jurídica para los robots, incluso especial o matizada: *El CESE se opone a cualquier tipo de estatuto jurídico para los robots o sistemas de IA por el riesgo moral inaceptable que ello conlleva. La legislación en materia de responsabilidad tiene un efecto correctivo y preventivo que podría desaparecer en cuanto el riesgo de responsabilidad civil dejase de recaer sobre el autor por haberse transferido al robot (o sistema de IA). Además, una forma jurídica así sería susceptible de uso y aplicación indebidos. La comparación con la responsabilidad limitada de las sociedades no es válida, puesto que el responsable en* última *instancia es siempre una persona física.* Se insiste en la necesidad de investigar en qué medida responden satisfactoriamente a este problema la legislación, la reglamentación y la jurisprudencia de la UE y de cada Estado miembro en materia de responsabilidad (sobre el producto y el riesgo) y atribución de culpa, y, en su defecto, qué soluciones legales se ofrecen.

El Dictamen hace a continuación una serie de advertencias acerca de la utilización de sistemas inteligentes para la difusión de bulos y falsas noticias, especialmente en procesos electorales y su posible utilización para la guerra o el terrorismo, y nos alerta también de los peligros de la «Superinteligencia» (insistiendo en el control humano, *de manera que las máquinas continúen siendo máquinas, y los humanos conserven en todo momento el dominio sobre ellas*), haciendo votos por la unión de esfuerzos para lograr una IA al servicio de la humanidad. No hace referencia a la posible creatividad de los sistemas de IA, ni a una eventual incidencia en tema de propiedad intelectual.

494 2016/C 013/24, DO C 13 de 15.1.2016, p. 161.

Como vemos este Dictamen viene a ser la Casandra de los textos europeos, tras el optimismo y el pensamiento prospectivo de la Resolución de 2017.

Posteriormente se elabora el *Dictamen* del Comité Económico y Social Europeo sobre «Inteligencia artificial: anticipar su impacto en el trabajo para garantizar una transición justa» (dictamen de iniciativa)[495], más dirigido a evitar los inconvenientes que se vaticinan por la introducción de la IA en el mundo laboral, y sus efectos sobre el empleo y la calidad de éste: *4.1. El CESE respalda la aplicación del principio de un programa de IA y de robotización inclusivas. ...Evitar reproducir hoy nuevas formas de taylorismo digital orquestado por los desarrolladores de máquinas inteligentes, debe ser una prioridad para la UE.* La preocupación se centra en temas laborales, como la ética de los algoritmos selectores de personal o el problema de los impuestos al trabajo en relación a los robots.

3.3.5. La Comunicación de la Comisión al Parlamento Europeo y al Consejo «Inteligencia artificial para Europa», y otras comunicaciones y dictámenes

La *Comunicación de la Comisión al Parlamento Europeo, al Consejo Europeo, al Consejo, al Comité Económico y Social Europeo y al Comité de las Regiones* «Inteligencia *artificial para Europa»*, de abril de 2018[496], viene a continuar los desarrollos europeos en la materia. Tras una introducción llena de lugares comunes en la que se da por sentado que la Inteligencia Artificial es cotidiana[497], pasa a exponer la verdadera situación actual y la finalidad de la Comunicación, que es inaugurar una iniciativa europea sobre IA cuyos fines serían los de:

- Potenciar la capacidad tecnológica e industrial de la UE e impulsar la adopción de la IA en todos los ámbitos de la economía.

495 Diario Oficial de la Unión Europea, C 440/1, 6.12.2018, en: https://eur-lex.europa.eu/legal-content/ES/TXT/PDF/?uri=OJ:C:2018:440:FULL&from=EN.

496 Comisión europea. Bruselas, 25.4.2018 COM(2018) 237 final. Comunicación de la Comisión al Parlamento Europeo, al Consejo Europeo, al Consejo, al Comité Económico y Social Europeo y al Comité de las Regiones «Inteligencia artificial para Europa» {SWD(2018) 137 final}.

497 «Lejos de ser ciencia-ficción, la inteligencia artificial (IA) forma ya parte de nuestras vidas. En la utilización de un asistente personal para organizar nuestra jornada laboral, en el desplazamiento en un vehículo de conducción automática o en las canciones o restaurantes sugeridos por nuestros teléfonos, la IA se hace realidad. La IA, además de facilitarnos la vida, nos está ayudando a resolver algunos de los principales retos a los que se enfrenta nuestro mundo: desde el tratamiento de las enfermedades crónicas o la reducción de las tasas de mortalidad en los accidentes de tráfico hasta la lucha contra el cambio climático o la previsión de las amenazas a la ciberseguridad».

- Prepararse para las transformaciones socioeconómicas que origina la IA.
- *Garantizar el establecimiento de un marco ético y jurídico apropiado, basado en los valores de la Unión y en consonancia con la Carta de los Derechos Fundamentales de la UE.* En relación a esta finalidad, se anuncia una próxima directriz sobre *la interpretación de las actuales normas en materia de responsabilidad por productos defectuosos.*

Apunta Lambea Rueda[498] que esta Comunicación «Inteligencia *artificial para Europa»* es el resultado de los trabajos del Grupo Europeo sobre Ética, Ciencia y nuevas Tecnologías, «...dentro de los valores del artículo 2 del TUE y de la Carta de Derechos Fundamentales de la UE, tomando como referente la seguridad del RGPD —Reglamento General de Protección de Datos—, el Reglamento E-Privacy, y fomentando la confianza a través de la transparencia. En ella se anuncia un proyecto de directrices éticas en relación con la IA para finales de 2018», proyecto que tendrá en cuenta la Carta de Derechos Fundamentales de la UE, con especial incidencia en los aspectos de la intimidad, dignidad, protección de consumidores y no discriminación.

La Comunicación describe los esfuerzos europeos en investigación en IA, en el marco de programas comunitarios como el programa de investigación e innovación *Horizonte 2020,* entre los años 2014 y 2017, en el que se han invertido globalmente cerca de 1.100 millones de euros. Además, se ha abordado iniciativas para el desarrollo de componentes y sistemas electrónicos más eficaces: «chips neuromórficos» específicamente fabricados para las operaciones de IA, ordenadores de alto rendimiento, investigación en tecnologías cuánticas y sobre la cartografía del cerebro humano[499]. Mediante la confluencia del sector público y el privado, y el aumento de la

498 Lambea Rueda, Ana (2018): «Entorno digital, robótica y menores de edad», *Revista de Derecho Civil*, vol. 5, No. 4, pág. 216. Disponible en: http://www.nreg.es/ojs/index.php/RDC/article/view/353/320.

499 La investigación sobre intercambios cuánticos en las estructuras neuronales del cerebro humano está relacionada con las funciones más elevadas del entendimiento humano, singularmente con las funciones que atribuimos a la conciencia. Éstas, o la conciencia, derivan de la arquitectura de la propia neurona que hace que el funcionamiento del cerebro no sea el propio de un ordenador, pues conlleva fenómenos cuánticos, lo que se debe, nos dice Hierro-Pescador, a estar el citoesqueleto de cada neurona formado por una serie de micro-tubos o túbulos, compuestos de una proteína llamada tubulina. Roger Penrose estima que se producen fenómenos cuánticos en la estructura interna de las neuronas, en concreto en estos «microtúbulos» de su citoesqueleto: estos fenómenos subneuronales explicarían el fenómeno de la «conciencia», que luego se ampliaría por el funcionamiento la red neuronal. Hierro-Pescador, José, *Filosofía de la mente y de la Ciencia cognitiva*, Akal, Madrid, 2005, págs. 209-210.

inversión tanto pública como privada en investigación y desarrollo de proyectos, se colocará a Europa en la vanguardia de la transformación mundial que la IA va a propiciar a todos los niveles, pero singularmente el de la industria y el empleo.

Hay además propuestas de futuro, en concreto invertir en el próximo marco financiero plurianual 2021-2027 en sectores como: la red paneuropea de centros de excelencia especializados en IA, la investigación e innovación en aprendizaje automático no supervisado, energía y eficiencia de datos, los polos de innovación digital y las instalaciones de ensayo y experimentación de vanguardia en ámbitos como el transporte, la asistencia sanitaria, la industria agroalimentaria y el sector manufacturero, así como la adopción de la IA por parte de organismos públicos.

Se complementa con la *Comunicación de la Comisión Europea* al Parlamento Europeo, al Consejo Europeo, al Consejo, al Comité Económico y Social y al Comité de las Regiones, de 7 diciembre 2018, COM (2018) 795 titulada «Plan Coordinado sobre el desarrollo y uso de la Inteligencia Artificial en la UE», en el que detalla las acciones a desarrollar de inmediato en su estrategia nacional de IA para 2019-20.

En relación a la propiedad intelectual, se apunta hacia la necesaria reflexión sobre las interacciones entre la IA y los derechos de propiedad intelectual, desde la perspectiva de las oficinas de propiedad intelectual y también de los usuarios, con el fin de fomentar la innovación y la seguridad jurídica de forma equilibrada. En nota a pie de página se señala que la utilización de la IA para crear obras puede tener repercusiones sobre los derechos de propiedad intelectual y plantear cuestiones en relación, por ejemplo, con la patentabilidad, los derechos de autor y los derechos de propiedad.

Además de esta Comunicación, ha elaborado el CESE otras comunicaciones y dictámenes en los que la inteligencia artificial y la cibernética se ven implicadas, como el ya citado *Dictamen* sobre «*Inteligencia artificial: anticipar su impacto en el trabajo para garantizar una transición justa*» (dictamen de iniciativa) (2018/C 440/01), Ponente: Franca Salis-Madinier; también, el *Dictamen* sobre «*Confianza, privacidad y seguridad de los consumidores y las empresas en el internet de las cosas*» (dictamen de iniciativa) (2018/C 440/02), Ponente: Carlos Trias Pintó. O el *Dictamen* sobre la «Comunicación de la Comisión al Parlamento Europeo, al Consejo, al Comité Económico y Social Europeo y al Comité de las Regiones relativa a la consecución de la *transformación digital de la sanidad y los servicios asistenciales en el Mercado* Único *Digital, la capacitación de los ciudadanos y la creación de una sociedad más saludable*» [COM(2018) 233 final] (2018/C 440/09), Ponente: Diego Dutto, Coponente: Thomas Kattnig. Como plataforma de colaboración entre Estados y sectores industriales, sociales o sindicales, se prevé la creación de un amplio grupo multilateral, la *Alianza europea de la IA*, que trabajará sobre todas las facetas de la IA.

3.3.6. La Propuesta de Reglamento del programa Europa Digital para 2021-2027, la Resolución del Parlamento de 12 de febrero 2019, sobre una política industrial global europea en materia de IA, la Comunicación de la Comisión «Generar confianza» y el Estudio sobre «Directrices éticas»

La Propuesta de Reglamento del Parlamento Europeo y del Consejo, de 6 de junio 2018, por el que se establece el *Programa Europa Digital* para el período 2021-2027[500] nos avisa de la proximidad de un profundo cambio en la sociedad europea y mundial. Su exposición de motivos alerta del bajo nivel de inversión europea en lo digital, y singularmente en inteligencia artificial, pues, aunque en Europa también existe una comunidad de investigación en inteligencia artificial líder a nivel mundial, así como pequeñas empresas especializadas en esta materia, *su mercado de inteligencia artificial está subdesarrollado.* Este texto europeo quiere ser el acicate para un desarrollo competitivo de la industria robótica europea, que parece bastante retrasada en su desarrollo[501].

El 17 de abril de 2019 el Parlamento Europeo vota a favor de la financiación del Programa Europa Digital 2021-2027, «para el desarrollo de la inteligencia artificial, la informática de alto rendimiento, la ciberseguridad y las competencias digitales», aprobación que se completa con la confirmación del Consejo. Este fundamental Programa Europa Digital tiene como objetivos:

- Desarrollar y fortalecer las capacidades de informática de alto rendimiento y de procesamiento de datos de la UE...
- Desarrollar y reforzar las capacidades esenciales en inteligencia artificial (IA) como los recursos de datos y las bibliotecas de algoritmos de inteligencia artificial y hacerlos accesibles a todas las empresas y

500 Comisión europea. Bruselas, 6.6.2018, COM (2018) 434 final 2018/0227 (COD). Propuesta de Reglamento del Parlamento Europeo y del Consejo por el que se establece el programa Europa Digital para el período 2021-2027.

501 El indicado retraso de la ciencia europea ya fue puesto de relieve al más alto nivel político en la reunión de Tallin de los jefes de Estado y de Gobierno europeos (la llamada Cumbre Digital de Tallin), y las vías para remediarlo se plantearon en las Conclusiones del Consejo Europeo de 19 de octubre de 2017. Desde entonces, se ha intentado reforzar las capacidades digitales en la UE, y en la Comunicación del marco financiero plurianual COM (2018)98, la Comisión destacó la importancia de duplicar las inversiones en el ámbito digital. Y la realización de tal finalidad es lo que inspira esta Propuesta de Reglamento del Parlamento Europeo y del Consejo relativo a un nuevo programa dedicado a aumentar y maximizar los beneficios de la transformación digital para todos los ciudadanos, administraciones públicas y empresas de Europa, el llamado Programa Europa Digital dirigido a una transformación digital de la economía y la sociedad europeas.

administraciones públicas, así como reforzar y fomentar los vínculos entre las instalaciones de ensayo y experimentación en inteligencia artificial existentes en los Estados miembros.

- Velar por que las capacidades esenciales necesarias para la seguridad de la economía digital, la sociedad y la democracia de la UE estén presentes y sean accesibles para el sector público y las empresas de la UE, y mejoren la competitividad de la industria de la ciberseguridad de la UE.
- Velar por que la población activa actual y futura pueda adquirir fácilmente competencias digitales avanzadas, especialmente en informática de alto rendimiento, inteligencia artificial y ciberseguridad...
- *Extender el mejor uso de las capacidades digitales... al conjunto de la economía, en áreas de interés público y la sociedad... y facilitar el acceso a la tecnología y al conocimiento a todas las empresas, en particular a las pymes.*

Para el logro de estos objetivos, la Exposición de motivos prevé la coordinación con otros programas y otras políticas europeas, así como la utilización de fondos y de estímulos a la inversión. Asimismo, plantea la evaluación de los sucesivos pasos para la consecución de los objetivos y los planes de ejecución de las políticas subsiguientes, así como las aplicaciones presupuestarias adecuadas.

Entre los conceptos interesantes para los investigadores y desarrolladores de países europeos aparecen en el art. 2, referido a *Definiciones*, los de: *e)* «centro *de innovación digital», entidad jurídica designada o seleccionada en un procedimiento abierto y competitivo con el fin de cumplir las tareas en virtud del programa, en particular facilitar acceso a conocimientos tecnológicos y a instalaciones de experimentación... f)* «competencias *digitales avanzadas», las competencias y habilidades necesarias para diseñar, desarrollar, gestionar, desplegar y mantener las tecnologías financiadas en virtud del presente Reglamento.* Es decir, que las entidades que adquieran la condición de «centro de innovación digital», por poseer las «competencias digitales avanzadas» que se requieren para alcanzar tal calificación, podrán optar a una financiación europea para el desarrollo de aplicaciones digitales, entre ellas las referidas a inteligencia artificial.

Por lo demás, esta IA es el «objetivo específico 2» del programa Europa Digital (art. 3), la intervención financiera prevista se dirige a concretar éste en unos objetivos «operativos», que para la IA son: *a) intensificar y reforzar las capacidades básicas de inteligencia artificial en la Unión... b) hacer accesibles dichas capacidades a todas las empresas y administraciones públicas; c) reforzar y poner en red las instalaciones de ensayo y experimentación de inteligencia artificial existentes en los Estados miembros* (art. 5). El resto del documento va referido a cooperación internacional, subvenciones, financiación, auditorías y otras cuestiones de menor interés teórico.

El año 2019 es pródigo en textos. Tenemos así la *Resolución del Parlamento Europeo, de 12 de febrero de 2019, sobre una política industrial global europea en materia de inteligencia artificial y robótica (2018/2088(INI))*[502], basada en la Comunicación de la Comisión «Inteligencia artificial para Europa» antes vista, y en la Resolución de 16 de febrero de 2017 sobre normas de Derecho civil sobre robótica. Hay en esta Resolución una clara preocupación por el valor estratégico de la inteligencia artificial y la robótica como instrumento de desarrollo y progreso, afirmándose su papel fundamental para convertir Europa en un «continente emergente» dado que estas tecnologías de vanguardia son necesarias para generar crecimiento en Europa, particularmente en las aplicaciones médico-quirúrgicas y de cuidados de la robótica así como en la idea de que Europa en la actualidad se halla retrasada con respecto a Norteamérica y Asia en materia de investigación y patentes en el ámbito de la inteligencia artificial.

La Resolución de 12 de febrero 2019 intenta compendiar el impacto de la IA en el mundo laboral y preconiza una política industrial europea en materia de inteligencia artificial, así como un desarrollo normativo en la materia, en la que considera que son sectores prioritarios: el sector público, la sanidad, en cuanto a prevención, diagnóstico de enfermedades, investigación y cuidados, especialmente para los mayores. Es asimismo estratégico el sector de la energía, donde la IA mejorará la eficiencia en la producción y permitirá la mejor generación de energía renovable; el sector del transporte, con la introducción de trenes y vehículos de motor autónomos que procurarán menos accidentes y retrasos; la agricultura y la cadena alimentaria, en la que la IA puede mejorar la gestión de los recursos y la eficiencia de la producción agrícola, el control de las plagas y la gestión de las explotaciones. Otros sectores también implicados serían la ciberseguridad y la pequeña y mediana empresa.

En los aspectos éticos se destaca la necesidad de consentimiento de los implicados para la utilización de datos o informaciones personales[503], así como que se respete el derecho de los ciudadanos a una *vida fuera de línea,* sin que se discrimine a los ciudadanos sobre los que no haya datos registra-

---

502 Edición provisional P8_TA-PROV(2019)0081, en http://www.europarl.europa.eu.

503 En concreto en el n.° 141: *Pide a la Comisión que vele por que las aplicaciones basadas en la inteligencia artificial no utilicen datos recogidos de diversas fuentes sin haber recibido previamente el consentimiento de la persona concernida; pide a la Comisión que cree un marco que garantice que el consentimiento dado por la persona concernida* únicamente *genere datos para los fines previstos*. Es posible que esto contradiga lo que recientemente aparece regulado en la Ley Orgánica 3/2018, de 5 de diciembre, de Protección de Datos Personales y garantía de los derechos digitales, que modifica a la Ley Orgánica 5/1985, de 19 de junio, del Régimen Electoral General con un art. 58 bis.2: *Los partidos políticos, coaliciones y agrupaciones electorales podrán utilizar datos personales obtenidos en páginas web y otras fuentes de acceso público para la realización de actividades políticas durante el periodo electoral*.

dos. Preconiza, en suma, una tecnología centrada en el hombre, con el establecimiento de normas éticas para garantizar el desarrollo de una *inteligencia artificial centrada en el ser humano, la rendición de cuentas y la transparencia de los sistemas algorítmicos de toma de decisiones, así como unas normas claras en materia de responsabilidad y equidad*. Hay constantes invocaciones a la ética, insistiendo en que las normas europeas sobre inteligencia artificial deben basarse en los *principios de la* ética *digital, la dignidad humana, el respeto de los derechos fundamentales, la protección de datos y la seguridad*.

Previene la Resolución contra los comportamientos cibernéticos emergentes, es decir, espontáneos, resultado de un proceso de autoaprendizaje. Como dichos comportamientos no escapan al control del algoritmo correspondiente, señala la necesidad de la transparencia y equidad de los algoritmos de actuación de los sistemas, así como la de evitar los sesgos discriminatorios.

Finalmente, en cuanto a medidas y actuaciones administrativas, se alaba que varios Estados miembros ya dispongan de estrategias nacionales en materia de inteligencia artificial, y celebra que todos los Estados miembros hayan firmado una Declaración de Cooperación en Inteligencia Artificial en abril de 2018. Acoge con satisfacción la creación del Observatorio de las Políticas de Inteligencia Artificial de la OCDE e insta a ser más ambiciosos en el desarrollo de una hoja de ruta para una mayor cooperación. Resumiendo: Toda la Resolución no es sino el recordatorio de una labor común a toda Europa a realizar en los próximos años.

Posteriormente a esta Resolución se produce la *Comunicación* de la Comisión al Parlamento Europeo, el Consejo, el Comité Económico y Social europeo y el Comité de las Regiones de 8 de abril de 2019 que lleva por título «Generar *confianza en la Inteligencia artificial centrada en el ser humano» (Building Trust in Human Centric Artificial Intelligence)* (COM(2019)168). La Comunicación se dirige a complementar anteriores programas como el de «Inteligencia Artificial Para Europa», de 25.4.2018 (COM(2018) 237 final), o el «Plan coordinado sobre la inteligencia artificial», de 7.12.2018 (COM(2018) 795 final).

Esta Comunicación insiste en «generar confianza» en una IA «centrada en el ser humano», señalando que «...la *IA no es un fin en sí misma, sino un medio que debe servir a las personas con el objetivo* último *de aumentar su bienestar. Para ello, la fiabilidad de la IA debe estar garantizada. Los valores en los que se basan nuestras sociedades han de estar plenamente integrados en la evolución de la IA... la dignidad humana, la libertad, la democracia, la igualdad, el Estado de Derecho y el respeto de los derechos humanos, incluidos los derechos de las personas pertenecientes a minorías»*. La actuación de los sistemas y robots inteligentes puede menoscabar estos valores. Por tanto, requisito necesario para esta generación de confianza es la implantación de directrices éticas en los sistemas dotados de IA, especialmente las reglas elaboradas por los grupos de expertos de alto nivel. Concreta estas directrices sobre tres componentes básicos para una IA fiable (1- debe ser conforme a la ley, 2- debe respetar los principios éticos y 3- debe ser sólida) y enumera los requisitos que dichas directrices deben cumplir en concreto los siguientes: «Los *siete requisitos esenciales son los siguientes: - Intervención y supervisión humanas. - Solidez y seguridad técnicas. - Privacidad y gestión de datos. - Transparencia. - Diversidad, no discriminación y equidad. - Bienestar social y medioambiental. - Rendición de cuentas»*.

La Comunicación se completa con el *Estudio* «Directrices Éticas *para una IA fiable», Ethics guidelines for trustworthy AI*[504], elaborado por el Grupo de Expertos de alto nivel en Inteligencia Artificial (*High-Level Expert Group on Artificial Intelligence — AI HLEG*), y que se publica también el 8 de abril de 2019.

La fiabilidad de la IA se apoya por este *Estudio* en tres requisitos que deben cumplirse a lo largo de todo el ciclo de vida del sistema (y que son los mismos que se han expuesto en la Comunicación de la misma fecha): «a) la IA debe ser lícita, es decir, cumplir todas las leyes y reglamentos aplicables; b) ha de ser ética, de modo que se garantice el respeto de los principios y valores éticos; y c) debe ser robusta, tanto desde el punto de vista técnico como social, puesto que los sistemas de IA, incluso si las intenciones son buenas, pueden provocar daños accidentales».

Sin embargo, esta idea de la mera confianza en la IA luego se amplía hasta fijarse la finalidad de esta nueva tecnología en ser el instrumento de un nuevo humanismo: «Creemos *que la IA tiene el potencial de transformar significativamente la sociedad. La IA no es un fin en sí mismo, sino un medio prometedor para favorecer la prosperidad humana y, de ese modo, mejorar el bienestar individual y social y el bien común»*.

Uno de los puntos de mayor interés, a mi juicio, es la exaltación que hace de las leyes y en general de la legalidad como necesario marco para el desarrollo de la IA, y en particular de las leyes europeas. Lo hace en el epígrafe *B. Un Marco para una IA Fiable*, que, tras invocar el basamento de estas Directrices en la Carta de los Derechos Fundamentales de la Unión Europea, declara que «22) *Los sistemas de IA no operan en un mundo sin leyes. Existen varias normas jurídicamente vinculantes a escala europea, nacional e internacional que ya son aplicables o pertinentes al desarrollo, despliegue y utilización de sistemas de IA»*.

Ahora bien, el cumplimiento de la ley no basta, afirman los expertos, a ello hay que añadir el componente ético para que la IA sea enteramente fiable. El documento aporta una definición de ética de la inteligencia artificial como «subcampo de la ética aplicada que estudia los problemas éticos que plantea el desarrollo, despliegue y utilización de la IA». A la hora de concretar sus contenidos hace alusiones a los «objetivos de desarrollo sostenible», tanto los de Naciones Unidas como los de la Agenda Europea; todo se mueve en

504 Documento consultado (enero, 2020) en https://ec.europa.eu/digital-single-market/en/news/ethics-guidelines-trustworthy-ai.

un ámbito de posibilismo y de cierta euforia: «es *imprescindible que comprendamos cuál es la mejor forma de apoyar el desarrollo, despliegue y utilización de la IA, con objeto de garantizar que cualquier persona pueda prosperar en un mundo basado en la inteligencia artificial...»*. Si cualquier persona prospera o no en nuestro mundo convencional según sus propias condiciones de inteligencia y voluntad, no se ve qué diferencia va a suponer el sumar a dichas condiciones la inteligencia artificial.

En cualquier caso, el documento enuncia una serie de principios que pueden conformar una suerte de código ético para la IA: Respeto a la dignidad humana y libertad individual, respeto a la democracia, la justicia y el Estado de Derecho, derecho a la igualdad, no discriminación y solidaridad, y derechos políticos de los ciudadanos. A continuación, se exponen cuatro principios que actúan específicamente como imperativos éticos que los profesionales de la IA deben esforzarse en todo momento por observar; son los de: I) respeto de la autonomía humana; II) prevención del daño; III) equidad y IV) explicabilidad.

Viene luego la *Directiva* (UE) 2019/790 del Parlamento Europeo y del Consejo, de 17 de abril de 2019, *sobre los derechos de autor y derechos afines en el mercado* único *digital*, por la que se modifican las Directivas 96/9/CE y 2001/29/CE. La anterior Propuesta de Directiva del Parlamento europeo y del Consejo sobre los derechos de autor en el mercado único digital, de 2016, únicamente hacía referencia la «minería de textos y datos», que se define como cualquier técnica analítica automatizada para analizar textos y datos en formato digital a fin de generar información sobre pautas, tendencias o correlaciones. La Directiva de 2019 insiste en esta técnica de la minería de textos y datos, señalando la conveniencia de fijar excepciones o limitaciones obligatorias con respecto a los usos de tecnologías de minería de textos y datos, la ilustración con fines educativos en el entorno digital y la conservación del patrimonio cultural: *Se deben seguir aplicando las excepciones y limitaciones vigentes establecidas en el Derecho de la Unión, también a la minería de textos y datos, a la educación y a las actividades de conservación*, señala en sus Considerandos. Este texto por tanto no incide en la creación cibernética ni le dedica más espacio que el de la indicada minería de textos y datos, creación cibernética que sin embargo es un rico argumento en favor de la autonomía decisional robótica, puesto que puede alcanzar el límite de la creatividad, imitando al genio creativo humano.

3.3.7. El Dictamen del Consejo de 15 de mayo y el Informe «Responsabilidad para la IA y otras tecnologías emergentes», de 27 de noviembre 2019

Un mes después de los textos que acabamos de examinar, el 15 de mayo, se aprueba el *Dictamen* del Comité Económico y Social Europeo sobre la «Comunicación de la Comisión al Parlamento Europeo, al Consejo Europeo, al Consejo, al Comité Económico y Social Europeo y al Comité de las Regiones — Plan coordinado sobre la inteligencia artificial» [COM (2018) 795 final]. En este Dictamen, el CESE hace una (ligeramente angustiosa) llamada a la urgente aplicación del Plan coordinado sobre la inteligencia artificial, dado el rápido avance del desarrollo de la IA y sus aplicaciones en otros países fuera de la UE. Se repiten las ideas de necesidad de asumir la importancia de esta nueva tecnología, con llamamiento a la implementación de la misma en la educación y formación, en el mundo empresarial y en la sociedad, en general. Se ruega asimismo que se favorezca la accesibilidad, interoperabilidad y el flujo fluido de datos, pero asegurando al mismo tiempo su protección y privacidad: «Un *mercado* único *de datos que funcione bien es cada vez más importante, teniendo en cuenta que está interrelacionado con el mercado* único *de bienes, capitales y servicios»*. Se trata de lograr «un espacio común europeo de datos».

Hay una tremenda preocupación por hacer llegar la IA a la sociedad, con expresa mención de los planes educativos, desde la enseñanza elemental hasta la Universidad, así como por fomentar la confianza de los ciudadanos en la presencia robótica y la utilización de la IA en todos los ámbitos sociales. Por esto añade el punto 4.5. que son necesarias reformas en los planes de estudios desde la escuela primaria hasta la universidad, siendo necesaria una base sólida en ciencia, tecnología, ingeniería y matemáticas, y reconociendo que el desarrollo y la utilización de la IA requieren competencias amplias, lo que aprovecha para alertar del olvido de la educación en ciencias sociales y arte. Y entre las ciencias sociales, las ciencias jurídicas. En particular por lo que se refiere al punto de vista jurídico y legislativo, en el punto 1.9 el CESE hace hincapié en que la IA debe desarrollarse y utilizarse de conformidad con los valores de la UE y cumpliendo plenamente la legislación, «...ya *sea la legislación relacionada con el consumidor, con el trabajo o con las empresas. Hay que involucrar a los representantes de la sociedad civil y los interlocutores sociales en la elaboración de políticas y medidas relacionadas con la IA. Divulgar los conocimientos acerca de la IA también es necesario para reforzar la confianza de las personas»*.

Además del Dictamen del CESE, tenemos también otro reciente texto de interés, el Informe *Responsabilidad para la IA y otras tecnologías digitales emergentes (Liability for artificial intelligence and other emerging digital technologies)*[505], de 27 de noviembre 2019, elaborado por el Grupo de Expertos sobre Responsabilidad y Nuevas Tecnologías, designado por la Dirección General de Justicia y Consumidores de la Comisión europea. En marzo de 2018,

505 *Liability for Artificial Intelligence and other Emerging Digital Technologies*. Report from the Expert Group on Liability and New Technologies — New Technologies Formation. Justice and Consumers. PDF ISBN 978-92-76-12959-2, doi:10.2838/573689, Catalogue number: DS-03-19-853-EN-N. https://ec.europa.eu/transparency/regexpert/index.cfm?do=groupDetail.groupMeetingDoc&docid=36608 Consultado el 7 de enero 2020.

la Comisión estableció este Grupo de Expertos en Responsabilidad y Nuevas Tecnologías, que opera en dos direcciones diferentes: la temática de la Directiva de Responsabilidad del Producto y la formación en Nuevas Tecnologías.

Comienza su informe señalando el carácter transformador de las nuevas tecnologías digitales dotadas de IA, con las que se pretende hacer del mundo un lugar más seguro, más justo, más productivo y más agradable, y también mitigar las enfermedades y la pobreza, combatir la delincuencia, la discriminación y otras formas de injusticia, y conectar a las personas en todo el mundo. Sin embargo, no se ignora el carácter potencialmente dañino de estas nuevas tecnologías, advirtiendo que los regímenes de responsabilidad vigentes en los Estados miembros de la UE si bien garantizan una protección básica a las víctimas que sufran daños por las nuevas tecnologías, las especiales características de éstas pueden hacer más difícil la indemnización del daño. Para rectificar esto, el informe propone ciertos ajustes en los regímenes nacionales de responsabilidad, partiendo de premisas como las siguientes:

- La utilización de tecnologías que aumenten el riesgo, como la de robots en espacios públicos debe estar sujeta a una responsabilidad estricta por los daños resultantes de su funcionamiento.
- El proveedor de servicios que asegura las bases técnicas del funcionamiento tiene un mayor control que el poseedor o usuario del sistema dotado de IA, lo que debe tenerse en cuenta para aclarar quién es el que está operando el sistema.
- Una persona que esté utilizando una tecnología que no represente un mayor riesgo de daño a los demás debe sin embargo seguir cumpliendo con sus deberes de diligencia al operar, monitorizar y mantener en uso dicha tecnología y, si no lo hace, debería ser responsable del incumplimiento culposo de tales deberes.
- Una persona que usa una tecnología que tiene un cierto grado de autonomía no debería ser menos responsable del daño que si dicho daño hubiera sido causado por un auxiliar humano.
- Los fabricantes de productos o contenidos digitales que incorporen tecnología digital emergente deben ser responsables por los daños causados por defectos en sus productos...

Finalmente, y en contra de la tan anunciada (y repetida hasta la saciedad) personalidad electrónica, nos dice el Informe: «No es necesario dar a los dispositivos o sistemas autónomos una personalidad jurídica, ya que el daño que pueden causar puede y debe atribuirse a personas u organismos existentes»[506].

506 *It is not necessary to give devices or autonomous systems a legal personality, as the harm these may cause can and should be attributable to existing persons or bodies.*

Este Informe *Responsabilidad para la IA y otras tecnologías digitales emergentes*, como indica Zurita Martín[507], opta igualmente por la utilización de esquemas de responsabilidad consolidados, partiendo de la Directiva sobre productos defectuosos, y llegando a la conclusión de que pueden combinarse regímenes de responsabilidad objetivos y subjetivos para gestionar estos riesgos: En suma, para los daños a terceros diferenciación de ámbitos de responsabilidad objetiva/subjetiva según la gravedad del riesgo. Y para los daños al propio usuario, responsabilidad de producto. Ratifica esta opinión Platero Alcón[508], que señala que el citado *Informe* añade a la norma de productos defectuosos lo previsto en la Directiva de protección de datos personales europea, «...para exigir la reparación del daño causado por los sistemas de IA que, no traten adecuadamente los datos personales de sus usuarios». Además, apunta que el Informe diferencia entre una responsabilidad objetiva para los daños derivados de sistemas de alto riesgo, «...como pudiera ser los de la conducción autónoma, mientras que los daños producidos por la IA de bajo riesgo, como los derivados del algoritmo de preferencias en visualización de Netflix, por ejemplo, serían daños de carácter subjetivo».

Además de toda esta producción de textos, da cuenta Dolz Lago[509] de la creación por parte del Comité de Ministros del Consejo de Europa (el 11 septiembre 2019) de comités de expertos en tema de IA. Así, el *Comité Ad hoc sobre Inteligencia Artificial* (CAHAI), y el *Comité de Inteligencia artificial* (CAI), con el objetivo de «elaborar un marco jurídico adecuado sobre el desarrollo, el diseño y la aplicación de la inteligencia artificial, basado en las normas del Consejo de Europa en materia de derechos humanos, democracia y Estado de Derecho».

3.3.8. Las Resoluciones y el Libro Blanco de febrero y abril de 2020

Se inicia el año 2020 con una serie de estudios elaborados por instancias y gabinetes técnicos. Tenemos así en primer lugar el Informe de la Comisión al Parlamento Europeo, al Consejo y al Comité Económico y Social Europeo, *sobre las repercusiones en materia de seguridad y responsabilidad civil de la inteligencia artificial, el internet de las cosas y la robótica*, de 19 de febrero

507 ZURITA MARTÍN, Isabel, «Las propuestas de reforma legislativa del libro blanco europeo sobre inteligencia artificial en materia de seguridad y responsabilidad civil», *Actualidad Jurídica Iberoamericana*, n.º 14, febrero 2021, pág. 443.

508 PLATERO ALCÓN, Alejandro, «Breves notas sobre el régimen de responsabilidad civil derivado de los sistemas de inteligencia artificial: especial referencia al algoritmo de recomendaciones de Netflix», *IUS ET SCIENTIA*, 2021, Vol. 7, n.º 1, https://dx.doi.org/10.12795/IETSCIENTIA, pág. 139.

509 DOLZ LAGO, «Una aproximación jurídica a la Inteligencia Artificial», *Diario La Ley*, n.º 10096, 23 de junio de 2022.

2020[510]. Va dirigido a aumentar la seguridad de los sistemas inteligentes, señalando que los niveles elevados de seguridad y mecanismos solventes de reparación de los daños «contribuyen a proteger mejor a los consumidores y, por otra parte, genera confianza en estas tecnologías, que es una condición previa para que las adopten la industria y los usuarios».

También de comienzos de año es el estudio redactado por la Unidad de Prospectiva Científica (STOA) del *European Parliament Research Service,* que trata de *La* ética *de la Inteligencia Artificial: Cuestiones e Iniciativas (The ethics of artificial intelligence: Issues and initiatives)*[511], de marzo 2020.

En abril del mismo año, y desde la perspectiva de la protección al consumidor, se elabora el Estudio *Nuevos aspectos y desafíos en la protección del consumidor. Servicios digitales e inteligencia artificial*[512] *(New aspects and challenges in consumer protection. Digital services and artificial intelligence)*, por el profesor Giovanni Sartor, por encargo del Departamento de Políticas Económicas, Científicas y de Calidad de Vida, a solicitud de la Comisión de Mercado Interior y Protección del Consumidor (IMCO) del Parlamento Europeo. El estudio plantea los problemas que puede plantear el uso de la IA en el ámbito comercial, en particular las técnicas de perfilado y seguimiento del consumidor, a partir de una extracción masiva de datos sobre el mismo.

Con un alcance más jurídico, aparece el *Libro blanco sobre la Inteligencia artificial: un enfoque europeo orientado a la excelencia y la confianza*[513]. Este *Paper* de 19 de febrero de 2020 comienza remitiéndose a las directrices recogidas en la *Comunicación de la Comisión* «Inteligencia *artificial para Europa»*, de abril de 2018, así como las Directrices de la Comisión, expuestas por la presidente Úrsula von der Leyen para un enfoque coordinado sobre las implicaciones humanas y éticas de la IA, y asimismo una reflexión sobre el mejor uso del *Big data*. El propósito de este nuevo informe es doble: promover el despegue de la IA y abordar el problema de los riesgos asociados a la misma[514]. Intenta también que la «IA europea» esté basada en valores y derechos humanos como los de la dignidad humana y protección de la privacidad, aparte del impacto de la misma en el logro de los amables lugares comunes que son el «desarrollo sostenible» y el mantenimiento del clima y el medio ambiente. El *Paper* presenta una serie de propuestas para un

510 Bruselas, 19.2.2020. COM(2020) 64 final

511 Scientific Foresight Unit (STOA). PE 634.452 — March 2020

512 Policy Department for Economic, Scientific and Quality of Life policies. Directorate-General for Internal Policies. PE 648.790 - April 2020

513 Texto emitido por la Comisión Europea, Bruselas 19.2.2020, COM (2020) 65 final.

514 Este Libro Blanco se valora muy positivamente por el CESE en el posterior Dictamen del Comité Económico y Social Europeo sobre el «Libro Blanco sobre la inteligencia artificial: un enfoque europeo orientado a la excelencia y la confianza», (2020/C 364/12), de 16 de julio 2020.

desarrollo seguro y «confiable» de la IA, que respete los valores y derechos de la ciudadanía europea, partiendo de la ya estudiada Comunicación de la Comisión de 8 de abril de 2019 «Generar *confianza en la Inteligencia artificial centrada en el ser humano»* (COM(2019)168).

Este *Paper* distingue los riesgos que la IA produce para los derechos fundamentales (incluyendo datos personales, derecho a la intimidad y a la no discriminación), respecto de los cuales se señala: «El uso de la IA puede afectar los valores en los que se funda la UE y dar lugar a violaciones de los derechos fundamentales, incluidos los derechos a la libertad de expresión, libertad de reunión, dignidad humana, no discriminación por razón de sexo, origen racial o étnico, religión o creencia, discapacidad, edad u orientación sexual... protección de datos personales y vida privada, o el derecho a un recurso judicial efectivo y un juicio justo, así como la protección del consumidor». Casi nada. Por otro lado, considera los riesgos para la seguridad y las reclamaciones de responsabilidad, estimando que estos riesgos pueden ser causados por errores en el diseño de la tecnología de inteligencia artificial, o provenir de la falta de datos u otros problemas derivados del aprendizaje automático de la máquina. Esta falta de seguridad puede crear incertidumbre legal para las empresas que comercializan productos que incorporan IA, y esta incertidumbre puede reducir los niveles de seguridad y socavar la competitividad de las empresas europeas.

Ante estos riesgos, se señala la aplicabilidad de todos los textos europeos para la protección contra la discriminación y protección de la privacidad y datos personales (hay referencias expresas a la identificación biométrica), así como la necesidad de crear un marco regulatorio europeo que asegure la protección frente a los riesgos, especialmente en el ámbito de consumo, pero al mismo tiempo no ponga excesiva carga regulatoria sobre las empresas europeas que limite su competitividad. Para ello distingue ámbitos de intervención de la IA de bajo y de alto riesgo, señalando por ejemplo entre estos últimos los de la selección en las ofertas y demandas de empleo, donde se puede producir un riesgo para los derechos de los trabajadores, y los de identificación biométrica y otras técnicas «intrusivas» en la intimidad personal. Señala García Mexía[515] que el Libro se compaña de un paquete de medidas en materia digital bajo el titulo *A Europe fit for the Digital Age*, que incluye medidas regulatorias obligatorias para la IA de alto riesgo, entre las que se incluyen los procesos selectivos de personal, las medidas de vigilancia y la identificación biométrica.

Destaca Zurita Martín *(loc. cit.)* la importancia de este *Libro Blanco* de 19 de febrero 2020, dedicado al logro de la confianza de la ciudadanía europea en la nueva tecnología de IA, confianza que se ha de ganar mediante la construcción de sistemas inteligentes que funcionen bien, es decir, que sean realmente inteligentes, y que a ser posible no estallen, ni atropellen ni

515 García Mexía, Pablo, «Inteligencia artificial. Una mirada desde el Derecho», *Anales de la Academia Matritense del Notariado*, tomo LX, curso 2019/2020, pág. 153.

golpeen a los seres humanos: estos son los fines que se logran mediante lo que la Comisión denomina «ecosistema de excelencia» y «ecosistema de confianza», que se resumen en una exigencia de fiabilidad y seguridad de los sistemas. Para ello la responsabilidad civil es una herramienta fundamental, y esto lo ratifica el *Informe de la Comisión sobre las repercusiones en materia de seguridad y responsabilidad civil de la inteligencia artificial, el internet de las cosas y la robótica,* adjunto al Libro Blanco.

Por su parte Vázquez de Castro[516] (que califica al Libro Blanco de «arenga» a una Europa que ha perdido el tren de la tecnología inteligente), nos previene en contra de una regulación que se haga pensando en los casos concretos: «Si se regula pensando en el caso concreto, se pueden cometer errores de concepto que luego se arrastrarán impidiendo dar solución a nuevos casos que puedan ir surgiendo a medida que evoluciona la aplicación de la IA». Es decir, un régimen casuístico es un régimen fragmentario que dificulta la solución de casos ambiguos o interconectados.

Añade Zurita Martín[517] que el posterior Informe anexo al *Libro Blanco*, pondera la aplicabilidad al riesgo cibernético de las Directivas 85/374/CEE sobre responsabilidad por los daños causados por productos defectuosos, y 2001/95/CE sobre seguridad general de los productos, y de ahí pasa a plantear la consideración de la prestación de un sistema de IA como «producto» o «servicio», pues aplicando la normativa de la Ley de Defensa de Consumidores y Usuarios, la responsabilidad es distinta en uno y otro caso (cuasi-objetiva y objetiva).Y apunta Platero Alcón[518] que se prevé necesidad de alterar la carga de la prueba en los daños producidos por la IA, por la desprotección del consumidor «...ante la conocida como brecha de responsabilidad o *responsability gap* (Villar, 2020), debido al efecto de caja negra que se produce en los sistemas de IA, donde el dañado, difícilmente tendrá ni los conocimientos técnicos del funcionamiento de la tecnología ni, tendrá claro ante que sujeto debe reclamar el resarcimiento de daños».

3.3.9. Las Resoluciones de octubre de 2020

A los anteriores textos se unen las Resoluciones del Parlamento de octubre de 2020. Con base en anteriores estudios del Servicio de Estudios Parlamen-

516 Vázquez de Castro, Eduardo, «Aproximación a la responsabilidad derivada de los riesgos de la Inteligencia Artificial en Europa», en *Dimensiones* éticas *y jurídicas de la Inteligencia Artificial en el marco del Estado de Derecho*, Cuadernos de la Cátedra de Democracia y Derechos Humanos, Núm. 16, Universidad de Alcalá — Defensor del Pueblo, Alcalá de Henares, 2020, pág. 235.

517 Zurita Martín, «Las propuestas de reforma legislativa del Libro blanco europeo...», cit., pág. 452.

518 Platero Alcón, «Breves notas sobre el régimen de responsabilidad civil...», cit., pág. 140.

tarios, del Grupo de expertos de alto nivel sobre IA, y del STOA, se aprueban el 20 de octubre de 2020 tres Resoluciones del Parlamento Europeo.

-La primera, la Resolución *Marco de los aspectos* éticos *de la inteligencia artificial, la robótica y las tecnologías conexas*[519]. Esta Resolución destaca la necesidad de una implementación de los sistemas jurídicos europeos a partir de las nuevas posibilidades que abre la tecnología de la IA, añadiendo que además de las adaptaciones de la legislación vigente, *las cuestiones de carácter* ético *y jurídico relacionadas con la inteligencia artificial deben abordarse a través de un marco regulador del Derecho de la Unión efectivo, global y con visión de futuro que refleje los principios y valores de la Unión consagrados en los Tratados y en la Carta de los Derechos Fundamentales de la Unión Europea.* Señala García Herrera[520] que parte de un Informe presentado por el eurodiputado español Ibán García del Blanco el 8 de octubre de 2020, basado en la garantía de la seguridad, la transparencia y la responsabilidad para evitar cualquier forma de sesgo y de discriminación, así como en el respeto de los derechos fundamentales. Como principios fija los siguientes: una inteligencia artificial antropocéntrica y antropogénica; seguridad, transparencia y rendición de cuentas; salvaguardas contra el sesgo y la discriminación; derecho de reparación; responsabilidad social y medioambiental; respecto a la intimidad; y protección de datos.

Estima que este desarrollo normativo debe realizarse desde un punto de vista humanista, sin perder de vista la esencial individualidad y libertad del ser humano: *...la inteligencia artificial, la robótica y las tecnologías conexas deben adaptarse a las necesidades humanas, en consonancia con el principio según el cual su desarrollo, despliegue y uso deben estar siempre al servicio del ser humano y nunca al revés y deben tener por objeto aumentar el bienestar y la libertad individual, así como preservar la paz, prevenir los conflictos y reforzar la seguridad internacional.*

Esta Resolución se dirige a salvaguardar los principios éticos de la dignidad, la autonomía y la seguridad humanas, a proteger la utilización de datos personales (art. 5), establecer la necesidad de supervisión y control humanos de su funcionamiento (art. 7), y la garantía de la seguridad, transparencia y rendición de cuentas (art. 8). En definitiva, la ética en este ámbito se refiere a un comportamiento de la IA que no sea lesivo para los derechos del ser humano, es decir, que tengamos una IA «confiable», que se dice ahora, que es lo mismo que decir «segura».

---

519 P9_TA-PROV(2020)0275.Resolución del Parlamento Europeo, de 20 de octubre de 2020, con recomendaciones destinadas a la Comisión sobre un marco de los aspectos éticos de la inteligencia artificial, la robótica y las tecnologías conexas (2020/2012(INL)).

520 García Herrrera, «Panorama Legislativo de la Inteligencia Artificial en la Unión Europea», *La robótica y la inteligencia artificial en la nueva era de la revolución industrial 4.0,* cit., p. 288.

Sin embargo, la lectura de esta Resolución hace temer que los redactores del Parlamento Europeo hayan perdido completamente su capacidad de síntesis: el texto hace gala de innumerables reiteraciones, de discursos en bucle, razonamientos circulares, y un abundante uso del tópico y del lugar común, o de conceptos que no siéndolo se convierten en tales por su agotadora repetición. Lo que parece claro es que se va a dar forma a un Certificado europeo de conformidad ética que intentará verificar el ajuste del funcionamiento de los mecanismos dotados de IA al ordenamiento y a los principios éticos que se entiendan de imprescindible cumplimiento.

El valor de esta Resolución está en que anticipa como Anexo una Propuesta de Reglamento del Parlamento Europeo y del Consejo *sobre los principios* éticos *para el desarrollo, el despliegue y el uso de la inteligencia artificial, la robótica y las tecnologías conexas*. En los 24 artículos que lo componen, cabe destacar que se recoge una definición de IA en su art. 4, como ...*un sistema basado en programas informáticos o incorporado en dispositivos físicos que manifiesta un comportamiento inteligente al ser capaz, entre otras cosas, de recopilar y tratar datos, analizar e interpretar su entorno y pasar a la acción, con cierto grado de autonomía, con el fin de alcanzar objetivos específicos*[521]. Seguidamente se prescribe el sometimiento de estas tecnologías al Derecho de la Unión, y a los principios éticos de la dignidad, la autonomía y la seguridad humanas, con salvaguarda de la utilización de datos personales (art. 5), la necesidad de supervisión y control humanos de su funcionamiento (art. 7), y la garantía de la seguridad, transparencia y rendición de cuentas (art. 8).

Tenemos también la inevitable invocación a la prohibición de discriminaciones y *sesgo*, igualdad de género, sostenibilidad medioambiental y protección de datos personales, fórmulas cuya invocación garantizará el mencionado Certificado europeo de conformidad ética (art. 16) emitido por la Autoridad de control de cada Estado miembro (art. 18).

-La segunda, también de 20 de octubre de 2020, es la Resolución del Parlamento Europeo *con recomendaciones destinadas a la Comisión sobre un régimen de responsabilidad civil en materia de inteligencia artificial*[522], centrada en este asunto de la responsabilidad civil, tema al que se da la importancia que tiene: *A. Considerando que el concepto de* «responsabilidad *civil» desempeña un importante doble papel en nuestra vida cotidiana: por una parte, garantiza que una persona que haya sufrido un daño o perjuicio tenga derecho a reclamar y recibir una indemnización a quien se haya demostrado que es responsable de dicho daño o perjuicio y, por otra parte, proporciona incentivos económicos para que las personas físicas o jurídicas eviten en primer lugar*

521 En nota al pie se aclara que esta definición es una adaptación de la que figura en la Comunicación de la Comisión Europea COM(2018) 237 final, de 25.4.2018.

522 P9_TA-PROV(2020)0276. Resolución del Parlamento Europeo, de 20 de octubre de 2020, con recomendaciones destinadas a la Comisión sobre un régimen de responsabilidad civil en materia de inteligencia artificial (2020/2014(INL)).

causar daños o perjuicios o consideren en su comportamiento el riesgo de tener que pagar una indemnización... El texto advierte de la necesidad de equilibrio entre las reglas de responsabilidad, especialmente la objetiva, y las exigencias de cierto margen de maniobra por parte de los desarrolladores de la nueva tecnología, aparte de la opacidad e imprevisibilidad de los sistemas automatizados de *aprendizaje profundo*.

Destaca Navas Navarro[523] que esta Resolución procede a hacer una definición de sistema de IA más específica que la de anteriores textos. Aparece en el art. 3 y define al sistema inteligente como «todo sistema basado en programas informáticos o incorporado a dispositivos físicos que muestra un comportamiento que simula la inteligencia, entre otras cosas, mediante la recopilación y el tratamiento de datos, el análisis y la interpretación de su entorno, y la actuación, con cierto grado de autonomía, para lograr objetivos específicos».

Comenta Tapia Hermida[524] que esta Resolución (también la anterior) parte de la posibilidad innegable de que la IA cause daños, por error o por tratarse de algoritmos *per se* dañinos. Y recopila diez principios extraídos de ambas Resoluciones, tanto de ésta sobre responsabilidad civil como de la anterior que versa sobre ética (que denomina con los acrónimos RIAR y RIAE, respectivamente), principios que entiende que conforman un Decálogo para la IA. Estos principios serían: 1. Control de riesgos. 2. Protección de los consumidores en sentido amplio, subjetivo, geográfico y funcional. 3. Seguridad, transparencia y rendición de cuentas. 4. Igualdad: prevención de la discriminación automatizada. 5. Responsabilidad, social y civil. 6. Imputabilidad. 7. Adaptabilidad: Adecuación del régimen de responsabilidad civil a los sistemas de IA de alto riesgo y de riesgo normal. 8. Cobertura preventiva. 9. Sostenibilidad. 10. Gobernabilidad.

Al igual que la Resolución anterior, contiene esta Resolución sobre responsabilidad civil también un texto anexo con una Propuesta de Reglamento del Parlamento y del Consejo relativo a la responsabilidad civil por el funcionamiento de los sistemas de inteligencia artificial. La idea que se plasma es la no especialidad de esta responsabilidad y la suficiencia, con las necesarias adaptaciones, de los conceptos vigentes sobre responsabilidad civil, con especial apoyo en la responsabilidad por el producto defectuoso, y en la necesidad de que los damnificados reciban las oportunas indemnizaciones. Expresamente se señala que han de comprenderse todo tipo de daños: *(16) El presente Reglamento debe cubrir los daños o perjuicios a la vida, la salud, la integridad física, la propiedad y los daños morales significativos que den lugar*

---

523 Navas Navarro, Susana, *Daños ocasionados por sistemas de inteligencia artificial*, Editorial Comares, Granada, 2022, p. 10.

524 Tapia Hermida, Alberto J., «Decálogo de la inteligencia artificial ética y responsable en la Unión Europea», *Diario La Ley*, n.º 9749, Sección Tribuna, 4 de diciembre de 2020, Wolters Kluwer.

a una pérdida económica comprobable por encima de un umbral, armonizado en el Derecho de la Unión en materia de responsabilidad civil, que equilibre el acceso a la justicia de las personas afectadas con los intereses de otras personas implicadas.

El Reglamento propuesto consta de 15 artículos, recogiendo los conceptos ya expuestos sobre *inteligencia artificial*, y otros más especializados, como *alto riesgo*, *operador final*, *control* o *productor* (art. 3). Nos señala la profesora D´Alfonso[525] que el sistema propuesto impone una responsabilidad objetiva al operador de sistemas de IA de alto riesgo, determinando el importe y alcance de la correspondiente indemnización por los daños que cause, así como la prescripción de la acción para reclamarla (arts. 4 a 7). Los sistemas de IA que no sean de alto riesgo se van a ver sujetos a un sistema de responsabilidad subjetiva o por culpa. Pero estimo que no es la responsabilidad subjetiva ordinaria, pues se habla de la posibilidad de eximirse de responsabilidad el operador si demuestra que no ha incurrido en culpa, pero luego se produce un desplazamiento de la carga de la prueba que aproxima el sistema al de responsabilidad por riesgo, reconociendo que la fuerza mayor impide la reclamación.

Se impone la responsabilidad solidaria en caso de concurrencia de más de un operador en la causación del daño (art. 11), y aquí señala D´Alfonso[526] que en la Propuesta de Reglamento se extiende la responsabilidad a todos los «operadores» de sistemas digitales, clasificándolos en función del grado de control que ejercen sobre su funcionamiento. Se diferencia entre «operador *front-end*» y «operador *back-end*», «definiendo al primero como la persona física o jurídica que ejerce un cierto grado de control sobre un riesgo relacionado con el funcionamiento del sistema inteligente y que se beneficia del mismo (como, por ejemplo, el propietario o custodio —usuario autorizado— del vehículo o del dispositivo automatizado); el segundo como la persona física o jurídica que, de forma continua, define las características de la tecnología, proporciona los datos y el servicio de soporte *back-end* esencial y es capaz de ejercer un alto grado de verificación del riesgo», por ejemplo, el gestor de una autopista equipada para la conducción automatizada.

Señala Platero Alcón[527] que esto implica que los responsables no pueden eludir la indemnización alegando diligencia debida o que el daño procede de una decisión autónoma del sistema inteligente. También apunta el autor que los sistemas de «bajo riesgo» no se definen, por lo que lo serán los que no lo sean de alto. En este supuesto el sistema de responsabilidad será el subjetivo

525 D'Alfonso, Giovanna, «Intelligenza artificiale e responsabilità civile. Prospettive europee», *Revista de Estudios Jurídicos y Criminológicos*, n.º 6, Universidad de Cádiz, 2022, pp. 163-195, p. 179. DOI: https://doi.org/10.25267/REJUCRIM.2022.i6.06

526 D'Alfonso, «Intelligenza artificiale e responsabilità civile. Prospettive europee», cit., p. 179.

527 Platero Alcón, «Breves notas sobre el régimen de responsabilidad civil...» cit., pág. 141.

del 1902 del Código civil, con la consiguiente elevación del nivel de exigencia del empresario productor o cedente del sistema inteligente, así como —estimo por mi parte— con el habitual desplazamiento de la carga de la prueba, por lo que si éste quiere verse libre de responsabilidad tendrá que demostrar una diligencia suma.

Para Atienza Navarro[528], esta Resolución realmente contiene una auténtica sugerencia de régimen especial de responsabilidad civil para la Inteligencia artificial en su Reglamento. La idea que se plasma es la especialidad de esta responsabilidad robótica o cibernética, pero al lado de esto, también reconoce la suficiencia, con las necesarias adaptaciones, de los conceptos vigentes sobre responsabilidad civil, con especial apoyo en la responsabilidad por el producto defectuoso. Señala asimismo la Propuesta de Reglamento que el sujeto responsable del daño, tanto si su responsabilidad es subjetiva como objetiva, lo es el operador del sistema, tanto el «inicial» (el *front-end*) como el «final» (el *back-end*), operador que incluso responde por el tercero causante del daño cuando éste no pueda ser identificado, o sea insolvente (art. 8.3)[529].

Esta es la vía en la que insiste esta Resolución de 20 de octubre 2020, que para la intervención en particular de terceros «interferidores», es decir, *hackers* y piratas informáticos, advierte que la responsabilidad subjetiva tradicional permitirá resolver la mayoría de las reclamaciones. Añade que «solo en casos específicos, incluidos aquellos en los que el tercero no sea rastreable o sea insolvente, parece necesario añadir normas en materia de responsabilidad civil para complementar la legislación nacional en materia de responsabilidad civil existente». Esto creo que, sin embargo, olvida la transnacionalidad de estas «interferencias», en muchos casos delictivas. A continuación, esta Resolución expone que la reclamación debe centrarse, en esta línea subjetiva, en el operador del sistema de IA que causa el daño, «...por el hecho de que controla un riesgo asociado al sistema de IA, comparable al del propietario de un automóvil», y considera que, debido a la complejidad y conectividad de un sistema de IA, el operador será, en muchos casos, el primer punto de contacto visible para la persona afectada (Considerandos 9 y 10).

Recapitulando, vemos que estos textos europeos se inclinan por resolver los daños causados por sistemas inteligentes mediante la aplicación de los conceptos usuales de responsabilidad objetiva o subjetiva, dependiendo de la peligrosidad del mecanismo inteligente y del medio en que se utiliza.

528 Atienza Navarro María Luisa, «¿Daños nuevos, reglas nuevas para su indemnización? Responsabilidad civil e inteligencia artificial a la luz de las últimas Propuestas de la Unión Europea», *Revista Aranzadi de Derecho y Nuevas Tecnologías*, n.º 64, enero-abril 2024, p. 2/24.

529 *3. Cuando el daño o perjuicio haya sido causado por un tercero que haya interferido en el sistema de IA por medio de una modificación de su funcionamiento o sus efectos, el operador será, no obstante, responsable del pago de una indemnización en caso de que dicho tercero esté ilocalizable o sea insolvente*.

También se utilizarían las regulaciones de protección de datos personales, responsabilidad civil de vehículos, y las de productos defectuosos y protección al consumidor, para resolver los daños en el ámbito del mal empleo de datos, de la circulación de vehículos, o las reclamaciones contra el fabricante o suministrador del «producto inteligente» por defecto del mismo. Y la responsabilidad será siempre del humano que está detrás de la máquina. No hay necesidad de una personalidad electrónica, ni de construir una responsabilidad especial para la IA, porque su casuística es demasiado extensa, y poco tiene que ver un aspirador Roomba con un coche Tesla o con un brazo robótico de soldadura. Señala Atienza Navarro[530] que ante las críticas que recibió la idea del reconocimiento de la personalidad jurídica electrónica en la Resolución de 2017, el Parlamento Europeo cambió radicalmente su posición: «De hecho, en la Exposición de Motivos del borrador de la Propuesta de Reglamento de 202043), con una postura mucho más conservadora, advierte que esos sistemas conscientes y con ese grado de autonomía sólo existen en las películas de ciencia ficción y que «por lo tanto, cualquier debate sobre dotar a los sistemas de inteligencia artificial de personalidad jurídica está obsoleto».

-A las dos Resoluciones anteriores hay que añadir una tercera, también de 20 de octubre de 2020, la Resolución del Parlamento Europeo *sobre los derechos de propiedad intelectual para el desarrollo de las tecnologías relativas a la inteligencia artificial* (2020/2015(INI)). Esta Resolución se preocupa por la protección de los derechos de propiedad intelectual en entornos de IA, sopesando la armonización de dicha protección con las necesidades de datos para un desarrollo firme de la IA europea.

Insiste en la necesidad de un *marco regulador operativo y plenamente armonizado en el* ámbito *de las tecnologías de IA*, pero sugiere que dicho marco adopte la forma de reglamento y no de directiva. Distingue las creaciones generadas por la IA, que requieren tratamiento normativo sobre la titularidad, la condición de autor y la remuneración adecuada, de los casos en los que la IA solo se usa como herramienta auxiliar del autor.

Destaca Coca Payeras[531] que esta Resolución se proyecta sobre Derecho de patentes y en tema de Derecho de autor, sobre la utilización lícita de obras y otras prestaciones protegidas por derechos de autor, es decir sobre posibles límites al monopolio de derechos sobre las obras que permitan las utilizaciones de éstas para entrenamiento de inteligencias artificiales y minería de datos.

Los últimos textos europeos que venimos examinando se hallan influidos, aunque no directamente, por lo tratado en el Foro Económico Mundial de

530 Atienza Navarro, «¿Daños nuevos, reglas nuevas para su indemnización? ...», cit., p. 4/24.

531 Coca Payeras, «Las iniciativas de la Unión europea sobre inteligencia artificial: de la persona electrónica..., cit., p. 20.

2019 celebrado del 22 al 25 de enero del año 2019 en la ciudad suiza de Davos, cuyo tema fue *Globalización 4.0*. En cualquier caso, la idea, casi la sensación, que se desprende de todos los textos, reuniones, informes y dictámenes que se han considerado, es la subjetividad de estos nuevos entes robóticos, su presencia en la sociedad. Como escribe David Berreby, *Los robots ya están aquí*[532]: «En 2020 ya hay robots que hacen tareas de inventario y limpian suelos en grandes superficies comerciales. Reponen artículos en los estantes y los bajan para su envío a los almacenes de distribución. Cosechan lechugas, manzanas y hasta frambuesas. Ayudan a niños autistas a socializar y a víctimas de accidentes cerebrovasculares a recuperar el uso de sus extremidades. Patrullan fronteras y, en el caso del dron israelí Harop, atacan objetivos que juzgan hostiles». Ello nos lleva a textos más amplios en tema de IA.

3.4. La Propuesta de Reglamento de 2021: la llamada Ley de la IA

3.4.1. Los inicios (2021)

Señala Coca Payeras[533] que el año 2021 es pródigo en textos referidos a la IA, citando así la *Resolución del Parlamento Europeo, de 20 de enero de 2021, sobre inteligencia artificial: cuestiones de interpretación y de aplicación del Derecho internacional en la medida en que la UE se ve afectada en los* ámbitos *de los usos civil y militar, así como de la autoridad del Estado fuera del* ámbito *de la justicia penal*.

También la *Comunicación de la Comisión al Parlamento Europeo, al Consejo, al Comité Económico y Social Europeo y al Comité de las Regiones de 9 de marzo de 2021*, «Brújula Digital 2030: el enfoque de Europa para el decenio digital».

Asimismo, es relevante la *Resolución del Parlamento Europeo, de 6 de octubre de 2021, sobre la inteligencia artificial en el Derecho penal* y su utilización por las autoridades policiales y judiciales en asuntos penales. Pone esta Resolución el acento en el peligro del uso de sistemas inteligentes en los tribunales y en criminología, o la utilización policial de bases de datos de reconocimiento facial como *Clearview AI*. Como advierte Dolz Lago[534], el ámbito en el que más aplicaciones de la IA se detectan es el de la Justicia penal y la investigación criminal.

532 «Los robots ya están aquí», *National Geographic*, septiembre 2020, pág. 14.

533 Coca Payeras, «Las iniciativas de la Unión europea sobre inteligencia artificial: de la persona electrónica..., cit., pp. 22-23.

534 Dolz Lago, Manuel- Jesús, «Una aproximación jurídica a la Inteligencia Artificial», *Diario La Ley*, n.º 10096, Sección Doctrina, 23 de junio de 2022, Wolters Kluwer, LA LEY 6033/2022.

En concreto esta *Resolución del Parlamento Europeo de 6 octubre 2021* plantea la utilización de sistemas inteligentes por las autoridades policiales para labores de identificación biométrica mediante reconocimiento facial, o para el reconocimiento automático de matrículas, pero también para «la identificación por voz, el reconocimiento del habla, las tecnologías de lectura de labios, la vigilancia auditiva... la investigación y el análisis autónomo de bases de datos identificadas, la predicción (actuación policial predictiva y análisis de puntos críticos de delincuencia), los instrumentos de detección del comportamiento, las herramientas avanzadas de autopsia virtual para ayudar a determinar la causa de la muerte, las herramientas autónomas para detectar fraudes financieros y la financiación del terrorismo, la vigilancia de las redes sociales [rastreo *(scraping)* y recopilación de datos para detectar conexiones] y los sistemas automatizados de vigilancia que incorporan diferentes capacidades de detección (como la detección del latido cardíaco y las cámaras térmicas)» (Considerando M).

Ahora bien, el texto fundamental de este año 2021 lo será la *Propuesta de Reglamento por el que se establecen Normas Armonizadas en materia de Inteligencia* Artificial, también llamada *Ley de Inteligencia Artificial,* que se examina a continuación. Como señalan Torres López y Peralta Gutiérrez[535], la Comisión Europea se decidió a hacer realidad la Estrategia Digital de Europa basada en la soberanía digital y en una armonización legal. Dicha Estrategia se divide en:

- Una estrategia del dato con la *Digital Governance Act*, o Reglamento de Gobernanza de Datos, y el Reglamento europeo de Protección de Datos.
- La estrategia de Inteligencia Artificial, con la Ley de IA.
- La estrategia de Futuro Digital con la Ley de Servicios Digitales y DMA o Ley de Mercados Digitales.
- Estrategia de Ciberseguridad con una nueva Directiva sobre Seguridad de las Redes y Sistemas de la Información.

La Ley de la IA parte de que los nuevos entes cibernéticos reclaman un tratamiento jurídico propio, lo que lleva al Parlamento europeo y al Consejo a emitir un texto específico que aspire a ser una Ley general en la materia: la *Propuesta de Reglamento por el que se establecen Normas Armonizadas en materia de Inteligencia Artificial (Ley de Inteligencia Artificial) y se modifican determinados actos legislativos de la Unión (Proposal for a Regulation of the European Parliament and of the Council Laying Down Harmonised Rules on Artificial Intelligence (Artificial Intelligence Act) and Amending Certain Union Legislative Act)*, de 21 de abril de 2021, COM(2021) 206 final.

535 Torres López, Leopoldo, y Peralta Gutiérrez, Alfonso, «Marco normativo de la Inteligencia artificial en el ámbito comparado», *El Derecho y la Inteligencia artificial,* Editorial Universidad de Granada, Granada, 2022, págs. 192 y ss.

De su importancia da cuenta Martin Ebers[536] diciendo que es el primer intento mundial de regular los sistemas de IA de forma horizontal, a diferencia de otros textos europeos: «...la propuesta de LIA no es específica de un sector, sino que se refiere al uso de la IA en general. De este modo, la Comisión espera que "las opciones reglamentarias fundamentales sean amplias y puedan resistir el paso del tiempo" con "mecanismos flexibles que le permitan adaptarse de manera dinámica a medida que evolucione la tecnología y surjan nuevas situaciones preocupantes"».

Se trata de un Proyecto de Reglamento europeo sobre la IA, regulando en 85 artículos los diversos aspectos de esta tecnología a través de 12 Títulos. En el primero, *Disposiciones generales*, el artículo 3 contiene 44 definiciones que van desde la de «sistemas de inteligencia artificial» a la de «incidente grave». El Título II se refiere a las prácticas prohibidas, incluyendo la influencia en la conducta, la explotación de vulnerabilidades humanas o la identificación biométrica en espacios públicos. También se ocupan de los sistemas de alto riesgo, de las obligaciones de transparencia de los sistemas, «gobernanza», vigilancia de mercados y códigos de conducta, confidencialidad y sanciones. Hay una especial atención a los sistemas inteligentes de identificación biométrica, naturalmente por su impacto en la libertad de movimientos e intimidad personal.

Como afirma en su Memorando explicativo (2.1), «... Esta propuesta constituye una parte fundamental de la Estrategia para el Mercado Único Digital de la UE. Su objetivo primordial es garantizar el correcto funcionamiento del mercado interior mediante el establecimiento de normas armonizadas, en particular en lo que respecta al desarrollo, la introducción en el mercado de la Unión y el uso de productos y servicios que empleen tecnologías de IA... Algunos Estados miembros ya están estudiando normas nacionales destinadas a garantizar que la IA sea segura y se desarrolle y utilice de conformidad con las obligaciones asociadas a los derechos fundamentales. Es probable que esto ocasione dos problemas fundamentales: i) la fragmentación del mercado interno en lo que respecta a elementos esenciales, en particular los requisitos aplicables a los productos y servicios de IA... y ii) la disminución considerable de la seguridad jurídica de los proveedores y usuarios de sistemas de IA».

Se trata de facilitar la libertad de mercado garantizando la seguridad y libre circulación de productos y servicios de IA. Como señala su Considerando (1): *El objetivo del presente Reglamento es mejorar el funcionamiento del mercado interno mediante el establecimiento de un marco jurídico uniforme, en particular en lo que respecta al desarrollo, la comercialización y la utilización de la inteligencia artificial de conformidad con los valores de la Unión. El*

536 EBERS, Martin, «El futuro marco jurídico europeo de la inteligencia artificial», *Revista General de Legislación y Jurisprudencia*, 2023, número 2, pág. 260.

presente Reglamento persigue varios fines imperiosos de interés general, tales como asegurar un nivel elevado de protección de la salud, la seguridad y los derechos humanos, y garantiza la libre circulación transfronteriza de bienes y servicios basados en la IA, con lo que impide que los Estados miembros impongan restricciones al desarrollo, la comercialización y la utilización de sistemas de IA.

Esta Propuesta significa el paso definitivo hacia una regulación de una IA que va más allá de la ética, estableciendo un marco jurídico mediante normas claras para garantizar una IA fiable, segura y respetuosa con los derechos fundamentales. Destaca en este sentido Coca Payeras[537], que, entre los objetivos de la Ley de la IA según su Exposición de motivos, están los de «garantizar que los sistemas de IA introducidos y usados en el mercado de la UE sean seguros y respeten la legislación vigente en materia de derechos fundamentales y valores de la Unión», y «mejorar la gobernanza y la aplicación efectiva de la legislación vigente en materia de derechos fundamentales y los requisitos de seguridad aplicables a los sistemas de IA». En definitiva, no bastan los principios éticos para la salvaguarda de los derechos fundamentales, y por eso la Exposición de motivos de la LIA dice que, en consecuencia, «...las normas relativas a la IA ...deben estar centradas en las personas, a fin de que la población tenga la seguridad de que la tecnología se usa de un modo seguro y en consonancia con la ley, lo que también implica respetar los derechos fundamentales».

Señala De Miguel Asensio[538] que esta propuesta pretende tanto garantizar la tutela de los derechos fundamentales de las personas frente a los riesgos de desarrollo de la IA como reforzar la innovación en el seno de la Unión: «Se presenta además por la Comisión como *el primer marco jurídico sobre la IA de la Historia*, y como una de las medidas *destinada a convertir a Europa en el centro mundial de una IA digna de confianza*». Estamos por tanto ante una *Propuesta* de norma que intenta unificar e impedir la fragmentación del mercado único por la regulación por parte de cada Estado en particular de distintos niveles de seguridad y protección al consumidor.

En particular, se prohíben los sistemas de IA destinados a alterar la conducta humana que es probable que provoquen perjuicios físicos o psicológicos, así como los sistemas de IA que proporcionan calificaciones sociales de personas físicas para su uso con fines generales, o los sistemas de identificación biométrica remota «en tiempo real» en espacios de acceso público (salvo casos permitidos judicialmente o por motivos de alarma antiterrorista). Se regula asimismo la categoría de los sistemas de IA «de alto riesgo», como

537 Coca Payeras, «Las iniciativas de la Unión europea sobre inteligencia artificial: de la persona electrónica..., cit., p. 24.

538 De Miguel Asensio, Pedro A., «Propuesta de Reglamento sobre inteligencia artificial», *La Ley Unión Europea*, n.° 92, mayo 2021, pág. 3.

los que son componentes de seguridad de productos, o que son productos en sí mismos, o los que son infraestructuras críticas, como los de gestión y el funcionamiento del tráfico rodado y el suministro de agua, gas, calefacción y electricidad. También los dedicados a la gestión de la migración, el asilo y el control fronterizo, administración de justicia y los procesos democráticos, o los que se utilizan en el empleo, la gestión de los trabajadores y el acceso al autoempleo.

Se dedica el articulado a precisar bien los conceptos mediante una serie de definiciones en el artículo 3, y entre ellas la de «sistema de inteligencia artificial», que se define como ...*el software que se desarrolla empleando una o varias de las técnicas y estrategias que figuran en el anexo I y que puede, para un conjunto determinado de objetivos definidos por seres humanos, generar información de salida como contenidos, predicciones, recomendaciones o decisiones que influyan en los entornos con los que interactúa*.

Además, y como precisa De Miguel Asensio[539], esta Propuesta contempla la creación de un nuevo sistema jurídico público para asegurar el cumplimiento y efectividad de esta nueva normativa. Se prevé la creación de un Comité Europeo de Inteligencia Artificial, así como la designación de autoridades nacionales de supervisión y vigilancia de mercados, lo que según el autor relaciona esta supervisión con la relativa a la vigilancia de la seguridad de productos.

Por su parte, Torres López y Peralta Gutiérrez[540] señalan que este Reglamento pretende lograr que los sistemas de IA utilizados en Europa sean seguros, transparentes, éticos e imparciales y bajo supervisión humana, de tal manera que protejan los derechos fundamentales de las personas, sustenten la democracia y ofrezcan un entorno seguro situando a las personas en el centro, al mismo tiempo que se promueve una seguridad jurídica y un entorno favorable a la inversión y desarrollo.

Resume esta evolución de la normativa europea sobre IA y derechos humanos Megías Quirós[541] señalando que los primeros textos europeos sobre cuestiones éticas de la IA siguen un camino similar al de la UNESCO, con principios éticos objetivos que complementarían la escasa regulación de la IA. El primer texto del Parlamento Europeo con contenido ético significativo fue la Carta sobre robótica de la Resolución de 16 de febrero de 2017. Le sigue la Resolución de 2019, en la que, «además de instar a la Comisión a re-

539 De Miguel Asensio, «Propuesta de Reglamento sobre inteligencia artificial», cit., pág. 8.

540 Torres López y Peralta Gutiérrez, «Marco normativo de la Inteligencia artificial en el ámbito comparado», cit., págs. 192 y ss.

541 Megías Quirós, José Justo, «Derechos humanos e Inteligencia artificial», *Revista DIKAIOSYNE*, n.° 37, número especial sobre DD. HH., en coedición con el Observatorio de Derechos Humanos de la Universidad de Los Andes. Mérida — Venezuela. Enero, 2022, pp. 155 y ss.

visar y adaptar la legislación europea a la nueva realidad desde una perspectiva ética, concretaba nuevos principios para complementar la legislación e insistía en la aprobación "de una carta ética de buenas prácticas para la IA"». Sin embargo, a partir de 2020 la UE reconoce la insuficiencia del marco ético para una protección eficaz de los derechos humanos frente a la IA, y se pasa a proponer a la Comisión la aprobación de dos Reglamentos de aplicación directa en los Estados de la UE: «El primer Reglamento propone un marco regulador de la IA con la conversión de principios éticos en obligaciones jurídicas, porque "los principios éticos comunes solo son eficaces cuando están también asentados en Derecho" y porque las orientaciones éticas son un buen punto de partida, pero no garantizan que los desarrolladores, desplegadores y usuarios actúen de manera justa ni aseguran la protección eficaz de las personas». El segundo Reglamento es la *Resolución 20 de octubre de 2020, con recomendaciones destinadas a la Comisión sobre un régimen de responsabilidad civil en materia de inteligencia artificial*, que propone el establecimiento de un régimen de responsabilidad civil, objetiva y subjetiva, para que pueda ser reclamado cualquier daño causado por la IA.

Sin embargo, el paso definitivo hacia una regulación de una IA ética lo da la Propuesta de la Ley de Inteligencia Artificial, Propuesta de Reglamento del Parlamento europeo y del Consejo por el que se establecen normas armonizadas en materia de Inteligencia Artificial, que establecería el marco jurídico para garantizar una IA fiable, segura y respetuosa con los derechos fundamentales.

Resume esta evolución de la normativa europea sobre IA y derechos humanos Megías Quirós[542] señalando que los primeros textos europeos sobre cuestiones éticas de la IA siguen un camino similar al de la UNESCO, con principios éticos objetivos que complementarían la escasa regulación de la IA. El primer texto del Parlamento Europeo con contenido ético significativo fue la Carta sobre robótica de la Resolución de 16 de febrero de 2017. Le sigue la Resolución de 2019, en la que, «además de instar a la Comisión a re-visar y adaptar la legislación europea a la nueva realidad desde una perspectiva ética, concretaba nuevos principios para complementar la legislación e insistía en la aprobación "de una carta ética de buenas prácticas para la IA"». Sin embargo, a partir de 2020 la UE reconoce la insuficiencia del marco ético para una protección eficaz de los derechos humanos frente a la IA, y se pasa a proponer a la Comisión la aprobación de dos Reglamentos de aplicación directa en los Estados de la UE: «El primer Reglamento propone un marco regulador de la IA con la conversión de principios éticos en obligaciones jurídicas, porque "los principios éticos comunes solo son eficaces cuando están

542 Megías Quirós, José Justo, «Derechos humanos e Inteligencia artificial», *Revista DIKAIOSYNE*, n.º 37, número especial sobre DD. HH., en coedición con el Observatorio de Derechos Humanos de la Universidad de Los Andes. Mérida — Venezuela. Enero, 2022, pp. 155 y ss.

también asentados en Derecho" y porque las orientaciones éticas son un buen punto de partida, pero no garantizan que los desarrolladores, desplegadores y usuarios actúen de manera justa ni aseguran la protección eficaz de las personas». El segundo Reglamento es la *Resolución 20 de octubre de 2020, con recomendaciones destinadas a la Comisión sobre un régimen de responsabilidad civil en materia de inteligencia artificial*, que propone el establecimiento de un régimen de responsabilidad civil, objetiva y subjetiva, para que pueda ser reclamado cualquier daño causado por la IA.

Esta evolución culmina con una regulación de una IA que va más allá de la ética, con la Propuesta de Reglamento del Parlamento europeo y del Consejo por el que se establecen normas armonizadas en materia de Inteligencia Artificial, o Ley de Inteligencia Artificial, que establecería el marco jurídico para garantizar con normas claras una IA fiable, segura y respetuosa con los derechos fundamentales.

3.4.2. El Reglamento de 2024

El anterior proyecto culmina con el texto definitivo del Reglamento (UE) 2024/1689 del Parlamento Europeo y del Consejo, de 13 de junio de 2024, *por el que se establecen normas armonizadas en materia de inteligencia artificial y por el que se modifican los Reglamentos (CE) n.° 300/2008, (UE) n.° 167/2013, (UE) n.° 168/2013, (UE) 2018/858, (UE) 2018/1139 y (UE) 2019/2144 y las Directivas 2014/90/UE, (UE) 2016/797 y (UE) 2020/1828*, también llamado *Reglamento* (y no Ley) *de Inteligencia Artificial*, norma que según muchos juristas, y no juristas, está llamada a encauzar el desarrollo de esta nueva tecnología de la Inteligencia artificial (IA).

Es en ese texto donde cristaliza la Propuesta de Reglamento del Parlamento Europeo y del Consejo por el que se establecen normas armonizadas en materia de inteligencia artificial de 21 de abril 2021. Desde entonces se ha hablado de la urgencia de su tramitación, necesaria por el atraso de nuestra Unión europea en el desarrollo de sistemas inteligentes y de aplicaciones de IA, que nos hace perder competitividad respecto de países como EE. UU. y China, potencias punteras en esta tecnología.

Esta finalidad de modernización de la industria de la IA europea se ve en los Considerandos iniciales de este Reglamento, así cuando dice que su objetivo es mejorar «...el funcionamiento del mercado interior mediante el establecimiento de un marco jurídico uniforme, en particular para el desarrollo, la introducción en el mercado, la puesta en servicio y la utilización de sistemas de inteligencia artificial en la Unión».

Ahora bien, esta modernización no puede tener lugar a cualquier precio, y por eso a continuación se señala que esta IA ha de estar centrada en el ser humano y ser fiable, «...garantizando al mismo tiempo un elevado nivel de protección de la salud, la seguridad y los derechos fundamentales consagrados en la Carta de los Derechos Fundamentales de la Unión Europea... en particular la democracia, el Estado de Derecho y la protección del medio ambiente, frente a los efectos perjudiciales de los sistemas de IA en la Unión». Las referencias al respeto de los valores de la Unión son continuas, como también lo son las que se hacen a los beneficios esperables de la IA como tecnología «...que contribuye a generar beneficios económicos, medioambientales y sociales muy diversos en todos los sectores económicos y las actividades sociales... puede proporcionar ventajas competitivas esenciales a las empresas y facilitar la obtención de resultados positivos... en los ámbitos de la asistencia sanitaria, la agricultura, la seguridad alimentaria, la educación y la formación, los medios de comunicación, el deporte, la cultura, la gestión de infraestructuras, la energía, el transporte y la logística, los servicios públicos, la seguridad, la justicia, la eficiencia de los recursos y la energía, el seguimiento ambiental, la conservación y restauración de la biodiversidad...».

Vamos, que la IA va a ser la moderna panacea para todos los males, pero al mismo tiempo puede generar importantes riesgos, lesionar derechos fundamentales y producir «...perjuicios físicos, psíquicos, sociales o económicos». De ahí la relación amor-odio del jurista europeo con la IA, intentando proteger los derechos fundamentales de los ciudadanos y consumidores europeos, así como sus datos personales, pero al mismo tiempo «posibilitar un ecosistema europeo de agentes públicos y privados que creen sistemas de IA en consonancia con los valores de la Unión y liberar el potencial de la transformación digital en todas las regiones de la Unión».

Compleja tarea, evidentemente, que el legislador intenta completar en un texto que comienza con la no desdeñable cantidad de 180 «Considerandos» que constituyen un pormenorizado estudio acerca de la IA y sus repercusiones desde el punto de vista del ordenamiento. Recogen un arsenal conceptual que luego se utilizará en el articulado: «responsable del despliegue» «identificación biométrica», «categorización biométrica», «sistema de reconocimiento de emociones» ... Este último concepto es interesante, se trata del sistema de IA dirigido a «distinguir o deducir las emociones o las intenciones de las personas físicas a partir de sus datos biométricos. Se refiere a emociones o intenciones como la felicidad, la tristeza, la indignación, la sorpresa, el asco, el apuro, el entusiasmo, la vergüenza, el desprecio, la satisfacción y la diversión». Recuerden, no estamos ante una novela de ciencia-ficción, sino ante una tecnología actualmente operativa.

A los Considerandos le siguen los 113 artículos del texto, que como colofón llevan hasta 13 Anexos, que proporcionan información complementaria al Reglamento, referidos a aspectos que van desde la legislación de armonización de la Unión o las posibles infracciones penales, a los procedimientos de evaluación, sistemas de gestión de la calidad y registro de los sistemas de IA de alto riesgo a los modelos de IA de propósito general con riesgo sistémico.

Los artículos se estructuran en 12 Capítulos. El primero, dedicado naturalmente a Disposiciones generales, dedica sus artículos 1 y 2 al objeto y ámbito de aplicación de la Ley; el 3 define qué es un sistema de IA y también quiénes son los proveedores, importadores o distribuidores que introducen el sistema inteligente en el mercado, estableciendo hasta 68 definiciones de conceptos implicados en la implantación de la IA. Mientras que el art. 4 prescribe una «alfabetización en IA» para los profesionales que proporcionen este tipo de servicios y para los usuarios de los mismos.

3.4.3. Los sistemas prohibidos

El Capítulo II se refiere a las *Prácticas de inteligencia artificial prohibidas*, en un único artículo, el 5. Se comprenden aquí las técnicas subliminales de manipulación, las de clasificación o crédito social, las de perfilado predictivo, categorización e identificación biométricas y reconocimiento de emociones. Concreta Díaz Senés[543] estas utilizaciones en las siguientes finalidades: — La manipulación cognitiva conductual. — El rastreo indiscriminado de imágenes faciales, obtenidas de sitios webs y circuitos cerrados de televisión. — El reconocimiento de emociones en espacios de trabajo e instituciones de enseñanza. — La puntuación ciudadana y la categorización biométrica para obtener datos como orientación sexual, ideología, creencias religiosas. — La vigilancia e identificación biométrica de personas.

Todas estas aplicaciones técnicas de la IA se prohíben por conllevar riesgos inaceptables para los derechos fundamentales, señalando así el artículo 5 LIA que quedan prohibidas las siguientes *prácticas* de inteligencia artificial:

— Los sistemas que utilicen técnicas subliminales *que trasciendan la conciencia de una persona para alterar de manera sustancial su comportamiento* provocando perjuicios físicos o psicológicos a esa persona o a otra. Es decir, técnicas de persuasión subliminal. Asimismo, las *técnicas de persuasión* que aprovechen vulnerabilidades de grupos específicos de personas debido a su edad o discapacidad física o mental *para alterar de manera sustancial el comportamiento de una persona que pertenezca a dicho grupo* de un modo que provoque o sea probable que provoque perjuicios físicos o psicológicos a esa persona o a otra. En definitiva, técnicas de persuasión y alteración subliminal de comportamientos.

— La utilización de sistemas de IA por las autoridades públicas para *evaluar o clasificar a personas físicas o a colectivos de personas durante un período determinado de tiempo atendiendo a su comportamiento social o a características personales o de su personalidad conocidas, inferidas o predichas, de*

543 Díaz Senés, Juan Pedro, «Panorámica Internacional de la Regulación de la Inteligencia Artificial: Reglamento Europeo de Inteligencia Artificial (AI ACT)», *Revista CESCO de Derecho de consumo*, n.° 49 — 2024, p. 122. DOI https://doi.org/10.18239/RCDC_2024.49.3473

forma que la puntuación ciudadana resultante provoque un trato perjudicial o desfavorable en contextos sociales sin relación con el que generó los datos de clasificación, o que sea desproporcionado con respecto al comportamiento social clasificado. Estamos ante técnicas de perfilado de sujetos y calificación social de los mismos.

— El uso de sistemas *para realizar evaluaciones de riesgos de personas físicas con el fin de valorar o predecir el riesgo de que una persona física cometa un delito basándose* únicamente *en la elaboración del perfil de una persona* salvo que se dicha evaluación se efectúe habiéndose comprobado el delito por datos objetivos.

— Sistemas de IA que creen o amplíen *bases de datos de reconocimiento facial mediante la extracción no selectiva de imágenes faciales de internet o de circuitos cerrados de televisión*. Asimismo, sistemas de IA *para inferir las emociones de una persona física en los lugares de trabajo y en los centros educativos*,

— El uso de sistemas *de categorización biométrica que clasifiquen individualmente a las personas físicas sobre la base de sus datos biométricos para deducir o inferir su raza, opiniones políticas, afiliación sindical, convicciones religiosas o filosóficas, vida sexual u orientación sexual.*

— Sistemas de *identificación biométrica remota* «en *tiempo real*» *en espacios de acceso público con fines de garantía del cumplimiento del Derecho,* salvo y en la medida en que dicho uso sea estrictamente necesario para la búsqueda selectiva de víctimas concretas de un delito, menores desaparecidos o secuestrados. En particular, la identificación de personas relacionadas con delitos especialmente importantes como pertenencia a organización delictiva, terrorismo, trata de seres humanos, explotación sexual de niños y pornografía infantil, tráfico de drogas o de armas[544]. Una técnica de identificación biométrica se traduce en la vigilancia espacial de los sujetos en tiempo real, y como veremos, se puede trasladar sus resultados, una vez identificado el sujeto, al ámbito de la calificación social del mismo.

Estos sistemas de identificación biométrica son especialmente agresivos para los derechos fundamentales, pues permiten un total control social de la ciudadanía, como se lleva a cabo en China. Ahora bien, pese a su prohibición, se establece en la Ley de la IA una serie de cautelas que permiten su utilización, sobre todo policial, mediante la adopción de salvaguardias para su uso, cumpliendo las garantías y condiciones necesarias y proporcionadas en relación con su uso de conformidad con el Derecho nacional que autorice dicho uso, las convenientes limitaciones temporales, geográficas y

544 Se trata de los delitos recogidos, como nos dice el art. 5.1.iii de esta Ley de la IA, en la Decisión Marco 2002/584/JAI del Consejo, *para el que la normativa en vigor en el Estado miembro implicado imponga una pena o una medida de seguridad privativas de libertad cuya duración máxima sea al menos de tres años...*

personales, y habiendo *la autoridad garante del cumplimiento del Derecho ha completado una evaluación de impacto relativa a los derechos fundamentales,* Además, con autorización previa por parte de una autoridad judicial o una autoridad administrativa independiente del Estado miembro donde vaya a utilizarse dicho sistema.

3.4.4. Especial relevancia de los sistemas biométricos

Los sistemas de reconocimiento de personas por sus datos biométricos son invasivos por sí mismos, e impactan directamente en la protección de datos personales prescrita en el artículo 16 del Tratado de Funcionamiento de la Unión europea. Ya nos hemos referido a ellos con anterioridad, consisten en sistemas inteligentes que, a través de videocámaras, reconocen los datos biométricos de las personas, sustancialmente sus rasgos faciales, y a partir de éstos, fijan la identidad de cada persona en particular. A esto se puede añadir que, mediante diversos periféricos (medidores de tensión arterial, cámaras termográficas, scanner de huellas dactilares, scanner de ojos, micrófonos), se obtienen otros datos corporales como huellas dactilares, huella del iris, temperatura corporal, frecuencia cardiaca, sudoración o respiración del sujeto, tono de voz, movimiento de las pupilas, datos que permiten ampliar la exploración a informes sobre el estado de salud, emociones o incluso pensamientos de la persona, como ya se ha indicado con anterioridad.

La Ley de la IA de 2021 procedió a definir los «Datos biométricos» en el art. 3, n.º 33) como *...los datos personales obtenidos a partir de un tratamiento técnico específico, relativos a las características físicas, fisiológicas o conductuales de una persona física que permitan o confirmen la identificación* única *de dicha persona, como imágenes faciales o datos dactiloscópicos*[545]. Cambia un poco en la definición del Reglamento de 2024, art. 3, 34): *los datos personales obtenidos a partir de un tratamiento técnico específico, relativos a las características físicas, fisiológicas o conductuales de una persona física, como imágenes faciales o datos dactiloscópicos.* Luego define el n.º 35) la «identificación biométrica» como el *reconocimiento automatizado de características humanas de tipo físico, fisiológico, conductual o psicológico para determinar la identidad de una persona física comparando sus datos biométricos con los datos biométricos de personas almacenados en una base de datos*.

545 Repite la definición del art. 3 de la Directiva (UE) 2016/680 del Parlamento Europeo y del Consejo, de 27 de abril de 2016, relativa a la protección de las personas físicas en lo que respecta al tratamiento de datos personales: *13)* «datos *biométricos»: datos personales obtenidos a partir de un tratamiento técnico específico, relativos a las características físicas, fisiológicas o de conducta de una persona física que permitan o confirmen la identificación* única *de dicha persona, como imágenes faciales o datos dactiloscópicos*.

Distingue Cotino Hueso[546] entre identificadores «fuertes», más utilizados por las tecnologías identificadoras de primera generación (huellas dactilares, ADN, estructura del iris, rostros, voz), e identificadores «débiles» que cada vez cobran más protagonismo (formas de andar, patrones de vasos sanguíneos, patrones de pulsación de teclas etc.): «Con la nueva generación de tecnologías se va más allá de la finalidad de identificación y se habla de "biometría del comportamiento" para el perfilado, reconocimiento de emociones o categorización de personas. Es por ello que, frente a los datos biométricos ligados únicamente a la identificación, se propone el concepto más amplio inclusivo de "datos basados en la biometría"». Por ejemplo, el dato de la pulsación de teclas puede llevarnos al diagnóstico del Parkinson en el sujeto, como investiga en el MIT un equipo del que forman parte los españoles Álvaro Sánchez-Ferro y Carlos Sánchez Mendoza[547].

A continuación, pasa el art. 3 del Reglamento 2024 a definir los distintos sistemas de datos biométricos, definiciones que nos proporcionan una muestra de las diferentes aplicaciones de esta técnica: *39)* «sistema *de reconocimiento de emociones»: un sistema de IA destinado a distinguir o inferir las emociones o las intenciones de las personas físicas a partir de sus datos biométricos; 40)* «sistema *de categorización biométrica»: un sistema de IA destinado a incluir a las personas físicas en categorías específicas en función de sus datos biométricos, a menos que sea accesorio a otro servicio comercial y estrictamente necesario por razones técnicas objetivas; 41)* «sistema *de identificación biométrica remota»: un sistema de IA destinado a identificar a las personas físicas sin su participación activa y generalmente a distancia comparando sus datos biométricos con los que figuran en una base de datos de referencia;*. A su vez, estos sistemas de identificación remota pueden funcionar *en tiempo real*, es decir procediendo a una identificación instantánea, o *en diferido*.

Como ya se ha indicado, estas técnicas son especialmente agresivas para los derechos fundamentales, lo que aconseja su prohibición. Apuntaba Ebers[548] que el art. 5.1.d) de la LIA 2021 prohíbe los sistemas de IA de identificación biométrica remota (*biometric identification system* o BIS) «en tiempo real» en espacios de acceso público (por ejemplo, los sistemas de reconocimiento facial utilizados para identificar a una persona en la calle), pero que este enfoque de prohibición absoluta es demasiado restrictivo, por lo que sus excepciones resultan también demasiado amplias. Lo mismo cabe decir del actual art. 5.1.h y 5.2 del Reglamento 2024, si bien se ha precisado mucho la

546 Cotino Hueso, «Reconocimiento facial automatizado y Sistemas de identificación biométrica bajo la regulación superpuesta de Inteligencia artificial y protección de datos», *Derecho Público de la inteligencia artificial,* Coordinadores Balaguer Callejón, Francisco, Cotino Hueso, Lorenzo, Fundación Manuel Giménez Abad, Zaragoza, 2023, p. 348.

547 neuroQWERTY. Massachusetts Institute of Technology, https://neuroqwerty.mit.edu/

548 Ebers, «El futuro marco jurídico europeo de la inteligencia artificial», cit., p. 267.

utilización de este sistema. Critica asimismo Ebers que el reconocimiento automatizado de características como el sexo, la sexualidad o el origen étnico, lo que se conoce como *biometric categorization systems* o BCS, así como el reconocimiento automatizado de las emociones (*emotion recognition system* o ERS)[549], no están prohibidos por la LIA. Aquí hay que advertir la novedad de la prohibición de los primeros en el art. 5.1.g) del Reglamento 2024.

Las aplicaciones de estos sistemas biométricos sirven básicamente para la identificación y localización de personas: la vigilancia policial, identificación de personas y seguimiento de las mismas. La incidencia de estas técnicas sobre los derechos fundamentales es brutal. Como señala Cotino Hueso[550], nada impide hoy a la policía detectar a un ciudadano en la vía pública o en una manifestación, identificarlo y analizar si está en alguna base de datos específica, georreferenciarlo y reconstruir sus recorridos, interacciones con otras personas y evaluar su comportamiento. Cabe añadir que, si además procesamos los datos de su teléfono móvil, la información puede completarse con todos los perfiles que quepa extraer de dicho dispositivo.

Pero estas tecnologías suponen un ataque a la intimidad personal, y ya hay sentencias que afirman la lesividad de las mismas, como la del Tribunal de Apelaciones del Noveno Circuito de los Estados Unidos, en *Patel v. Facebook, Inc.*[551], que condenó a *Facebook* en 2019 por la recopilación no consensuada de archivos faciales de los usuarios. El tribunal concluyó que la creación de una base de datos de rostros e identidades constituía una conducta contraria a la *Illinois Biometric Information Privacy Act (BIPA)*.

Pese a que, como hemos visto, el Reglamento 2024 acota mucho su utilización, dada su potencial peligrosidad entienden muchos autores que el tratamiento jurídico que reciben estos sistemas en la ley europea no es suficientemente protector de los derechos fundamentales. Como señala Cotino Hueso[552], las prohibiciones y restricciones de los arts. 5 y 6 de la indicada Ley 2021 no impiden realmente la vulneración de derechos, pues los «sistemas de identificación biométrica» que en principio estarán prohibidos son los que funcionan «en tiempo real», en espacios de acceso público y con fines policiales. Luego a contrario, no lo estarían los reconocimientos faciales que no funcionen en tiempo real, sino a partir de grabaciones, y «... tampoco estarían prohibidos en los lugares que no sean de acceso al público, como locales

549 Un sistema inteligente de reconocimiento de emociones trata de detectar diferentes emociones del sujeto mediante la información procedente de las expresiones faciales, el movimiento corporal, los gestos y el lenguaje.

550 Cotino Hueso, «Sistemas de inteligencia artificial con reconocimiento facial y datos biométricos...», cit., p. 72.

551 *Patel v. Facebook, Inc.*, No. 18-15982 (9th Cir. 2019)

552 Cotino Hueso, «Sistemas de inteligencia artificial con reconocimiento facial y datos biométricos...», cit., pp. 69 y 70.

de empresas y fábricas, oficinas y lugares de trabajo, las prisiones, zonas de control fronterizo y espacios en línea (Considerando 9 AIA)[553]. Cabe recordar que, por exclusión, también quedan fuera de la prohibición las finalidades de defensa e inteligencia. Asimismo, los usos de estos sistemas en el ámbito de "migración o de asilo" parecen admitirse (art. 5.4 AIA, versión Presidencia checa 2022). Y en el contexto privado, no hay que excluir las finalidades de seguridad privada en establecimientos de acceso público (supermercados, transporte, estadios, escuelas, etc., así como no estarían prohibidas las finalidades privadas de marketing, comercio u otras». Todo esto ha cambiado, y por ejemplo la utilización de sistemas de IA para finalidades de *migración, asilo y gestión del control fronterizo* son considerados sistemas de alto riesgo.

Desde el punto de vista de la normativa de protección de datos, el tratamiento de los datos obtenidos mediante técnicas biométricas está sometido al régimen general de protección de datos de la ley española, Ley Orgánica 3/2018, de 5 de diciembre, de Protección de Datos Personales y garantía de los derechos digitales (LOPD), en su art. 9, al tratarse de una *categoría especial* de datos. Aparecen específicamente mencionados los datos biométricos como categoría especial también en el art. 9 del Reglamento (UE) 2016/679 del Parlamento Europeo y del Consejo, de 27 de abril de 2016[554] (RGPD), y se les suman las garantías de los tratamientos automatizados del art. 22 de dicho Reglamento. Sin embargo, el mismo art. 9 RGPD permite excepcionalmente el tratamiento de estos datos especiales cuando *g) el tratamiento es necesario por razones de un interés público esencial, sobre la base del Derecho de la Unión o de los Estados miembros, que debe ser proporcional al objetivo perseguido, respetar en lo esencial el derecho a la protección de datos y establecer medidas adecuadas y específicas para proteger los intereses y derechos fundamentales del interesado*.

Apunta Cotino Hueso[555] que el uso de sistemas biométricos en el ámbito policial y penal quedará bajo la regulación especial de la Directiva 2016/680 del Parlamento Europeo y del Consejo, de 27 de abril de 2016, relativa a la protección de las personas físicas en lo que respecta al tratamiento de datos

553 AIA es el equivalente en inglés a la LIA: *Artificial Intelligence Act*.

554 Reglamento (UE) 2016/679 del Parlamento Europeo y del Consejo, de 27 de abril de 2016, relativo a la protección de las personas físicas en lo que respecta al tratamiento de datos personales y a la libre circulación de estos datos y por el que se deroga la Directiva 95/46/CE (Reglamento general de protección de datos). «DOUE» núm. 119, de 4 de mayo de 2016. Artículo 9. Tratamiento de categorías especiales de datos personales: *1. Quedan prohibidos el tratamiento de datos personales que revelen el origen* étnico *o racial, las opiniones políticas, las convicciones religiosas o filosóficas, o la afiliación sindical, y el tratamiento de datos genéticos, datos biométricos dirigidos a identificar de manera unívoca a una persona física, datos relativos a la salud o datos relativos a la vida sexual o la orientación sexual de una persona física...*

555 Cotino Hueso, «Sistemas de inteligencia artificial con reconocimiento facial y datos biométricos...», cit., p. 73.

personales en el ámbito penal (testigos, víctimas o encausados)[556]. En esta Directiva, el tratamiento de los datos biométricos como datos personales aparece en el art. 10: *El tratamiento de datos personales que revelen el origen* étnico *o racial, las opiniones políticas, las convicciones religiosas o filosóficas, o la afiliación sindical, así como el tratamiento de datos genéticos, datos biométricos dirigidos a identificar de manera unívoca a una persona física... solo se permitirá cuando sea estrictamente necesario, con sujeción a las salvaguardias adecuadas para los derechos y libertades del interesado y* únicamente *cuando: a) lo autorice el Derecho de la Unión o del Estado miembro...* Y la necesidad estricta, y consiguiente autorización, nos la señala el art. 5 del Reglamento 2024, que permite el uso de sistemas de identificación biométrica remota «en tiempo real» en espacios de acceso público para fines de aplicación de la ley con los objetivos siguientes: *i) la búsqueda selectiva de víctimas concretas de secuestro, trata de seres humanos o explotación sexual de seres humanos, así como la búsqueda de personas desaparecidas, ii) la prevención de una amenaza específica, importante e inminente para la vida o la seguridad física de las personas físicas o de una amenaza real y actual o real y previsible de un atentado terrorista, iii) la localización o identificación de una persona sospechosa de haber cometido un delito a fin de llevar a cabo una investigación o un enjuiciamiento penales o de ejecutar una sanción penal por alguno de los delitos mencionados en el anexo II que en el Estado miembro de que se trate se castigue con una pena o una medida de seguridad privativas de libertad cuya duración máxima sea de al menos cuatro años*[557].

3.4.5. Los sistemas de alto riesgo

Por su parte el Capítulo III va referido a los Sistemas de IA de Alto Riesgo, en el artículo 6. Se trata de sistemas de IA referidos en este precepto y en el Anexo III de esta Ley que se aplican a tareas como las relacionadas con la salud, funcionamiento del tráfico rodado y el suministro de agua, gas, cale-

556 De la misma fecha es el Reglamento (UE) 2016/679 del Parlamento Europeo y del Consejo, de 27 de abril 2016, relativo a la protección de las personas físicas en lo que respecta al tratamiento de datos personales y a la libre circulación de éstos, que sustituye al anterior Reglamento General de Protección de Datos de 1995.

557 El Anexo II nos da una lista de los delitos a que se refiere el artículo 5, apartado 1, párrafo primero, letra h), inciso iii): terrorismo, trata de seres humanos, explotación sexual de menores y pornografía infantil, tráfico ilícito de estupefacientes o sustancias psicotrópicas, tráfico ilícito de armas, municiones y explosivos, homicidio voluntario, agresión con lesiones graves, tráfico ilícito de órganos o tejidos humanos, tráfico ilícito de materiales nucleares o radiactivos, secuestro, detención ilegal o toma de rehenes, delitos que son competencia de la Corte Penal Internacional, secuestro de aeronaves o buques, violación, delitos contra el medio ambiente, robo organizado o a mano armada, sabotaje, participación en una organización delictiva implicada en uno o varios de los delitos enumerados en esta lista.

facción y electricidad, o sistemas de selección para el acceso a instituciones educativas y acceso al empleo[558]. Asimismo, se incluyen los sistemas para la calificación crediticia o solvencia, o los sistemas empleados por las autoridades públicas para la aplicación de la ley, o la administración de justicia y la gestión de la migración, el asilo y el control fronterizo.

Pone de relieve Atienza Navarro[559] que la definición de sistema de alto riesgo utilizada por el Parlamento Europeo en la Resolución *Régimen de responsabilidad civil en materia de inteligencia artificial*, de 20 octubre 2020[560], nada tiene que ver con la contemplada en la Ley de inteligencia artificial, de 2021, ni en el definitivo Reglamento UE 2024/1689, donde son de alto riesgo según el art. 6.1 los sistemas de IA que reúnan dos condiciones: *a) que el sistema de IA esté destinado a ser utilizado como componente de seguridad de un producto que entre en el* ámbito *de aplicación de los actos legislativos de armonización de la Unión enumerados en el anexo I, o que el propio sistema de IA sea uno de dichos productos, y b) que el producto del que el sistema de IA sea componente de seguridad con arreglo a la letra a), o el propio sistema de IA como producto, deba someterse a una evaluación de la conformidad de terceros para su introducción en el mercado o puesta en servicio con arreglo a los actos legislativos de armonización de la Unión enumerados en el anexo I.* Añade el art. 6.2 que además de los sistemas de IA de alto riesgo a que se refiere el apartado anterior, *también se considerarán de alto riesgo los sistemas de IA contemplados en el anexo III*[561].

558 La Propuesta de Reglamento de 2021 directamente establecía en su art. 6 unas reglas para calificar a los sistemas de IA como de alto riesgo, como son: «a) el sistema de IA está destinado a ser utilizado como componente de seguridad de uno de los productos contemplados en la legislación de armonización de la Unión que se indica en el anexo II (Juguetes, embarcaciones de recreo y motos acuáticas, ascensores, equipos radioeléctricos, aparatos que queman combustibles gaseosos, vehículos agrícolas o forestales, sistema ferroviario, aeronaves…), o es en sí mismo uno de dichos productos...». También consideraba de alto riesgo sistemas que hoy están entre los prohibidos, como los de alteración subliminal del comportamiento, identificación biométrica en tiempo real o perfilado clasificatorio.

559 Atienza Navarro, «¿Daños nuevos, reglas nuevas para su indemnización? ...», cit., p. 4/24.

560 El alto riesgo consiste según el art. 6 en: *el potencial significativo en un sistema de IA que funciona de forma autónoma para causar daños o perjuicios a una o más personas de manera aleatoria y que excede lo que cabe esperar razonablemente; la magnitud del potencial depende de la relación entre la gravedad del posible daño o perjuicio, el grado de autonomía de la toma de decisiones, la probabilidad de que el riesgo se materialice y el modo y el contexto en que se utiliza el sistema de IA, esto es, los que ponen en peligro en mayor medida al público en general.*

561 1. Biometría, en la medida en que su uso esté permitido por el Derecho de la Unión o nacional aplicable… 2. Infraestructuras críticas: Sistemas de IA destinados a ser utilizados como componentes de seguridad en la gestión y el funcionamiento de las infraestructuras digitales críticas, del tráfico rodado o del suministro de agua, gas, calefacción o electricidad. 3. Educación y formación profesional: a) Sistemas de IA destinados a ser utilizados

Como puede comprobarse, aquí no se está haciendo referencia a una aplicación técnica de la IA en particular, sino a la utilización de los sistemas inteligentes en funciones de control de ámbitos sensibles (datos médicos, regulación del tráfico, control de suministro de agua y energía) en los que se precisa una vigilancia especial para evitar daños a las personas. La Proposición de 2021 en su Considerando 28 mencionaba expresamente los sistemas de IA que pudieran tener efectos adversos para la salud y la seguridad de las personas, en particular cuando funcionan como componentes de productos, como los robots autónomos en las fábricas o con fines de asistencia y cuidado personal. En el sector sanitario, los sistemas de diagnóstico y de apoyo a las decisiones humanas, y por supuesto también los automatismos quirúrgicos.

La idea que se sigue es que el sistema se vuelve de «alto riesgo» cuando afecta a un componente de seguridad de cualquier sistema o producto. Se está refiriendo sobre todo a sistemas que actúen como válvula de seguridad o que sustituyan la decisión humana por la de la máquina, porque aclara el precepto que no se considerará de alto riesgo si no plantea un peligro importante de causar un perjuicio a la salud, la seguridad o los derechos fundamentales de las personas físicas, en particular al no influir sustancialmente en el resultado de la toma de decisiones. Nos da una idea de esto el Considerando 50 del Reglamento 2024, que considera de alto riesgo a los sistemas de IA que sean componentes de seguridad de productos, o productos en sí mismos, y estén dentro del ámbito de aplicación de determinados actos legislativos enumerados en el anexo III del Reglamento, *procede clasificarlos como de alto riesgo en virtud del presente Reglamento si el producto de que se trate es sometido a un procedimiento de evaluación de la conformidad con un organismo de evaluación... Esos productos son, en concreto, máquinas, juguetes, ascensores, equipo y sistemas de protección para uso en atmósferas potencialmente explosivas, equipos radioeléctricos, equipos a presión, equipos de embarcaciones de recreo, instalaciones de transporte por cable, aparatos que queman combustibles gaseosos, productos sanitarios, productos sanitarios para diagnóstico in vitro, automoción y aviación.*

---

para determinar el acceso o la admisión de personas físicas a centros educativos y de formación profesional ... b) Sistemas de IA destinados a ser utilizados para evaluar los resultados del aprendizaje... 4. Empleo, gestión de los trabajadores y acceso al autoempleo... 5. Acceso a servicios privados esenciales y a servicios y prestaciones públicos esenciales y disfrute de estos servicios y prestaciones: ...servicios y prestaciones esenciales de asistencia pública, incluidos los servicios de asistencia sanitaria... 6. Garantía del cumplimiento del Derecho, en la medida en que su uso esté permitido por el Derecho de la Unión o nacional aplicable: ... para evaluar el riesgo de que una persona física sea víctima de delitos... polígrafos o herramientas similares... para evaluar la fiabilidad de las pruebas durante la investigación o el enjuiciamiento de delitos... 7. Migración, asilo y gestión del control fronterizo... 8. Administración de justicia y procesos democráticos...

También son de alto riesgo los sistemas inteligentes que, según su finalidad prevista, *presentan un alto riesgo de ser perjudiciales para la salud y la seguridad o los derechos fundamentales de las personas, teniendo en cuenta tanto la gravedad del posible perjuicio como la probabilidad de que se produzca*, según el Considerando 52, o los sistemas de captación de datos biométricos en supuestos que no están directamente prohibidos. Asimismo, los sistemas de gestión y funcionamiento de infraestructuras críticas, como infraestructuras digitales críticas que se enumeran en el anexo, punto 8, de la Directiva (UE) 2022/2557, tráfico rodado y suministro de agua, gas, calefacción y electricidad. La referencia a derechos fundamentales, salud y seguridad añade otros ámbitos como los de sistemas de IA para la educación o la formación profesional, en especial para el acceso a instituciones educativas y de formación profesional, ámbito del empleo, la gestión de los trabajadores y el acceso al autoempleo, sobre todo para la contratación y la selección de personal, o acceso a determinados servicios y ayudas de carácter público. Singularmente se consideran de alto riesgo los polígrafos y herramientas similares, los sistemas para evaluar la fiabilidad de las pruebas o para predecir la comisión de un delito mediante la elaboración de perfiles, y los sistemas de IA para ayudar a las autoridades judiciales a investigar e interpretar los hechos y el Derecho y a aplicar la ley. También lo son los sistemas de gestión y control de la migración, el asilo y el control fronterizo (Considerandos 56 y ss.).

Es decir, que el concepto de *alto riesgo* va aquí referido a determinados ámbitos de utilización de la IA, mientras que el concepto de *prohibición* o riesgo inaceptable se aplica directamente a técnicas concretas de IA que actúan inmediatamente sobre las personas.

De esta larguísima enumeración de ámbitos afectados por el «alto riesgo» derivado del uso de tecnologías de IA, la doctrina ha centrado su estudio en campos más concretos de la realidad, conectados con el artilugio dotado de IA susceptible de causar los daños. Por ejemplo, la responsabilidad de los vehículos autónomos, o sobre responsabilidad médica por el uso de sistemas inteligentes de diagnóstico o intervención quirúrgica. Navas Navarro[562] señala que entre los sistemas de alto riesgo hay que distinguir los sistemas autónomos de los semiautónomos. En los semiautónomos, el control puede ser asumido por una persona física cuando lo requiera el sistema o cuando la persona lo considere oportuno. En cambio, en el sistema autónomo la persona no puede asumir el control del sistema ni tomar decisiones; tanto unos como otros caen bajo el régimen de la responsabilidad objetiva.

Concreta el art. 9 del Reglamento 2024 que se establecerá un «sistema de gestión de riesgos» para la evaluación de los que puedan surgir ya del propio sistema en un uso normal, ya de un uso indebido del mismo: *9.6. Los sistemas de IA de alto riesgo serán sometidos a pruebas destinadas a determinar*

---

562 Navas Navarro, *Daños ocasionados por sistemas de inteligencia artificial*, cit., p. 11.

cuáles son las medidas de gestión de riesgos más adecuadas y específicas. Dichas pruebas comprobarán que los sistemas de IA de alto riesgo funcionan de manera coherente con su finalidad prevista y cumplen los requisitos establecidos en la presente sección. 7. Los procedimientos de prueba podrán incluir pruebas en condiciones reales de conformidad con el artículo 60. 8. Las pruebas de los sistemas de IA de alto riesgo se realizarán, según proceda, en cualquier momento del proceso de desarrollo y, en todo caso, antes de su introducción en el mercado o puesta en servicio... Todo acompañado de obligaciones de información, documentación, verificación de datos, conservación en registros y vigilancia humana con implementación de «botones del pánico». Se añade a ello una serie de obligaciones de los proveedores y responsables del despliegue de sistemas de IA de alto riesgo, distribuidores, proveedores y «responsables del despliegue», establecidas en los arts. 16 y siguientes. Y se completa con evaluaciones de impacto, notificaciones a los organismos competentes, requisitos de las mismas y obligaciones de los organismos, coordinación y números de identificación, evaluación de la conformidad, certificados, marcado UE y registro, que exponen los arts. 27 a 49.

3.4.6. Los Modelos fundacionales o de uso general y *Large Language Models*

Señala Díaz Senés[563] que una de las novedades que trae el texto definitivo del Reglamento de 2024 es la regulación pormenorizada sobre los modelos fundacionales o modelos de uso general: «En la propuesta inicial del RIA se carecía de normas concretas sobre estos sistemas, al no intuir la UE la gran evolución y riesgos que su implantación introdujo en la sociedad. Estos sistemas se caracterizan por su capacidad para generar texto, sonido, códigos informáticos, videos e imágenes». El modelo más conocido *ChatGPT*, si bien se ve superado para la realización de obra gráfica o de videos por otros sistemas especializados, como *Dall-E* o *Midjourney*. El mismo autor nos pone ante los riesgos que conllevan estos modelos, que consisten básicamente en la posibilidad de falsificar la realidad: «En otros ámbitos también existen riesgos reseñables, como podría ser la elaboración de un trabajo académico (trabajo fin de grado, tesis doctoral o un artículo científico), que tiene como "autor" un sistema fundacional, en este escenario si no existen medios para verificar la autenticidad del trabajo habrá que replantearse qué objeto tiene su elaboración».

El mecanismo de su funcionamiento hace que también se les denomine «sistemas predictivos», porque están compuestos por redes neuronales que utilizan las relaciones y patrones aprendidos para predecir el siguiente elemento de una secuencia. Por ejemplo, en un texto, el modelo predice la si-

563 Díaz Senés, «Panorámica Internacional de la Regulación de la Inteligencia Artificial...», cit. p. 123.

guiente palabra de una cadena de texto en función de las palabras anteriores y su contexto, poniendo siempre a continuación la palabra más probable. No obstante, apunta Daniel Gervais[564], la psicóloga y neurocientífica Lisa Feldman Barrett nos advierte que nuestro cerebro es exactamente eso lo que hace, predice la siguiente situación con los conceptos que aprendió conectándose a su entorno físico y social. Y esta idea también la expone el Nobel Michio Kaku[565] (en *La supremacía cuántica*) partiendo de la idea del cerebro triple, el reptiliano (cerebelo), el límbico o emocional (hipotálamo, tálamo y amígdala) y el racional (neocórtex): «luego tenemos la parte frontal, el córtex prefrontal. Y aquí es donde nace la gran diferencia: esa parte del cerebro es una máquina del tiempo. Es una máquina que puede ver el futuro, constantemente está haciendo simulaciones de lo que nos puede pasar más adelante». También Anil Seth considera que nuestra conciencia no es sino una máquina predictiva, como veremos en el siguiente capítulo de este libro.

En la nueva redacción de la Ley de la IA se introducen reglas específicas para estos modelos fundacionales, señalando Herrera de las Heras[566] que, con la redacción definitiva del Reglamento, «los sistemas fundacionales, capaces de generar imágenes, vídeos o texto sí tendrán obligaciones específicas, especialmente en el ámbito de la transparencia, que habrán de ser cumplidas antes de su introducción en el mercado». Como muestra de la peligrosidad de estos sistemas nos señala el autor la posibilidad de realización de falsificaciones de todo tipo, los *deepfakes* o *ultrafakes*.

El Reglamento les dedica el Capítulo V señalando en su primer artículo, el 51, unas reglas de clasificación de los modelos de IA de uso general centradas en los modelos «con riesgo sistémico»: *1. Un modelo de IA de uso general se clasificará como modelo de IA de uso general con riesgo sistémico si reúne alguna de las siguientes condiciones: a) tiene capacidades de gran impacto evaluadas a partir de herramientas y metodologías técnicas adecuadas, como indicadores y parámetros de referencia; b) con arreglo a una decisión de la Comisión, adoptada de oficio o a raíz de una alerta cualificada del grupo de expertos científicos, tiene capacidades o un impacto equivalente a los establecidos en la letra a), teniendo en cuenta los criterios establecidos en el anexo XIII*[567]*. 2. Se presumirá que un modelo de IA de uso general tiene capa-*

564 Gervais, «Not Quite Like Us? Can Cyborgs and Intelligent Machines Be Natural Persons...», cit., p. 15. Available at *SSRN*: https://ssrn.com/abstract=4213543 or http://dx.doi.org/10.2139/ssrn.4213543

565 Alejandro Millán Valencia, *BBC News*, https://www.bbc.com/mundo/articles/c4njwdqelzwo, 22 marzo 2024.

566 Herrera de las Heras Ramón «El nuevo marco jurídico de la inteligencia artificial: las novedades del Reglamento Europeo» (1), *Actualidad Civil*, n.° 5, mayo de 2024, Editorial LA LEY.

567 Anexo XIII. Criterios para la clasificación de los modelos de IA de uso general con riesgo sistémico a que se refiere el artículo 51. *Con el fin de determinar si un modelo de IA de*

cidades de gran impacto con arreglo al apartado 1, letra a), cuando la cantidad acumulada de cálculo utilizada para su entrenamiento, medida en operaciones de coma flotante, sea superior a 1025... Criterios que están centrados en la potencia computacional del sistema.

El riesgo sistémico aparece definido en el art. 3. 65) como *un riesgo específico de las capacidades de gran impacto de los modelos de IA de uso general, que tienen unas repercusiones considerables en el mercado de la Unión debido a su alcance o a los efectos negativos reales o razonablemente previsibles en la salud pública, la seguridad, la seguridad pública, los derechos fundamentales o la sociedad en su conjunto, que puede propagarse a gran escala a lo largo de toda la cadena de valor*. Como vemos, nada concreto, sólo la idea de la peligrosidad del sistema por el gran alcance de sus efectos. Esta (posible) peligrosidad obliga a los proveedores de modelos de IA de uso general a una serie de deberes de evaluación, información y documentación, y a mitigar el riesgo sistémico, vigilar, documentar y comunicar sin demora a la Oficina de IA y a las autoridades nacionales competentes la información pertinente sobre incidentes graves y las posibles medidas correctoras para resolverlos, y velarán por que se establezca un nivel adecuado de protección de la ciberseguridad. Además, la Oficina de IA fomentará y facilitará la elaboración de códigos de buenas prácticas para toda la Unión, en evitación de riesgos sistémicos.

Sin embargo, frente a todas estas precauciones (y en general, frente a las salvaguardas éticas de seguridad de los sistemas inteligentes), alertan Inioluwa, Kumar, Horowitz y Selbst[568] que lo que más nos tendría que preocupar es la falta de funcionalidad de los actuales sistemas inteligentes, sus frecuentísimos fallos y su defectuoso funcionamiento. Señalan que el miedo

uso general tiene unas capacidades o unos efectos equivalentes a los contemplados en el artículo 51, apartado 1, letra a), la Comisión tendrá en cuenta los siguientes criterios: a) el número de parámetros del modelo; b) la calidad o el tamaño del conjunto de datos, por ejemplo medidos a través de criptofichas; c) la cantidad de cálculo utilizada para entrenar el modelo, medida en operaciones de coma flotante o indicada con una combinación de otras variables, como el coste estimado del entrenamiento, el tiempo estimado necesario o el consumo de energía estimado para el mismo; d) las modalidades de entrada y salida del modelo, como la conversión de texto a texto (grandes modelos de lenguaje), la conversión de texto a imagen, la multimodalidad y los umbrales punteros para determinar las capacidades de gran impacto de cada modalidad, y el tipo concreto de entradas y salidas (por ejemplo, secuencias biológicas); e) los parámetros de referencia y las evaluaciones de las capacidades del modelo, también teniendo en cuenta el número de tareas sin entrenamiento adicional, la adaptabilidad para aprender tareas nuevas distintas, su nivel de autonomía y capacidad de ampliación y las herramientas a las que tiene acceso; f) si sus repercusiones para el mercado interior son importantes debido a su alcance, lo que se dará por supuesto cuando se haya puesto a disposición de al menos 10 000 usuarios profesionales registrados establecidos en la Unión; g) el número de usuarios finales registrados.

568 Inioluwa Deborah Raji, Kumar I. Elizabeth, Horowitz Aaron, and Selbst Andrew D., 2022. «The Fallacy of AI Functionality» in *2022 ACM Conference on Fairness, Accountability, and Transparency (FAccT '22)*, June 21-24, 2022, Seoul, Republic of Korea. ACM, New York, NY, USA, p. 961. https://doi. org/10.1145/3531146.3533158

a los sistemas de IA *hipercompetentes* genera debates sobre posibles usos indebidos de los mismos. Y ponen como ejemplo las preocupaciones expresadas en torno a los modelos fundacionales sobre su capacidad para generar contenidos hiperrealistas, que en teoría podría ser utilizado por actores malintencionados para orquestar campañas de desinformación; pero añaden: «Si bien se trata de amenazas creíbles, las preocupaciones en torno a los grandes modelos de lenguaje tienden a descartar las limitaciones prácticas de lo que estos modelos pueden lograr, descuidando abordar peligros más vulgares como el del despliegue prematuro de un sistema que no funciona». Esta discordancia entre las capacidades reales de estos sistemas y las amenazas que se anuncian es evidente en el Reglamento de IA de la UE, donde las preocupaciones principales sobre sistemas de manipulación, crédito social y reconocimiento emocional o biométrico, según estos autores, «bordean la frontera de lo fantástico».

3.4.7. Obligaciones, responsabilidades y medidas de apoyo

El Capítulo IV refiere unas *Obligaciones de transparencia de los proveedores y responsables del despliegue de determinados sistemas de IA*, en el art. 50, refiriéndose a los modelos generales, como ya hemos visto.

También el capítulo V va referido a los modelos de IA de uso general, o modelos fundacionales, como *Chatgpt* o *Dall-E*, que se considera que causan un riesgo sistémico si tienen «capacidad de gran impacto». Muy interesante es lo previsto en cuanto a las ultrafalsificaciones o *Deep fakes*: un intento de frenar la falsificación de la realidad que nos amenaza actualmente.

Mediante estas obligaciones se trata de asegurar que los proveedores garanticen que los sistemas de IA destinados a interactuar directamente con las personas se diseñen y desarrollen de forma que éstas estén informadas de que están interactuando con un sistema de IA, y que la información de salida del sistema de IA sea posible detectar que ha sido generada o manipulada de manera artificial. Esto es especialmente importante con:

- Los responsables de sistemas de IA de uso general, que generen contenido sintético de audio, imagen, vídeo o texto, velarán por que los resultados de salida del sistema de IA estén marcados en un formato legible por máquina y que sea posible detectar que han sido generados o manipulados de manera artificial. Los responsables de un sistema de IA que genere o manipule textos, imágenes o contenidos de audio o vídeo que constituyan una ultrasuplantación harán público que estos contenidos o imágenes han sido generados o manipulados de manera artificial.
- Los responsables del despliegue de un sistema de reconocimiento de emociones o de un sistema de categorización biométrica informarán del funcionamiento del sistema a las personas físicas expuestas a él.

- También se asegurará que el tratamiento de datos personales se ajuste a las normas de protección europeas.

Además, se establecen obligaciones de información actualizada par los proveedores de modelos de IA de uso general en el art. 53, y de designación de representantes autorizados en el art. 54. Se añaden particulares obligaciones de los proveedores de modelos de IA de uso general con riesgo sistémico en el art. 55. Por su parte el art. 56 prevé la elaboración de Códigos de buenas prácticas, para la correcta aplicación del Reglamento.

Contiene el Capítulo VI una serie de Medidas de apoyo a la innovación en los arts. 57 y ss., desde la creación de espacios controlados de pruebas para la IA, especialmente para el entrenamiento de los sistemas con datos personales, pruebas de sistemas de IA de alto riesgo en condiciones reales y consentimiento informado en tales casos.

El Capítulo VII, referido a Gobernanza, incluye en los arts. 64 y ss. la creación de una Oficina europea de la IA y un Comité Europeo IA, éste último el órgano principal en esta materia. También se prevé un Foro consultivo para proporcionar conocimientos técnicos y asesorar al Comité y a la Comisión, y un Grupo de expertos científicos independientes. Esta estructura se completa con las Autoridades nacionales competentes y del punto de contacto único, del art. 70: «1. Cada Estado miembro establecerá o designará al menos una autoridad notificante y al menos una autoridad de vigilancia del mercado como autoridades nacionales competentes a los efectos del presente Reglamento».

Los últimos capítulos son de carácter verdaderamente reglamentario, el VIII prevé una Base de datos de la UE para sistemas de IA de alto riesgo, en el art. 71; el Capítulo IX se ocupa del Control posterior a la comercialización, intercambio de información y vigilancia del mercado (arts. 72-94), y el X de Códigos de conducta y directrices (95-96). El Capítulo XI refiere la Delegación de poderes y funcionamiento de los comités (97-98), el XII, la Confidencialidad y sanciones (99-101), y termina el Capítulo XIII con unas Disposiciones finales (102-113).

Por lo que se refiere a sanciones, nos advierte Díaz Senés[569] que se ha aumentado el importe de las sanciones en caso de incumplimiento, respecto a la Propuesta de LIA de 2021, en concreto: — Implantación de sistemas prohibidos: sanción de 35 millones de euros o el 7 % del volumen de negocio del año anterior de la empresa infractora, si este fuera superior. — Incumplimiento de las obligaciones contenidas en la norma: 15 millones de euros o el 3 % del volumen de negocio, si este fuera superior. — Presentación de información inexacta: 7,5 millones de euros o el 1,5 % del volumen de negocio, si este fuera superior.

569 Díaz Senés, «Panorámica Internacional de la Regulación de la Inteligencia Artificial...», cit. p. 124.

Para terminar con este sucinto examen del Reglamento de 2024, destaca Herrera de las Heras[570] el valor de este texto, considerándolo un gran logro que sitúa a la legislación europea como pionera en el mundo sobre la materia: No existe ningún otro lugar del mundo que cuente en la actualidad con un marco jurídico que regule de manera tan integral y avanzada el desarrollo de los sistemas de inteligencia artificial como lo ha hecho la Unión Europea.

Señala este autor como novedades relevantes que se producen entre la Propuesta de 2021 y el texto definitivo de 2024, la ampliación de la lista de prohibiciones del artículo 5, añadiendo otras cuatro nuevas técnicas prohibidas: 1) La utilización de sistemas de categorización biométrica de las personas físicas para deducir o inferir su raza, opiniones políticas, sindicato, afiliación, creencias religiosas o filosóficas, vida sexual u orientación sexual. 2) La comercialización, puesta en servicio o utilización de un sistema de inteligencia artificial para evaluar o predecir el riesgo de que una persona física cometa un delito, basándose únicamente en la elaboración de perfiles. 3) La comercialización, puesta en servicio o utilización de sistemas de inteligencia artificial que creen o amplíen bases de datos de reconocimiento facial mediante el raspado no selectivo de imágenes faciales de Internet o de grabaciones; y 4) Los sistemas de IA para inferir las emociones de una persona física en los ámbitos del lugar de trabajo y las instituciones educativas. Si un sistema inteligente produce daños en estos ámbitos, además de la correspondiente sanción administrativa, da lugar a una responsabilidad totalmente objetiva, atribuyéndose la misma de manera automática a los agentes que hubiesen hecho uso de tal sistema.

3.5. Textos en materia de responsabilidad y productos defectuosos

3.5.1. La Resolución del Parlamento de 3 de mayo de 2022, sobre la Inteligencia artificial en la era digital, y el Reglamento del Parlamento Europeo y del Consejo, de 14 septiembre 2022, sobre mercados disputables y equitativos en el sector digital

Los trabajos y propuestas sobre IA no han cesado en Europa en el periodo que media entre la Propuesta de Ley de la IA de 2021 y el Reglamento de 2024.

570 Herrera de las Heras Ramón «El nuevo marco jurídico de la inteligencia artificial: las novedades del Reglamento Europeo» (1), *Actualidad Civil*, n.º 5, mayo de 2024, Editorial LA LEY.

Entre las elaboraciones más recientes tenemos la Resolución del Parlamento Europeo, de 3 de mayo de 2022, sobre la inteligencia artificial en la era digital (2020/2266(INI)), que comienza con el anuncio de la IA como base de una nueva revolución industrial, la cuarta: las tres anteriores vinieron de la introducción del vapor, la electricidad y los ordenadores. En esta cuarta revolución industrial, *la competitividad digital y la autonomía estratégica abierta se han convertido en un objetivo político central en varios países... Europa, que durante siglos fijó las normas internacionales, dominó el progreso tecnológico y lideró la fabricación y el despliegue de alta tecnología, se ha quedado rezagada y desarrolla e invierte en el mercado digital mucho menos que economías punteras como las de los Estados Unidos o de China*.

Este retraso puede implicar el riesgo de que Europa se vea marginada en el desarrollo tanto de normativas internacionales como de los avances tecnológicos, de donde puede seguirse una amenaza a los valores europeos. Esto último porque la IA se puede convertir en un instrumento de manipulación y desinformación, espionaje digital y sabotaje. Pero, por otra parte, esta tecnología reviste una importancia estratégica en todos los ámbitos de la economía. Como precisa esta Resolución, la IA es una tecnología emergente clave, de hecho *...se prevé que en 2030 a más tardar la IA contribuya con más de 11 billones de euros a la economía mundial*.

Para que la nueva tecnología no produzca estos efectos nefastos, y sí los enormes beneficios económicos que se anuncian, los expertos de la Unión consideran necesario acudir al Derecho, y elaborar, como señala la Resolución, *...un marco normativo claro, un compromiso político y una mentalidad más prospectiva... los marcos reglamentarios han de configurarse de manera que no impongan obstáculos injustificados para impedir que los agentes europeos tengan* éxito *en la era digital, en particular las empresas emergentes y las pequeñas y medianas empresas... se deben incrementar sustancialmente las inversiones públicas y privadas para crear un clima en el que surjan y se desarrollen en nuestro continente más historias de* éxito *europeas (9)*. Como vemos, lo que por lo pronto ha tenido éxito es esta terminología propia del marketing, que persigue el logro de una pretendida «alfabetización digital», dejando, a los que no quieran montarse en este tren, hundidos en el analfabetismo.

Hace la Resolución una interesante diferenciación entre los sistemas expertos y los más recientes sistemas de redes neuronales, señalando la diferencia significativa entre la IA simbólica*, que constituye el principal enfoque de la IA entre los años cincuenta y los años noventa, y la IA basada en datos y aprendizaje automático, que domina desde el año 2000*. Es también interesante que la Resolución se muestre muy cautelosa a la hora de afirmar las capacidades de la IA: *...al contrario de lo que sugiere su nombre, los sistemas de IA carecen de* «inteligencia» *en el sentido humano del término; señala que por ello se habla de IA* «débil» *y todavía no es más que una herramienta que facilita recomendaciones y predicciones*. Pero con todo, señala que es necesario prevenir los riesgos de un uso no controlado de la IA, y para ello se pasa a informar sobre los ámbitos más importantes de aplicación de la IA en la actualidad: la salud, el Pacto Verde, la política exterior y la seguridad, la competitividad, el futuro de la democracia y el mercado laboral.

En tema de salud cabe resaltar la importante novedad de la monitorización de las constantes de las personas mediante dispositivos *wearables*, así como el eterno problema de la protección de datos, en este caso especialmente sensibles al referirse al estado de salud del sujeto. En lo relativo a la ecología y a las directrices de ahorro del consumo en general y el gasto de energía en particular, se afirma la eficaz ayuda que aportará la IA para el logro de tales finalidades.

Por lo que hace a la política exterior y la seguridad, se mezcla la contribución de la IA al *multilateralismo, el desarrollo sostenible, la interoperabilidad y el intercambio de datos en el panorama internacional* con las referencias a la ética y a las ventajas de la utilización militar de esta tecnología, *para mejorar la precisión de los objetivos, optimizar la logística y participar en conflictos armados con un menor riesgo de daños físicos para la población civil* (parece que no han pensado los redactores en las acciones bélicas dirigidas precisamente contra la población civil). En esta retahíla de consideraciones hay alguna que sugiere uno de los daños principales que, en mi opinión, es susceptible de causar la IA, como es que los humanos perdamos inteligencia y memoria por confiar demasiado en la IA: *57. Advierte que el alto nivel de precisión que puede alcanzar la IA puede entrañar riesgos para la seguridad, ya que puede inducir a los humanos a depositar tal confianza en la IA que confíen en ella más que en su propio juicio...*

En tema de competitividad, la Resolución destaca el retraso de muchas empresas europeas en la adopción de procesos gestionados mediante IA, con la correspondiente pérdida de competitividad frente a los monopolios tecnológicos estadounidenses y chinos. En materia de precios, y especialmente en las cotizaciones bursátiles, la utilización de sistemas inteligentes puede derivar en concertación para la alteración de precios, que además sería difícilmente detectable por el efecto *black box*. También incide en materia de propiedades intelectual e industrial: *72. Considera que la legislación de la UE en materia de propiedad intelectual requiere armonización, una aplicación clara y transparente y un marco equilibrado, aplicable y predecible que permita a las empresas europeas, y en particular a las pymes y a las empresas emergentes, asegurar de forma adecuada y sencilla la protección de la propiedad intelectual; 73. Muestra su preocupación por que las medidas de protección de la propiedad intelectual por parte de las pymes sigan siendo escasas, dado que no son plenamente conscientes de sus derechos ni disponen de recursos suficientes para defenderlos... señala que, con objeto de ayudar a las empresas de la UE a proteger sus derechos de propiedad intelectual sobre la IA, debería reforzarse la posición de la Unión como organismo normativo global; hace hincapié en que la competitividad y el atractivo a nivel internacional se basan en un mercado* único *fuerte y resiliente, también en lo relativo a la protección y el respeto de la propiedad intelectual;*

Al considerar la IA y el mercado laboral, la Resolución estima que, pese a que pueden desaparecer trabajos, la IA logrará *crear nuevos empleos de mayor valor añadido, dejando más tiempo para las tareas estimulantes y el desarrollo profesional*. Para ello señala la necesidad de una capacitación especial, la repetida *alfabetización digital*. Es sucinta la consideración que se hace sobre la IA y el futuro de la democracia, quizá aquí haya que destacar el empleo de la IA para la *desinformación y ultrafalsificaciones, actuando como redes de propaganda, troleo y acoso con el objetivo de socavar los procesos electorales; destaca que el aprendizaje automático permite, en particular, el uso selectivo de datos personales para manipular a votantes que no sean conscientes de ello, creando mensajes personalizados y convincentes*. Es decir, *nudging* para alentar a los indecisos, troles y bots para contradecir y a menudo insultar a los que no piensan correctamente (es decir, como ellos).

Tras estas consideraciones generales, la Resolución entona un *mea culpa* europeo, por nuestra falta de iniciativa empresarial y de inversión en esta nueva tecnología, frente a la habilidad y empuje de EE. UU. y China. Propone una hoja de ruta para convertirse en líder mundial bajo el lema «Una Europa adaptada a la era digital». Y para lograr tan ambicioso motivo, señala como paso ineludible el de crear un marco normativo favorable, utilizando preferentemente la vía del reglamento: *121. Pide a la Comisión que proponga* únicamente *actos legislativos en forma de reglamento para nuevas leyes digitales en* ámbitos *como la IA, ya que el mercado* único *digital debe someterse a un proceso de auténtica armonización*...

La Resolución hace una valoración específica de la responsabilidad por daños de los sistemas inteligentes, en particular en los números 145 y 146. Conforme al primero, el Parlamento prevé algunos cambios legales en las definiciones de: *«producto», incluidas las aplicaciones informáticas integradas, los servicios digitales y la dependencia entre productos, y de* «productor», *incluidos el operador final, el proveedor de servicios y el proveedor de datos, a fin de garantizar la posibilidad de indemnización por los daños causados por estas tecnologías.*

A continuación, en el número 146, la Resolución expone las características de los sistemas de IA, su complejidad, conectividad, opacidad, vulnerabilidad, capacidad de modificación mediante actualizaciones, capacidad de autoaprendizaje y autonomía potencial, y también tiene en cuenta la pluralidad de agentes que participan en su desarrollo, y utilización, considerando por todo ello que, aunque no va a ser necesaria una completa revisión de los regímenes de responsabilidad —que considera que funcionan correctamente—, *sí ...son necesarios ajustes específicos y coordinados de los regímenes de responsabilidad europeos y nacionales para evitar una situación en la que las personas que sufren daños o cuyas propiedades sufren daños no llegan a recibir indemnización alguna...* Seguidamente, esta Resolución hace una afirmación importante, la de que *si bien los sistemas de IA de alto riesgo deben entrar en el* ámbito *de aplicación de la legislación en materia de responsabilidad objetiva, junto con la cobertura de seguro obligatoria, cualesquiera otras actividades, dispositivos o procesos impulsados por sistemas de IA que causen daños o perjuicios deben seguir estando sujetos a responsabilidad subjetiva*, lo que marca un importante cambio.

Eso sí, la responsabilidad subjetiva va unida a una presunción de culpa del operador del sistema, *salvo si este* último *demuestra que ha observado el deber de diligencia,* con lo cual la diferenciación de sistemas de alto riesgo/riesgo ordinario se nos presenta como fundamental.

Se añade a todo lo anterior una referencia a la seguridad del intercambio de datos y a la protección de los mismos, así como a la aplicación del Reglamento general de protección de datos. También pide la Resolución estrategias nacionales en materia de IA, *...ya que muchas de ellas siguen siendo vagas y carecen de objetivos claros*, y asimismo pide aumentar la educación digital para el conjunto de la sociedad y las cualificaciones avanzadas para especialistas.

Señala Coca Payeras[571] que también es relevante el *Reglamento del Parlamento Europeo y del Consejo, de 14 septiembre 2022, sobre mercados disputables y equitativos en el sector digital y por el que se modifican las Directivas (UE) 2019/1937 y (UE) 2020/1828.* Este Reglamento hace pivotar el correcto funcionamiento del mercado interior del sector digital sobre la noción de «guardián de acceso». El guardián de acceso, según el art. 2, es una empresa prestadora de servicios básicos de plataforma, que cumpla los tres requisitos que establece el art. 3.1: a) tener gran influencia en el mercado interior; b) prestar un servicio básico de plataforma para los usuarios profesionales, y c) tener una posición «afianzada y duradera» en el sector.

3.5.2. Directivas sobre responsabilidad en materia de IA y productos defectuosos

Finalmente, tenemos como siguientes elaboraciones en la materia las dos Propuestas de Directiva de 28 de septiembre 2022. Dirá Giovanna D´Alfonso[572] que estas dos Propuestas son coherentes con la estrategia digital de la Unión europea, pues contribuyen a crear una tecnología al servicio de las personas, reduciendo vulnerabilidades y mejorando la protección de los usuarios.

571 Coca Payeras, «Las iniciativas de la Unión europea sobre inteligencia artificial: de la persona electrónica..., cit., p. 35.

572 D'Alfonso, «Intelligenza artificiale e responsabilità civile. Prospettive europee», cit., p. 185.

La *Propuesta de Directiva del Parlamento Europeo y del Consejo relativa a la adaptación de las normas de responsabilidad civil extracontractual a la inteligencia artificial*, COM(2022) 496 final 2022/0303 (COD), de 28 de septiembre 2022, más conocida por su denominación en inglés como la *AI Liability Directive*.

Precisa Giovanna D´Alfonso[573] que en ella se propone por primera vez «una armonización específica de las normas de los Estados miembros en materia de responsabilidad civil, por los daños causados por sistemas de inteligencia artificial de cualquier tipo», tanto los de alto como los de bajo riesgo. Frente a la opacidad y dificultades de prueba derivadas de los sistemas inteligentes, propugna la Propuesta una IA fiable, a la que se llegará cuando las normas garanticen ...*que las víctimas de daños causados por la IA obtengan una protección equivalente a la de las víctimas de daños causados por los demás productos*. Por su parte, Pacheco Cañete[574] señala que esta Directiva persigue establecer reglas europeas uniformes (mediante su trasposición) para facilitar el acceso a la información necesaria que facilite al perjudicado la prueba de los presupuestos de la responsabilidad, en particular la culpa y el nexo causal: «De este modo prevé en su articulado la exhibición de pruebas y presunción refutable de incumplimiento (art. 3) y contempla presunciones *iuris tantum* con vistas a facilitar la prueba del nexo causal y también una presunción refutable de relación de causalidad en el caso de culpa (art. 4)».

Sin embargo, advierte Rubí Puig[575] que esta Directiva no se inclina por un concreto sistema, ya guiado por la culpa, ya objetivo, sino que deja libertad a los Estados miembros para optar por uno o por otro. Y Ortiz Fernández[576] insiste en esta idea y añade que la Directiva es un mero complemento a las legislaciones nacionales, aligerando la carga probatoria para el demandante mediante el establecimiento de una serie de presunciones, pero, como se ha dicho, sin establecer un tipo de responsabilidad concreta.

Dirá Coca Payeras[577] que esta breve Propuesta de sólo ocho artículos se justifica por entenderse que las normas nacionales actualmente en vigor en Europa en materia de responsabilidad civil se basan en la culpa, por lo que

---

573 D'Alfonso, «Intelligenza artificiale e responsabilità civile. Prospettive europee», cit., p. 185.

574 Pacheco Cañete, Matilde. «Reflexiones sobre la responsabilidad civil del empresario por los daños causados por sistemas de IA», *Revista General de Legislación y Jurisprudencia*, 2023, número 2: páginas 283-319, p. 298.

575 Rubí Puig, Antoni, «Capítulo 6. Responsabildiad civil e Inteligencia Artificial. Un examen crítico de la Propuesta de Directiva de 28 de septiembre de 2022», *Perspectivas regulatorias de la Inteligencia Artificial en la Unión Europea*, Reus Editorial, Madrid, 2023, pp. 245 y ss.

576 Ortiz Fernández, Manuel, «La "adaptación" del Derecho de daños a la inteligencia artificial: La propuesta de Directiva sobre responsabilidad», *Revista de Internet, Derecho y Política*, n.º 40 (marzo 2024), págs. 1-12. P. 5.

577 Coca Payeras, «Las iniciativas de la Unión europea sobre inteligencia artificial: de la persona electrónica..., cit., p. 36.

no son adecuadas para gestionar las reclamaciones de responsabilidad civil por daños causados por productos y servicios derivados de la IA, «pues las características específicas de la IA, incluidas su complejidad, su autonomía y su opacidad (el denominado efecto de «caja negra»), pueden dificultar o hacer excesivamente costoso para las víctimas determinar cuál es la persona responsable y probar que se cumplen los requisitos». Apunta Rubí Puig[578] que el ya citado art. 3 de esta Propuesta de Directiva permite a los perjudicados solicitar, precisamente para evitar esta opacidad, la información relevante sobre el sistema de alto riesgo. Y Diez Royo[579] concreta que la Propuesta de Directiva pretende en tal precepto facultar a los órganos jurisdiccionales nacionales, a petición del demandante, para pedir la exhibición de pruebas sobre el sistema de alto riesgo de IA. Pero para que el demandante pueda pedir dicha exhibición de documentos, deberá presentar hechos y pruebas suficientes que sustenten la demanda, lo que genera un problema, porque: «Podemos pedir la exhibición de pruebas para demostrar un daño y la culpa del agente dañoso, pero si para poder pedir esas pruebas necesitamos previamente demostrar el daño, el precepto no proporciona muchas ventajas, resultando confuso en este aspecto y poco esclarecedor».

Como conclusión, señala Ortiz Fernández[580] que esta Directiva para la adaptación de las normas de responsabilidad civil extracontractual a la inteligencia artificial adolece de una redacción un tanto compleja, incorpora una dualidad de nexos causales e impone obligaciones a los demandados de exhibición de pruebas que tienen importantes consecuencias jurídicas en caso de incumplimiento: «La transposición de estas reglas, en ocasiones, no será una tarea sencilla en ciertos Estados miembros (como el español) y se tendrán que aprobar disposiciones especiales. Imagínese, por ejemplo, la atribución de responsabilidad solidaria». Diez Royo[581] estima que, aplicando por analogía la responsabilidad patrimonial de la Administración, cabe explicar que, en la Propuesta de Directiva de adaptación de las normas de responsabilidad civil, subyacería en su art. 3.5 el elemento real de la culpa (como «incumplimiento de un deber de diligencia»).

También de 28 de septiembre de 2022 es la *Propuesta de Directiva del Parlamento Europeo y del Consejo sobre responsabilidad por los daños causados por productos defectuosos*, COM(2022) 495 final, 2022/0302 (COD),

578 Rubí Puig, «Capítulo 6. Responsabildiad civil e Inteligencia Artificial...», cit., p. 275.

579 Díez Royo, Mario, «Cuestiones de responsabilidad civil de los sistemas de Inteligencia Artificial en las Propuestas de Directivas europeas de 28 de septiembre de 2022», *Revista de Estudios Jurídicos y Criminológicos*, n.º 8, Universidad de Cádiz, 2023, pp. 253-276, p. 263. DOI: https://doi. org/10.25267/REJUCRIM.2023.i8.09

580 Ortiz Fernández, «La "adaptación" del derecho de daños a la inteligencia artificial: la propuesta de Directiva sobre responsabilidad», cit., p. 9.

581 Díez Royo, «Cuestiones de responsabilidad civil de los sistemas de Inteligencia Artificial en las Propuestas de Directivas europeas de 28 de septiembre de 2022», cit., p. 268.

que añade que es necesario revisar la Directiva 85/374/CEE, de 1985, sobre productos defectuosos *...a la luz de los avances relacionados con las nuevas tecnologías, incluida la inteligencia artificial,* con expresa referencia a los daños causados por sistemas inteligentes y a su Directiva gemela. Como señala Jorqui Azofra[582], la antigua Directiva 85/374/CEE no se redactó teniendo en cuenta la nueva tecnología digital, y mucho menos los sistemas inteligentes, por esto la nueva Directiva va a incidir en mejorar la definición de producto, y por tanto el ámbito de aplicación de la misma.

Aquí hay que tener en cuenta que, como señala Izquierdo Grau[583], «La irrupción de los bienes con elementos o contenidos digitales en las compraventas con consumidores y, en consecuencia, su potencial capacidad para provocar daños ha conducido a que la Directiva 85/374/CEE deba reemplazarse por una nueva directiva que incorpore dentro de su ámbito de aplicación a este tipo de bienes y a los sistemas de inteligencia artificial y que regule con mejor detalle las características del régimen de responsabilidad de su productor».

En cuanto a esta revisión, opina Herbosa Martínez[584] que la alteración de lo regulado en la Directiva de 1985 será puramente adaptativa a estos nuevos productos dotados de IA, por lo que y que actualmente y en el futuro inmediato se aplicará la antigua Directiva: «hasta la definitiva aprobación y entrada en vigor de la nueva regulación, las reglas que deben aplicarse a los sistemas de inteligencia artificial (en adelante, sistemas de IA) son las que establecen los regímenes de responsabilidad civil ya existentes, incluido el régimen de responsabilidad por productos defectuosos». Añade que, aunque es previsible que la aprobación de la nueva Directiva no se demore mucho en el tiempo, la regulación vigente se tendrá que seguir aplicando durante bastantes años (quizás más de lo deseable), pues el periodo de transposición previsto en la versión actual de la Propuesta de Directiva es de veinticuatro meses desde la fecha de entrada en vigor de dicha Directiva. «Y, sobre todo, debido a que dicha regulación deberá seguir aplicándose a los productos introducidos en el mercado o puestos en servicio antes de esa fecha».

---

582 Jorqui Azofra, *Responsabilidad por los daños causados por productos y sistemas de Inteligencia artificial*, cit., p. 143.

583 Izquierdo Grau Guillem, «La responsabilidad del productor de vehículos autónomos en el marco de la (futura) legislación en materia de responsabilidad por daños causados por productos defectuosos», *Revista de Derecho Civil,* vol. X, núm. 2 (junio, 2023) Estudios, pp. 117-161, p. 118. http://nreg.es/ojs/index.php/RDC

584 Herbosa Martínez, Inmaculada, «Encaje de los sistemas de IA en la definición de producto en la legislación de productos defectuosos Análisis de la legislación vigente con la vista puesta en la Propuesta de Directiva del Parlamento europeo y del Consejo de 28 de septiembre de 2022 (COM/2022/495)», *InDret*, 3.2024, p. 56.

Por su parte, apunta Diez Royo[585] a un posible cambio en cuanto a la persona responsable del daño, pues en la Propuesta de Directiva sobre productos defectuosos, en vez de referirse a operador inicial y operador final *(front-end, back-end)*, se pasa a hablar de «operador económico», que se define como «el fabricante de un producto o componente, el proveedor de un servicio conexo, el representante autorizado, el importador, el prestador de servicios de tramitación de pedidos a distancia o el distribuidor» (art. 4.16 Propuesta de Directiva sobre Productos Defectuosos), mientras que «la Propuesta de la Directiva relativa a la adaptación de normas sobre responsabilidad en materia de IA de 28 de septiembre 2022 olvida directamente el concepto de operador y se dirige contra tres sujetos diferentes: el proveedor, la persona sujeta a las obligaciones del proveedor y el usuario».

Añade la profesora Herbosa Martínez[586] que, en cuanto a la consideración de las Inteligencias artificiales como producto, hay que diferenciar las IA que sean sólo *software*, programas de IA, que adquieren en cuanto tales la consideración de producto, de las IA integradas en otros mecanismos. Conforme a la legislación vigente, debe considerarse el sistema inteligente como producto, aunque haya sido instalado por un tercero; no obstante, la Propuesta de Directiva va a considerar a este sistema de IA integrado como «componente» y no como producto: En el caso de los sistemas de IA autónomos, los daños cubiertos por dicha normativa sólo podrán ser aquellos que resulten del propio sistema, por lo que no hay responsabilidad del proveedor por los daños que ocasione la información defectuosa que genere dicho sistema (por ejemplo, un mal consejo de *ChatGPT*). Además, hay que tener en cuenta la limitación de daños cubiertos por esta responsabilidad: daños personales y daños causados a otros bienes, pero no los del propio producto; los daños morales, sólo si los permite la legislación nacional.

Por su parte, estima Coca Payeras[587] que esta Propuesta pretende dejar sentado que los sistemas de IA y los bienes basados en la IA son «productos», y que por lo tanto entran en el ámbito de aplicación de la Directiva; asimismo, que tanto los fabricantes de equipos informáticos como los proveedores de programas informáticos y de servicios digitales que influyan en el funcionamiento del producto (como un servicio de navegación en un vehículo autónomo) pueden ser considerados responsables. Reitera Pacheco Cañete[588] que, aunque en la actualidad no sea necesario probar la culpa, sí

585 Díez Royo, «Cuestiones de responsabilidad civil de los sistemas de Inteligencia Artificial en las Propuestas de Directivas europeas de 28 de septiembre de 2022», cit., p. 271.

586 Herbosa Martínez, «Encaje de los sistemas de IA en la definición de producto ...», cit., pp. 71 y ss.

587 Coca Payeras, «Las iniciativas de la Unión europea sobre inteligencia artificial: de la persona electrónica..., cit., p. 37.

588 Pacheco Cañete, «Reflexiones sobre la responsabilidad civil del empresario por los daños ...», cit., p. 299.

que hay que probar la existencia del defecto, lo que, dado el carácter eminentemente técnico y la poca transparencia que presenta a veces el comportamiento automático de los sistemas, esto puede ser mucho más complejo que la prueba de la falta de diligencia del productor. Plantea igualmente la autora la cuestión de la aplicación a los sistemas de IA de la cláusula de exoneración por riesgos de desarrollo, vigente en el ámbito de los productos defectuosos: «La citada cláusula actualmente es opcional, pero la Propuesta la contempla como obligatoria, con la finalidad de proteger a los fabricantes o programadores de sistemas, pues su supresión implicaría una mayor severidad y objetividad de la responsabilidad empresarial en este ámbito»[589]. Por su parte, Navas Navarro[590] se ocupa de la distinción entre modificación y actualización y mejora de los programas de ordenador en los que se diseña el algoritmo de la IA, y advierte que la Directiva prescribe que un operador económico no puede exonerarse de responsabilidad si el defecto en el producto es debido al programa informático, incluyendo sus actualizaciones y mejoras, o también en el caso de que el defecto provenga de la falta de actualización o mejora.

Al cierre de esta edición, ya se ha publicado el texto definitivo de la Directiva (UE) 2024/2853 del Parlamento Europeo y del Consejo, de 23 de octubre de 2024, *sobre responsabilidad por los daños causados por productos defectuosos y por la que se deroga la Directiva 85/374/CEE*[591].

3.5.3. Los textos más recientes

El siguiente texto de relevancia en el marco europeo —dejando aparte la Ley o Reglamento de la IA de 2024— lo constituye, nos dice también Coca Payeras[592], la *Declaración conjunta del Parlamento Europeo, el Consejo y la Comisión de 23 de enero de 2023 sobre los Derechos y Principios Digitales para la Década Digital*[593]. Consta de seis capítulos y 24 artículos.

Si leemos el primer capítulo, rotulado *Una transformación digital centrada en las personas*, podemos hacernos una idea del contenido de esta Declaración: *1. Las personas constituyen el núcleo de la transformación digital de*

589 Pacheco Cañete, «Reflexiones sobre la responsabilidad civil del empresario por los daños ...», cit., p. 305.

590 Navas Navarro, Susana, «Capítulo 5. Modificaciones del sistema de Inteligencia Artificial y la Propuesta de Directiva sobre responsabilidad por los daños causados por productos defectuosos», *Perspectivas regulatorias de la Inteligencia Artificial en la Unión Europea*, Reus Editorial, Madrid, 2023, pp. 223 y ss.

591 *Diario Oficial de la Unión Europea*, ES Serie L, 18.11.2024 (DO L de 18.11.2024), ELI: http://data.europa.eu/eli/dir/2024/2853/oj

592 Coca Payeras, «Las iniciativas de la Unión europea sobre inteligencia artificial: de la persona electrónica..., cit., p. 37.

593 *Diario Oficial de la Unión Europea*, 23.1.2023, C 23/1.

la Unión Europea. La tecnología debe servir y beneficiar a todas las personas que viven en la UE y empoderarlas (sic) para que cumplan sus aspiraciones, en total seguridad y respetando plenamente sus derechos fundamentales. Nos comprometemos a: a) fortalecer el marco democrático para una transformación digital que beneficie a todas las personas y mejore las vidas de todas las personas que viven en la UE; b) adoptar las medidas necesarias para que los valores de la UE y los derechos de los ciudadanos reconocidos por el Derecho de la Unión se respeten tanto en línea como fuera de línea; c) fomentar y garantizar una acción responsable y diligente por parte de todos los agentes digitales, públicos y privados, en el entorno digital; d) promover activamente esta visión de la transformación digital, también en nuestras relaciones internacionales. Como vemos, una reiteración continua de la necesidad de respeto de los derechos de las personas (y, por tanto, un reconocimiento del riesgo que plantean estas nuevas técnicas para estos derechos).

A esta declaración un tanto angélica le sigue un Capítulo II, titulado *Solidaridad e inclusión*, que comienza en un tono muy similar declarando que «La tecnología debe utilizarse para unir a las personas, no para dividirlas. La transformación digital debería contribuir a una sociedad y una economía equitativas e inclusivas en la UE». Para lograr estas finalidades, la UE se compromete a asegurarse de que el diseño, el desarrollo, el despliegue y el uso de soluciones tecnológicas respeten los derechos fundamentales, permitan su ejercicio y promuevan la solidaridad y la inclusión. A lo que se añade la tarea de «b) llevar a cabo una transformación digital que no deje a nadie atrás. Debe beneficiar a todos, lograr el equilibrio de género e incluir, en particular, a las personas de edad avanzada, las personas que viven en zonas rurales, las personas con discapacidad o marginadas, vulnerables o privadas de derechos... También debe promover la diversidad cultural y lingüística...3. Toda persona, con independencia del lugar de la UE en que se encuentre, debería tener acceso a una conectividad digital asequible y de alta velocidad». Loables finalidades, cuya aplicación no creo que sea difícil, al menos la de lograr la conectividad universal, puesto que hoy incluso los mendigos tienen teléfono móvil.

Para terminar, hay que referir la creación de un organismo europeo específico para este ámbito de la IA. Tenemos así la *Decisión de la Comisión, de 24 de enero de 2024*, por la que se crea la Oficina Europea de Inteligencia Artificial[594]. Esta Oficina, que forma parte de la Dirección General de Redes de Comunicación, Contenido y Tecnologías, tiene las funciones establecidas en el art. 3 de dicho texto.

Funciones que son: a) desarrollar herramientas... para evaluar las capacidades de los modelos de IA de uso general, en particular los modelos muy grandes con riesgos sistémicos; b) supervisar la ejecución y la aplicación de las normas relativas a los modelos y sistemas de IA de uso general... c) super-

594 Publicado en: «DOUE» núm. 1459, de 14 de febrero de 2024, páginas 1 a 5.

visar la aparición de riesgos imprevistos derivados de modelos de IA de uso general... d) investigar posibles infracciones de las normas sobre modelos y sistemas de IA de uso general, en particular mediante la recopilación de reclamaciones y alertas... e) garantizar que, cuando un sistema de IA entre en el ámbito de aplicación de la legislación pertinente de la Unión ...la supervisión y la ejecución de dicha legislación estén plenamente coordinadas con la supervisión y la ejecución del próximo Reglamento; f) apoyar la aplicación de normas sobre prácticas de IA prohibidas y sistemas de IA de alto riesgo ... En definitiva, una vigilancia de los riesgos de la IA.

En este panorama europeo hay que comentar un texto internacional, de la Organización de las Naciones Unidas, concretamente. Nos hace saber Ortiz Fernández[595] que el 21 de marzo de 2024, la Asamblea General de la ONU adoptó la Resolución «Aprovechar las oportunidades de sistemas seguros, protegidos y fiables de inteligencia artificial para el desarrollo sostenible» (A/78/L.49), respaldada por más de 120 Estados miembros. Esta Resolución «...trata de que los Estados se abstengan de utilizar sistemas de inteligencia artificial que no puedan funcionar de conformidad con las normas internacionales de derechos humanos o los pongan en riesgo. Por el contrario, plantea la necesidad de respeto, protección y promoción de los derechos humanos en el diseño, el desarrollo, el despliegue y el uso de esta tecnología».

En esta línea de poner a la persona en el centro de las cuestiones de IA, y de respeto a sus derechos, añade Ortiz Fernández[596] un nuevo texto, esta vez europeo, el *Convenio internacional sobre Inteligencia Artificial*, elaborado por el Comité sobre Inteligencia Artificial del Consejo de Europa, texto que pretende «establecer un conjunto de principios, normas y derechos destinados a garantizar que el diseño, el desarrollo y la puesta en servicio de sistemas de inteligencia artificial sean plenamente compatibles con el respeto de los derechos humanos, el funcionamiento de la democracia y la del Estado de Derecho».

Se trata de un Convenio-marco sobre Inteligencia Artificial y derechos humanos, democracia y Estado de derecho, adoptado por el Comité de Ministros del Consejo del Consejo de Europa el 17 de mayo de 2024. Ha sido negociado por Europa y también Estados no miembros como Argentina, Australia, Canadá, Costa Rica, Estados Unidos de América, Israel, Japón, México, Perú, la Santa Sede y Uruguay.

Asimismo, contempla una serie de medidas para garantizar que las víctimas reciban una adecuada indemnización por los daños causados por estos sistemas.

595 Ortiz Fernández Manuel. «Reflexiones acerca de la revisión de la Directiva sobre responsabilidad por productos defectuosos», *Revista General de Legislación y Jurisprudencia*, 2024, número 3: páginas 403-429. P. 405.

596 Ortiz Fernández «Reflexiones acerca de la revisión de la Directiva sobre ...», cit., p. 405.

4

SUBJETIVIDAD CIBERNÉTICA

4.1. Personalidad y Subjetividad social

4.1.1. Sujetos y objetos, robots y personas

Cualquier reflexión jurídica sobre un ente exige ante todo su calificación desde el punto de vista del Derecho. Por tanto, debemos preguntarnos: ¿Qué es un robot? Y sobre todo ¿Cómo consideramos a los robots o a los programas inteligentes, como personas o como herramientas?, es decir, como cosas.

En cuanto a la primera cuestión, ya vimos en un epígrafe anterior que los sistemas inteligentes pueden formar parte de robots, consistentes en mecanismos que se muevan en un espacio de tres dimensiones, estando dotados de sensores, motores y de inteligencia artificial, todo lo cual les confiere una cierta movilidad y autonomía (por ejemplo, un aspirador Roomba); si tienen una forma humana o vagamente humana, se les denomina robots *androides*. Pero también pueden consistir estos sistemas en simples programas que no tienen más corporeidad que la del ordenador y la pantalla en la que funcionan; suelen denominarse bots, o si tienen funciones de lenguaje natural, hablado o escrito, *chatbots*.

Como máquinas los conceptúa Navas Navarro[597], tomando la definición del art. 4 de la Resolución de 20 de octubre 2020 sobre *Marco de los aspectos* éticos *de la IA*, siendo los robots «máquinas controladas automáticamente, reprogramables y multifuncionales, (que) realicen (realizan) en el mundo físico acciones tradicionalmente realizadas o iniciadas por los seres humanos,

597 NAVAS NAVARRO, *Daños ocasionados por sistemas de inteligencia artificial*, cit., p. 11.

en particular mediante la inteligencia artificial o las tecnologías conexas». Se definen por tanto como máquinas actuantes en el mundo real. Luego la Propuesta de Ley de la IA va a concretar la idea de «sistema de IA» como exclusivamente referida al *software*, aunque el texto definitivo del Reglamento de la IA 2024, art. 3.1, vuelve a recuperar la idea de sistema inteligente también como máquina incorporante de IA[598], al decir que está *diseñado para funcionar con distintos niveles de autonomía y que puede mostrar capacidad de adaptación*. Ahora bien, el robot por excelencia es el robot androide, que recibe una forma relativamente humana porque está pensado para interactuar con seres humanos, siendo esta última capacidad la determinante (por ejemplo, un robot cuidador en hospitales o residencias).

En cuanto a la segunda pregunta, la respuesta fácil es decir que a los robots los tratamos como cosas, que es estrictamente lo que son, pero la realidad es otra. Nuestra naturaleza humana nos gasta malas pasadas, y nos lleva muchas veces a comportamientos irracionales: ¿Quién no ha hablado con su perro, sabiendo perfectamente que el perro no entiende nada de lo que le decimos? Reaccionará a nuestro tono de voz y a órdenes claras, pero por mucho que le expliquemos que no debe ladrar al perro del vecino, va a seguir haciéndolo cada vez que lo vea. O en invierno, si nuestro coche ha pasado la noche en la calle, y por la mañana le cuesta ponerse en marcha ¿Quién no le ha dicho al coche «¡arranca, arranca de una vez!». A veces atribuimos a las cosas, o a los animales, capacidades que no tienen.

Trae a colación Barrio Andrés[599] un estudio del psicólogo Peter Kahn, que concluye que los robots pueden pertenecer a una categoría ontológica completamente nueva, pues los participantes en dicho estudio, aunque no pensaban que los robots estuviesen vivos, tampoco consideraban que fuesen meros objetos, pues se sentían inclinados a atribuir «estados mentales» a los robots, e incluso adoptaban respecto a «ellos» comportamientos distintos a los que tenemos respecto de los meros objetos.

A ello se une que, como señala Coca Payeras[600], el robot se diferencia de las otras máquinas en que lleva a cabo «actuaciones inteligentes», es decir

---

598 Reglamento (UE) 2024/1689 del Parlamento Europeo y del Consejo, de 13 de junio de 2024, por el que se establecen normas armonizadas en materia de inteligencia artificial. Art. 3.1): «sistema *de IA»: un sistema basado en una máquina que está diseñado para funcionar con distintos niveles de autonomía y que puede mostrar capacidad de adaptación tras el despliegue, y que, para objetivos explícitos o implícitos, infiere de la información de entrada que recibe la manera de generar resultados de salida, como predicciones, contenidos, recomendaciones o decisiones, que pueden influir en entornos físicos o virtuales...*

599 Barrio Andrés, «Hacia una personalidad electrónica para los robots», cit., pág. 100.

600 Coca Payeras, Miguel, «Las iniciativas de la Unión Europea sobre inteligencia artificial: de la persona electrónica, al difícil equilibrio entre la necesidad de impulsarla y evitar sus riesgos», *Revista de Derecho Civil*, vol. X, núm. 2, especial (junio, 2023) Portada, pp. 3-40, http://nreg.es/ojs/index.php/RDC.P. 8.

que actúan de forma similar a como lo hace el cerebro humano, y, además, hoy «no sólo existen relaciones entre los robots y los seres humanos, sino que también se dan —y progresivamente han ido en aumento— relaciones entre los propios robots (*v.gr.:* internet de las cosas; enjambres de robots)».

Es decir, que consciente o inconscientemente, vemos en el robot un reflejo de nuestra humanidad, lo que condiciona nuestra respuesta frente a sus acciones, llegando a interactuar con ellos. Por ello, la (futura) presencia de los robots en los grupos humanos nos lleva a plantearnos la alternativa de personalizar su presencia, como hizo la Resolución europea de 16 de febrero 2017, de modo todo lo especial que se quiera, o mantenerlos en el rango de las máquinas o meros objetos.

El catedrático de Santiago, José Julio Fernández Rodríguez[601], parte de que el logro de construir personas robóticas es una cuestión de tiempo, y amparado sobre todo en la Resolución de 2017 del Parlamento europeo, avanza que estos entes alcanzarán una inteligencia igual a la humana y tendrán una personalidad electrónica y unos derechos propios: «La inteligencia artificial fuerte, al construir una mente *als ob* (como si) fuera humana, permitiría ese salto, aunque no sea realmente humana (el cerebro humano tiene un funcionamiento electroquímico, el del robot eléctrico). Así ese robot del futuro asumiría la idea del "yo", consciente de sí mismo, y tomaría decisiones no por relejo o instinto sino de forma argumentada o previsora». A continuación, repite este autor lo dicho en la citada Resolución de 2017: *existe la posibilidad de que a largo plazo la inteligencia artificial llegue a superar la capacidad intelectual humana*. Considerando por todo ello al robot capaz de adquirir conciencia, y por tanto capacidad de elección y voluntad propias: llegados a este punto, la consecuencia de la atribución de derechos a este ente es una consecuencia inevitable, pasando de ser objeto a sujeto de derechos.

Sin embargo, en la doctrina española, encontramos una postura, en general, contraria a la personalidad de los sistemas inteligentes. Critica Rogel Vide[602] la posible subjetividad de la inteligencia artificial (IA), no obstante aparecer en la Resolución de 2017 como un objetivo deseable, «...pasando de la llamada débil —la actual— a la general —venidera y omnicomprensiva— siendo necesario, a decir de la Introducción a la Resolución ..."crear una definición, generalmente aceptada, de robot y de inteligencia artificial que sea flexible y no lastre la innovación", recordándose acto seguido, en la Introducción referida, las ventajas económicas que reporta —para algunos sobre todo— el "desarrollo de máquinas inteligentes y autónomas, con capacidad

601 Fernández Rodríguez, José Julio, «Reflexiones (provisionales) sobre los derechos de los robots», *Inteligencia artificial y derecho. Reflexiones jurídicas para el debate sobre su desarrollo y aplicación,* Rocha Espíndola, Sansó-Rubert Pascual, Rodríguez dos Santos, coordinadores, Dykinson, Madrid, 2023, p. 233.

602 Rogel Vide, «Robots y personas», Revista general de legislación y jurisprudencia, n.° 1, 2018, pág. 84.

de ser entrenadas para pensar y tomar decisiones de manera independiente"». Y como advierte también Díaz Alabart[603], esta hipotética personalidad electrónica que se propugna proviene de la dificultad de resolver los problemas aplicando a los robots las regulaciones, Directivas y leyes nacionales, sobre productos defectuosos, para dilucidar las cuestiones de daños.

Como vemos, la doctrina española se muestra contraria incluso a esta pseudopersonificación, así la citada Díaz Alabart[604], que critica abiertamente esta personalidad «electrónica», entendiendo que nos llevaría a la creación de un *tertium genus* intermedio entre las personas y las cosas que no tiene mucha razón de ser: «En un primer momento puede parecer que la asunción de esta idea por la Comisión no trae consigo ventaja alguna digna de ser tomada en cuenta. Por mucho que los robots tengan cierta autonomía y puedan tener una aún mayor en el futuro, hay que considerar que esa autonomía no procede de que los robots, ni los actuales ni los futuros, tengan una capacidad volitiva propia... entiendo que siguen siendo cosas...». También Suñé Llinás[605] critica la construcción de una personalidad electrónica, dirigiendo su censura en primer lugar contra la Resolución de 2017 y contra quienes han dado pábulo a esta «cuestión de ciencia-ficción», como la califica.

Otros autores, como Carrasco[606], destacan el valor de los sistemas inteligentes, que no son simples objetos. Considera Carrasco la posición del alemán Teubner, que propone reconocer una suerte de capacidad jurídica limitada al agente inteligente no humano, en la medida en que actúa con autonomía en el intercambio social comunicativo. Y se decanta por el parámetro de reconocimiento del test de Turing al entender que «...no importa si este agente "no comprende" la subjetividad de su interlocutor humano —no existe la "doble contingencia" comunicativa del intercambio entre humanos—, bastando que el "mensaje de respuesta" se acomode al mensaje de pregunta»[607]. Además, estima Teubner que el modelo para esta capacidad

603 DÍAZ ALABART, Silvia, *Robots y responsabilidad civil*, Reus, Madrid, 2018, pág. 31.

604 DÍAZ ALABART, *Robots y responsabilidad civil*, cit., pág. 32.

605 SUÑÉ LLINÁS, Emilio, *Derecho e Inteligencia Artificial. De la robótica a lo posthumano*, Tirant lo Blanch, Ciudad de Méjico, 2020, pág. 81.

606 CARRASCO PERERA, Angel, «A propósito de un trabajo de Gunter Teubner sobre la personificación civil de los agentes de inteligencia artificial avanzada», *Centro de Estudios de Consumo, Publicaciones Jurídicas*, en http://centrodeestudiosdeconsumo.com, fecha de publicación: 11 de enero de 2019. Este análisis versa sobre el mismo trabajo de Teubner (Digitale Rechtssubjekte? Zum privatrechtlichen Status autonomer Softwareagenten), pero publicado en otra Revista, *Archiv für die Civilistische Praxis*, 218, 2018, págs. 155-205.

607 Insiste el autor en que los procesos de intercambio de información con algoritmos inteligentes pueden calificarse de auténtica comunicación: «Debe hacerse una distinción clara entre comprensión dentro del proceso de comunicación y comprensión dentro de la vida interior de la interacción de entidades. Para que se produzca comprensión dentro del proceso de comunicación no es importante si el algoritmo comprende las intenciones del ser

no debe ser la persona física, sino la jurídica, carente de conciencia o voluntad subjetiva, pero que sin embargo actúa como centro de imputación de decisiones y conductas jurídicamente relevantes.

En la doctrina francesa, Nathalie Nevejans[608] nos explica que la voluntad de atribuir personalidad jurídica a un robot parte de una visión limitada del concepto de robot, que se entiende como robot humanoide. Si los constructores dan forma humana a los robots es para así provocar en el utilizador un sentimiento de empatía, que dará paso a la aceptación, necesaria para los robots-cuidadores, sobre todo. Pues bien, es este fenómeno de la empatía artificial el que nos hace creer que el robot está dotado de comportamiento humano o de emociones, previniéndonos la autora en su contra: «En el actual estadio de desarrollo de la robótica, querer atribuir personalidad jurídica a un robot humanoide equivale a ser víctima de esta empatía artificial».

En esta doctrina, apunta Xavier Labée[609], existe una posición muy crítica sobre una posible personalidad o incluso subjetividad robótica, sustentada por autores como Malaurie: «Nuestro Derecho todavía hace distinción entre personas y cosas. Esta distinción es fundamental, y constituye según Monsieur Malaurie, el reto crucial del tercer milenio». Así opinan también juristas como Loiseau[610] (que destaca además que todo el problema radica en gestionar la responsabilidad por daños producidos por el robot), o Frison-Roche[611], contrarios a la admisión de figuras intermedias entre las categorías clásicas de personas o cosas, que reproduce la división entre sujetos y objetos.

En particular nos dice Frison-Roche, en su indicado artículo, que hoy en día se produce tanto una personalización de las cosas, concediendo personalidad a los robots, como una cosificación de las personas, así en el supuesto de los vientres de alquiler. Esto es una anormalidad jurídica y social, la creación de un mercado de las «prestaciones humanas» (tanto los servicios de vientre de alquiler como los de robots que se fingen personas), que entiende

humano, sino si el "texto de respuesta" del algoritmo entiende el "texto de pregunta" del ser humano. Siempre que la comunicación del algoritmo comprenda la diferencia entre el enunciado y información en la comunicación humana y reaccione a ella con su propia diferencia entre expresión e información, un acto comunicativo de comprensión se ha llevado a cabo sin —para enfatizarlo una vez más— hacerlo depender de que el funcionamiento interno del algoritmo comprenda las intenciones del ser humano». Teubner, Gunther, «Digital personhood?...», cit., pág. 120.

608 Nevejans, Nathalie, *Traité de Droit et d'Éthique de la Robotique civile*, LEH Éditions, Burdeos, 2017, pág. 79.

609 Labée, Xavier, «L'intrusion de l'humanoïde dans le Droit de la famille», en *Lex robotica. Le Droit à l'épreuve de la robotique,* Lextenso-LGDJ, Issy-les-Molineaux, 2018, pág. 95.

610 Loiseau Grégoire, «La personnalité juridique des robots: une monstruosité juridique», *La semaine juridique*, édition générale, 2018, vol. 22, p. 1039-1042.

611 Frison-Roche Marie-Anne, «La disparition de la distinction de jure entre la personne et les choses: gain fabuleux, gain catastrophique», *Recueil Dalloz*, 2017, vol. 41, p. 2386-2389.

que se produce por motivos puramente mercantiles, de ganancia, y consiguientemente rechaza ambas novedades. Frente a ellas, nos dice, se alza la barrera del Derecho y la distinción entre personas y cosas, con todas sus consecuencias.

4.1.2. El reconocimiento de una personalidad electrónica, y sus vicisitudes

El revestir a los sistemas inteligentes, y sobre todo a los robots androides (o ginoides), de una consideración subjetiva, y de una personalidad que sustente la atribución a estas máquinas de algunos derechos, es una tendencia doctrinal que viene de lejos. El reconocimiento de subjetividad a los entes robóticos fue una tendencia que se inició a nivel teórico en la doctrina jurídica de EE. UU. Como nos recuerda Wagner[612], el debate sobre los límites del concepto de persona y su expansión más allá de su alcance tradicional para extenderse a objetos inanimados, como paisajes o determinados nichos ecológicos, comenzó con un artículo clásico que inició el tema de los «derechos del medio ambiente», en concreto el artículo «¿Deben los árboles tener legitimación procesal?» *(Should trees have standing?)*, publicado en 1972 por Christopher D. Stone en la Southern California Law Review. A partir de esta extensión del concepto a los árboles y otras entidades medioambientales, se pasa a considerar la subjetividad de, primero, determinados animales, y luego de «humanoides» y sistemas inteligentes.

Las argumentaciones a favor de dicha subjetividad se consolidan con el artículo de Lawrence B. Solum, *Legal Personhood for Artificial Intelligences*[613], de 1992. Solum argumenta que un robot puede ser calificado como persona jurídica si posee inteligencia y voluntad. Para ello se parte de la pregunta de si un sistema informático dotado de inteligencia artificial tendría la capacidad suficiente para desempeñar la función de fiduciario *(trustee)*, con una directa referencia al Test de Turing, en el sentido de que el desempeño de la fiducia de forma análoga a la de un humano permitiría calificar al sistema de inteligente, y por tanto dotado de personalidad y de la correspondiente capacidad. Refuerza la posibilidad del desempeño de la función de *trustee* el que tanto las personas jurídicas privadas como las entidades gubernamentales pueden, señala el autor, desempeñar legalmente tal función.

El segundo argumento utilizado por el autor está en los derechos constitucionales, argumentando que un sistema de inteligencia artificial podría

612 WAGNER, Gerhard, «Robot, Inc.: Personhood for Autonomous Systems?», *Fordham Law Review,* (2019) Volume 88, Issue 2, Article 8, pág. 594. Consultada en: https://ir.lawnet.fordham.edu/flr/vol88/iss2/8.

613 SOLUM, Lawrence B., «Legal Personhood for Artificial Intelligences», *North Carolina Law Review*, Volume 70, n.º 4, Article 4, 4-1-1992.

alcanzar la personalidad por razones constitucionales: Se parte en general de una argumentación de base igualitaria, que toma como punto de apoyo los análisis del reconocimiento de derechos constitucionales a distintos grupos sociales o étnicos, como las mujeres, los negros o las minorías étnicas. En el mismo sentido, Marshall Willick[614] señala: «La diferenciación física a partir de datos como la raza y el sexo han sido con el tiempo menos determinantes y la capacidad de similitud conductual se ha constituido como punto de referencia para la concesión de personalidad jurídica. Pamela McCorduck ha hecho notar que el argumento basado en la diferente estructura física, contra el reconocimiento como personas de máquinas dotadas de IA, coincide con los argumentos que en el siglo XIX se esgrimían, para fundamentar que las mujeres eran incapaces por naturaleza».

Avanza en esta línea de identificar la cuestión de la personalidad robótica con la cuestión igualitaria el profesor de la Universidad de Arizona Greg Yanke[615], que plantea, previa una atribución de personalidad al robot, la posibilidad de matrimonios entre humanos y robots. Señala este autor que el Derecho constitucional norteamericano proporciona una base para el reconocimiento de matrimonios con entidades dotadas de IA. Se basa en las decisiones del Tribunal Supremo *Loving v. Virginia* (1967) y *Obergefell v. Hodges* (2015), que admiten respectivamente el matrimonio interracial y el homosexual, y al ampliar el ámbito de los sujetos capaces de matrimonio abren el camino para el futuro reconocimiento del matrimonio con robots. Pero en realidad todo el artículo es una reducción al absurdo, pues Yanke se muestra muy escéptico en cuanto al auténtico significado de tales razonamientos, señalando, con cierto sarcasmo, que en esta línea argumental se podría llegar a justificar el matrimonio entre un humano y una tostadora. Concluye que muchas de estas argumentaciones están vacías, que el matrimonio se caracteriza por la existencia de un consentimiento mutuo libremente expresado y por una intimidad emocional entre los cónyuges, y que estas decisiones y sentimientos no pueden darse en un robot, que puede estar dotado de inteligencia, pero no de verdadera capacidad cognitiva o de emociones.

En Europa, las referencias a una posible subjetividad, o más concretamente una «personalidad jurídica» para robots, o para sistemas o vehículos autónomos dotados de IA se producen con bastante frecuencia en documentos europeos como en el *Informe Robolaw* de 2016, para buscar una posible solución a la responsabilidad por daños causados por robots autónomos. Pero es fundamentalmente en la *Resolución del Parlamento Europeo, de 16 de fe-*

614 Willick, M. S. (1983). «Artificial Intelligence: Some Legal Approaches and Implications». *AI Magazine*, 4(2), pág. 3. https://doi.org/10.1609/aimag.v4i2.392. Consultado septiembre 2019.

615 Yanke, Greg, «Tying the knot with a robot: legal and philosophical foundations for human-artificial intelligence matrimony». *AI & Society*, abril 2020. DOI: https://doi.org/10.1007/s00146-020-00973-5.

brero de 2017, con recomendaciones destinadas a la Comisión sobre normas de Derecho civil sobre robótica, como ya se vio en un capítulo anterior, donde en concreto en el parágrafo 59 f) se nos habla de la posibilidad de: *f) crear a largo plazo una personalidad jurídica específica para los robots, de forma que como mínimo los robots autónomos más complejos puedan ser considerados personas electrónicas responsables de reparar los daños que puedan causar, y posiblemente aplicar la personalidad electrónica a aquellos supuestos en los que los robots tomen decisiones autónomas inteligentes o interactúen con terceros de forma independiente*. Pero esto no es sino un recurso para asegurar que una entidad responda de la indemnización por los daños causados, y se complementa con la contratación de un seguro de responsabilidad, que remedia la carencia de patrimonio propio del robot.

4.1.3. Los dos órdenes de problemas sobre la subjetividad de los sistemas inteligentes

En mi opinión, tanto la atribución de personalidad como el reconocimiento de una propia subjetividad a los sistemas y robots inteligentes no son sino artificios para resolver dos órdenes de problemas completamente distintos.

En primer lugar, tenemos el problema de la utilización del sistema inteligente como herramienta para ampliar las capacidades de los seres humanos y para gestionar intereses humanos, con sus consiguientes repercusiones jurídicas. Ahora bien, estamos ante una herramienta que manifiesta cierta inteligencia y cierta autonomía respecto al ser humano a cuyo servicio está: Por ejemplo, bots de ventas en una página comercial, o robots de asistencia en una residencia geriátrica.

En segundo lugar, está el problema del encaje del robot, especialmente el robot humanoide, en la sociedad humana (en realidad, no hay otra), es decir, el robot como sujeto de interacciones «sociales» por parte de los humanos, y su consideración como ente merecedor de una especial atención moral: esto es lo que los autores denominan la *valencia social* del robot. Estamos ante una atribución de subjetividad y personalidad, ya como instrumento para facilitar las interacciones sociales entre humanos gestionadas por el robot, ya como derivada de la naturaleza inteligente del robot, merecedor por esta cualidad de dicha personalidad. Vemos así cómo desde EE. UU. nos dice Calo[616] que la relevancia jurídica de las nuevas criaturas robóticas viene no sólo de su papel instrumental, sino de lo que se conoce como su «valencia social», o valor como sujeto en la apreciación de la gente: «...los robots pertenecerían a una categoría ontológica completamente nueva. Las personas no tienden a considerar a los robots humanoides como seres vivos, pero

616 Calo, Brian, «Robotics and the Lessons of Cyberlaw», *California Law Review*, DOI http://dx.doi.org/10.2139/ssrn.2402972. June 2015, vol. 103, Issue 3, pág. 546.

tampoco consideran que sean objetos. Los sujetos del experimento tienden a atribuir estados mentales a los robots y encuentran difícil observar comportamientos hacia ellos como si se tratase de simples objetos». Concluye que, en definitiva, los robots son seres fronterizos entre los sujetos y los meros objetos.

Estos dos órdenes de problemas se han intentado resolver mediante una subjetivización de los robots y sistemas inteligentes, atribuyéndoles características propias de los sujetos de derechos o incluso una personalidad electrónica propia. Sin embargo, el punto de vista adoptado para esta atribución es bien distinto en uno y otro caso, en el primero estamos ante un punto de vista funcional, en el que necesitamos resolver el problema de la eficacia jurídica de la actuación de la máquina, mientras que en el segundo adoptamos un punto de vista ontológico, y atribuimos subjetividad a la máquina porque pensamos que tiene méritos, fundamentalmente el de la inteligencia, para recibir este atributo.

Desde el punto de vista funcional del robot como herramienta, una alternativa a darle personalidad está en considerar que éste es una especie de portavoz o agente, que obra por y para la persona que lo utiliza, a la que estaría representando si fuese un ser humano y no una máquina. El robot aquí actúa como un dependiente, encargado o mandatario, que obra para el dueño que lo utiliza. Pese a su falta de humanidad, su actividad reproduce exactamente cualquiera de los tres modelos apuntados, incluso estando señalado su margen de actuación dentro de los límites que le fija el ser humano *dominus* de la máquina (por ejemplo, un sistema de ventas puede conceder descuentos a clientes habituales, contra la presentación de cupones).

Sin embargo, su falta de humanidad le impide adoptar jurídicamente estos papeles. Por esto sería conveniente entender que el robot es una suerte de «agente» de su principal, trasladando la personalidad y capacidad del *dominus* para que se haga efectiva a través del agente, y que es la personalidad del principal la que se ve involucrada en la actuación del robot.

En este sentido cabe destacar una modalidad del término «agente» que nos aporta bastante significado: aparece con claridad en las acepciones 3.ª y 4.ª del término (ambas como sustantivo) en el Diccionario de la Real Academia Española de la Lengua: *3. m. y f. Persona que obra con poder de otra. 4. m. y f. Persona que tiene a su cargo una agencia para gestionar asuntos ajenos o prestar determinados servicios.* Tenemos en contra, sin embargo, que el robot no es una «persona».

En suma, el agente, en su significación más jurídica, normalmente actúa para otro o en beneficio de otro. Las repercusiones jurídicas de su uso van a consistir básicamente en que las obligaciones en las que interviene el robot se asumen por una persona, física o jurídica, por su utilización. Por tanto, los efectos de la actuación del sistema inteligente, y los resultados producidos para el otro contratante (que también puede ser una máquina), así como las obligaciones derivadas de los daños eventualmente causados, es decir, el problema de la responsabilidad civil por el daño cibernético, se trasladan al dueño para el que actúa el agente robótico.

Esta traslación de efectos es, por lo demás y según recoge Anguiano[617] el resultado que la Comisión de las Naciones Unidas para el Derecho Mercantil Internacional, CNUDMI (UNCITRAL), concreta en el art. 12 de la Convención de la Naciones Unidas sobre el uso de las comunicaciones electrónicas en los contratos internacionales, de 23 de noviembre de 2005, estableciendo un principio general según el cual la persona (natural o jurídica) en cuyo beneficio haya sido programado el sistema, es la responsable última de cualquier mensaje generado por la máquina: *El art. 12 es una provisión habilitadora y no debe ser interpretada como que un sistema de mensajes automatizados o computadoras sean sujetos de derechos y obligaciones. Las comunicaciones electrónicas generadas por un sistema automatizado o por una computadora deben ser considerados como originados por la entidad legal que los opera*. Este principio general, añade el autor, está de acuerdo con la normativa y jurisprudencia españolas.

Vamos ahora al segundo orden de problemas, los del robot en la sociedad humana, en el que se suele adoptar el punto de vista ontológico. En cuanto a la intervención del robot en interacciones sociales, manifestando respuestas inteligentes, y a la indicada «valencia social» del mismo, estaríamos ante una consideración social del robot, y una especial atención a la inteligencia que demuestra. Hay que destacar que la reiterada *Resolución del Parlamento Europeo, de 16 de febrero de 2017, con recomendaciones destinadas a la Comisión sobre normas de Derecho civil sobre robótica*, en su parágrafo 59 f) nos habla no sólo de responsabilidad y reparación de daños, sino también de interacciones sociales: ...*aplicar la personalidad electrónica a aquellos supuestos en los que los robots tomen decisiones autónomas inteligentes o interactúen con terceros de forma independiente*. En definitiva, trata la Resolución de atribuir una personalidad propia a robots y sistemas de IA por las dos vías señaladas. En la primera, dada la intervención social que acreditan los robots, para resolver las posibles cuestiones que se plantean y en especial la responsabilidad por daños, se les atribuye una personalidad, acaso especial: aquí no hay un reconocimiento de derechos, sino una atribución *ex novo* por razones de conveniencia. En la segunda vía, consideramos que los robots poseen rasgos propios de humanidad que les hacen acreedores de unos derechos, y por tanto *reconocemos* una personalidad que les confiere esta naturaleza cuasihumana.

617 Anguiano, José María, «Las personas electrónicas», Diario La Ley, n.º 14, Sección Ciberderecho, 18 de enero de 2018, Editorial Wolters Kluwer, pág. 5/8.

Adela Cortina[618] nos señala que, según algunas opiniones, el robot un «agente moral artificial», porque toma decisiones éticas, pero que asimismo se puede considerar como «paciente moral», porque va a ser tratado de una forma ética. En esta idea, Coca Payeras[619] nos advierte que la interactuación con sistemas inteligentes no es tan simple como la que podamos tener con cualquier otra herramienta, pues al ser su conducta inteligente y autónoma, alcanza la calificación de «relación social», lo que lleva según este autor a que superen el estado de «cosas» y a darles la consideración de sujetos, o incluso atribuirles una personalidad: «...si les atribuyéramos un cierto margen de capacidad de obrar, se imponía dotarlos de personalidad, como ha sucedido históricamente con las personas jurídicas. O bien, reconocerles una cierta relevancia jurídica, y por ende capacidad de obrar en ciertos aspectos, como sucede hoy con algunos entes carentes de personalidad a los que se reconoce capacidad procesal». Considera por tanto este autor la posibilidad de una atribución de esta subjetividad/personalidad por razones de conveniencia, siguiendo la teoría de la ficción jurídica de Von Savigny. Dada su falta de humanidad, la personalidad se les atribuiría el ordenamiento por meras razones prácticas de política legislativa.

Sin embargo, tampoco adopta Coca decisivamente esta posición, y se inclina en otras ocasiones por considerar a los robots com «agentes», es decir, entidades que realizan actos jurídicamente relevantes, o incluso reproduce las palabras de Nathalie Nevejans en el *Informe de la Comisión de Asuntos Jurídicos del Parlamento Europeo, sobre la evaluación y análisis, bajo las perspectivas jurídica* y ética, *de las futuras reglas europeas de derecho civil sobre robótica*, en cuyo apartado 3.1 puso de relieve la inutilidad e incongruencia de pretender solucionar la cuestión de la responsabilidad civil de los robots dotándoles de personalidad, creando las personas electrónicas: «Otorgar el estatus de persona a un ente no viviente y no consciente, sería un error y tal solución conllevaría el riesgo a largo plazo de reducir al ser humano al rango de simple máquina. Los robots deben ocupar un lugar al servicio de la humanidad y no deberían ocupar cualquier otro, salvo en la ciencia ficción».

Seguidamente nos ocuparemos de estas consideraciones sobre los sistemas de IA como merecedores, desde el punto de vista ontológico, de un trato especial por parte de la sociedad, trato que se traduce en un reconocimiento o una atribución de derechos por cumplir deberes éticos de los humanos hacia los robots. O, por el contrario, su consideración desde el punto de vista funcional como simples herramientas que actúan para el ser humano, como un agente mecánico que es una prolongación de su amo humano, sin necesidad de trato especial alguno.

618 Cortina Orts, ¿Ética *o ideología de la Inteligencia artificial?*, cit., pág. 84.

619 Coca Payeras, «Las iniciativas de la Unión europea sobre inteligencia artificial: de la persona electrónica..., cit., p. 9.

4.2. La subjetividad como modo de resolver problemas de gestión de la actividad robótica

4.2.1. La personalidad electrónica para la gestión de la responsabilidad

En Europa, las referencias a una «personalidad jurídica» para robots como solución funcional al problema de la responsabilidad civil, aparecen en el *Informe Robolaw* de 2016, donde, como vimos, se trataba de buscar una posible solución a los daños causados por robots autónomos. Aparece también entre las recomendaciones que expone la reiterada *Resolución del Parlamento Europeo, de 16 de febrero de 2017, con recomendaciones destinadas a la Comisión sobre normas de Derecho civil sobre robótica*, en concreto en el parágrafo 59 f), que nos habla de la posibilidad de *f) crear a largo plazo una personalidad jurídica específica para los robots, de forma que como mínimo los robots autónomos más complejos puedan ser considerados personas electrónicas responsables ...*

En realidad, y como opina Palmerini[620], la personalidad robótica no es sino un recurso para intentar solucionar el problema de una responsabilidad robótica que no paralizase la investigación y los desarrollos en tema de IA (el llamado *chilling effect*), singularmente en tema de vehículos autopilotados; es también de esta opinión, Gerhard Wagner[621], que opina que estamos un recurso para asegurar que una entidad responda de la indemnización por los daños causados.

Martin Ebers[622] considera por su parte que esta solución de la personalidad electrónica es ineficaz y que basta para resolver la mayor parte de los problemas con establecer una responsabilidad objetiva y un contrato de seguro de responsabilidad obligatorio. Y Joanna Bryson[623] advierte categóricamente que las normas de responsabilidad sólo admiten a los seres humanos como destinatarios: «La sobreextensión de la personalidad jurídica las corporaciones que están diseñadas para contravenir la ley consiste en la creación de

620 PALMERINI Erica, «Robótica y derecho: sugerencias, confluencias, evoluciones en el marco de una investigación europea», *Revista de Derecho Privado*, n.° 32, enero-junio de 2017, pág. 77.

621 WAGNER, «Robot, Inc.: Personhood for Autonomous Systems?», cit., pág. 600.

622 EBERS, Martin, «La utilización de agentes electrónicos inteligentes en el tráfico jurídico: ¿Necesitamos reglas especiales en el Derecho de la responsabilidad civil?», *InDret*, julio 2016, pág. 8, en www.indret.com.

623 BRYSON, Joanna J., «The Artificial Intelligence of the Ethics of Artificial Intelligence: An Introductory Overview for Law and Regulation», *The Oxford Handbook of Ethics of AI*, Edited by Markus D. DUBBER, Frank PASQUALE, and Sunit DAS, Print Publication Date: Jul 2020, DOI: 10.1093/oxfordhb/9780190067397.013.1.

una empresa fantasma... si el sistema de inteligencia artificial infringe la ley, no hay forma de hacer que el sistema de IA mismo sea responsable. Hacer que la IA fuera imputable por sí misma sería como permitir una empresa fantasma».

También Suñé Llinás[624] critica la construcción de una personalidad electrónica, dirigiendo su censura en primer lugar contra la Resolución de 2017 y contra quienes han dado pábulo a esta «cuestión de ciencia-ficción», como la califica: «...toda la discusión —en buena parte poco informada y hasta absurda— que se ha planteado doctrinalmente, sobre todo en el ámbito del Derecho civil... a colación de la Resolución del Parlamento Europeo, de 16 de febrero 2017... sugerencia —ni siquiera Propuesta— que ocupa 4 o 5 líneas de un total de más de 20 páginas, hay quien piensa que puede estar inducida por las grandes corporaciones transnacionales, entre ellas las automovilísticas... para ponerse a cubierto de las responsabilidades de todo orden... por posibles daños y perjuicios causados por los sistemas inteligentes».

De hecho, el posterior *Dictamen del Comité Económico y Social Europeo sobre la Inteligencia artificial: las consecuencias de la inteligencia artificial para el mercado* único *(digital), la producción, el consumo, el empleo y la sociedad*, adoptado en el Pleno del CESE de 31 de mayo y 1 de junio de 2017, (2017/C 288/01) ratifica que la única finalidad de tal personalidad electrónica es la gestión de la responsabilidad por daños. Pues, aunque en su parágrafo 3.33[625] habla de la propuesta de dotar a los robots *de una* «personalidad *jurídica»* —electrónica— *(e-personality)*, concreta que esta personalidad se construye con la exclusiva finalidad de *poder atribuirles la responsabilidad civil por los daños que causen*. Y en el posterior Informe *Responsabilidad para la IA y otras tecnologías digitales emergentes (Liability for artificial intelligence and other emerging digital technologies)*, de 27 de noviembre 2019, del Grupo de Expertos sobre Responsabilidad y Nuevas Tecnologías, se señala expresamente: «No es necesario dar a los dispositivos o sistemas autónomos una personalidad jurídica, ya que el daño que pueden causar puede y debe ser atribuible a personas u organismos existentes»[626]. Además, incide en un punto decisivo, como es que, aunque se conceda una personalidad electrónica

---

624 Suñé Llinás, *Derecho e Inteligencia Artificial...*, cit., pág. 81.

625 Existe mucha controversia sobre la cuestión de quién es el responsable de los daños que pueda causar un sistema de IA, sobre todo cuando se trata de sistemas autodidactas que continúan aprendiendo después de su entrada en servicio. El Parlamento Europeo ha formulado algunas recomendaciones relativas a la legislación civil en materia de robótica, incluida la propuesta de examinar la posibilidad de dotar a los robots de una «personalidad jurídica» (e-personality) para poder atribuirles la responsabilidad civil por los daños que causen.

626 *Liability for Artificial Intelligence and other Emerging Digital Technologies. Report from the Expert Group on Liability and New Technologies — New Technologies Formation...*, cit., pág. 4: It is not necessary to give devices or autonomous systems a legal personality, as the harm these may cause can and should be attributable to existing persons or bodies.

restringida, la falta de un patrimonio del robot que pueda indemnizar el daño hace inútil esta concesión: «tal solución no sería útil en la práctica, ya que la responsabilidad civil es una responsabilidad patrimonial, que requiere que el responsable tenga bienes»[627].

Con mayor radicalidad, la evolución de los textos europeos culmina con la Resolución del Parlamento Europeo *Régimen de responsabilidad civil en materia de inteligencia artificial*[628], 20 de octubre de 2020. Esta Resolución se centra en la responsabilidad civil, y en su importante doble papel de *garantizar que una persona que haya sufrido un daño o perjuicio tenga derecho a reclamar y recibir una indemnización a quien se haya demostrado que es responsable de dicho daño o perjuicio,* y, por otra parte, proporcionar *incentivos económicos para que las personas físicas o jurídicas eviten en primer lugar causar daños o perjuicios o consideren en su comportamiento el riesgo de tener que pagar una indemnización...* Evidentemente, el sistema inteligente o robot no puede recibir más incentivo que el que reciba de su programador, y el pago de indemnizaciones no le supone ninguna molestia, pues ni paga, ni siente, ni padece.

Esta Resolución nos advierte que hay que lograr un equilibrio entre las reglas de responsabilidad, especialmente la objetiva, y la necesidad de los desarrolladores de la nueva tecnología de probar en la práctica sus mecanismos, con todos los riesgos de desarrollo que inevitablemente los acompañan. Pero este equilibrio no exige la conformación de una personalidad jurídica de las máquinas: *(6) Cualquier cambio necesario del marco jurídico vigente debe comenzar con la aclaración de que los sistemas de IA no tienen personalidad jurídica ni conciencia humana, y que su* única *función es servir a la humanidad.* ... La solución pasa por una adaptación de las reglas de responsabilidad clásicas, con una abundante aplicación de la responsabilidad objetiva y la responsabilidad por riesgo, al ámbito de la tecnología inteligente.

Señala Atienza Navarro[629] que ante las críticas que recibió la idea del reconocimiento de la personalidad jurídica electrónica, el Parlamento Europeo cambió radicalmente su posición: «De hecho, en la Exposición de Motivos del borrador de la Propuesta de Reglamento de 2020, con una postura mucho más conservadora, advierte que esos sistemas conscientes y con ese grado de autonomía sólo existen en las películas de ciencia ficción y que "por lo tanto, cualquier debate sobre dotar a los sistemas de inteligencia artificial de personalidad jurídica está obsoleto"». Y en relación a la responsabilidad, la

627 *Liability for Artificial Intelligence and other Emerging Digital Technologies...*, cit., pág. 38.

628 P9_TA-PROV(2020)0276. Resolución del Parlamento Europeo, de 20 de octubre de 2020, con recomendaciones destinadas a la Comisión sobre un régimen de responsabilidad civil en materia de inteligencia artificial (2020/2014(INL)).

629 Atienza Navarro María Luisa, «¿Daños nuevos, reglas nuevas para su indemnización? Responsabilidad civil e inteligencia artificial a la luz de las últimas Propuestas de la Unión Europea», *Revista Aranzadi de Derecho y Nuevas Tecnologías*, n.º 64, enero-abril 2024, p. 4/24.

Propuesta de Reglamento parte de la distinción entre los sistemas de inteligencia artificial de alto riesgo y los de que no lo son: Los daños causados por los primeros «...quedan sometidos a un régimen de responsabilidad objetiva, mientras que los irrogados por los que no son de alto riesgo se fundamentan en una culpa o negligencia que se presume»[630]. Además, la responsabilidad objetiva por alto riesgo va acompañada de la suscripción obligatoria de un seguro de responsabilidad civil; todo ello supone una vuelta a los modelos de responsabilidad ya consolidados.

Por ello, en la doctrina española los antes citados Rogel Vide[631], Suñé Llinás[632] y Díaz Alabart[633], rechazaban esta hipotética personalidad electrónica como medio para dilucidar las cuestiones de daños o productos defectuosos. Desde un punto de vista jurídico, y en cuanto a la personificación de los robots, Vida Fernández[634] nos advierte de que hay que dejarse de ensoñaciones, y que los «planteamientos visionarios» en torno a la IA y la robótica producen una deformación de la realidad ya que parten de la existencia de dispositivos todavía en desarrollo a los que se atribuye características humanas, e incluso unas capacidades superiores: «Sin intención de entrar ahora en el debate sobre si esa capacidad creadora podrá ser alcanzada alguna vez por el hombre, lo que no cabe duda es que por ahora, y en un futuro próximo, la IA seguirá siendo programación y no podrá alcanzar capacidades metacognitivas que le permitan una reflexión introspectiva sobre su propia existencia y, en definitiva, disfrutar del libre albedrío». Carrasco[635], por su parte, opina que lo más probable es que la sociedad rechace tanto el otorgar una personalidad jurídica a los autómatas inteligentes, como volver al principio de la culpa para posibilitar islas de irresponsabilidad en los fabricantes / gestores/ programadores de IA. Estima por tanto que la cuestión se reconducirá a un sistema propio de responsabilidad.

Sin embargo, algunos autores se manifiestan por otorgar a los robots androides una consideración subjetiva, y una personalidad que sustente la atribución a estas máquinas de algunos derechos, y por tanto también la capacidad para indemnizar el daño. Es esta una tendencia doctrinal que encuentra

---

630 Atienza Navarro, «¿Daños nuevos, reglas nuevas para su indemnización? ...», cit., p. 5/24.

631 Rogel Vide, «Robots y personas», *Revista general de legislación y jurisprudencia*, n.º 1, 2018, pág. 84.

632 Suñé Llinás, Emilio, *Derecho e Inteligencia Artificial. De la robótica a lo posthumano*, Tirant lo Blanch, Ciudad de Méjico, 2020, pág. 81.

633 Díaz Alabart, Silvia, *Robots y responsabilidad civil*, Reus, Madrid, 2018, pág. 31.

634 Vida Fernández, José, «Los retos de la regulación de la Inteligencia artificial: algunas aportaciones desde la perspectiva europea», en *Sociedad Digital y Derecho*, directores T. de la Quadra Salcedo y J. L. Piñar Mañas, Boletín Oficial del Estado, Ministerio de Industria, Comercio y Turismo y RED.ES, 2018, pág. 205.

635 Carrasco Perera «A propósito de un trabajo de Gunter Teubner ...», cit., pág. 4.

apoyos como el de Ortego Ruiz[636], que estima que reconocer personalidad a los sistemas inteligentes es una solución lógica dado que no se puede garantizar el control perfecto del utilizador sobre la máquina. Exige el conformar un patrimonio del robot para hacer frente a las indemnizaciones, pero poco más, sin que esto suponga una catástrofe para la ciencia jurídica, sobre todo si se completa con un seguro de responsabilidad obligatorio que cubriese esta obligación de indemnizar que nace en el robot. Señala además el autor la compatibilidad de esta responsabilidad robótica con la actual tendencia, en cuanto a máquinas peligrosas, a establecer una responsabilidad sin culpa basada en la teoría del riesgo y de carácter objetivo, que busca ante todo a un responsable que se haga cargo de la indemnización.

Las críticas contra la personalidad de la IA se reproducen en otros países, así en Alemania Martin Ebers[637] considera, como ya vimos, que la solución de la personalidad electrónica es ineficaz y que basta para resolver la mayor parte de los problemas con establecer una responsabilidad objetiva y un contrato de seguro de responsabilidad obligatorio. Teubner[638], en lo que se refiere a responsabilidad extracontractual, opina que lo apropiado sería aplicar una responsabilidad por conducta indebida o ilegal de los agentes de software o «asistentes digitales» que toman las decisiones autónomas como responsabilidad vicaria o indirecta. En esta línea, estima Carrasco[639] que el esquema en el que se insertaría esta construcción encajaría en la responsabilidad por hecho de otro recogida en nuestro sistema en el art. 1903 Cc. Ante la falta de personalidad del sistema inteligente, se trataría de una entidad representativa electrónica que remedie su falta de subjetividad, basada en esta idea de agencia, configurándose como una suerte de dependiente o empleado del principal, ostentando una representación funcional. Se trata de hacer al sistema inteligente imputable pero no responsable. Y Bryson[640] advierte categóricamente, como ya hemos visto, que las normas de responsabilidad sólo admiten a los seres humanos como destinatarios, no a las máquinas. Con-

636 Ortego Ruiz, Miguel, «La responsabilidad de los robots», *IA y Derecho. Reflexiones jurídicas para el debate sobre su desarrollo y aplicación*, Dykinson, 2023, págs. 243-258, p. 246.

637 Ebers, Martin, «La utilización de agentes electrónicos inteligentes en el tráfico jurídico: ¿Necesitamos reglas especiales en el Derecho de la responsabilidad civil?», *InDret*, julio 2016, pág. 8, en www.indret.com.

638 Teubner, Gunther, «Digitale Rechtssubjekte? Zum privatrechtlichen Status autonomer Softwareagenten — Digital personhood? The status of autonomous software agents in private law», *Ancilla Iuris*, 2018, 106, pág. 137.

639 Carrasco Perera, «A propósito de un trabajo de Gunter Teubner sobre la personificación civil de los agentes de inteligencia artificial avanzada», cit. P. 5.

640 Bryson, Joanna J., «The Artificial Intelligence of the Ethics of Artificial Intelligence: An Introductory Overview for Law and Regulation», *The Oxford Handbook of Ethics of AI*, Edited by Markus D. Dubber, Frank Pasquale, and Sunit Das, Print Publication Date: Jul 2020, DOI: 10.1093/oxfordhb/9780190067397.013.1.

sidera la profesora Bryson que dotar de personalidad a una IA para hacerla imputable es como permitir una «empresa fantasma».

Hay que advertir que mediante esta personificación de los entes robóticos no se busca crear un nuevo modelo de responsabilidad, sino facilitar la determinación del nexo entre la acción presuntivamente dañosa y el que la ha realizado o permitido, para poner a su cargo la indemnización del daño. Pero para esto pueden utilizarse otras soluciones.

4.2.2. Otras propuestas de subjetividad instrumental

Como dice Luciano Floridi[641], lo que realmente importa es el reconocimiento de la creciente presencia de tecnologías cada vez más inteligentes en nuestras vidas, con enormes efectos en cuanto a cómo nos concebimos a nosotros mismos, al mundo y a nuestras interacciones con el mundo: «El asunto no consiste en que nuestras máquinas sean conscientes, o inteligentes, o capaces de saber algo como nosotros. No lo son... El asunto es que cada vez son más capaces de hacer frente a más y más tareas, mejor que nosotros, incluida la predicción de nuestros comportamientos. No somos los únicos agentes inteligentes en el mundo, de ninguna manera». Es decir, que, aunque las máquinas inteligentes no tengan personalidad jurídica, aunque sean cosas y no personas, esto no significa que no estemos ante entes que actúan en la vida social, y por tanto en la jurídica.

Vamos a ver, la última vez que compró un libro o un cacharro cualquiera por *Amazon* o *Aliexpress*, ¿De verdad pensó que estaba interactuando con un vendedor de carne y hueso? Sabe usted muy bien que no es así, todo el proceso de contratación tuvo lugar entre un ser humano, usted, y un sistema inteligente de venta, que además y una vez terminada la transacción se ocupará de monitorizar la entrega del objeto y sus incidencias. Ante esta realidad cotidiana ¿Podemos, como juristas, ignorar la incidencia en la vida jurídica de estos nuevos entes? ¿Cómo podemos regular su existencia y su interactuación con los seres humanos? Veamos cómo se pueden resolver estas cuestiones sin tener que conferir personalidad a las máquinas.

Entre los especialistas en Inteligencia Artificial, la consideración subjetiva de los sistemas de IA se da por supuesta como derivada de su naturaleza inteligente, y en particular, Russell y Norvig[642], nos dicen que los sistemas inteligentes son «agentes», en el sentido de que «hacen cosas», y en particular operan de modo autónomo, perciben el medio, persisten en su actuación

641 Floridi, Luciano, «Singularitarians, Altheists, and Why the Problem with Artificial Inte-lligence is H.A.L. (Humanity at Large), not HAL», *American Psychological Association Newsletter*, Spring 2015, volumen 14, number 2., p. 10.

642 Russell, Stuart, y Norvig, Peter, *Artificial Intelligence. A Modern Approach*, Pearson Education Limited, Harlow, 2016, pág. 2.

durante un tiempo prolongado, se adaptan a los cambios y crean y persiguen objetivos: «Un agente racional es uno que actúa de manera que alcanza el mejor resultado, o, cuando éste es incierto, el mejor resultado esperable». Se trata por tanto de conferir a las máquinas una subjetividad funcional que les permita actuar con consecuencias jurídicas, pero sin llevar esto hasta el punto de concederles derechos.

Wallach y Allen[643], por su parte, dan un paso más y consideran a los sistemas inteligentes como «agentes morales» (AMA, Agente Moral Artificial o *Artificial Moral Agent*), aunque esto más en el sentido de agentes que toman decisiones propias, es decir, un significado más semejante al de autonomía decisional que permite actuaciones calificables de correctas o erróneas; en este sentido se expresa el diccionario Merriam-Webster en su primera acepción, letra e: *capable of right and wrong action //a moral agent*.

Insiste Luciano Floridi[644] en esta consideración del sistema inteligente como agente, advirtiendo que las IA no están dotadas de conciencia, sino de «agencia», para lo que deben cumplir tres condiciones: a) Recibir y usar datos del entorno; b) actuar y tomar decisiones en base a dichos datos de forma autónoma, y c) mejorar sus resultados aprendiendo de sus interacciones.

Siau y Wang[645], por su parte, exponen las características más consolidadas en la doctrina para calificar a un sistema inteligente como «agente moral», que serían las de *autonomía*, en cuanto no han de estar controladas por otro agente; *intencionalidad*, en el sentido de que sus acciones sean deliberadas y estén debidamente calculadas; y finalmente, *responsabilidad*, que indica que las máquinas cumplen un rol social que implica la asunción de responsabilidades. Mientras que Floridi y Sanders[646] estiman que una definición de «agente» de un adecuado nivel de abstracción debe acomodarse a los siguientes tres criterios: interactividad, autonomía y adaptabilidad: «Interactividad significa que el agente y su entorno (pueden) actuar entre sí... Autonomía significa que el agente puede cambiar de estado... Adaptabilidad significa que las interacciones del agente (pueden) cambiar las propias reglas por las que cambia de estado». Esta última propiedad asegura que un agente puede aprender de su experiencia.

Ahora bien, la idea de «moralidad» del agente indica que su actividad puede ser objeto de valoración moral, pero no que el sujeto tenga una moral al modo humano. Como señala Coeckelbergh, las máquinas pueden ser

643 WALLACH y ALLEN, *Moral Machines. Teaching robots right from wrong*, cit., pág. 16.

644 FLORIDI, Luciano, *The Ethics of Artificial intelligence*, Oxford University Press, Oxford, 2023, p. 10.

645 SIAU Keng y WANG Weiyu, «Artificial Intelligence (AI) Ethics: Ethics of AI and Ethical AI», *Journal of Database Management* (JDM), vol. 31, Issue 2, abril-junio 2020, p. 81.

646 FLORIDI, L., SANDERS, J. W., «On the Morality of Artificial Agents», *Minds and Machines* 14(3): 349-379, August 2004, DOI: 10.1023/B:MIND.0000035461.63578.9d.

«agentes», pero no propiamente «agentes morales», pues les falta la condición del control que para la responsabilidad moral exigía Aristóteles en su Ética a Nicómaco: el que la acción tenga origen en el agente, cuando aquí lo tiene en el humano que ordena la agencia al robot[647]. Y también Daniel Gervais[648], que señala que un sistema de IA puede ser capaz de tomar decisiones con consecuencias morales, pero que eso no significa que la máquina de IA sea moral. Esta cuestión de la toma de decisiones que puedan calificarse de morales es un problema que enlaza con la Ética de la IA, y que excede de las posibilidades de este trabajo.

Volviendo a la mera «agencia», sin connotaciones morales, en nuestra doctrina Navas Navarro[649] indica que, en el supuesto de contratación electrónica de bienes y servicios, en la que se uno de los contratantes es un programa inteligente, un «agente electrónico», puede distinguirse una voluntad interna y otra declarada, la cual puede ser completada y concretada por dicho agente electrónico según el algoritmo empleado. Incluso puede dicho agente tomar una decisión nueva, si cuenta con instrucciones de aprendizaje automático, pero en cualquier caso «la voluntad declarada se atribuye a la parte contractual que decidió emplear en la contratación al agente electrónico», es decir, al ser humano que lo utiliza.

4.2.3. El modelo para el agente cibernético y la responsabilidad: el esclavo en Roma

De acuerdo con lo dicho, encontramos un modelo útil para organizar jurídicamente la posible «agencia» del robot en el Derecho romano, en la figura del esclavo.

En el Derecho romano había que distinguir la posición del esclavo en los distintos ámbitos jurídicos, si bien ni en la esfera del Derecho público, ni en la del privado, tenía participación alguna: en la primera por estar exclusivamente reservada a los ciudadanos romanos, que por eso mismo eran también hombres libres, y en la segunda, porque el esclavo no pertenecía a la misma comunidad jurídica que el *cives*, no pudiendo ser titular de derechos. En términos modernos, diríamos que el esclavo carecía de capacidad jurídica, de personalidad; sin embargo (y siendo esto un contrasentido), al ser

647 Coeckelbergh, Mark, Ética *de la Inteligencia artificial*, Cátedra, Madrid, 2021, pág. 97. Otra condición es que el agente «sepa lo que hace», que sea consciente de ello, consciencia que es discutible que exista en el robot: «Esta es una condición epistémica: necesitas ser consciente de lo que estás haciendo y conocer las consecuencias que puede tener».

648 Gervais, «Not Quite Like Us? Can Cyborgs and Intelligent Machines Be Natural Persons ...», cit., p. 27.

649 Navas Navarro, Susana, «Derecho e inteligencia artificial desde el diseño. Aproximaciones», *Inteligencia artificial. Tecnología. Derecho*, VV. AA., Tirant lo Blanch, 2017, pág. 36.

considerado persona humana, sí que podía actuar jurídicamente, pero con la fundamental restricción de que su capacidad de obrar no producía efectos para él (pues como se ha dicho, no tiene personalidad jurídica). El efecto de su actuación jurídica se producía siempre para su dueño, del mismo modo que la del *filius* lo hacía para el *pater* bajo cuya potestad se encontraba.

Como dice Ercilla[650], en el robot encontramos, lo mismo que en los esclavos en el Derecho romano, «...que las dos características citadas se encuentran íntimamente entrelazadas, a saber, el elemento físico y el elemento intelectivo y autónomo... el elemento físico, como mecanismo, estaría inexorablemente unido al elemento algorítmico, que determina la inteligencia y la autonomía. Del mismo modo que en el esclavo, el carácter jurídico de cosa estaba íntimamente vinculado a la consideración de ser humano». Es decir, la consideración del esclavo como instrumento inteligente de su dueño se acerca a los modernos sistemas dotados de inteligencia artificial. Concreta esto Álvarez Suárez[651] diciendo que, en derechos patrimoniales, todos los actos de adquisición que realice el esclavo «...producen sus efectos a favor de su señor; éste es el que adquiere y no el esclavo, sin que sea necesario que tales actos se realicen con conocimiento o por mandato de éste (salvo alguna excepción). Los actos de adquisición pueden consistir en los llamados modos originarios (ocupación, accesión, adquisición de frutos) o derivativos, mediante negocios jurídicos *inter vivos*, tanto no formales como formales; excepto la *in iure cessio*, ya que el esclavo no tiene capacidad procesal».

Abunda en estas ideas Gunther Teubner[652]: «Los agentes de software son esclavos digitales, si bien esclavos con capacidades sobrehumanas». Perfila este autor un *status* para el esclavo-robot en el que este «agente electrónico» o «asistente digital» que interviene en la negociación de contratos tenga al menos la capacidad jurídica necesaria para trasladar los efectos de la declaración negocial a su utilizador, principal o *dominus*, a título de representante, alegando que es la solución propuesta por la *Section* 14 de la *Uniform Electronic Transactions Act* estadounidense, que declara que los contratos celebrados entre algoritmos son válidos y vinculantes[653]. La idea de representación se valora en la doctrina alemana, que considera que la declaración contractual automatizada es la del utilizador del agente, pues éste carece de voluntad propia y se limita a anunciar la de su operador en base a su pro-

---

650 Ercilla García, «Aproximación a una Personalidad Jurídica Específica para los robots», *Revista Aranzadi de Derecho y Nuevas Tecnologías...*, cit., pág. 6.

651 Álvarez Suárez, *Instituciones de Derecho romano — III...*, cit., pág. 31.

652 Teubner, Gunther, «Digitale Rechtssubjekte? Zum privatrechtlichen Status autonomer Softwareagenten — Digital personhood? The status of autonomous software agents in private law», *Ancilla Iuris*, 2018, 106, pág. 114.

653 *A contract may be formed by the interaction of electronic agents of the parties, even if no individual was aware of or reviewed the electronic agents' actions or the resulting terms and agreements.*

gramación. Señala Teubner que el Tribunal Federal estima que la declaración de un sistema computerizado es la de la persona o compañía que lo utiliza como medio de comunicación. Estima este autor que, aplicando por analogía el esquema del contrato de agencia hay que entender que la declaración es propia del agente electrónico, pero que actúa como representante de su principal, para lo cual basta con otorgar al sistema la capacidad parcial y restringida de actuar como representante. El inconveniente de la falta de una genuina voluntad contractual en el agente no humano (en realidad de una voluntad propia) se remediaría acudiendo al principio de la confianza y buena fe entre las partes contractuales.

Esta traslación de efectos del agente cibernético a la persona a la que éste representa resuelve en particular el problema de la responsabilidad, trasladando la obligación de indemnizar desde el ente causante del daño, el robot, a la persona responsable, dueña del robot.

No es esta tampoco una solución unívoca que despeje totalmente los problemas, pues falta decidir quién es el *dominus* o principal, la persona de la que «depende» el agente artificial, y por lo tanto la que debe responder. En este sentido Giovanna D´Alfonso[654] nos señala que será inevitable que la responsabilidad sea compartida entre los múltiples sujetos que intervienen en el ciclo de vida de estos sistemas, creándolos, manteniéndolos o controlando los riesgos, en concreto los siguientes posibles sujetos: «el creador-autor-diseñador del algoritmo, el "entrenador", figura identificable como quien "entrena" una entidad artificial inteligente o en todo caso la expone a experiencias adecuadas para dirigirla o instruirla; la persona que lo utiliza o lo "produce" o lo incorpora a un producto o componente del mismo; el programador de software inteligente; el propietario de la base de datos que utiliza el sistema; el proveedor de red y, en algunos casos, también el usuario el "propietario" o el "custodio" del dispositivo digital».

También Luciano Floridi[655] insiste en que los modelos tradicionales de responsabilidad pueden no ser suficientes para determinar al responsable, ya que quien toma las decisiones es el mismo sistema de IA que funciona de manera autónoma, y en cuya fabricación han intervenido desarrolladores, científicos de datos, usuarios e incluso otros sistemas de IA: «Es posible que necesitemos desarrollar modelos de responsabilidad más distribuidos, para dar cuenta de los múltiples agentes involucrados en el diseño, desarrollo, despliegue y operación de sistemas de IA, y abordar satisfactoriamente la llamada "brecha de responsabilidad" dentro de los límites de la asistencia humanitaria internacional. derecho y normas éticas».

---

654 D'Alfonso, «Intelligenza artificiale e responsabilità civile. Prospettive europee», cit., p. 166.

655 Floridi, Luciano, «The Ethics of Artificial Intelligence: Exacerbated Problems, Renewed Problems, Unprecedented Problems», *American Philosophical Quarterly,* Vol. 61, Number 4, October 2024, p. 303.

Por mi parte, estimando que la responsabilidad no es sino una herramienta para la gestión de los resultados (malos) de la actividad robótica, la imputación de la misma debe efectuarse a la misma persona que obtenga los resultados buenos, los beneficios de dicha actividad robótica: el usuario del sistema, empresario persona jurídica o persona física particular. Por ejemplo, el médico y la clínica o compañía de servicios médicos (dependiendo de la causa del daño) que utiliza un robot quirúrgico, el usuario o propietario del coche autónomo, el productor o importador de robots limpiadores domésticos que se sobrecalientan y producen incendios: esta última idea vale para cualesquiera daños causados por productos defectuosos. Si estamos ante un caso de pluralidad de sujetos concurrentes, nos dice Navas Navarro[656], el criterio de imputación subjetiva que más se usa en Europa es el de la previsibilidad, principio recogido en el art. 3:201 a) de los PETL *(Principles of European Tort Law)* conforme al cual «el sujeto debe ser considerado responsable sólo de aquellos daños que una persona razonable ordinariamente prudente podría haber previsto como resultado de su actuación». También está presente el enfoque de la gestión del riesgo, como añade la citada autora, criterio que centra la responsabilidad en la persona que está en mejor posición de minimizar el riesgo y asumir las consecuencias negativas de la actuación del robot *(cheapest cost avoider)*; este criterio objetivo se contrapone a otro también objetivo, que es el del riesgo creado. Además, nos señala, la prueba de los hechos por la víctima puede facilitarse por la apreciación judicial de presunciones a partir de hechos demostrados.

Naturalmente, con esta imputación al sujeto sólo resolvemos la mitad del problema: encontrar a la persona con más próxima relación con la máquina que ha producido el daño, para hacerla responsable del mismo. La otra mitad, la demostración del daño mismo y el nexo con una acción u omisión del sistema inteligente, puede ser facilitada por el establecimiento de presunciones (en la responsabilidad subjetiva) o por tratarse de una responsabilidad por riesgo u objetiva; pero, en cualquier caso, su demostración corresponde al dañado. Resumiendo, hay que reconocer ante todo que la actuación del sistema inteligente es autónoma y propia de la máquina. Otra cosa es que la falta de personalidad de la misma haga necesario encontrar un ser dotado de personalidad, natural o jurídica, que asuma los resultados de la actuación del robot, y esto es lo que se logra considerando a la máquina como agente del verdadero responsable.

Es exactamente esto lo que ocurre con los sistemas inteligentes de creación artística, musical, literaria o pictórica, en los que el autor de la obra es, en mi opinión, la propia máquina, pero la ley impide esta autoría robótica o cibernética porque sólo reconoce como posible autor a la persona natural. Mi propuesta, en este ámbito, consiste en separar la autoría de la titularidad de

656 Navas Navarro, Susana, *Daños ocasionados por sistemas de inteligencia artificial*, Editorial Comares, Granada, 2022, p. 28.

derechos sobre la obra intelectual o artística, y poner estos derechos en manos del ser humano o la persona jurídica que se halle en una mejor posición para la utilización de la máquina y la reclamación de sus resultados, es decir, las obras. Esta idea, trasladada a cualquier resultado de la actuación de un sistema inteligente, consistiría en imputar dichos resultados, positivos o negativos, a la persona física o jurídica que tenga mejor derecho a la utilización del sistema, así por ejemplo la empresa de ventas asume tanto las ganancias de la plataforma inteligente de ventas como la responsabilidad por los fallos, o la sociedad gestora de la residencia de ancianos asume tanto los beneficios de la actuación de los cuidadores robóticos como la indemnización de los daños que su actuación pueda generar.

4.2.4. Más posibilidades de subjetivación: animales, máquinas, fundaciones

Otra posibilidad distinta de la atribución de personalidad a la IA estaría en la consideración del sistema robótico como una máquina peligrosa, o como un animal que a veces da una coz, o un mordisco. Esto es compatible con la consideración del robot como agente, pues de lo que se trata es de trasladar la responsabilidad a un ser humano. Considera por ello Cerdeira Bravo de Mansilla[657] que puede pensarse en una responsabilidad del propietario o utilizador de la máquina inteligente similar a la regulada en los artículos del Código civil, el 1905 para los animales o el 1908 para las máquinas. Sin embargo, esta especial responsabilidad se diferencia de la de animales o máquinas en que, como señala Coca Payeras[658], el robot lleva a cabo «actuaciones inteligentes», es decir que actúan de la misma forma en que lo hace el cerebro humano, y, además, hoy «no sólo existen relaciones entre los robots y los seres humanos, sino que también se dan —y progresivamente han ido en aumento— relaciones entre los propios robots (*v.gr.*: internet de las cosas; enjambres de robots)».

Pese a esta importante diferencia, Navas Navarro[659] considera, de acuerdo con su idea del sistema cibernético como «agente», que podría aplicarse analógicamente la regla del art. 1905 Cc. para trasladar la responsabilidad a un ser humano, especialmente cuando se trate de sistemas de IA semiautónomos, pues en ambos casos, animales y sistemas inteligentes, existe un grado de autonomía que no impide que el poseedor ejerza su influencia o

657 Cerdeira Bravo de Mansilla, Guillermo, «¿Humanizar o personificar? Inteligencia artificial y fundaciones robóticas» *Actualidad Civil*, n.° 3, marzo de 2024, Editorial LA LEY, p. 7/20.

658 Coca Payeras, Miguel, «Las iniciativas de la Unión Europea sobre inteligencia artificial: de la persona electrónica, al difícil equilibrio entre la necesidad de impulsarla y evitar sus riesgos», *Revista de Derecho Civil*, vol. X, núm. 2, especial (junio, 2023) Portada, pp. 3-40, http://nreg.es/ojs/index.php/RDC.P. 8.

659 Navas Navarro, Susana, *Daños ocasionados por sistemas de inteligencia artificial*, Editorial Comares, Granada, 2022, p. 53.

control en el comportamiento del animal o del sistema, y, además, permite contemplar como responsables al *poseedor* o *al que se sirva* del animal o sistema. También podría aplicarse la responsabilidad vicaria del empresario recogida en el 1903.4 Cc.

Sin perjuicio de las ideas antes señaladas, y para solventar los inconvenientes antes mencionados, ofrece Cerdeira Bravo de Mansilla[660], siquiera sea como elucubración futurista, volver a la solución de la personificación robótica: «... ¿acaso no cabría, como alternativa, personificar los robots aun siendo cosas? De "cosas personificadas" nos habla Carmen Núñez Zorrilla. Y no se olvide, como reciente caso de cosa personificada *ad hoc*, el de la Ley 19/2022, de 30 septiembre, para el reconocimiento de personalidad jurídica a la laguna del Mar Menor». El tipo de personalidad más adecuado, dada la absoluta falta de humanidad (aunque sí tengan inteligencia) sería el de la personalidad jurídica. Y una vez personificado el sistema inteligente, el molde de persona jurídica que mejor le va es el de las fundaciones, atribuyéndoles el autor una personalidad fundacional. Se trataría de personificar sobre todo un patrimonio adscrito a un fin, el de indemnizar cualquier daño que pudiera causar dicha inteligencia artificial.

Esta personificación bajo el molde de la fundación tiene además la ventaja de que estamos acudiendo a figuras ya reguladas, en vez de fabricar una figura intermedia entre las personas y las cosas de nueva creación. Además, hay precedentes, tanto Gunther Teubner como Gerhard Wagner proponen la aplicación de la personalidad de las personas jurídicas a los sistemas inteligentes para resolver el problema de la responsabilidad, y lo que Cerdeira propone es una especificación en un concreto tipo de persona jurídica, la fundación. Patrono de dicha fundación sería el usuario o propietario de la IA, y la dotación podría consistir en el mismo robot, valor acompañado de unos seguros de responsabilidad de contratación obligatoria. Lo fundamental es que con esta personificación se destina un patrimonio, el fundacional, a responder de los daños.

En esta línea, con una finalidad precisa, la de actuar en el ámbito mercantil de la dirección empresarial, mantiene Shawn Bayern[661] que la constitución de sociedades de responsabilidad limitada *(LLC, Limited Liability Companies)* es uno de los ámbitos en los que se va a desarrollar la IA. Estima que la atribución de una cierta personalidad a la entidad inteligente sería posible, confiando estatutariamente el socio único la gerencia de la sociedad al sistema inteligente (apunta Bayern que esta unipersonalidad es necesaria), y abandonando seguidamente la empresa, lo que en Derecho estadounidense no extingue la compañía y la deja en manos de la IA.

---

660 Cerdeira Bravo de Mansilla, Guillermo, «¿Humanizar o personificar? Inteligencia artificial y fundaciones robóticas», *Actualidad Civil*, n.º 3, marzo de 2024, Editorial LA LEY, p. 7/20.

661 Bayern, Shawn, «Artificial Intelligence and Private Law», *Research Handbook on the Law of Artificial Intelligence,* Woodrow Barfield y Ugo Pagallo, coordinadores, Edward Elgar Publishing, 2018, UK-USA, pág. 144.

En cualquier caso, el alemán Möslein[662] anuncia la sustitución de los directores ejecutivos o CEO por algoritmos de dirección empresarial cuando las legislaciones mercantiles lo permitan. Y Adela Cortina[663] nos trae el ejemplo del fondo de inversión *Deep Knowledge Ventures*, que en 2014 designó presidente de su junta directiva a un algoritmo financiero llamado *Vital*; una de las ventajas que presenta este presidente es que no se enfada si se rechazan sus propuestas. *Xerox, Google, Unilever, L´Oreal* y *Amazon*, nos dice la autora, tienen un algoritmo al frente del departamento de recursos humanos.

4.3. La personificación del robot en la vida social

4.3.1. Subjetividad para robots

Según se ha visto en páginas anteriores, la consideración del robot en la vida jurídica se puede hacer desde dos puntos de vista: el funcional o instrumental de la actividad del robot en la sociedad humana, donde gestionamos la atribución de los resultados de dicha actividad (beneficios o daños) a personas físicas o jurídicas, o incluso al propio robot personificado; y el punto de vista ontológico, de la consideración de la sociedad humana hacia el robot, como ente que interactúa socialmente y que está provisto de ciertas cualidades humanas, sobre todo de inteligencia, y aquí se trata de determinar el lugar del robot en la sociedad. Dejando aparte la calidad débil o fuerte de la inteligencia del robot, vayamos ahora a ocuparnos de este segundo punto de vista.

Como también se advirtió en páginas anteriores, el reconocimiento de subjetividad a los entes robóticos fue una tendencia inicial de la doctrina jurídica de EE. UU., partiendo del reconocimiento de nuevas subjetividades, como la de los animales o la de espacios medioambientales, y, en cualquier caso, persiguiendo una finalidad protectora del ente al que se reconoce personalidad o subjetividad mediante la atribución al mismo de derechos. No estamos ante un recurso para la gestión de la actividad robótica, sino para determinar la consideración de los seres humanos hacia los robots.

Partiendo del hecho de que la personalidad no está exclusivamente reservada al ser humano, señala el australiano Solaiman[664]: «Ninguna de las tres creaciones "humanas" como son los robots, los ídolos y las corporaciones,

---

662 Möslein, Florian, «Robots in the boardroom: artificial intelligence and corporate Law», *Research Handbook on the Law of Artificial Intelligence,* Woodrow Barfield y Ugo Pagallo, coordinadores, Edward Elgar Publishing, 2018, UK-USA, pág. 663.

663 Cortina Orts, *¿Ética o ideología de la Inteligencia artificial?*, cit., pág. 30.

664 Solaiman, S. M., «Legal personality of robots, corporations, idols and chimpanzees: a quest for legitimacy» (2017) 25 (2) *Artificial Intelligence and Law,* pp. 155-179. University of Wollongong, Faculty of Law, Humanities and the Arts — Papers.

ni animales como los chimpancés, que constituyen el objeto de este artículo, pueden ser definidos como personas, de acuerdo con el significado ordinario de la palabra en el diccionario, que reconoce la personalidad únicamente en los seres humanos vivos. Ninguno de estos tres son creaciones racionales con una capacidad de "sentir" y "querer", que fuera directamente comparable con la de los humanos, excepto los chimpancés que tienen algunas similitudes con los seres humanos». Sin embargo, considera Solaiman que la personalidad jurídica no es un concepto sinónimo de o necesariamente limitado a el ser humano. Por tanto, considera que el reconocimiento de una personalidad jurídica es un medio para conseguir un respeto mutuo de los derechos de las personas, y de control legal contra cualquier incumplimiento de los mismos.

Como señala Avila Negri[665], siguiendo a Teubner, el individualismo metodológico racionalista hizo que el número de actores en el mundo jurídico fuera drásticamente reducido por el discurso filosófico de la modernidad, conforme al cual el único actor plausible es el individuo humano. A partir de aquí, la pretendida personalidad jurídica electrónica, o para robots, no es sino parte de un debate más amplio: el del reconocimiento de nuevas subjetividades y, en consecuencia, nuevos actores legales.

Quizá haya que precisar que se va a tratar ahora de los robots entendidos como máquinas corporeizadas, dotadas de inteligencia, pero además destinadas a interactuar socialmente con humanos, especialmente los robots androides, y esto por la empatía que suscita la similitud de su actuación con el comportamiento humano. Nathalie Nevejans[666] explicaba el fenómeno de la empatía artificial, que surge hacia los robots y que nos hace creer que el robot está dotado de comportamiento humano o de emociones, especialmente en el caso del robot androide o humanoide, es decir, el sistema de IA incorporado (nunca mejor dicho) a una máquina que imita a un ser humano.

El reconocimiento de una verdadera subjetividad robótica, hoy por hoy es inecesario, pues se precisa, para que haya auténtica empatía, la cualidad de una inteligencia equivalente a la humana, es decir, inteligencia general o fuerte, en inglés *Artificial General Ingelligence* (AGI), todavía no lograda, aunque algunos autores la consideran próxima en el tiempo. Para llegar a una inteligencia general se exigen también otras cualidades, como son las de tener voluntad, fines propios, y conciencia, y esto ya es más difícil de alcanzar.

Veamos, con todo, esta posibilidad de reconocimiento de derechos a los robots porque sus cualidades nos convenzan de que los merecen.

---

665 AVILA NEGRI, Sergio, SMC (2021) «Robot as Legal Person: Electronic Personhood in Robotics and Artificial Intelligence», *Frontiers in Robotics and AI* | www.frontiersin.org, december 2021, Volume 8, Article 789327, pág. 7. doi: 10.3389/frobt.2021.789327

666 NEVEJANS, Nathalie, *Traité de Droit et d'Éthique de la Robotique civile*, LEH Éditions, Burdeos, 2017, pág. 79.

4.3.2. La liberación de los robots

El profesor David J. Gunkel[667] nos advierte que el discurso de los derechos para los robots enlaza con otros movimientos de liberación anteriores (de los esclavos, de igualdad de la mujer, de la igualdad racial o los derechos de los extranjeros), lo que proporciona a esta idea un precedente innegablemente persuasivo. Tal conexión entre «la historia de los movimientos de liberación anteriores y las propuestas para considerar algo similar para otro tipo de entidades como los robots o la IA hace que éstas suenen atractivas, aunque no intuitivamente correctas». Y nos señala cómo la obra de teatro que «bautiza» a los nuevos entes, *Robots Universales de Rossum*, de Karel Čapek, es precisamente una alegoría de las revoluciones de los trabajadores que barrían la Europa de los años 20.

Sin embargo, contra esta supuesta liberación, nos señala este autor que la IA y los robots son desarrollados precisamente por poderosas compañías o individuos, por lo que trabajarán para sus fines, y que, en definitiva, estamos ante un «problema» del primer mundo, entrentenido como una suerte de gimnasia mental, pero que «en realidad es algo detestable de considerar como una cuestión ética apremiante, al lado de las amenazas y daños reales que sufren hoy los más vulnerables de la sociedad». Con Robert David Hart considera que conceder derechos a un robot, como el caso de la concesión de la ciudadanía saudí a la robot *Sophia*, erosiona los derechos humanos, pues esta robot parece tener muchos más derechos que gran parte de la población saudí (mujeres, extranjeros): «Formulado de esta manera, cualquiera que realmente valore y apoye los derechos humanos no puede dejar de considerar que la idea misma de los derechos de los robots es detestable, desmoralizadora e incluso peligrosa».

A continuación, nos señala Gunkel que estas disputas provienen de un error inicial, que consiste en que todos damos por supuesto que la cuestión de los derechos se está refiriendo a los derechos humanos, posiblemente por habernos fijado en los anteriores movimientos de liberación: «*Derechos* no significa automática y exclusivamente derechos humanos. Un buen ejemplo de cómo y por qué esta distinción marca la diferencia se puede encontrar en los esfuerzos reales que implican la extensión de derechos y responsabilidades legales a los robots». Pone a continuación Gunkel un ejemplo de reconocimiento de derechos no humanos a un robot con la aprobación en noviembre 2020 del Proyecto de Ley 1199 del Senado de Pensilvania, que clasifica a los robots de reparto autónomos, o lo que el texto de la ley llama «dispositivos personales de reparto» (PDD), como *peatones* con el fin de proporcionar un marco legal para su despliegue en las calles y aceras de la

667 GUNKEL, David, «The Rights of Robots» (April 4, 2022), in A. A. NAKAGAWA and C. DOUZINAS (Eds.), *Non-Human Rights-Critical Perspectives*. Cheltenham: Edward Elgar, pp. 4 y 5. En *SSRN*: https://ssrn.com/abstract=4077131 or http://dx.doi.org/10.2139/ssrn.4077131

ciudad. Se han aprobado leyes similares en otras jurisdicciones, como la de Virginia, que establece la siguiente estipulación: «un dispositivo de entrega personal que opere en una acera o cruce de peatones tendrá todos los derechos y responsabilidades aplicables a un peatón en las mismas circunstancias». Como nos dice el autor, aquí no se trata de derechos humanos, ni de la personalidad de los robots. Solamente se trata de «proporcionar un marco legal para la integración del robot en la legislación existente y satisfacer las necesidades sociales actuales». Ello exige abandonar el nivel teórico de los derechos humanos en abstracto y concretar mediante declaraciones específicas qué concretas posiciones pueden concederse a los entes no humanos.

Sin embargo, hay una fuerte tendencia a atribuir derechos, y derechos humanos, a los robots. Como dicen Cappuccio, Peeters y McDonald[668], para argumentar que los robots merecen personalidad, y que por lo tanto tienen derechos, los autores optan o bien por un enfoque *objetivista* o bien por uno *relacional*: «La primera estrategia asume que un robot social puede tener personalidad y derechos si posee ciertas cualidades o características objetivas, como libertad, voluntad o sensibilidad (Gerdes 2016). La segunda estrategia asume que los derechos son constructos sociales y que una sociedad podría atribuir la personalidad a los robots si establecen relaciones con los humanos, siendo considerados como conciudadanos, compañeros o miembros de la comunidad». Estos autores proponen un tratamiento jurídico de los robots que les haga superiores a meros instrumentos, para impedir utilizaciones inmorales de los robots, pero sin decidirse por igualarlos a los humanos.

Por su parte Gunkel[669] presenta dos listas de posibles «derechos» atribuibles a los robots, la primera, seleccionada por Gabriel Lima y otros investigadores, señala los siguientes: 1. Derecho a demandar y ser demandado. 2. Derecho a poseer activos. 3. Derecho a celebrar contratos. 4. Derecho a los derechos concedidos por la ley de derechos de autor. 5. Derecho a la libertad de expresión. 6. Derecho a una nacionalidad. 7. Derecho a elegir libremente la ocupación. 8. Derecho a remuneración. 9. Derecho a la privacidad. 10. Derecho a la vida. 11. Derecho a no sufrir penas y tratos crueles.

A continuación, añade Gunkel[670], los derechos recogidos en otro estudio de los holandeses Maartje de Graaf, Frank A. Hindriks, and Koen V. Hindriks, expuestos en forma de reclamaciones concretas. Se plantean estos autores si debe tener un robot el derecho a: 1. Tomar decisiones por sí mismo. 2. Seleccionar y bloquear los servicios que proporciona. 3. Recibir salarios justos por el trabajo que realiza. 4. Acceder a energía para recargarse. 5.

668 Cappuccio, M. L., Peeters, A. & McDonald, W. «Sympathy for Dolores: Moral Consideration for Robots Based on Virtue and Recognition». *Philosophy & Technology,* 33, 9-31 (2020). https://doi.org/10.1007/s13347-019-0341-y

669 Gunkel, «The Rights of Robots»... cit., p. 7.

670 Gunkel, «The Rights of Robots»... cit., p. 8.

Recibir actualizaciones y mantenimiento. 6. Evolucionar y desarrollar nuevas capacidades con el tiempo. 7. Dar forma y formar su propia biografía. 8. No ser abusado ni físicamente ni de ninguna otra manera. 9. Tener libertad para salir y regresar a cualquier país, incluido el suyo. 10. Tener un juicio justo. 11. Tener libertad de expresión a través de cualquier medio de su elección. 12. Perseguir y proteger colectivamente los intereses de los robots. 13. Votar por funcionarios públicos. 14. Ser elegido para cargos políticos. 15. Poseer propiedad. 16. La búsqueda de la felicidad. 17. Copiarse y duplicarse. 18. No debe ser desconectado indefinidamente. 19. Celebrar contratos. 20. Almacenar y procesar los datos que recopilan.

Personalmente, lo más suave que se me ocurre es que ambas listas están contaminadas por el punto de vista humano, y que no tiene en cuenta la distinta naturaleza del robot ni su esencia de maquinaria al servicio del ser humano. Señala Gunkel más adelante que en realidad estos pretendidos derechos de los robots están en realidad pensando en el lado opuesto, son obligaciones impuestas a los humanos en sus interacciones con robots, no derechos de los robots, y su exigibilidad corre a cargo de otros humanos, no de los robots.

Estando los derechos subjetivos fundamentados bien en la teoría de la voluntad, bien en la del interés, deberían ser los robots mismos quienes reclamaran sus derechos, no los seres humanos quienes se los impusiéramos. Pero claro, los sistemas inteligentes no tienen ni voluntad ni intereses propios, pueden simular que los tienen si los entrenamos adecuadamente, pero este remedo de una propia intencionalidad no puede confundirnos, ni tampoco obligarnos, ni jurídica ni moralmente. Resulta que el llamado a la titularidad de los derechos ni siquiera tiene una voluntad propia.

Tampoco puede recurrirse a la doctrina de los derechos naturales, aquéllos que no están concedidos por el texto de la ley, sino que la ley simplemente reconoce como derivados de la naturaleza de su titular, como ocurre con los derechos humanos, derivados de naturaleza humana de todos los seres humanos. Aquí habría que estudiar si los robots y sistemas inteligentes tienen unas propiedades en su naturaleza, unas condiciones ontológicas que les hagan acreedores del reconocimiento de determinados derechos, o si carecen de ellas, en cuyo caso no tienen derecho natural alguno. Por supuesto, algunos autores consideran que, como derivados de su naturaleza inteligente, hay que conceder al robot algunos derechos, mientras que otros afirman que son máquinas que no tienen voluntad, conciencia ni autonomía.

Esta última posición es la que sustenta la profesora Joanna Bryson, que ya desde hace más de quince años afirmó que los robots son o deberían ser esclavos. Veamos esta posición.

4.3.3. Los robots como esclavos

Se muestra radicalmente en contra de la idea de unos robots provistos de *derechos de la roboticidad* la profesora Joanna Bryson, que ya en 2009 publicó un corto ensayo titulado *Los robots deberían ser esclavos*[671], en el que expone la tesis de que los robots deberían ser construidos, puestos en el mercado y legalmente considerados como esclavos, no como compañeros o iguales. Matiza esta afirmación concretando que los robots tienen que ser «sirvientes» de los seres humanos, que construimos robots precisamente con este fin, siendo nuestra responsabilidad, y que, si los seres humanos no construyésemos robots, no habría robots en este mundo —es decir, que los robots no existen por sí mismos—. Afirma además que olvidar que los robots están esencialmente a nuestro servicio sería «insano e ineficiente», y nos llevaría a cometer errores en la atribución de responsabilidad y errores en la asignación de recursos.

Atendiendo al nivel de lo interpersonal, Bryson nos trae el mensaje de que considerar a los robots seres provistos de derechos es, simplemente, una pérdida de tiempo: «Mi argumentación en este capítulo deriva sobre todo de la convicción liberal y progresista de que el tiempo y el cuidado de cualquier ser humano es un bien precioso que no puede malgastarse en algo fútil... los humanos sólo tienen una cantidad limitada de tiempo y atención para dedicarlo a las relaciones sociales». Y, por lo tanto, no hay que desperdiciarlo entablando relaciones con criaturas sintéticas.

En el nivel institucional, tampoco podemos sobrevalorar la intervención de los robots, opina la citada autora, y tenemos que entender que cuando un robot actúa, la responsabilidad es del utilizador, como ocurre con cualquier otra herramienta: las máquinas no toman decisiones éticas, sino que funcionan correcta o incorrectamente: «No veo ninguna razón de orden tecnológico por la que se pueda esperar "agencia moral" de un dron ametrallador autónomo, y no de un cajero automático o de un lavaplatos convencional». Termina su ensayo con una admonición: «Nuestro papel es asegurarnos de que la mayoría de la población comprende que los robots son solamente máquinas, y que se puede gastar tiempo y dinero en ellos en la medida en que sea adecuado para su mantenimiento, pero no mucho más». Hay que recordar que los robots están diseñados por nosotros, y que somos nosotros quienes les señalamos sus metas y fines. Un robot no se frustra por no conseguir las metas fijadas, a no ser que lo programemos para que actúe afirmando su frustración. Tampoco se puede maltratar a un robot de forma distinta a la que se usa para maltratar a un piano. No hay que programar a los robots para que experimenten sufrimiento, y los propietarios de robots no tienen auténticas obligaciones morales hacia ellos.

Todo esto es así porque en los robots, tanto las finalidades como la voluntad de conseguirlas no son propias, sino prestadas: Tienen las que los seres humanos les imponemos. Por ello los fines, y la voluntad del robot para

671 Bryson Joanna J. «Robots should be slaves», In Yorick Wilks (ed.), *Close Engagements with Artificial Companions: Key social, psychological, ethical and design issues*. John Benjamins Publishing. pp. 63-74 (2010)

conseguirlos, no son suyos, sino de la persona que utiliza el robot, que es una mera herramienta al servicio del humano. Y es que, sin conciencia no es posible conseguir que un robot tengo sus propios fines.

Nos dice el ingeniero Magdalena Layos[672] que no equivale a una conciencia el manifestar comportamientos no programados o propios: «Las máquinas inteligentes carecen de voluntad propia, en todo caso lo que podrán manifestar será la voluntad de quien las haya diseñado o construido. El problema podría ser que, en el proceso de diseño de una estructura de cierta complejidad, como pueden llegar a ser estos sistemas, se pueden escapar aspectos cuyas consecuencias son impredecibles. Pero esta circunstancia no es privativa de una máquina inteligente, cualquier máquina puede ser sometida a unas circunstancias no tenidas en cuenta en el proceso de diseño, y dar lugar a un comportamiento inesperado, pero que en ningún caso es un comportamiento que podríamos denominar como voluntario por parte de la máquina». Es decir, que llegar a resultados impredecibles no significa que éstos sean producto de una elección o voluntad del robot: son resultados de la utilización y del utilizador de la máquina, el hecho de que no se los esperase no añade nada al asunto.

En definitiva, no podemos tener máquinas con voluntad propia. Serán máquinas capaces de tomar decisiones, pero esas decisiones estarán limitadas por toda la serie de criterios, restricciones, objetivos o condicionantes establecidos en el proceso de diseño.

Falta además otro componente para que una inteligencia pueda decirse humana: las emociones y los sentimientos. Por un lado, está la capacidad del robot de reconocer y simular emociones y sentimientos. La posibilidad de reconocer estados de ánimo de las personas no es una capacidad misteriosa, y todos los humanos estamos diseñados para reconocer dichos estados y, salvo casos límite, tener empatía con quien los manifiesta. Las máquinas pueden igualmente leer este lenguaje corporal e interpretar el estado de ánimo subyacente: el problema se reduce a la captación de datos biológicos que denotan el estado de ánimo subyacente.

Sin embargo, señala Magdalena Layos, las máquinas, al carecer de empatía, solamente pueden leer e interpretar el estado de ánimo humano y dar una respuesta que su algoritmo considere adecuada al mismo. Pero evidentemente esta capacidad de respuesta es meramente computacional: las máquinas son por definición sicópatas que carecen de cualquier empatía, y se limitan a fingir una emoción de respuesta que no sienten.

672 Magdalena Layos, Luis, «¿Por qué debería confiar en ti (máquina)?», *La robótica y la inteligencia artificial en la nueva era de la revolución industrial 4.0,* coord. por María José Cruz Blanca, Ignacio Lledó Benito; Francisco Lledó Yagüe (dir.), Ignacio F. Benítez Ortúzar (dir.), Óscar Monje Balmaseda (dir.), Dykinson, 2021, ISBN 978-84-1324-802-8, p. 624.

Como dice Magdalena[673], «Más allá de esa capacidad de exteriorizar las supuestas emociones, el sistema podría mostrar su estado de ánimo, o su afinidad o antipatía por una determinada persona, mediante mecanismos que condicionaran sus decisiones. Algo perfectamente factible. Pero nuevamente, eso no significaría que la máquina se ha hecho amiga o se ha enamorado de alguien. Más bien es como si la máquina actuase, siendo la percepción de los humanos con los que interactúa la que interpretará esa actuación como una muestra de amistad o de cualquier otro sentimiento». La máquina simplemente se limita a dar una respuesta adecuada a las observaciones que ha efectuado, nada más. Es cierto que los humanos también podemos fingir una emoción o un sentimiento que no experimentamos, y de hecho los actores viven de esta habilidad, pero una persona que no tiene sentimientos ni emociones es, en realidad, un sicópata.

4.3.4. La concesión de derechos robóticos como cuestión ética

Frente a estas objeciones, estiman muchos especialistas que construiremos este tipo de robots, y que les conferiremos personalidad, movidos no por cualidades de los robots que les hagan ganarla, sino por un impulso ético al considerar que merecen este *status*. Lee Rainie y Janna Anderson recogen en un trabajo de campo[674], la opinión de muchas personas involucradas con la IA, entre ellas la de Wolfgang Slany director ejecutivo y fundador de la empresa de software educativo de código abierto *Catrobat,* con sede en Austria, que dijo: «Eventualmente veremos a nuestras inteligencias artificiales generales (AGI) como miembros de pleno derecho de la humanidad; probablemente más temprano que tarde. La Declaración Universal de Derechos Humanos de las Naciones Unidas se aplicará cuando los AGI están incluidos en nuestro concepto de ser humano generalizado. El Artículo 4 de la Declaración de las Naciones Unidas —"Nadie puede estar sometido a esclavitud o servidumbre; La esclavitud y la trata de esclavos estarán prohibidas en todas sus formas"— es de particular interés. Así como el artículo 6: "Toda persona tiene derecho al reconocimiento de su personalidad ante la ley en todas partes"». En fin...

En la doctrina española, Barrio Andrés[675] incide en la idea de que la subjetividad les va a ser atribuida a los robots por los humanos, trayendo a cola-

673 MAGDALENA LAYOS, «¿Por qué debería confiar en ti (máquina)?», *La robótica y la inteligencia artificial en la nueva era de la revolución industrial 4.0,* cit., p. 622.

674 LEE RAINIE, Janna Anderson. «Experts Imagine the Impact of Artificial Intelligence by 2040», *Imagining the Digital Future Center*. Elon University, February 29, 2024, p. 14, en: https://imaginingthedigitalfuture.org/wp-content/uploads/2024/02/AI2040-FINAL-White-Paper-2-2.29.24.pdf

675 BARRIO ANDRÉS, «Hacia una personalidad electrónica para los robots», cit., págs. 100 y 106.

ción estudios psicológicos conforme a los cuales los robots serían una nueva categoría ontológica diferenciada de los meros objetos, lo que aconseja «equiparlos» con una «personalidad electrónica independiente». Se trataría de la opción jurídica «menos radical para atribuir derechos y obligaciones a los sistemas robóticos más avanzados, sin necesidad de crear una nueva categoría de sujeto jurídico a medio camino entre persona y objeto».

Otros como Ercilla[676] vuelven a la consideración de las cualidades humanas del robot y estiman que los robots capaces de aprender del entorno a través de la inteligencia artificial y de distinguirse de los demás de su misma versión tomando sus propias decisiones precisarían de un estatus jurídico propio: «De tal modo que al igual que Ortega y Gasset señalaba con su axioma "Yo soy yo, y mi circunstancia", la necesaria creación de un *tertium genus* de personalidad, a parte de la persona física y la persona jurídica, se hará presente en el momento disruptivo en que pueda afirmarse la individualidad de cada robot». El autor parte de que el robot decisionalmente autónomo tiene voluntad propia, y luego en un estudio posterior[677], parte de la personalidad propia para robots como la solución a muchos problemas planteados por la tecnología de la IA, propugnada entre otras por la Resolución del Parlamento europeo de 16 de febrero de 2017, en concreto al pedir la creación de una *personalidad jurídica específica para los robots*.

Ercilla conecta la voluntad que tiene el robot autónomo que toma decisiones propias, con la teoría de la voluntad de Savigny como base del derecho subjetivo, y con la de la autonomía de la voluntad de Kant. Con tales bases filosóficas concluye el autor que «Es por tanto una cuestión de conveniencia la creación de una personalidad jurídica específica para los robots, dado que en un futuro la sociedad contará con entes no humanos dotados de voluntad que realizarán actos susceptibles de crear derechos u obligaciones en el ámbito jurídico», considerando que las normas actuales no pueden gestionar dicha actuación.

En distinto sentido tenemos la respuesta de Michael G. Dyer[678], *professor emeritus* de Informática de la Universidad de California-Los Angeles: «Para la década de 2050 podría haber tantos robots domésticos como automóviles... A menos que se aprueben leyes para impedirlo, los *sintéticos* serán produ-

---

676 ERCILLA GARCÍA, Javier, «Aproximación a una Personalidad Jurídica Específica para los robots», *Revista Aranzadi de Derecho y Nuevas Tecnologías,* 2018, Número 47 (mayo-agosto), pág. 4.

677 ERCILLA, GARCÍA, Javier, *Normas de Derecho civil y robótica. Robots inteligentes, Personalidad jurídica, Responsabilidad civil y Regulación*, Thomson Reuters Aranzadi, Cizur Menor, 2018, págs. 16-17.

678 LEE RAINIE, Janna Anderson. «Experts Imagine the Impact of Artificial Intelligence by 2040», *Imagining the Digital Future Center*. Elon University, February 29, 2024, p. 52, en: https://imaginingthedigitalfuture.org/wp-content/uploads/2024/02/AI2040-FINAL-White-Paper-2-2.29.24.pdf

cidos en masa para expresar emociones similares a las humanas, fingiendo sufrir angustia emocional cuando sean maltratados verbal o físicamente por sus "dueños" humanos y pretendiendo sentir placer emocional y satisfacción cuando los humanos ayudan a estos sintéticos a lograr diversos objetivos ... La simulación de emociones en los sintéticos confundirá a los humanos haciéndoles creer que estos sintéticos son conscientes y capaces de placer y sufrimiento (de poseer *qualia*)... Esos humanos confundidos exigirán que a los sintéticos se les permita obtener derechos civiles/morales. Ojalá las leyes aprobaran la prohibición de simular emociones en agentes robóticos sintéticos, pero lo dudo».

Por qué esta gente actúa así, reconociendo derechos a máquinas que ni siquiera fingen pedirlos es una cuestión que vamos a tratar en el siguiente epígrafe.

4.4. La subjetividad robótica como reflejo de valores humanos

4.4.1. La subjetividad como inevitable resultado de la empatía

La razón por la que tantas personas insisten en atribuir subjetividad y personalidad a los robots radica en que, según nos advierten los autores, estas máquinas son capaces de despertar en nosotros una pulsión que nos hace tratarlos como seres vivos. Su actividad, al ser decidida por un algoritmo que permite un ámbito de decisión, nos muestra un espejismo de voluntad y elección, y esto unido al parecido externo de su aspecto con el nuestro (en los androides) nos lleva a atribuirles parecidas características mentales a las nuestras, y por ende una personalidad como la que nos es propia: en esto consiste la «valoración o valencia social» del robot de que hablaba Calo.

Philip Galanter[679], de la Universidad de Nueva York, advierte que, en el futuro, la tendencia humana a antropomorfizar a los robots puede ganar terreno y hacernos creer que estos seres tienen sentimientos. Sin embargo, estima el autor que moralmente el robot es un *zombi*: «Un zombi es una entidad que tiene todos los comportamientos externos de un ser sensible, pero no tiene una experiencia interior en primera persona que asociemos con nuestra sensibilidad. Un zombi puede emitir la frase "Pienso, luego existo", pero no tendrá conciencia de decirlo o de haberlo dicho». La pregunta entonces es si

679 Galanter, Philip. 2020. «Towards Ethical Relationships with Machines That Make Art». In: Andrés Burbano; Ruth West (coord.) «AI, Arts & Design: Questioning Learning Machines». *Artnodes,* no. 26: 1-9. UOC, pág. 5. [Accessed: 21/6/2021]. http://doi.org/10.7238/a.v0i26.3371

una IA suficientemente avanzada puede alguna vez ser destinataria de «consideración moral», es decir, si tal sistema puede merecer ciertos derechos, cuestión que el autor reduce a la «paciencia moral» de los sistemas.

Frente a la noción del «comportamiento emergente» y la «valencia social» del robot a la que aludía Ryan Calo[680], opina Avila Negri[681], siguiendo a Mataric, que «el hecho de que no podamos predecir todo de antemano no significa que no podamos predecir nada», como ocurre con los riesgos asociados con el uso de robots quirúrgicos. Y nos pone en guardia contra el antropomorfismo existente en este ámbito: «Cuando pensamos en robots con inteligencia artificial como si fueran personas, los imaginamos con un grado de agencia y autonomía que no es simplemente exagerado, es, de hecho, una transferencia, en la que perdemos parte de nuestra propia autonomía. La propuesta de una personalidad electrónica no ayuda a abordar este problema. De hecho, puede agravarlo, dado que, aunque restringida al Derecho, la personalidad jurídica refuerza la equivalencia encubierta que se proyecta simbólicamente para otros campos».

El mecanismo mental humano que nos lleva a esta confusión nos lo describe Brożek[682], y se produce sobre todo respecto del robot con forma o características humanas, como los robots humanoides de compañía dedicados a ayudar a pacientes de edad avanzada, respecto de los cuales nos dice el autor que hoy resulta muy difícil predecir «...hasta qué punto tales dispositivos podrán actuar realmente como si tuvieran alguna forma de subjetividad. Sin embargo, parece al menos probable que puedan ser capaces de una cierta gama de comportamientos de tipo humano (o animal), junto con una capacidad de nivel elemental de comunicarse con los seres humanos (reaccionar a las órdenes, proporcionar información, etc.) En el momento en que se vuelven capaces de acciones autónomas, suficientemente flexibles e impredecibles, no relacionadas con ninguna causa directamente precedente, puede aparecer una inclinación natural a explicar lo que hacen atribuyéndoles estados internos subjetivos».

680 Comportamientos emergentes son las conductas no programadas, «espontáneas» en el sentido de que son seleccionadas por la Inteligencia artificial del robot como las más adecuadas para lograr los fines que se le han señalado. La «valencia social», del robot es el valor que tiene como sujeto en la apreciación de la gente. CALO, Ryan, «Robotics and the Lessons of Cyberlaw», *California Law Review*, June 2015, vol. 103, Issue 3, pág. 515. DOI http://dx.doi.org/10.2139/ssrn.2402972.

681 AVILA NEGRI, Sergio Marcos, «Robôs como pessoas: a personalidade eletrônica na Robótica e na inteligência artificial», *Pensar - Revista de Ciências Jurídicas*, agosto 2020, DOI: 10.5020/2317-2150.2020.10178.

682 BROŻEK, Bartosz, «The Troublesome 'Person'», capítulo de *Legal Personhood: Animals, Artificial Intelligence and the Unborn*, Springer Books, 2017 págs. 3-13 [consultado el 12 de enero de 2020]: https://link.springer.com/chapter/10.1007/978-3-319-53462-6_1.

Advierte Brożek[683] que, desde un punto de vista conductista, no tenemos más base práctica para pensar que otras criaturas tienen una mente propia que la de observar e interpretar su comportamiento externo (incluyendo el verbal). Considera asimismo que esta forma de describir a una persona como tal se remonta a Locke y a la utilización de criterios descriptivos para la definición de «persona», mientras que la posición contraria es la axiológica, de origen kantiano, que pone la personalidad en la posesión por parte del sujeto de una serie de valores como la conciencia, la responsabilidad o el sentido de futuro.

Es decir, que los seres humanos consideramos que el robot tiene inteligencia porque desarrolla actividades que en nosotros la requieren, y que esa inteligencia es análoga a la humana, que es una IA «fuerte». Sin embargo, esto no es así: Partiremos de una falacia si identificamos inteligencia artificial y humanidad. Como señalaba (en 1988) Moravec[684], el término inteligencia artificial (IA) fue propuesto en 1960 por el investigador del MIT John McCarthy, para definir los métodos capaces de hacer pensar a los ordenadores, pero hoy, aun siendo los ordenadores «miles de veces más potentes que estos modelos de los años sesenta... no parecen mucho más listos... es difícil, por no decir imposible, dotarles de la capacidad de percepción y movilidad de un niño de un año»[685]. Esta es la ya indicada «Paradoja de Moravec» que nos dice que estamos lejos de la IA fuerte.

Por su parte, el profesor de Tecnologías de la comunicación, David Gunkel[686], señala que existe un componente humano que apoya la tendencia a extender la personalidad a los robots, y es nuestra propensión al antropomorfismo: «Los científicos sociales, desde mediados de la década de 1940 (Heider y Simmel 1944; Reeves y Nass 2003) han demostrado que los seres humanos concederán estatus y posición social a los objetos. Esta tendencia es a menudo denigrada y descartada como antropomorfismo. Pero el antro-

683 Brożek, «The Troublesome 'Person'», cit., págs. 3-13.

684 Moravec, Hans, *El hombre mecánico. El futuro de la robótica y la inteligencia humana*, Biblioteca Científica Salvat, Salvat Editores, S.A., Barcelona, 1993, pág. 4.

685 Moravec, *El hombre mecánico. El futuro de la robótica y la inteligencia humana*, cit., págs. 5 y 13. Añade el autor una valoración que me parece muy interesante: «En mi opinión, el proceso deliberado que denominamos razonamiento es el barniz más superficial del pensamiento humano, y es efectivo solamente porque recibe el apoyo de este conocimiento sensomotor mucho más antiguo y mucho más fuerte aunque, por lo general, inconsciente. Todos nosotros somos prodigiosos campeones olímpicos en las áreas de la percepción y del movimiento, hasta tal punto que hacemos que lo difícil parezca fácil. Sin embargo, el pensamiento abstracto es un truco nuevo, ya que debe tener menos de cien mil años. Todavía no lo dominamos. Y no es porque sea intrínsecamente difícil, sino porque nosotros hacemos que lo parezca». Es nuestra propia torpeza la que nos hace admirar la capacidad robótica.

686 Gunkel, David J. y Wales, Jordan Joseph, «Debate: what is personhood in the age of AI?», *AI & SOCIETY* (2021) 36:473-486, p. 475, https://doi.org/10.1007/s00146-020-01129-1

pomorfismo no es un error; es una característica de la sociabilidad humana». Y la pulsión para conceder esta personalización al objeto proviene no de exigencias del objeto inteligente, sino del grupo social en el que interactúa. Pone el autor el ejemplo de los robots desactivadores de explosivos, que acaban siendo tratados por los especialistas humanos como uno más del grupo. Más adelante nos señala que los robots tienen «presencia social», y que no podemos evitar responder a estos artefactos de una manera similar a cómo se responde a un ser humano, porque como predijo Norbert Wiener en los años 50, la sociedad actual no se define simplemente por las transacciones de persona a persona, sino que también incluye interacciones entre humanos y máquinas.

Pero esto, la identificación de un sistema inteligente con el cerebro humano, en suma, es un espejismo: Damos por supuesto que dentro del robot actúan una inteligencia y una conciencia análogas a las nuestras porque su aspecto (si es humanoide), sus reacciones y en algunos casos su conducta verbal, son similares a las nuestras. Pero no es así, porque carecen de conciencia, no piensan desde un «yo» autónomo, como los humanos.

Esto lo ha detectado muy bien Nathalie Nevejans[687], que nos explica que la voluntad de atribuir personalidad jurídica a un robot sólo nos demuestra que hay una visión falsa del concepto de robot, que se entiende como robot humanoide. Pero si los constructores dan forma humana a los robots es, como ya vimos, para provocar un sentimiento de empatía, una empatía artificial que nos hace creer que el robot está dotado de cierta humanidad o de emociones. Añade Avila Negri[688] que el imaginario colectivo sobre los robots está intensamente marcado por la asociación con artefactos antropomórficos, como los androides, en el cine y la literatura: «Una metáfora particularmente peligrosa para la ley es rendirse a este simbolismo, proyectando autonomía, conciencia y otros atributos humanos en artefactos robóticos. A menudo, los diferentes conceptos, originalmente fusionados alrededor de la metáfora, desaparecen, de modo que las diferencias se borran y las metáforas y las analogías cobran vida, comenzando a ser pensadas en su sentido literal». Y añade que los argumentos que basan la personalidad robótica en la analogía con la de las personas jurídicas también presenta problemas que son obviados incluso por los críticos de la personalidad electrónica: «Esto ocurre principalmente debido a la incorrecta comprensión de las razones presentes en el proceso de personificación de las sociedades y del papel mismo del término "entidad jurídica" en la gramática del derecho».

687 Nevejans, *Traité de Droit et d'Éthique de la Robotique civile*, cit., pág. 79.

688 Avila Negri, «Robôs como pessoas: a personalidade eletrônica na Robótica e na inteligência artificial», cit., pág. 12.

En esta misma línea, advierte Santos González[689] que algunos psicólogos prevén que la relación que crearemos con los robots inteligentes «supondrá riesgos sociales como el que la gente no sea capaz de diferenciar entre la realidad y la ficción, entre lo natural y lo artificial». Y aporta el dato de un estudio del Gobierno Británico de 2006 que vaticinó que en los próximos 50 años los robots demandarían los mismos derechos que actualmente ostentan los humanos. Es decir, que, pese a saber que los robots no producen respuestas emocionales, que ni siquiera piensan, sino que sólo lo fingen, pese a darnos cuenta de que sentimos cierta empatía artificial por seres que no tienen nada de humano, los seres humanos vamos a seguir personificando a los robots.

También es de esta idea Carabantes López[690], que nos dice: «Después de todo lo expuesto, ya podemos responder a las dos preguntas que han guiado nuestro análisis hasta este punto. ¿Se concederá inteligencia a la IA lingüística? La respuesta es afirmativa. ¿Y será de tipo antrópico esa inteligencia? La respuesta es también afirmativa». Esto por exhibir la máquina un comportamiento lingüístico igual al del ser humano, ello unido a la fuerte tendencia a la antropomorfización de la especie humana hacia entes que exhiben comportamientos inteligentes. Esta personificación producirá, según Carabantes, el siguiente efecto sobre la humanidad, en tres fases: «Primero, la comparación ascendente con la inteligencia de la máquina producirá la disminución de la autoestima de los seres humanos. Segundo, se activará un mecanismo de autoprotección consistente en devaluar la deseabilidad de las características de la máquina que han producido la disminución de la autoestima, esto es, la inteligencia. Tercero, se retornará a una situación similar a la inicial en tanto que el ser humano habrá recuperado la autoestima, pero redefinido axiológicamente: el sujeto ha cambiado». Es decir, que se dejará de considerar a la inteligencia como nota característica e identificadora del ser humano[691].

4.4.2. La atribución de personalidad y derechos como mecanismo para resolver conflictos

Puesto que la vía de la atribución de derechos a los robots por motivo de su naturaleza inteligente no tiene mucho recorrido, y que tampoco la justificación en la ética es válida, pues parte de una confusión debida a una em-

689 Santos González, María José, «Regulación legal de la robótica y la inteligencia artificial: retos del futuro», en *Revista Jurídica de la Universidad de León*, n.º 4, 2017, págs. 25-50.

690 Carabantes López, Manuel, «Inteligencia artificial lingüística perfecta: Efectos sobre la autopercepción del ser humano», *SCIO. Revista de Filosofía*, n.º 18, Julio de 2020, p. 218.

691 La redefinición del ser humano tampoco aparece como una solución satisfactoria para el autor: «Descartando posibilidades, los seres humanos del futuro solo tendrán dos formas de percibirse a sí mismos: a través de la ética heroica o, si directamente renuncian al cultivo de la virtud de ninguna de las partes de su alma, como lotófagos (Horkheimer y Adorno, 2009)». Carabantes, p. 223.

patía artificialmente provocada, cabría pensar en la otra vía, la que considera a los derechos no como algo derivado de la naturaleza del titular, sino como una construcción social para el logro de determinados fines y que actúan en las interacciones sociales. Desde este punto de vista cabría pensar en la oportunidad o conveniencia de asignar determinados derechos a los robots, no en beneficio de los robots, sino de los humanos que los utilizan. Por ello, para otros autores, la subjetividad y consiguiente personalidad robóticas no son sino un recurso para intentar solucionar problemas específicos, sin base real alguna, pero con una evidente finalidad utilitaria.

Ya se ha tratado suficientemente de la personalidad electrónica que propuso la Resolución de 2017 para gestionar la responsabilidad por daños causados por la IA. Así, como, según vimos, opina Palmerini[692], mediante esta personalidad sólo se trata de resolver el problema de la responsabilidad robótica. Mientras que Núñez Zorrilla[693] estima que con la personalidad jurídica se trata de hacer frente también a otro tipo de problemas, como el permitir incorporar a los robots al régimen de cotización a la Seguridad Social, para remediar los problemas de desempleo que los mismo robots originarán: «El reconocimiento de una personalidad jurídica abriría un camino de salida a la crisis del sistema de Seguridad Social, al mismo tiempo que marcaría el modo de reparto de los beneficios potenciales que pueden producir los incrementos espectaculares de productividad y de riqueza que puede generar la revolución robótica».

En un estudio posterior[694] señala Núñez Zorrilla que las líneas en las que se mueve el Derecho europeo pasan por configurar una personalidad especial, «electrónica», para robots, que se acompañaría de la creación de un fondo patrimonial para responder de los daños y de una matrícula, como los vehículos: «Cada robot dispondría de un número de inscripción individual que garantizaría la asociación entre el robot y el fondo del que depende, y que permitiría que cualquier persona que interactúe con el robot estuviere al corriente de dicho fondo y de los límites de la responsabilidad en el caso de daños materiales». La identificación de cada robot en el Registro serviría también como medida de seguridad para rastrear y grabar su comportamiento y controlar sus acciones, añadiéndose inspecciones periódicas, lo mismo que la ITV de los vehículos. El dinero del que se nutriría el fondo de responsabilidad saldría de las aportaciones económicas de «...toda la comunidad

692 PALMERINI Erica, «Robótica y derecho: sugerencias, confluencias, evoluciones en el marco de una investigación europea», *Revista de Derecho Privado*, n.° 32, enero-junio de 2017, pág. 77.

693 NÚÑEZ ZORRILLA, M.ª Carmen, «Los nuevos retos de la Unión Europea en la regulación de la responsabilidad civil por los daños causados por la inteligencia artificial», *Revista Española de Derecho Europeo,* 2018, Núm. 66 (abril-junio 2018), pág. 8.

694 NÚÑEZ ZORRILLA, M.ª Carmen, *Inteligencia artificial y responsabilidad civil*, Reus editorial, Madrid, 2019, págs. 31 y ss.

ciudadana en su conjunto por la vía de impuestos, por ejemplo. De esta manera, el coste del peligro se redistribuiría entre toda la ciudadanía y partes implicadas, incluidos los creadores de robots, de forma acorde a la capacidad económica de cada contribuyente». En otras palabras, socialización del riesgo por vía de más impuestos.

Por tanto, esta alternativa de creación de una personalidad jurídica para los robots se valora por Núñez Zorrilla, como mecanismo que permitiría el alivio de las necesidades de la Seguridad social y para la imputación de responsabilidad directa sobre la máquina, para repartir socialmente la indemnización del daño sin hacer recaer toda la responsabilidad sobre el fabricante. Y sin derechos de la personalidad electrónica, por supuesto.

Este cambio en la valoración de la conveniencia de una personalidad propia para robots se aprecia también en García Mexía[695], que, tras afirmar la utilidad de la personalidad robótica, en base a su función utilitaria, y a semejanza de la personalidad jurídica, señala que «la instrumentalidad de la personalidad electrónica sería la de perfeccionar la responsabilidad civil (e incluso criminal) respecto de los sistemas inteligentes». Sin embargo, luego afirma haber llegado al convencimiento de que esta personalidad electrónica no constituye un instrumento adecuado para la resolución de cuestiones de responsabilidad, y que el atributo de la personalidad es patrimonio exclusivo de la esencia humana.

En un ámbito particular, como lo es el Derecho de autor, Ortego Ruiz[696] propugna una personalidad robótica como medio de hacer coincidir la realidad, en la que las máquinas crean obras de arte, con el Derecho, que confiere la condición de autor de la obra a la persona que la crea: «Lo importante es que la obra contenga los elementos objetivos para ser protegida, originalidad, creatividad, con independencia de si se trata de una obra de la creación del espíritu humano o del "espíritu artificial", pudiéndose, en este segundo caso, implementar la ficción jurídica de atribuir la condición de autor a los robots inteligentes». Esto teniendo en cuenta que nuestra legislación confiere derechos de autor a personas jurídicas, y éstas en realidad, no crean nada intelectualmente hablando, mientras que los sistemas de IA sí lo hacen. Naturalmente, de ello se sigue la necesaria concesión de personalidad jurídica a los robots-autores.

Se trata por tanto de una construcción utilitaria, como desde el ámbito anglosajón propugna la antes citada profesora Bryson, que junto a los profesores Diamantis y Grant[697], critica que una entidad sintética merezca una au-

695 García Mexía, «Inteligencia artificial. Una mirada desde el Derecho», cit., pág. 155.

696 Ortego Ruiz, Miguel, «El concepto de autor en la era de los robots», en *Anuario de propiedad intelectual*, año 2018, Reus, Madrid, 2019, pág. 413.

697 Bryson, Joanna J., Diamantis, Mihailis E., Grant, Thomas D., «Of, for, and by the people: the legal lacuna of synthetic persons», *Artificial Intelligence and Law,* September 2017,

téntica personalidad jurídica. Partiendo de la premisa puramente pragmática de que las elaboraciones jurídicas existen para la protección de los intereses de la gente, consideran que la atribución de personalidad es, ante todo, un artificio jurídico para conseguir ciertos fines: «El propósito de conferir personalidad jurídica a un actor es permitir que ese actor obtenga ciertos efectos y se vea afectado de cierta manera por el sistema legal... La pregunta más básica para un sistema legal con respecto a la personalidad jurídica es si la concesión de la personalidad jurídica a una determinada entidad avanza o dificulta esos objetivos». Y justifican la atribución de personalidad mediante la teoría de la ficción, como a las corporaciones. Por otra parte, señalan los citados autores que el contenido de la personalidad atribuida a estos entes distintos del ser humano es divisible, de manera que puede tener más o menos derechos y obligaciones: «Los sistemas jurídicos pueden conferir personalidad jurídica a entidades no humanas. En casi todos los casos, tendrán menos derechos y menos obligaciones. Consideremos la personalidad jurídica que determinados ecosistemas tienen ahora en varios países: el río Whanganui y el parque nacional Te Urewera en Nueva Zelanda (Rousseau 2016), los ríos Ganges y Yamuna en India (Safi 2016) y todo el ecosistema en Ecuador. Necesariamente, los derechos y obligaciones legales acordados a estas características ambientales difieren de los que sus respectivas naciones otorgan a los seres humanos», y esta misma solución es la que estiman que sería aplicable a los robots.

Pero ni siquiera esta atribución limitada resuelve los problemas. Ante todo, porque, aunque un sistema legal determine qué derechos y obligaciones debe conferir a una persona robótica, las realidades prácticas pueden anular este reconocimiento: «Los derechos sin un medio de hacerlos cumplir son mera ilusión. El derecho a comparecer ante un tribunal para presentar un caso bajo una regla particular es crucial para una persona jurídica que busca proteger sus derechos en un sistema legal». Y esta capacidad de comparecer no se deriva automáticamente de la personalidad jurídica que se les haya concedido, pues hace falta voluntad del propio robot para actuar. Añaden a la falta de conciencia en estas personas sintéticas que la concesión de derechos tiene que ir acompañada de la imposición de obligaciones, lo que resulta imposible con los robots puesto que no pueden ser declarados responsables (aparte de que carecen de patrimonio). Argumentan esto con la declaración que se efectúa por el Departamento de Defensa de los Estados Unidos en su *Manual de Derecho de la Guerra* que las armas robóticas nunca pueden ser declaradas «agentes legalmente responsables», concluyendo la falta de utilidad de trasladar a los robots la personalidad de las personas jurídicas.

Volume 25, Issue 3, pp 273-291, DOI 10.1007/s10506-017-9214-9, https://link.springer.com/article/10.1007/s10506-017-9214-9, consultado diciembre 2019.

Más recientemente, Bryson[698] insiste en que un robot ni es imputable ni se le puede controlar mediante normas penales o de responsabilidad, pues éstas sólo admiten a los seres humanos como destinatarios: «Incluso la extensión de la personalidad jurídica a las sociedades solo funciona en la medida en que los humanos reales que tienen un control real sobre esas corporaciones sufren las consecuencias si la corporación infringe la ley». Concluye la autora, como ya hemos visto, que, si el sistema de inteligencia artificial infringe la ley, no hay forma de hacer que el sistema de IA mismo sea responsable.

Tampoco es necesaria la concesión de personalidad para gestionar la responsabilidad del robot mediante su consideración como agente, pues siguiendo el modelo del esclavo romano nos basta con que traslade dicha responsabilidad a su dominus o principal, considerando a este agente como una extensión de la personalidad del dueño.

Y es que en esta discusión se están mezclando, como denuncia David Gunkel[699], los conceptos de *poder* y *deber* que ya desde Hume deberían estar perfectamente delimitados. No se trata de decidir si los sistemas inteligentes *pueden* ser dotados de personalidad, porque, como señala este autor, la respuesta es inequívocamente «sí», pero no porque la IA lo merezca, sino porque la personalidad puede ser una directa concesión de la Ley: «Todo lo que es necesario para que algo sea reconocido como persona jurídica es, para algunos, la autoridad legal: el jefe de estado, una legislatura o un tribunal... Así es como las corporaciones se convirtieron en personas jurídicas». Evidentemente, la pregunta es si las IA *deben* tener personalidad.

Pasemos a tratar este asunto, partiendo de la equiparación de esta personalidad electrónica con la personalidad que se concede a las personas jurídicas, principal argumento de los partidarios de tal concesión.

4.5. La personalidad como dimensión de lo humano

4.5.1. La falacia del argumento de las personas jurídicas

Ante todo, hay que recordar que la subjetividad jurídica se reconoce a partir del reconocimiento de la «personalidad jurídica». Jurídicamente, la «personalidad» es la cualidad que tienen el ser humano, y también deter-

698 Bryson, Joanna J., «The Artificial Intelligence of the Ethics of Artificial Intelligence: An Introductory Overview for Law and Regulation», *The Oxford Handbook of Ethics of AI*, Edited by Markus D. Dubber, Frank Pasquale, and Sunit Das, Print Publication Date: Jul 2020, DOI: 10.1093/oxfordhb/9780190067397.013.1.

699 Gunkel, David J. y Wales, Jordan Joseph, «Debate: what is personhood in the age of AI?», *AI & SOCIETY* (2021) 36:473-486, p. 475, https://doi.org/10.1007/s00146-020-01129-1

minadas realidades sociales, las personas jurídicas como las asociaciones, las fundaciones y las sociedades, de poder actuar como sujetos titulares de derechos y actores con propia individualidad y autonomía en la vida jurídica. Es, en nuestro sistema, una cualidad de los sujetos de Derecho que hace que el sistema jurídico tenga que aceptar como tales a quienes la ostenten.

Esta cualidad de ser titular de derechos y obligaciones, o más ampliamente, la de ser sujeto de derechos, se reconoce por la ley como «capacidad jurídica», y determina la personalidad del sujeto. Esta cualidad ha sido siempre objeto de concesión por el ordenamiento jurídico, y, del mismo modo que se concede a entes no humanos, como las personas jurídicas (sociedades, asociaciones, fundaciones), se dice que puede concederse a los robots.

Para justificar la atribución de personalidad a los robots en base a la personalidad que se concede a sociedades, asociaciones y fundaciones, esto es, por ser una concesión y no una cualidad exclusiva del ser humano, falla por cuanto la construcción de la personalidad de las personas jurídicas es una creación utilitaria que en modo alguno las confunde con las personas físicas.

Como decía Lacruz Berdejo, la personalidad de las personas jurídicas no es sino un artificio creado en la Edad Media por Sinibaldo Flisco (luego Papa Inocencio IV), como una ficción para que se pudieran cumplir mejor determinados fines y tareas (fundaciones eclesiásticas, patronatos y capellanías) que trascendían la duración de una vida humana. Esta ficción, que parte de la idea canónica de la corporación como *persona ficta et raepresentata*, de Bartolo de Sassoferrato, luego se traslada en el siglo XVII a determinadas agrupaciones de comerciantes e inversores, las Compañías de Indias, para dotar de personalidad a las mismas haciendo de ellas sociedades «incorporadas», con el objeto de limitar la responsabilidad de sus socios. Pero no es posible trasladar la ficción de las personas jurídicas a los robots y sistemas inteligentes, porque las personas jurídicas contienen a personas físicas que son las que deciden en su nombre, mientras que los sistemas inteligentes actúan por sí mismos.

Ana Ramalho[700] sustenta una parecida argumentación, al tratar de la (imposible) personalidad de sistemas creativos de IA, diciendo que aunque los defensores de la atribución de personalidad jurídica a las IA utilizan con frecuencia este argumento de que también las empresas tienen personalidad jurídica propia, y no son seres humanos, este argumento no es correcto: «Las empresas todavía tienen un vínculo directo con la influencia humana; no toman decisiones autónomas por sí mismas, ni aprenden habilidades por sí mismas como una entidad separada de los seres humanos que las componen. Por el contrario, al menos algunas IA pueden funcionar sin ese vínculo

700 Ramalho, Ana, «Will Robots Rule the (Artistic) World? A Proposed Model for the Legal Status of Creations by AI Systems» (June 13, 2017). Available at *SSRN*: https://papers.ssrn.com/sol3/papers.cfm?abstract_id=2987757

humano. Por tanto, la atribución de personalidad jurídica a las empresas no debe constituir una base para atribuir personalidad jurídica a las IA». Serían dos situaciones completamente diferentes, y si se plantea la atribución de personalidad jurídica a las IA, debe hacerse por sus propios méritos.

En definitiva, que el motivo principal de negación de la personalidad a los robots está en que no son seres humanos, ni organizaciones de seres humanos.

La subjetividad y la personalidad, en suma, están ligadas a la humanidad, y como tal sólo pueden utilizarse para el cumplimiento de finalidades humanas, sean lucrativas o desinteresadas. Esto se repite también desde el punto de vista de la Filosofía del Derecho, así Belloso Martín[701]: «El paso de considerar a un robot como objeto a considerarlo sujeto de derechos y obligaciones ...es una regulación innecesaria desde el punto de vista técnico e inapropiada desde una perspectiva ética y legal. El estatus legal de un robot no puede equipararse al de una persona porque entonces tendría derechos humanos, como el derecho a su integridad, ciudadanía, remuneración, y otros», lo que está en contradicción con la Carta de los Derechos Fundamentales de la UE y la Convención para la Protección de los Derechos Humanos y las Libertades Fundamentales.

Además, las personas jurídicas no tienen la personalidad como propia, sino como *prestada*, tratándose, como cita Núñez Zorrilla[702] recogiendo las palabras de Lacruz Berdejo «de una creación de la ley, no de una realidad verdadera y viva». Y más adelante advierte que la capacidad de las personas jurídicas «...les viene dada precisamente por la capacidad de obrar que ya ostentan previamente los individuos que las componen, y es por ello que pueden obligarse válidamente en el tráfico jurídico. La persona jurídica como ente independiente no puede existir sin la existencia previa en ella misma de los seres humanos que le dan vida. En consecuencia, la única razón por la que gozan de personalidad jurídica es porque detrás de ellas están siempre las auténticas personas que las dirigen».

4.5.2. La emulación de la conciencia para el logro de una personalidad

Pero incluso aunque aceptásemos el argumento de la personificación de los sistemas de IA como solución similar a la que se tomó para las personas jurídicas, sigue en pie el problema de que mientras en éstas quienes actúan son seres humanos, en los robots y sistemas inteligentes quien actúa es la máquina misma, aunque dentro de los parámetros fijados por sus utilizado-

701 Belloso Martín, Nuria, «La Necesaria Presencia de la Ética en la Robótica: La Roboética y su Incidencia en los Derechos Humanos», cit., pág. 113.

702 Núñez Zorrilla, «Los nuevos retos de la Unión Europea en la regulación de la responsabilidad civil por los daños causados por la inteligencia artificial», cit., pág. 9.

res humanos. Es decir, que incluso si concediésemos personalidad a estos entes, ello no resolvería el problema de la humanización de la máquina, el de lograr que la actuación de la máquina fuera en todo semejante a la de un humano, especialmente si tiene que hacer elecciones de carácter moral.

Plantea Adela Cortina[703] que, en realidad, es la posesión de una conciencia o sentido moral lo que marca la auténtica diferencia entre el ser humano y los animales, como entendió Darwin, que reiteró esta idea en toda su obra. Por esto se plantea la autora si en este cambio del siglo XX al XXI «...no hemos entrado en una nueva fase en el intento de hominizar seres no humanos, recurriendo en esta ocasión como materia prima a las máquinas. A ello se referiría ese rótulo tan frecuente hoy en día, "Ética para máquinas" o "ética de las máquinas"». Y añade que esta expresión fue utilizada por primera vez por James Gips, al comparar distintas teorías éticas para incorporar una Ética a los robots, como propone en su trabajo *Towards the Ethical Robot*; expresión que también utiliza Storrs Hall en 2000 para su trabajo *Ethics for Machines*.

A la búsqueda de máquinas que actúen éticamente, autores como Patrick Lin plantean en el *Informe* del Proyecto *Robolaw* 2012-2014[704] el problema de que una máquina puede no ser capaz de identificar y dar solución a cuestiones morales. Lin argumenta que una ética de los números no es suficiente y en algunos casos no es deseable. Según Lin, un programa de computadora no tiene la capacidad de tomar decisiones que pongan en peligro la vida y requieran un juicio moral, pues los juicios morales exigen habilidades morales que trascienden el cálculo racional entre los efectos positivos y negativos y, por lo tanto, son una capacidad exclusivamente humana. Contrariamente a Lin, Noah Goodall adopta en el *Informe* un enfoque de la ética de la máquina que explora las posibilidades de crear lo que Allen llama «agentes morales artificiales», que no emulan las facultades cognitivas humanas pero que funcionan satisfactoriamente en situaciones moralmente significativas. Goodall[705] parte del problema de las decisiones en el tráfico rodado de vehículos, y otorga a las computadoras y los sistemas automatizados la capacidad de detectar con precisión las condiciones concurrentes y de computar el resultado más deseable y moralmente correcto; sugiere un enfoque de inteligencia artificial, donde los sistemas automatizados aprendan del comportamiento humano a través de un sistema de red neuronal: «Los futuros vehículos automatizados encontrarán situaciones en las que la acción "correcta" será moral o jurídicamente ambigua. En estas situaciones, los vehículos necesitan un método para adoptar una acción ética». Claro que aquí estamos hablando de una imitación de la valoración ética de no mucha complejidad.

---

703 Cortina Orts, Adela, *¿Ética o ideología de la Inteligencia artificial?*, Paidós, 2024, pág. 10.

704 Mayo de 2014, documento de trabajo *D6.2 Guidelines on Regulating Robotics* pág. 42.

705 Goodall, Noah J., «Machine Ethics and Automated Vehicles», *Road Vehicle Automation*, G. Meyer y S. Beiker (eds.), Springer, 2014, pp. 93-102. http://dx.doi.org/10.1007/978-3-319-05990-7_9

A partir de aquí, los partidarios de lograr una IA «fuerte», análoga a la humana, y personificada, consideran que, para conseguir resultados éticos, la IA tiene que igualarse al ser humano adquiriendo conciencia: Del mismo modo en que se puede emular en un ordenador un lenguaje intencional que imita al humano, se podría también emular la conciencia humana, procedimiento de imitación cuya posibilidad ya vio Descartes. Todo consistiría en encontrar la esencia de la «conciencia», a partir de la cual se podría crear un algoritmo para el logro de comportamientos conscientes, o sea, para dotar al robot de «conciencia».

Ahora bien, si no podemos «aislar» la esencia de la conciencia, no podemos asegurar que una máquina posee este atributo, y aquí es donde está el problema, falta un concepto claro de lo que es la conciencia humana.

Para la explicación de la conciencia, hay autores que parten de posiciones dualistas, que separan radicalmente el mundo material del mundo espiritual de la conciencia, dualismo que ya fue expuesto por Descartes[706], que partía de una diferenciación entre la «sustancia ordinaria» o material, y la «sustancia pensante». Sobre las consideraciones de Descartes influyen las creaciones mecánicas más avanzadas de aquella época, los autómatas, que le llevan a considerar que la vida y el movimiento no dependen del alma, sino del cuerpo, pasándose a hablar de «la máquina del cuerpo», como nos dice Heudin[707]. Este carácter mecánico de la vida lleva a considerar que la única diferencia entre los animales y el ser humano está en la facultad de pensar de éste[708].

La conciencia deja de identificarse con el alma y se hace igual al «yo pensante» mismo, pues como dice Karl Popper, no es el cerebro el que estructura y determina al «yo», sino al contrario, el «yo» quien posee un cerebro. El «yo» sería el programador activo del cerebro, que actuaría como un computador, un instrumento. Señala Popper: «Como decía Platón, la mente es el timonel y no, como sugerían David Hume y William James, la suma total o el haz o la corriente de sus experiencias»[709].

Ahora bien, en cuanto a qué sea la conciencia, o si realmente existe como función separada de la actividad cerebral general, encontramos posiciones enfrentadas. Para los cognitivistas o materialistas, siguiendo fundamentalmente las tesis del filósofo David Hume, para quien la conciencia de un ser

706 Así, en sus *Meditaciones*, Descartes nos habla en varios momentos de la máquina del cuerpo humano *(la machine de nostre corps)*.

707 HEUDIN, Jean-Claude, *Les créatures artificielles*, Odile Jacob, 2008, pág. 50.

708 Hay que tener en cuenta que Descartes consigue desligar el fenómeno de la vida de la posesión de un alma o *anima*, que es lo que *animaría* los cuerpos con un impulso vital. A partir de ahora, la idea del alma se liga a la posesión de conciencia y al yo individual.

709 POPPER, Karl y ECCLES, John, *El yo y su cerebro*, Editorial Labor, Barcelona, 2.ª edición, 1993, pág. 135.

humano es la suma total o el haz de las experiencias vividas[710], la conciencia es un «resultado» que obtenemos al alcanzar un determinado nivel de complejidad en el funcionamiento del cerebro humano, y su utilidad es predominantemente social. Esta concepción se ha calificado también como «epifenomenalismo», que considera que la mente consciente es un «epifenómeno» cerebral, esto es, un añadido o un subproducto del cerebro, que no influye sobre el mismo. La consecuencia estaría en que el cerebro puede funcionar igual sin producir ningún estado mental consciente[711]. Se llega incluso a considerar que, si se logra este grado de complejidad en el funcionamiento del cerebro electrónico, se llegará a una conciencia electrónica[712] como resultado o subproducto accesorio.

Los autores, que sustentan tesis humanistas, como Eccles, Popper o Penrose, estiman que la conciencia es una función propia del ser humano, no replicable en un cerebro electrónico, que carece de determinadas funciones orgánicas que sí tiene el humano (Penrose se refiere así a la realización de intercambios cuánticos en determinadas estructuras infraneuronales, actividad que sería el germen de la conciencia)[713]. El físico Michio Kaku[714] señala que la mayor parte de la comunidad científica se muestra escéptica frente a las ideas de Penrose, pero que, en su opinión, un conjunto de transistores solo pueden reproducir aproximadamente el comportamiento de las neuronas, existiendo diferencias entre robots y humanos, debidas a los pequeños efec-

---

710 «La mente es una especie de teatro en el que distintas percepciones se presentan en forma sucesiva; pasan, vuelven a pasar, se desvanecen y mezclan en una variedad infinita de posturas y situaciones... La comparación del teatro no debe confundirnos: son solamente las percepciones las que constituyen la mente, de modo que no tenemos ni la noción más remota del lugar en que se representan estas escenas... Así, para suprimir la discontinuidad fingimos la existencia continua de las percepciones de nuestros sentidos, y llegamos a la noción de alma, yo o sustancia, para enmascarar la variación». HUME, David, *Tratado de la naturaleza humana. I*, Ediciones Orbis S. A., Madrid, 1984, págs. 401 y ss.

711 PAPINEAU, David y SELINA, Howard, *Consciencia. Una guía ilustrada*, Tecnos, Madrid, 2019, pág. 87.

712 Lo que, desde el punto de vista cognitivista y conductista, da exactamente lo mismo, pues para estos científicos, la conciencia es un mero epifenómeno o subproducto no analizable e irrelevante.

713 Esta actividad cuántica en unas microestructuras neuronales llamadas «microtúbulos» vendría a ser la nueva glándula pineal donde se ubica la conciencia. A estos órganos hace referencia Hierro Pescador, como se ve en nota en páginas anteriores (nota n.° 499). También Kuhn hace referencia a estas estructuras, que operarían lo que Penrose llama «Orchestrated Objective Reduction», consistente en una reducción de las distintas alternativas del estado cuántico a un estado discreto ya definitivo. Señala asimismo que la propuesta de estos microtúbulos como mecanismo operante de dicha reducción se debe al anestesiólogo Stuart Hameroff, trabajando a la par con Roger Penrose. KUHN, Robert Lawrence, «Virtual Inmortality. Why the Mind-Body Problem is still a Problem», *Skeptic Magazine*, volumen 21, number 2, 2016, p. 29. En: WWW.SKEPTIC.COM

714 KAKU, Michio, *El futuro de nuestra mente*, Debate, Barcelona, 2014, p. 394.

tos cuánticos: «En última instancia, creo que el libre albedrío probablemente existe, pero no es el que imaginan los individualistas estrictos que afirman que son dueños exclusivos de su destino... Esto no significa necesariamente que seamos actores en una película que se pueda rebobinar en cualquier momento. El final de la película aún no está escrito. Una sutil combinación de efectos cuánticos y teoría del caos destruye el determinismo estricto. Al final, seguimos siendo dueños de nuestro destino».

David Gunkel[715], por su parte, estima que la falta de conciencia se constituye como obstáculo insalvable para admitir una personalidad robótica: «Si tenemos que responder a la pregunta: ¿Pueden las AI ser personas? con un simple sí o no, entonces ahora mismo la respuesta tendrá que ser "no". Pero con una aclaración importante: Esto no se debe al hecho de que los esfuerzos en ciencia e ingeniería de IA no alcancen la conciencia ni ahora ni en un futuro previsible. Es porque somos incapaces de definir adecuadamente qué es la conciencia, o formular una prueba infalible para detectar su presencia real. Se debe, por tanto, a una cuestión conceptual y no necesariamente una limitación técnica».

4.5.3. El problema de la conciencia

Desgraciadamente la conciencia es hoy todavía un enigma, y los historiadores de la ciencia contraponen los logros alcanzados en el conocimiento del universo externo a los fracasos encontrados cuando se trata de lograr un conocimiento análogo de la psique humana. Como señala Watson en su *Ideas. Historia intelectual de la Humanidad*[716], el estudio del hombre mismo se nos presenta como «el mayor fracaso intelectual de la historia, su área de investigación menos fructífera». Chalmers inicia su obra *La mente consciente*[717] advirtiendo que la conciencia es un misterio, «...es, tal vez, el mayor obstáculo pendiente en nuestra búsqueda de una comprensión científica del universo... Todavía nos resulta algo totalmente misterioso que la causalidad de la conducta esté acompañada de una vida interior subjetiva». Por su parte, Michio Kaku[718] añade que, si bien la idea de conciencia ha fascinado a los filósofos durante siglos, hasta hoy se ha resistido a una definición sencilla:

---

715 GUNKEL y WALES, «Debate: what is personhood in the age of AI?», cit., p. 475.

716 WATSON, Peter, *Ideas. Historia intelectual de la Humanidad*, Crítica, Barcelona, 2007, pág. 1184 y ss.

717 CHALMERS, David, *La mente consciente*, Gedisa editorial, Barcelona, 1999, pág. 15. Y más adelante, págs. 427 y ss., relaciona a la conciencia con la física cuántica mediante la noción de la interacción de la conciencia con la realidad como acto de medición que conlleva o produce un «colapso cuántico»: «No existe ningún criterio físico del colapso que parezca ni remotamente aceptable... El único criterio remotamente sostenible propuesto es que una medición ocurre cuando un sistema cuántico afecta a la conciencia de algún ser».

718 KAKU, *El futuro de nuestra mente*, cit., p. 56.

«ningún otro tema ha suscitado tanta implicación para acabar generando tan poco consenso... Algunos filósofos dudan de que una teoría de la conciencia sea siquiera posible. Sostienen que la conciencia nunca podrá explicarse, puesto que un objeto no puede comprenderse a sí mismo, por lo que carecemos de la capacidad mental para resolver esta desconcertante cuestión». Y más adelante repite la idea del biólogo Carl Zimmer, que considera que la conciencia es el resultado de la actividad de la corteza prefrontal medial, zona del cerebro que estaría tejiendo continuamente «la sensación de ser quienes somos»: esta sensación sería la conciencia o el yo.

Nos advierte Francis Fukuyama[719] que «la conciencia continúa siendo tan obstinadamente misteriosa como siempre... Los estados mentales subjetivos, si bien se originan mediante procesos biológicos materiales, parecen ser de un orden no material». Y añade que el miedo al dualismo lleva a los investigadores a extremos tan ridículos como, según denuncia Searle, negar hechos obvios como el de que todos poseemos estados mentales subjetivos.

Por su parte Jack Copeland[720] considera actualmente válida la afirmación que ya hizo Thomas Huxley en 1866: «No sabemos lo que es la conciencia, y cómo es que algo tan notable como un estado de conciencia aparece de resultas de la irritación de un tejido nervioso: es algo tan inexplicable como la aparición del genio cuando Aladino frotó su lámpara»[721]. Y Jacques Monod[722] decía que «La noción de cerebro y la de espíritu no se confunden menos ahora que en el siglo XVII». Max Tegmark[723] nos advierte que hay conceptos como «vida» o «inteligencia», para los que no hay una definición correcta e indiscutible, lo que se repite con la palabra «consciencia»: «existen muchas definiciones alternativas, con conceptos como sensibilidad, vigilia, autoconciencia, acceso a la información sensorial y capacidad de combinar información en un relato». Por ello, da una definición muy amplia de consciencia como *experiencia subjetiva*, y considera que se trata de un *fenómeno emergente*.

Abandonada la explicación sobrenatural y el concepto de alma inmortal, desde la segunda mitad del siglo pasado, en la década de 1990 encontramos abundantes estudios sobre la conciencia como producto meramente biofísico (son los llamados *fisicalistas*). Sin embargo, sus resultados, nos relata

719 FUKUYAMA, Francis, *El fin del hombre. Consecuencias de la revolución biotecnológica*, Ediciones B, Barcelona, 2002, p. 269.

720 COPELAND, *Inteligencia Artificial*, cit., pág. 260.

721 Como cuentan Manzotti y Chella, el propio Schrödinger repite en 1958 la observación de Huxley, preguntándose qué propiedades particulares tienen determinados procesos cerebrales que hacen surgir la conciencia. MANZOTTI, Riccardo, y CHELLA, Antonio, «Conscious machines: A Possibility? If So, How?», *Journal of Artificial Intelligence and Consciousness*, Vol. 7, n.° 2 (2020), p. 184.

722 MONOD, Jacques, *El azar y la necesidad*, Planeta Agostini, Barcelona, 1993, pág. 169.

723 TEGMARK, *Vida 3.0. Qué significa ser humano ...* cit. p. 319.

Watson, son decepcionantes: «El filósofo británico Colin McGinn, de la Universidad de Rutgers, en Nueva Jersey, sostiene que por principio la conciencia se resiste a ser explicada, y que siempre será así. Otros pensadores, como Thomas Nagel y Hilary Putnam, de la Universidad de Harvard, consideran que en la actualidad (y quizá para siempre) la ciencia no puede explicar los "qualia", la experiencia fenoménica en primera persona a la que llamamos conciencia». Y el filósofo Gunkel señala que la conciencia, como el tiempo, es «uno de esos conceptos de los que todos estamos bastante seguros de que sabemos su significado hasta que alguien nos pide que lo definamos. Entonces las cosas se complican... Si hay algún acuerdo general entre filósofos, psicólogos, científicos cognitivos, neurobiólogos e investigadores de IA sobre la conciencia, es que hay poco o ningún acuerdo cuando se trata definir y caracterizar el concepto»[724]. Por su parte el citado Copeland[725], pese a considerarse fisicalista y no dualista, advierte de la dificultad de explicar los qualia como acontecimientos meramente biofísicos.

Por tanto, pese a todos los estudios dedicados al problema de la conciencia en los últimos años, la conciencia, o el «yo» o «yo mismo» continúan siendo conceptos tan escurridizos como siempre. La ciencia ha demostrado ser un completo éxito en lo que respecta al universo físico, pero, señala Watson «hasta el momento no ha conseguido hacer lo mismo en el área que probablemente más nos interesa a la mayoría de los seres humanos: nosotros mismos. Más allá de la idea de que el yo es resultado de la actividad cerebral —de la acción de los electrones y los elementos, si así lo prefieren—, es difícil huir de la conclusión de que, después de todos estos años, todavía no sabemos ni siquiera cómo hablar acerca de la conciencia, acerca del yo».

El historiador de la Universidad de Jerusalén, Yuval Noah Harari[726], insiste en que, en realidad, la ciencia sabe muy poco acerca de la mente y la conciencia. Estima la ortodoxia actual que la conciencia es creada por reacciones electroquímicas que tienen lugar en el cerebro, y que las experiencias mentales cumplen alguna función esencial de procesamiento de datos, pero «Sin embargo, nadie tiene ni idea de cómo una diversidad de reacciones bioquímicas y de corrientes eléctricas en el cerebro generan la experiencia subjetiva de dolor, ira o amor. Quizá dispongamos de una explicación robusta

724 Gunkel y Wales, «Debate: what is personhood in the age of AI?», cit., p. 474.

725 Copeland, *Inteligencia Artificial*, cit., pág. 271. Pero no niega que una máquina pueda experimentar estos estados de conciencia o *qualia*: «Si el antifisicalismo es verdadero, entonces puede o puede que no sea posible que un robot experimente *qualia*... Si un cerebro natural puede generar propiedades no físicas, entonces ¿por qué no también un cerebro artificial? Por otro lado, si el fisicalismo es verdadero, entonces la conciencia es un fenómeno físico, en cuyo caso no se puede negar que un artefacto apropiado pueda experimentar *qualia*».

726 Harari, Yuval Noah, *Homo Deus. Breve historia del porvenir,* Debate, Barcelona, 2016, pág. 109.

dentro de diez o quince años. Pero en 2016 carecemos de tal explicación, y es mejor que lo dejemos claro». Y critica el entendimiento de la conciencia como subproducto de la actividad cerebral, partiendo de la realidad de los sentimientos de miedo o dolor, que no se explican por la mera comunicación entre neuronas (aunque de un modo un tanto contradictorio, como veremos): «La conciencia es el subproducto biológicamente inútil de determinados procesos cerebrales. Los aviones a reacción emiten un gran estruendo, pero el ruido no es lo que impulsa al avión... De manera parecida, la conciencia puede ser un tipo de contaminación mental producida por el disparo de complejas redes neurales. No hace nada. Simplemente, está ahí. Si ello es cierto, implica que todo el dolor y el placer que miles de millones de criaturas han experimentado durante millones de años y experimentan ahora es solo contaminación mental. Ciertamente, esta es una idea sobre la que merece la pena reflexionar, aunque no sea cierta».

Por su parte, Francis Fukuyama[727] incide en el tema de la imposibilidad de una conciencia robótica a partir de la imposibilidad de implantar en su funcionamiento emociones, sentimientos o dolor, y esto porque no entendemos estos conceptos ontológicamente: «El problema no estriba tan solo en que, como ocurre con el resto de la conciencia, nadie comprenda qué son las emociones ontológicamente; es que nadie comprende cómo cobraron existencia en la biología humana». Es decir, hay razones funcionales para los sentimientos de dolor y placer, así si sentimos el dolor de la quemadura, apartamos la mano del fuego. El problema está en explicar por qué la orden de retirada inmediata se acompaña de la sensación subjetiva de dolor. Y pone Fukuyama el ejemplo de un robot dotado de sensores de calor que le hicieran retirar la mano del fuego para evitar quemarse: Aunque pudiera pasar el test de Turing en cuanto a su reacción ante la quemadura, no sentiría dolor al tocar el fuego; y un ser humano sí que lo siente.

4.5.4. Hacia una conciencia sintética

Pese a todos estos obstáculos, otros científicos intentan explicar la conciencia humana considerando que la conciencia es un mero resultado de la actividad cerebral, un carácter humano adquirido por la presión evolutiva darwinista. En esta línea, para el neurólogo Damasio, hay que hablar del «yo», o mejor del «yo mismo» *(self)*, más que de la conciencia. El *self* se crearía a partir de una base neurológica relacional entre el cerebro y el cuerpo, y sería la base tanto de la identidad subjetiva o conciencia de uno mismo, como de la consciencia en general[728]. Dicha base neural para el *self* consistiría en la

727 Fukuyama, *El fin del hombre. Consecuencias de la revolución biotecnológica*, cit., p. 271.

728 Damasio, Antonio R., *El error de Descartes*, Editorial Andrés Bello, Santiago de Chile, 1997, pág. 264.

continua activación o «reactivación» de dos conjuntos de representaciones: «Un conjunto concierne a las representaciones de acontecimientos clave en la autobiografía del individuo, sobre la base de las cuales —mediante la activación parcial en mapas sensoriales topográficamente organizados— se puede reconstruir repetidamente una noción de *identidad*. El conjunto de representaciones disposicionales que describe cualquiera de nuestras autobiografías atañe a un gran número de hechos categorizados que definen nuestra persona: lo que hacemos, qué y quién nos gusta, qué tipos de cosas usamos, qué lugares frecuentamos y qué acciones efectuamos más a menudo... El segundo conjunto de representaciones subyacente al *self* neural consiste en las representaciones primordiales del cuerpo de un individuo... La representación colectiva del cuerpo constituye la base del "concepto" de *self*, casi tal como la base del concepto de "naranja" puede ser un conjunto de representaciones formales, espaciales, cromáticas, táctiles y gustativas». Es una cita bastante larga, pero necesaria para diferenciar la autoconciencia como uno de los fenómenos presentes en la conciencia.

Anil Seth[729] también diferencia varios conceptos dentro de la idea de conciencia, en primer lugar, el de «nivel» de conciencia, que hace referencia a la intensidad de la experiencia consciente, desde su ausencia en el estado de coma, a la intensidad clara e intensa de los estados de vigilia o especial atención. Seguidamente se refiere al «contenido» de la conciencia, las percepciones de las que somos conscientes, obtenidas a partir de la interpretación de las señales sensoriales que recibimos. Y, por último, está el «yo consciente» o autoconciencia, que comprende los contenidos referentes a la experiencia en primera persona: recuerdos, emociones, estados de ánimo y el libre albedrío: «La *yoidad* es probablemente el aspecto de la conciencia al que más nos aferramos, tanto que podemos sentirnos tentados a confundir la autoconciencia (la experiencia de ser un yo), con la conciencia en sí».

A partir de aquí, los partidarios de la inespecificidad de la conciencia, la escuela cognitivista (autores como Dennet y Hofstadter, o como los iniciadores de la Inteligencia artificial, McCarthy y Minsky) encuentran un argumento para sus tesis: si la conciencia no es sino el efecto secundario de una actividad cerebral compleja, si logramos la emulación de la complejidad del cerebro humano en uno electrónico, éste puede estar dotado de conciencia. Es lo que afirma Dennet[730], que partiendo de una concepción simple de la conciencia como conocimiento del «yo», estima que sí es posible programar la autoconciencia en una computadora: «La autoconciencia puede significar muchas cosas. Si usted quiere la noción más simple, la más elemental de autoconciencia, supongo que ésta sería el tipo de autoconciencia que tiene

729 SETH, Anil, *La creación del yo. Una nueva ciencia de la conciencia*, Sexto Piso, Madrid, 2.ª edición, 2023, p. 46.

730 DENNETT, Daniel C., «Can machines think?», In M. G. Shafto (ed.), *How We Know.* Harper & Row (1984), pág. 143.

una langosta: cuando tiene hambre, come algo, pero nunca se come a sí misma. Tiene alguna forma de distinguir entre yo y el resto del mundo, y tiene un respeto bastante especial por sí misma... Si usted quiere saber si puede o no crear eso en la computadora, la respuesta es sí. No es ningún problema. El ordenador ya es una especie de cosa con autovigilancia y autocontrol». En definitiva, la conciencia vendría a ser un conjunto de subproductos del funcionamiento complejo del cerebro.

También, entre nosotros, Muñoz Soro[731] parte de la consideración del *sistema cibernético* como una unidad capaz de autorreferencia, que diferencia entre el conjunto de sus componentes y el exterior, o como dice el autor, entre *dentro* y *afuera*: «El sistema, para disponer de esta capacidad, debe auto-observarse, es decir, tener de algún modo conciencia de sí mismo. Luhmann expresa esta idea afirmando que los sistemas son autorreferenciales, es decir, que en cada operación se refieren a sí mismos... El estado del sistema informático es a su vez consecuencia de una multitud de insumos aportados por el que llamamos sistema de información. Pero en el momento de actuar, el ordenador únicamente atiende al modo en que aquellos insumos quedaron plasmados en sus dispositivos de memoria. Podríamos decir que tiene una óptica propia sobre todos ellos, ya que, aunque el ordenador no sabe lo que está haciendo, tiene sin embargo una visión completa de su estado...».

Max Tegmark[732], por su parte, expone que del mismo modo que las máquinas pueden manejar información realizando actividades inteligentes, también podrían llegar a ser conscientes. Estima el autor que la conciencia es una «propiedad emergente» que surge de una determinada organización de las partículas elementales que codifican información. Para explicar qué es la *emergencia* pone el ejemplo de la «liquidez», que es una propiedad que se produce cuando las moléculas de agua se encuentran en una particular situación: lo importante no es la naturaleza de las partículas (son siempre H2O) sino su disposición. A partir de esta base física, piensa Tegmark que una organización de partículas puede ser consciente si puede procesar información de un modo integrado, es decir, si cada parte del conjunto puede comunicarse con las demás. Es lo que ocurre con el cerebro humano, en el que surge la conciencia como fenómeno físico que experimentamos como no-físico simplemente porque es independiente de la materia que lleva a cabo el procesamiento de la información, siendo lo único importante la estructura de dicho procesamiento: «La consciencia es la manera en que se experimenta la información cuando se procesa de determinadas maneras»[733].

El interés de estas precisiones está en que acercan la posibilidad de una subjetividad robótica humanoide, especialmente al hacer de la subjetividad e

731 Muñoz Soro, *Decisión jurídica y sistemas de información*, cit., pág. 61.

732 Tegmark, *Vida 3.0. Qué significa ser humano ...* cit. págs. 368 y ss.

733 Tegmark, *Vida 3.0. Qué significa ser humano ...* cit. pág. 374.

identidad personal humanas un resultado de una actividad neuronal. Damasio[734] describe dicha actividad como compuesta de varios ingredientes —un objeto que es representado, un organismo en reacción ante ese objeto representado, y un estado de *self* consistente en la respuesta del organismo ante el objeto— que son mantenidos simultáneamente en la memoria operativa y examinados paralelamente «...o en rápidas interpolaciones, en las capas corticales sensoriales primarias. Propongo que la subjetividad emerge durante el último paso, cuando el cerebro no sólo está produciendo imágenes de un objeto, ni sólo imágenes de las respuestas del organismo al objeto, sino un tercer tipo de imagen: la de un organismo en el acto de percibir y responder ante un objeto. La perspectiva subjetiva, en mi opinión, se origina en el contenido de este tercer tipo de imagen». Es decir, la subjetividad es un resultado de la actividad neuronal que se constituye como base para la consciencia, pero que no se confunde con ésta.

Partiendo de esta base de la conciencia como actividad neuronal, además considera Harari[735] que la idea de la conciencia o del «yo» está sobrevalorada: «...el yo también es un relato imaginario, al igual que las naciones, los dioses y el dinero. Cada uno de nosotros tiene un sofisticado sistema que se deshace de la mayoría de nuestras experiencias, conserva solo unas pocas muestras bien escogidas, las mezcla con fragmentos de películas que hemos visto, novelas que hemos leído, discursos que hemos oído, y ensoñaciones propias, y con todo este revoltijo teje un relato en apariencia coherente sobre quién soy yo, de dónde vengo y adónde voy. Dicho relato me dice a quién amar, a quién odiar y qué hacer conmigo. Dicho relato puede hacer incluso que sacrifique mi vida, si eso es lo que requiere el guión». Parecida es la posición de Anil Seth[736], que considera que la conciencia no es sino una interpretación que hace el cerebro, buscando luego confirmación de la misma en la serie de estímulos sensoriales, actuando como una especie de «máquina predictiva», siendo lo que experimentamos como vivencia subjetiva una

734 DAMASIO, *El error de Descartes*, cit., pág. 269. Explica a continuación de lo anterior que «El dispositivo neural mínimo capaz de producir subjetividad requiere entonces de capas corticales primarias sensoriales (incluyendo las somatosensoriales), regiones asociativas y motoras corticales sensoriales, y núcleos subcorticales (especialmente ganglios básales y tálamo) con propiedades de convergencia capaces de actuar como conjuntos arbitrales». A partir de aquí, piensa el autor que el yo humano es una construcción que se forma a partir del lenguaje: «Los humanos tienen a su alcance capacidades narrativas de segundo orden, suministradas por el lenguaje: pueden engendrar relatos verbales sobre la base de narraciones no verbales. La refinada forma de nuestra subjetividad emergería de este último proceso. El lenguaje no es, por cierto, el origen del self, pero es indudablemente el origen del "Yo"».

735 HARARI, *Homo Deus. Breve historia del porvenir*, págs. 296 y 311.

736 SETH, *La creación del yo. Una nueva ciencia de la conciencia*, cit., p. 98.

especie de predicción o conjetura: «...lo que vemos, oímos y sentimos no es más que su «mejor conjetura» acerca de las causas de los inputs sensoriales que recibe». Concluye que la conciencia es una especie de sueño despierto, una «alucinación controlada».

Esta idea es, curiosamente, paralela a la arquitectura de los modernos modelos generales, como *ChatGpt*, que no son sino sistemas predictivos de la mejor combinación de palabras, en los mensajes escritos o hablados, o de formas y colores, en los *outputs* gráficos.

En consecuencia, dada esta materialización o funcionalización de la conciencia y del yo humano como un resultado de la actividad cerebral compleja, bastará con alcanzar los niveles de complejidad de la actividad neuronal humana para la emulación, por la máquina, de la naturaleza humana. Estima por tanto Harari que la idea de que los humanos siempre tendrán una capacidad única, fuera del alcance de los algoritmos, es una ilusión, y el punto de vista científico sobre la cuestión puede resumirse para el autor en tres sencillos principios: «1. Los organismos son algoritmos. Todo animal (*Homo sapiens* incluido) es un conjunto de algoritmos orgánicos modelados por la selección natural a lo largo de millones de años de evolución. 2. Los cálculos algorítmicos no se resienten de los materiales con los que se fabrica una calculadora. Ya hagamos el ábaco con madera, hierro o plástico, dos cuentas más dos cuentas es igual a cuatro cuentas. 3. De ahí que no haya razón para pensar que los algoritmos orgánicos vayan a ser capaces en el futuro de hacer cosas que los algoritmos no orgánicos nunca conseguirán replicar o superar. Mientras los cálculos sigan siendo válidos, ¿qué importa que los algoritmos se manifiesten en carbono o en silicio?[737]».

Esto, por lo demás, no es sino la consideración materialista anticartesiana clásica, como señala Latorre[738], encontrando sus precedentes en la obra *El hombre-máquina*, del año 1747, escrita por Julien Offray de La Mettrie, que considera al ser humano desde un punto de vista estrictamente materialista, como una máquina sin alma.

737 Las consecuencias de esta consideración algorítmica del ser humano están en si puede ser superado por otros algoritmos más inteligentes, cuestión que deja abierta el autor al final de la obra citada: «Si adoptamos una visión realmente amplia de la vida, todos los demás problemas y cuestiones resultan eclipsados por tres procesos interconectados: 1. La ciencia converge en un dogma universal, que afirma que los organismos son algoritmos y que la vida es procesamiento de datos. 2. La inteligencia se desconecta de la conciencia. 3. Algoritmos no conscientes pero inteligentísimos pronto podrían conocernos mejor que nosotros mismos. Estos tres procesos plantean tres interrogantes clave, que espero que permanezcan en la mente del lector mucho después de que haya terminado de leer este libro: 1. ¿Son en verdad los organismos solo algoritmos y es en verdad la vida solo procesamiento de datos? 2. ¿Qué es más valioso: la inteligencia o la conciencia? 3. ¿Qué le ocurrirá a la sociedad, a la política y a la vida cotidiana cuando algoritmos no conscientes pero muy inteligentes nos conozcan mejor que nosotros mismos?».

738 Latorre Sentís, Ética *para máquinas*, cit., pág, 159.

Este planteamiento de que los seres humanos son algoritmos es otra manera de decir que están programados, que no son libres, y esta es una afirmación que es corriente mantener desde el campo de las ciencias físicas. Así, leemos que el físico cuántico Carlo Rovelli[739] nos dice: «Ser libres no significa que nuestros comportamientos no estén determinados por las leyes de la naturaleza: significa que vienen determinados por las leyes de la naturaleza que actúan en nuestro cerebro... ¿Significa eso que, cuando decido, soy *yo* quien decide? Sí, por supuesto, porque sería absurdo preguntarse yo puedo hacer algo distinto de lo que decide hacer el conjunto de mis neuronas: como supo comprender con maravillosa lucidez el filósofo holandés Baruch Spinoza en el siglo XVII, ambos son lo mismo. No hay un *yo* y *las neuronas de mi cerebro*: se trata de una misma cosa». Tanto la identidad del «yo» como la idea de libertad no serían sino meras sensaciones derivadas de la complejidad del cerebro humano.

4.5.5. Más obstáculos: la limitación de dominio

Esta condición de la conciencia humana como mera actividad electroquímica llevaría a la posibilidad de su replicabilidad en una máquina lo suficientemente compleja, que reprodujese un comportamiento consciente en todo similar al humano, alcanzándose así la IA fuerte o general.

Sin embargo, esta idea de lograr un comportamiento robótico en todo semejante a la actividad humana ya fue rechazada por René Descartes, que como vimos en páginas anteriores, consideraba que hay dos obstáculos a la reproducibilidad por medios mecánicos del comportamiento consciente humano: la complejidad del lenguaje y la complejidad de los problemas de todo tipo que se plantean a cualquier ser humano. El primero de los obstáculos desaparece con la actual tecnología robótica, que reproduce el lenguaje humano, escrito y oral, prescindiendo de que tenga o no sentido e intencionalidad. Pero el segundo argumento sigue valiendo hoy, y consiste en la falta de flexibilidad para afrontar todas las «ocurrencias de la vida», pues las máquinas sólo pueden reproducir, nos decía Descartes, aquellas tareas determinadas por la disposición de sus órganos. Si sustituimos en la frase de Descartes la «disposición de los órganos» por «programación algorítmica», encontramos la radical diferencia entre máquinas y seres humanos. Las primeras funcionan y obedecen a un determinado algoritmo, los segundos no tenemos ni idea de cuál es nuestro algoritmo, si es que lo tenemos, y por eso no podemos diseñarlo para las máquinas.

Este obstáculo de la especialización de tareas se traduce en los actuales algoritmos de IA, como nos dice Carabantes[740], en el problema de la *limita-*

---

739 Rovelli, Carlo, *Siete breves lecciones de Física*, Anagrama, Barcelona, 2016, págs. 86 y ss.

740 Carabantes López, «El pronóstico de Descartes ...», cit., pág. 203. Sin embargo, añade

ción de dominio, que significa que estas máquinas son competentes sólo en ciertas tareas, más allá de las cuales son incapaces de hacer nada.

Una derivación del obstáculo de la limitación de dominio es el llamado «argumento del diseño», que también niega la replicabilidad del pensamiento humano por la falta de un diseño totalizador. Como nos hace notar Latorre[741], fue también expuesto por Ada Byron al comentar el funcionamiento de la Máquina Analítica de Babbage: «La Máquina Analítica no tiene ninguna pretensión de originar algo. Puede hacer cualquier cosa que podamos ordenarle. Puede ejecutar las reglas del análisis, pero no tiene la capacidad de anticipar relaciones analíticas o verdades. Sus dominios son los de asistirnos para proporcionarnos lo que ya conocemos»[742].

Muchos años después de Descartes (y de Ada Byron), repetirá esta idea el cibernético Joseph Weizenbaum[743]: «Afirmaré que una noción de inteligencia completamente simplista ha dominado tanto el pensamiento popular como el científico, y esta noción es responsable, en parte, de haber permitido que crezca la gran fantasía perversa de la Inteligencia artificial. Argumentaré que un organismo se define, en gran parte, por los problemas a los que se enfrenta. el ser humano se enfrenta a problemas a los que una máquina no puede hacer frente. El ser humano no es una máquina. Aunque ciertamente los hombres procesan información, no lo hacen necesariamente en la misma

también este autor que el argumento del lenguaje y la limitación de dominio sirve para la IA simbólica, pero que en la actualidad el ordenador puede replicar el funcionamiento formal de un cerebro, lo que se califica de IA subsimbólica.

741 Latorre Sentís, Ética *para máquinas*, cit., pág, 61.

742 Sin embargo, como la propia condesa de Lovelace aclara, la que está limitada a las operaciones matemáticas (y de suma) es la Máquina Diferencial, mientras que la Analítica cuenta con unas posibilidades abiertas que hacen de ella algo más que una sumadora mecánica: «El mecanismo de funcionamiento puede incluso entrar en acción independientemente de cualquier objeto para operar (aunque por supuesto no se podría desarrollar ningún resultado). Así, podría actuar sobre otras cosas además de números, siempre que fueran objetos cuyas relaciones fundamentales mutuas pudieran expresarse con el lenguaje de la ciencia abstracta de las operaciones, y que fuera también susceptible de expresarse mediante la notación operativa y el mecanismo del aparato —se refiere a la tabulación mediante tarjetas perforadas—. Suponiendo, por ejemplo, que las relaciones fundamentales entre las distintas notas y tonos de la ciencia de la armonía y de la composición musical fueran susceptibles de tal expresión y adaptaciones, la máquina podría componer piezas de música elaboradas científicamente, de cualquier grado de complejidad o extensión. La Máquina Analítica es una encarnación de la ciencia de las operaciones, construida con peculiar referencia los números abstractos como objeto de dichas operaciones».
Lovelace (o Byron), Ada, «Notas» a la traducción de *Sketch of the Analytical Engine Invented by Charles Babbage*, de L. F. Menabrea, R. & J. E. Taylor, Londres, 1843, p. 21. https://johnrhudson.me.uk/computing/Menabrea_Sketch.pdf

743 Weizenbaum, *Computer Power and Human Reason...* cit 1976, p. 203.

forma que lo hacen los ordenadores. Ordenadores y humanos no son especies del mismo género».

Si nos atenemos a nuestros propios pensamientos o a nuestras sensaciones subjetivas, creemos que hay un «yo» o una conciencia que dirige o intenta dirigir nuestros actos y que en cualquier caso es quien nos dicta las decisiones que luego celebramos o lamentamos. Si es cierto que los humanos funcionamos con un algoritmo, éste se comporta como nuestro director, se llama «conciencia», y apenas sabemos algo de ella. En este sentido, decía Jacques Monod[744] que el dualismo cartesiano conserva una *verdad operacional*: «El análisis objetivo nos obliga a ver una ilusión en el dualismo aparente del ser. Ilusión sin embargo tan íntimamente ligada al mismo ser que sería sumamente vano esperar disiparla en la aprehensión inmediata de la subjetividad, o aprender a vivir afectivamente, moralmente, sin ella... Renunciar a la ilusión que ve en el alma una sustancia inmaterial no es negar su existencia, sino al contrario, comenzar a reconocer la complejidad, la riqueza, la insondable profundidad de la herencia genética y cultural, como de la experiencia personal... que en conjunto constituyen el ser que somos, único e irrecusable testigo de sí mismo».

Pero precisamente este desconocimiento es el punto de apoyo de quienes entienden que cuando los ordenadores avancen en su complejidad podrán llegar a reproducir este «algo» que llamamos conciencia.

4.5.6. Otra diferencia: la interpretación de los estímulos

En cualquier caso, la actuación humana —consciente— se diferencia de la actuación robótica en el mismo comportamiento verbal, pues el manejo por el ordenador de los símbolos, de las palabras, es puramente sintáctico, mientras que en el ser humano además es un manejo intencional, dotado de sentido y significado. Los seres humanos manejamos el lenguaje con arreglo al significado interpretado de las palabras, dándoles un sentido, como señaló Searle según vimos en páginas anteriores.

Pero es que la interpretación y el otorgamiento de un sentido se produce con todos los datos que obtenemos de la realidad a través de nuestros sentidos: la realidad para un ser humano es la realidad *percibida e interpretada*. Toda la comprensión del mundo por el ser humano se lleva a cabo mediante una interpretación de los estímulos que les otorga un significado y un sentido propio, individual e íntimo. A esta interpretación la denomina Monod[745] «simulación», que estima que es el componente-base del pensamiento hu-

744 Monod, *El azar y la necesidad*, cit., pág. 169.

745 Monod, *El azar y la necesidad*, cit., pág. 165.

mano, y que constituye una capacidad de ideación y anticipación que se ha generado por presiones evolutivas y que, aunque tiene presente los datos proporcionados por el lenguaje simbólico, no depende de él sino del conjunto de estímulos sensoriales con que se percibe la realidad. La interpretación sería el modo en el que los seres humanos damos un significado a los estímulos nerviosos, como nos detalla Francis Crick[746] en cuanto al sentido de la vista: «...ver es un proceso constructivo, con lo cual quiero decir que el cerebro no registra pasivamente la información visual que le llega. Por el contrario, busca interpretarla activamente... lo que vemos no es lo que verdaderamente está ahí; es lo que nuestro cerebro cree que está ahí».

La interpretación, y mediante ella, la dación de sentido a la información que valoraba Searle, es una característica humana que entiendo está ligada a la conciencia. En cambio, las máquinas se limitan a captar el mundo exterior con sus sensores y a dar la respuesta prevista en su algoritmo, sin interpretación alguna. Lo mismo ocurre con el manejo del lenguaje, que en los seres humanos es intencional, la comunicación va acompañada de sentido, mientras que en las máquinas el lenguaje emitido es un mero manejo de símbolos y se emite con arreglo al algoritmo sin intencionalidad alguna: es mera información sin finalidad. En cambio, la información «interpretada» es la que permite una actuación finalista, una elección entre diversas opciones: la conciencia nos permite la libre decisión, y por tanto la libertad.

La realidad de que nuestro conocimiento es un «conocimiento interpretado» se pone de relieve, como nos señalan Popper y Eccles[747], en las ilusiones ópticas. En ellas se comprueba que la percepción de la realidad por parte del ser humano no se limita a la recepción de un *input* físico en forma de alteración eléctrica en un grupo neuronal: el *input* físico es siempre interpretado por nuestra conciencia. Puede verse esto en la superposición que hace Popper de tres mundos o niveles de la realidad[748]: el Mundo 1, de lo físico, el Mundo 2, de los sentimientos y estados mentales, y Mundo 3, de los pensamientos y productos de la mente humana (historias, creencias, mitos, teorías). Podríamos pensar que el Mundo 1 es el de la mera percepción y clasificación de los datos, que realizan tanto los sentidos humanos como los sensores de un sistema inteligente; el Mundo 2 es el de la percepción intelectiva, o atribución de un significado a aquello que adquirimos con los sentidos, mediante interpretación; y el Mundo 3 es el de la ideación o reflexión, que nos permite valorar el sentido del dato con independencia de nosotros

---

746 Crick, Francis, *La búsqueda científica del alma*, Círculo de Lectores, Barcelona, 1994, págs. 40-41.

747 Popper, Karl y Eccles, John, El yo y su cerebro, Editorial Labor, Barcelona, 2.ª edición, 1993.

748 Inspirándose en la bipartición platónica entre el mundo de lo perceptible y el mundo de las ideas.

mismos. Tanto el Mundo 2 como el 3 estarían vedados a las máquinas, como puede considerarse a partir de cualquier ilusión óptica.

Tomemos como ejemplo la ilusión de Zöllner: unas líneas paralelas dejan de parecerlo si se dibuja a lo largo de ellas líneas más cortas en ángulo, pasando a ser vistas las paralelas cómo líneas convergentes o divergentes. Un sistema inteligente captaría con sus sensores la imagen de la ilusión óptica anterior, y siempre vería las líneas estrictamente paralelas. En cambio, el ser humano en un primer momento capta con sus sensores, sus ojos, nervios ópticos y cerebro, la imagen, en un segundo estadio, el estímulo visual es interpretado y pasa a ver las líneas como convergentes o divergentes, porque entra en el mundo de la atribución de un significado a lo que ha visto[749]. Luego entra en el mundo de la reflexión, y valora el dato con independencia de su percepción, «saliendo de sí mismo», y considerando que ha sufrido una ilusión óptica, encuentra una explicación a la misma y califica de errónea a su anterior percepción: las líneas son paralelas.

Todas estas operaciones son exclusivamente humanas, y vienen realizadas primero por el cerebro, en la recepción del estímulo. Pero ¿qué órgano realiza luego la interpretación y la crítica de la misma? La estructura mental que lo hace es lo que hemos llamado el «yo», la «mente» o conciencia. El hecho de que la percepción humana siempre sea interpretada implica asimismo que el dato de la realidad no influye directamente en la conducta, sino tras la interpretación que se haga del mismo y la decisión que se tome. Lo que advertía también José Luis Pinillos[750].

¿Sería posible, cuando se alcance mayor complejidad en los ordenadores, emular esta interpretación, y llegar a algo parecido a la conciencia humana? Creo que no, y por la razón ya apuntada: porque, aunque logremos un ordenador de la misma agilidad que el cerebro humano, no sabremos cómo decirle que tenga conciencia o «yo», no podemos programarle una conciencia porque no sabemos cómo describir nuestra propia conciencia o «yo». La cibernética, como ciencia que guía la construcción del sistema inteligente, parte de que solo se puede obtener de la máquina algo que sabemos decirle cómo puede conseguir: en esto consiste precisamente un algoritmo.

En esta línea señala Fukuyama[751] que la imposibilidad de una conciencia cibernética radica en nuestra propia ignorancia sobre las emociones y sen-

749 Es más, tiene que preocuparse quien «vea» ambas líneas paralelas. A lo mejor es un robot.

750 Que nos dice que los receptores cerebrales «recogen información del medio exterior y del interior del propio cuerpo, pero se la dan a *alguien*. Desde luego, a través de las vías nerviosas aferentes, una gran masa de información asciende hasta el cerebro; pero allí *es interpretada por alguien*, en función de la historia y de los proyectos de ese alguien, para ser eventualmente transformada...». PINILLOS, José Luis, *La mente humana*, Círculo de Lectores, Barcelona, 1988, pág. 92.

751 FUKUYAMA, *El fin del hombre. Consecuencias de la revolución biotecnológica*, cit., p. 270.

timientos humanos, y en la imposibilidad de programar auténticos estados mentales subjetivos en un sistema inteligente. Es cierto que podemos entrenar a un robot para que imite reacciones y sentimientos humanos: ira, temor, alegría, indiferencia, pero esta emulación no deja de ser una caricatura. El famoso Test de Turing, nos dice este autor apoyándose en Searle, no es una prueba definitiva: «Por qué motivo esto debe constituir un test adecuado de la mentalidad humana constituye un misterio, puesto que resulta evidente que la máquina no tendrá una conciencia subjetiva de lo que está haciendo, ni sensaciones acerca de sus actividades». Y es que la máquina no «sabe» lo que hace, y ni siente ni padece.

4.5.7. Inexistencia de una finalidad y voluntad robóticas

La Cibernética, que según vimos en la primera parte de este trabajo fue definida por Norbert Wiener como «la ciencia de la comunicación y control en los seres vivos y en las máquinas», nos indica los modos de definir el algoritmo necesario para cada tarea que encargamos que haga un robot.

Esto dicho, el problema de la creación de robots inteligentes «al modo humano» aparece ahora mezclado con la idea de finalidad. Es decir, que si queremos replicar la «humanidad» (o la conducta humana), no sabremos indicarle al robot cómo queremos que se conduzca porque no sabemos exactamente qué es lo que queremos que haga, como acabamos de ver en el tema de la conciencia. Es el problema que se nos plantea si no encargamos a un robot una tarea concreta, sino la general de que funcione correctamente —que «viva»— y resuelva los problemas que se le planteen en su labor diaria, a la vez que vigila su actuación y la «bondad» de sus acciones para no causar daños. Es el problema que todo ser humano resuelve diariamente cuando se encarga de tareas como cuidar, educar y alimentar a sus hijos, llevar una vida saludable, limpiar la casa, hacer su trabajo y relacionarse socialmente.

Hace una aplicación de esta idea Tim Dornis[752], en el ámbito de los sistemas inteligentes de creación artística. El obstáculo que suele oponerse a la admisión de una verdadera creatividad artística del sistema de IA es su falta de humanidad, en el sentido de que el proceso computerizado de creación y el humano no son comparables, pues la máquina carece de verdadera autonomía: «Incluso la IA más desarrollada está todavía muy lejos de la llamada autonomía clásica. El concepto de autonomía clásica, o kantiana, ha sido descrito en la filosofía práctica como fundado en las ideas de libertad, dere-

752 Dornis, Tim W., «Of 'Authorless Works' and 'Inventions without Inventor' -The Muddy Waters of 'AI Autonomy' in Intellectual Property Doctrine», *European Intellectual Property Review* (E.I.P.R.) 2021. En Researchgate: https://www.researchgate.net/publication/348909601. págs. 14 y 15.

chos humanos y autodeterminación. Tal autonomía no se limita a la autoorganización y a la decisión individual, ni a la libertad de las propias acciones como exentas de control externo». En cambio, al robot-pintor hay que explicarle muy bien qué queremos que pinte.

Esta autonomía creativa depende de la capacidad de autoreferencia y a la libre voluntad en la fijación de fines y propósitos, libertad esencial a la condición humana y de la que carecen las máquinas que no pueden decidir sus finalidades y proyectos. Por esto, un sistema de creación pictórica no puede «decidir» cambiar a la expresión musical, o «decidir» que se ha secado su inspiración y dejar de producir obras.

No hay algoritmos universales que se adapten a la resolución de todos los problemas de la vida (esto ya lo detectó Descartes, como hemos visto), porque no existen palabras para escribir un algoritmo que explique y gestione la capacidad humana para enfrentarse a cualesquiera problemas de modo consciente y creativo; y desde luego no hay una concatenación de instrucciones para tener conciencia y que cualquier tarea sea una experiencia consciente (porque tampoco sabemos cómo lo hacemos los humanos)[753].

Sin embargo, todas estas consideraciones parten de la idea de que es preciso «programar» una conciencia en el robot para conseguir un comportamiento mimético con el humano, mientras que la necesidad de una conciencia es algo que muchos científicos rechazan como condición necesaria para que se pueda calificar el comportamiento de un ser inteligente, incluso humano, como «consciente».

Esta innecesariedad la expuso ya Turing[754], diciendo que «la única manera en la que uno puede estar seguro de que la máquina piensa es ser la máquina misma y darse cuenta de que se está pensando. ...desde este punto de vista, la única manera en la que se puede saber si un ser humano piensa es la de ser dicho ser humano en particular. De hecho, es éste el punto de vista solipsista». Punto de vista que es absolutamente imposible tanto de demostrar como de refutar, y que lleva a muchos científicos a desdeñar la cuestión. Es precisamente este el *impasse* el que Turing quiso orillar mediante su *Juego de la imitación,* como reivindica Dennet[755]: «Turing no diseñó la prueba como una herramienta útil en psicología, o un método para confirmar o negar teorías científicas o evaluar modelos particulares de función mental; lo diseñó...

753 Esta «falta de totalidad» de los sistemas inteligentes para afrontar la realidad, nos señala Casanovas, fue detectado por Feigenbaum en la década de los 70, y se formuló por McCarthy en 1987 del siguiente modo: «...nadie sabe cómo construir una base de datos general del sentido común que pueda ser usada por cualquier programa que necesite el conocimiento... en mi opinión, obtener un lenguaje para expresar el conocimiento de sentido común para incluirlo en una base de datos es el problema central de la generalidad en IA». Casanovas, «Inteligencia Artificial y Derecho a vuelapluma», cit., págs. 204.

754 Turing, «Computing Machinery and Intelligence», cit. pág. 445.

755 Dennett, «Can machines think?», ...cit., pág. 122.

como una prueba sencilla para satisfacer al escéptico más severo (o eso pensó). Le estaba diciendo, en efecto, "en lugar de discutir interminablemente sobre la esencia del pensamiento, por qué no acordamos que, cualquiera que sea su naturaleza, algo que supere esta prueba, seguramente piensa"»[756].

Así, el profesor de Berkeley Stuart Russell[757] parte del desconocimiento que nosotros mismos tenemos acerca de nuestra propia conciencia humana, que hace que la implementación o no de una conciencia cibernética aparezca como una cuestión irrelevante, pues, lo mismo que en los seres humanos, lo observable son los comportamientos: «En el área de la conciencia, realmente no sabemos nada, por lo que nada voy a decir. Nadie en IA está construyendo máquinas conscientes... y ninguna conducta tiene a la conciencia como prerrequisito». El autor considera más importantes los sistemas de recompensa que refuerzan comportamientos adecuados para la supervivencia, como la dopamina en el cerebro humano. Con esto se refiere a los comportamientos autoadquiridos por las máquinas gracias a los procedimientos de autoaprendizaje a partir del error basados en el sistema de redes neuronales.

Trasladando esto a los robots, nos señala este autor[758] que, a partir de su funcionamiento, puede considerarse la existencia de una «intención», y para ello pone el ejemplo del sistema jugador de go, *AlphaGo*, del que se pregunta si tiene o no como propósito ganar al go. Y esto porque este programa, cuando le faltan pocos movimientos para ganar, adopta las estrategias más adecuadas para ganar cuanto antes. Pero si descubre que la estrategia del oponente es ganadora, y que no puede hacer nada, entonces AlphaGo se limita a mover piezas al azar, pues asume que su oponente le va a ganar: «Actúa como si hubiese perdido su voluntad de victoria», nos dice Russell. En otras ocasiones en las que el movimiento es muy difícil de calcular, AlphaGo adopta un movimiento equivocado, como si quisiera perder: «Su conducta es la de una máquina que quiere dar a su oponente la oportunidad de una partida realmente excitante», nos dice el autor. La conclusión para Russell es que decir que AlphaGo tiene el propósito de ganar es una supersimplificación, y lo correcto es entender que ha seguido un proceso de entrenamiento con aprendizaje de refuerzo, jugando consigo misma, en el que vencer era la recompensa.

Ahondando en la diferencia entre la volición humana y la robótica, Bostrom[759], aun manteniendo la inevitabilidad de una futura «superinteligencia»,

---

756 Como ya he dicho, el Test era una «navaja de Occam» para evitar perder el tiempo en intentar resolver hipótesis incomprobables.

757 RUSSELL, Stuart, Human *Compatible. Artificial Intelligence and the problem of control*, Allen Lane / Penguin Random House, 2019, pág. 16.

758 RUSSELL, *Human Compatible. Artificial Intelligence and the problem of control*, cit., pág. 210.

759 BOSTROM, *Superinteligencia*, cit., págs. 186-187.

nos indica las enormes dificultades para que un sistema inteligente consiga objetivos finales ligados a la conciencia humana, como las finalidades, la búsqueda de objetivos o los valores deseables: «El programador tiene en mente algún valor humano en particular que le gustaría que la IA promoviera. Para ser concretos, vamos a decir la felicidad... Los lenguajes de programación no contienen términos primitivos como "felicidad". Si tal término se fuera a utilizar, primero tendría que ser definido... Identificar y codificar nuestros propios objetivos finales es difícil porque las representaciones finales humanas son complejas», Termina señalando el autor que el problema de introducción de valores mediante programación es un reto de investigación digno de los mejores talentos matemáticos de la siguiente generación.

Estas consideraciones nos llevan a valorar la voluntad, que también diferencia al ser humano del robot. Es cierto que, si calibramos el algoritmo para que persiga una determinada finalidad, el sistema inteligente parecerá que «quiere» algo (al seguir una trayectoria fijada, o al perseguir una fuente de calor, parecerá que quiere ir al sitio indicado), y a esto podemos llamarle voluntad, pues parece «querer» actuar con una finalidad precisa. Pero esto, lo mismo que con el lenguaje, no es más que una forma de hablar: en realidad la máquina no «quiere» nada, cumple las finalidades que se le han programado, y no tiene una «finalidad propia» o una finalidad que haya fijado el propio robot fuera de su algoritmo.

En este sentido, dice Núñez Zorrilla[760] que un robot no puede ser calificado nunca como persona, por la sencilla razón de que no es un ente completamente libre e independiente: «Siempre va a pertenecer a personas físicas o jurídicas, que son las que en última instancia van a permitir o decidir que siga funcionando o que cese en su empleo. Por ello, aunque estos sistemas inteligentes tengan capacidad para tomar decisiones autónomas basadas en su propio aprendizaje y hasta imprevisibles para sus creadores, en ningún momento se les puede atribuir la noción de culpa o de dolo en la comisión de sus actos dañosos, pues estamos partiendo de una voluntad que no se ha formado de manera completamente libre», por lo que se trata de un ser dependiente y sometido a la voluntad de otro.

Desde el punto de vista de la Ética y la Moral, apunta Cortina Orts[761] que caemos en una falacia cuando hablamos de sistemas de IA *autónomos*, porque la autonomía no es sino la capacidad de determinarse a uno mismo a seguir las leyes o eludirlas: «La capacidad de darse metas y seguirlas y de optar no sólo por normas idiosincráticas, sino también por leyes universales». Esta capacidad va ligada a la dignidad de las personas como seres humanos,

760 Núñez Zorrilla, «Los nuevos retos de la Unión Europea en la regulación de la responsabilidad civil por los daños causados por la inteligencia artificial», cit., pág. 8.

761 Cortina Orts, Adela, «Ética de la Inteligencia artificial», *Anales de la Real Academia de Ciencias Morales y Políticas*, n.° 96, 2019, pág. 389.

y «...los mal llamados "sistemas autónomos" no lo son realmente: son artefactos, son autómatas, a pesar del aprendizaje profundo... Los sistemas inteligentes pueden resolver problemas y actuar independientemente de los seres humanos, pero no son autónomos».

Las ideas de la voluntad y libertad como descriptivas del ser humano, y no de la máquina, se repiten en Van den Hoven van Genderen[762], que nos advierte que no es una cuestión exclusivamente filosófica, sino que tiene importantes repercusiones jurídicas en cuanto a la personalidad. Y señala Ercilla[763] que por eso en los documentos europeos se evita, para referirse al robot autónomo, el término «voluntad», pues la voluntad es algo intrínsecamente humano, «...como señalara Tomas de Aquino, "actus voluntatis est actus hominis", esto es, el acto de la voluntad es el acto del hombre, o Agustín de Hipona, "homines sunt voluntates", a saber, los hombres son (sus) voluntades». Es decir, lo más característico del ser humano, o lo que, de algún modo, integra y dinamiza todas sus energías, es su voluntad.

Este argumento de la voluntad es también decisivo y se halla entrelazado con el argumento del diseño: hoy por hoy los robots carecen tanto de conciencia como de voluntad: podemos dar instrucciones a la máquina para que resuelva un problema o un conjunto de problemas, pero no para que «quiera» resolverlo, para que sea consciente y «piense» (y de paso, que sea feliz, o le encuentre sentido a su existencia: el problema del sentido de la vida, como señalaba Viktor Frankl[764], es exclusivamente humano). Si hay un algoritmo de

762 VAN DEN HOVEN VAN GENDEREN, Robert, «Legal personhood in the age of artificially intelligent robots», *Research Handbook on the Law of Artificial Intelligence,* Woodrow BARFIELD y Ugo PAGALLO, coordinadores, Edward Elgar Publishing, 2018, UK-USA, pág. 225.

763 ERCILLA GARCÍA, «Aproximación a una Personalidad Jurídica Específica para los robots», *Revista Aranzadi de Derecho y Nuevas Tecnologías,* 2018, Número 47 (mayo-agosto), pág. 4.

764 Que nos expone su idea al comienzo del Cap. II de *Psicoanálisis y existencialismo*: «La responsabilidad significa siempre responsabilidad ante un deber. Ahora bien, los deberes de un hombre sólo pueden ser interpretados partiendo de un "sentido", del sentido concreto de una vida humana... El problema del sentido de la vida, ya se plantee de un modo expreso o de una manera simplemente tácita, debe ser considerado como un problema verdaderamente humano. Por tanto, el hecho de poner sobre el tapete el problema del sentido de la vida no debe interpretarse nunca, en modo alguno, como síntoma o expresión de algo enfermizo, patológico o anormal en el hombre; lejos de ello, es la verdadera expresión del ser humano de por sí, de lo que hay de verdaderamente humano, de más humano, en el hombre. Podemos perfectamente imaginarnos el caso de animales muy desarrollados —por ejemplo, las abejas o las hormigas— organizados, desde ciertos puntos de vista, de un modo social y superiores, incluso, en ciertos aspectos, a la sociedad humana en lo que a este tipo de organización, semejante al Estado, se refiere; pero jamás podremos llegar a la conclusión de que un animal se plantee el problema del sentido de su propia existencia, ni pueda, por tanto, llegar a hacer de su propia existencia algo discutible o problemático. Le está reservado al hombre como tal, y exclusivamente a él, el enfocar su propia existencia como algo problemático, el experimentar todo el carácter cuestionable del ser. Es este hecho, mucho más que otros factores, tales como la capacidad de hablar, la de pensar en forma de conceptos o la de marchar erguido, el que puede y debe ser con-

lo humano, como sin embargo piensa Harari, no lo conocemos. Si no sabemos en qué consiste la conciencia o el «yo» humano, no podemos generar un algoritmo que consiga estos resultados. Y sin conciencia ni voluntad, la humanidad del robot es, esto sí, un auténtico espejismo.

Sin embargo, y frente a la posición negativa, para muchos científicos la técnica de redes neuronales puede replicar cualesquiera aspectos de la cognición humana, y también la conciencia. Es la opinión de Thomas Metzinger[765], que no sólo considera que se puede replicar la inteligencia humana, sino también la conciencia y sensibilidad humanas, lo que en consecuencia permitiría que la máquina tuviese identidad y pudiese sentir dolor.

Precisamente para evitar que se inflija sufrimiento a un sistema de IA, propone este autor que se implemente una «Carta Europea para la Inteligencia Artificial», en la que se prohíba esta creación de una conciencia con capacidad de sufrimiento o «fenomenología sintética»: «Es importante que todos los políticos entiendan la diferencia entre inteligencia artificial y conciencia artificial. La creación involuntaria o incluso intencional de conciencia artificial es muy problemática desde una perspectiva ética, porque puede conducir al sufrimiento artificial y a un sentido consciente de sí mismos en sistemas autónomos e inteligentes».

Esta denominada *fenomenología sintética* se refiere a la posibilidad de crear no solo inteligencia general, sino también conciencia o experiencias subjetivas en sistemas artificiales avanzados, respecto los que Metzinger nos dice: «Los futuros sujetos artificiales no tienen representación en el proceso político actual, no tienen estatus legal y sus intereses no están representados en ningún comité de ética. Para tomar decisiones éticas, es importante comprender qué sistemas naturales y artificiales tienen la capacidad de producir conciencia y, en particular, de experimentar estados negativos, como el sufrimiento. Un riesgo potencial es aumentar dramáticamente la cantidad total de sufrimiento en el universo, por ejemplo, a través de multitud de copias o la rápida duplicación de sistemas conscientes a gran escala».

siderado, en rigor, como criterio determinante en la esencial distinción entre el hombre y la bestia... El ser humano es, ante todo, un ser esencialmente histórico —por ejemplo, en contraposición al ser animal— que vive siempre dentro de un ámbito histórico (dentro de un ámbito "estructurado", como diría L. Binswanger), fuera de cuyo sistema de coordenadas no puede concebírsele. Y este sistema de relaciones se halla siempre presidido por un sentido, siquiera sea un sentido no percibido, no confesado o no expresado. De aquí que la vida de un hormiguero pueda considerarse, si se quiere, como enderezada hacia un fin, pero en modo alguno como dotada de un sentido. Y con la categoría misma del "sentido" desaparece también lo que podemos llamar lo "histórico": un "Estado" de hormigas jamás puede tener "historia"».

765 METZINGER, Thomas, en *Should we fear artificial intelligence?* European Parliamentary Research Service, STOA-Science and Technology Options Assessment, March 2018, pág. 29. PE 614.547, DOI: 10.2861/412165.

En definitiva, recomienda el autor en su Informe que la UE debería prohibir toda investigación que pueda obtener o tenga como objetivo directo la creación de fenomenología sintética en su territorio.

Entre nosotros, Suñé Llinás[766] estima que en el futuro los sistemas de IA podrán «asimilar también el funcionamiento de los sentimientos», dando lugar a la construcción de auténticas máquinas psíquicas.

Otros autores, como Wallach y Allen[767] reconocen que la libertad es un obstáculo insalvable, pero siguiendo a filósofos cognitivistas como Dennet, califican a esta cualidad de «mística», y sencillamente la dejan de lado: «La corazonada de que existe un ingrediente mágico en la libre voluntad humana es algo que no podemos refutar, pero tampoco tenemos que aplicarla en la tarea del diseño de AMA (Agentes Morales Artificiales) ... Sobre si esto puede socavar todo el proyecto de crear AMA, no lo creemos así. La habilidad que *Deep Blue* precisaba para escoger algorítmicamente entre los diversos movimientos del ajedrez y derrotar a Garry Kasparov no se vio obstaculizada por la falta de ningún ingrediente mágico». Con lo que se obvia la discusión acerca de la realidad de libertad humana en sí.

Recordemos que en páginas anteriores se planteaba la posibilidad de construir sistemas inteligentes que actuaran como auténticos «agentes morales artificiales». Por su parte, el profesor de Seattle, Kenneth Himma[768], cree que los sistemas inteligentes pueden ser calificados, como también consideran Wallach y Allen, como genuinos «agentes», señalando que solamente los seres capaces de «estados intencionales» pueden ser auténticos «agentes», pero además remite el calificativo de «moral» *(Moral Agent)* al ámbito de la moralidad: «Según la visión estándar, el concepto de la agencia moral es en última instancia una noción normativa que selecciona la clase de seres cuyo comportamiento viene sujeto a requisitos morales. La idea es que, como cuestión conceptual, el comportamiento de un agente moral es gobernado por normas morales, mientras que el comportamiento de algo que no es un agente moral no se rige por normas morales. Como tales, los agentes morales tienen obligaciones morales, mientras que los seres que no son morales no tienen obligaciones morales». La consecuencia es que el agente moral es responsable de sus actos, si bien tal responsabilidad exige la posibilidad de tomar decisiones libremente, y conocer la diferencia entre el bien y el mal, la actuación correcta y la mala actuación, lo que se traduce en una capacidad de razonamiento moral.

---

766 Suñé Llinás, *Derecho e Inteligencia Artificial...*, cit., pág. 80.

767 Wallach y Allen, *Moral Machines. Teaching robots right from wrong*, cit., pág. 60.

768 Himma, Kenneth Einar, «Artificial agency, consciousness, and the criteria for moral agency: what properties must an artificial agent have to be a moral agent?», *Ethics and Information Technology* (2009) 1: pág 21. DOI 10.1007/s10676-008-9167-5

Todo ello lleva a que, para que podamos hablar de genuinos «agentes morales», haya que exigir tanto la racionalidad del agente como la «conciencia» en el mismo, utilizando también Himma el «argumento de la habitación china», de Searle, en contra del reconocimiento del comportamiento consciente de los agentes artificiales. Sin embargo, concluye este autor que todo ello es sin sacar «...ninguna conclusión sobre cómo deben ser tratados los agentes artificiales que *parecen* conscientes (aunque la apariencia no sea suficiente para justificar que *sean* conscientes)».

4.5.8. Planteamientos de futuro

Advierten Manzotti y Chella[769] que, frente a la inexplicabilidad de los fenómenos naturales (y también el fenómeno de la conciencia), la reacción de los científicos puede ser de tres tipos. Primero, pretender que el problema no existe como tal, y seguir aplicando las viejas soluciones, lo que reproduce la idea de Einstein de que la locura consiste en aplicar soluciones viejas para obtener resultados nuevos. Es lo que hacen quienes consideran a la conciencia como mero subproducto de la actividad cerebral. Segundo, conservar el marco conceptual sin cambios, pero añadiendo hipótesis adicionales que reconducen el fenómeno inexplicado sin cuestionar dicho marco conceptual, como ocurre entre quienes consideran que la conciencia es una «propiedad emergente» (sin que puedan identificar qué órgano gestiona dicha propiedad). Tercero, revisar el marco conceptual existente y sugerir un nuevo orden en el que encaje el fenómeno, que así deja de ser una anomalía. Concluyen los citados autores en que es necesario un nuevo marco conceptual para ir más allá de las ciencias cognitivas y encontrar un encaje a la conciencia, y por tanto también a la artificial. Como explican estos autores, las soluciones habituales tampoco han resuelto el problema: el Computacionalismo y el superior valor que otorga a la información, el Chauvinismo biológico o neurológico, que liga la conciencia a la vida o a la actividad cerebral humana, el Cognitivismo, para el que la conciencia, como acabamos de ver, es un fenómeno físico emergente, etc. Todo lo cual hace necesarios nuevos estudios de la materia.

Una posible vía de cambio de paradigma puede ser el cambio en la técnica-base para la IA. Como ya se señaló en el capítulo primero, en la actualidad el modelo de los «sistemas expertos» de IA ha venido a ser sustituido por el sistema de redes neuronales. En éstas la resolución de problemas no se alcanza utilizando los datos de que se dispone mediante un sistema de árboles de decisión, sino mediante el desarrollo de distintas respuestas resolutorias de la red neuronal (distintas conductas de la máquina) y la selección entre

769 Manzotti, Riccardo, y Chella, Antonio, «Conscious machines: A Possibility? If So, How?», *Journal of Artificial Intelligence and Consciousness*, Vol. 7, n.º 2 (2020), p. 194.

ellas de las más acertadas. Esta selección se conoce como «aprendizaje máquina» *(machine o deep learning)* pues es la propia máquina la que busca las soluciones.

Con esta base, y frente al argumento de Searle de la falta de sentido del mero manejo sintáctico de símbolos por parte del robot, estiman los citados Wallach y Allen[770] que es posible el adiestramiento de sistemas utilizando los mismos métodos educativos que se usan para los niños de corta edad, poniendo el ejemplo de la suma de 2 + 2 = 4 efectuada manejando dos grupos de 2 objetos y tomando el resultado de la agrupación como un conjunto físico, siendo su número una mera descripción del conjunto (una *etiqueta*): este aprendizaje conseguiría, según los autores, una comprensión del sentido por parte del robot, que adquiriría una comprensión «encarnada» (es la teoría de la *embodied cognition*). Los españoles López de Mántaras y Meseguer[771] resumen esta idea, que denominan *cognición situada*, en hacer que la máquina se mueva en entornos reales, como ocurre con los seres humanos, «...con el fin de que tengan experiencias interactivas que, eventualmente, les permitan llevar a cabo algo similar a lo que propone la teoría del desarrollo cognitivo de Piaget, según la cual un ser humano sigue un proceso de maduración mental por etapas».

Ahora bien, esto hay que entenderlo en un sentido metafórico, pues estamos ante una serie de «computaciones morales» que se hacen por parte de un ente sin conciencia. Una cosa es que el sistema sea inteligente y pueda actuar bien o mal, y otra muy distinta que sepa lo que está haciendo. Como nos dice en otro estudio Wendell Wallach[772], es cierto que los computadores superan a los humanos en tareas como el cálculo matemático, pero que hay otros ámbitos de la inteligencia en los que tienen poca o ninguna habilidad: «Carecen de inteligencia emocional, inteligencia moral y conciencia. Hay tantas teorías acerca de cómo estas habilidades podrían implementarse en términos computables como teorías que señalan por qué esto nunca tendrá lugar». Y un poco más adelante añade: «Soy profundamente escéptico sobre el que sepamos lo suficiente acerca de la naturaleza de la inteligencia o la conciencia para emular dichas capacidades a partir de silicio u otros

---

770 WALLACH y ALLEN, *Moral Machines. Teaching robots right from wrong*, cit., pág. 64.

771 LÓPEZ DE MÁNTARAS BADIA y MESEGUER GONZÁLEZ, *Inteligencia artificial*, cit., pág. 15. La idea, como señalan estos autores (pág. 67), es una aplicación de las teorías del filósofo Hubert Dreyfus, que parte de que la inteligencia de los seres vivos deriva del hecho de estar situados en un entorno con el que pueden interactuar gracias a sus cuerpos: «De hecho, esta necesidad de corporeidad está basada en la Fenomenología de Heidegger, que enfatiza la importancia del cuerpo con sus necesidades, deseos, placeres, penas, formas de moverse, de actuar, etc. Según Dreyfus, la IA debería modelar todos estos aspectos para alcanzar el objetivo último de la IA fuerte».

772 WALLACH, Wendell, *A dangerous master. How to keep Technology from slipping boyond our control*, Basic Books, Nueva York, 2015, pág. 64.

materiales. Ciertos aspectos de la inteligencia humana emergen en sistemas biológicos de maneras que ni siquiera comprendemos».

En un panorama general de la cuestión, los autores que opinan que en algún momento del futuro la IA podrá replicar la conciencia humana parten del enfoque behaviorista, la misma idea que expuso Turing para considerar si el computador se hallaba o no provisto de inteligencia: si se conduce como una persona inteligente, y no podemos diferenciar su conducta de la de una persona inteligente, entonces tiene inteligencia. Para la conciencia, cabría aplicar la misma idea: si la conducta y las decisiones de la máquina parecen conscientes, habrá que entender que tiene conciencia. Esto nos lo propone Latorre[773], que al preguntarse si podemos crear una máquina que imite al cerebro humano al tratar las ideas de intencionalidad, conciencia o libre albedrío, contesta: «Es una idea fascinante. Se ha propuesto el equivalente del Test de Turing, llamado Test de Turing moral. Los algoritmos actuales tienen menos problemas en superar este controvertido test moral que el test de Turing original».

El argumento del diseño, al que antes se hizo referencia, es decir, la imposibilidad de obtener de una máquina comportamientos o soluciones a problemas que no sabemos plantear o expresar. ¿Se podría superar este obstáculo con el cambio de la concepción del algoritmo, pasando de los sistemas expertos a las redes neuronales, y todavía mejor a los nuevos ordenadores cuánticos? En estos sistemas de IA, los datos y las soluciones, y los propios algoritmos decisionales, son elaborados por la misma IA a partir del reconocimiento de patrones en los distintos ámbitos en los que tiene que actuar. En este proceso, al principio, la IA se mueve con dificultad, pero poco a poco, a medida que va identificando estos patrones, sus respuestas son más coherentes y al final son prácticamente humanas.

Frente a la crítica de Searle de la falta de sentido del manejo puramente sintáctico de símbolos, dice el filósofo cognitivista David Chalmers[774], que un sistema tiene «propiedades mentales» si pueden simularlas computacionalmente, pues «...los estados mentales son intrínsecamente funciones computables. Los estados mentales no dependen de los fundamentos físico-químicos del sistema en el cual se instalan, sino de la organización causal abstracta y formal que puede ser especificada computacionalmente».

773 Latorre Sentís, *Ética para máquinas*, cit., pág, 187.

774 En realidad, Chalmers se muestra escéptico en admitir que la Física pueda explicar la conciencia, afirmando que «en sus propios dominios las ciencias físicas son completamente exitosas. Explican los fenómenos físicos de un modo admirable; simplemente fracasan en explicar la experiencia consciente». El autor propone un nuevo dualismo que se mantenga en el campo de lo material, estimando que la conciencia no es lógicamente superveniente a lo físico, «y una vez que rechazamos la superveniencia lógica, el camino al dualismo de propiedades es inevitable». *La mente consciente*, págs. 221-223.

5

CONCLUSIONES

1. La moderna técnica de la Inteligencia artificial culmina toda una serie de mitos prometeicos que arrastra la mente humana desde hace milenios. Esta técnica, en especial en lo que se refiere a los robots androides, pone de relieve una aspiración tan antigua como la humanidad, la de la creación de seres vivos semejantes al ser humano, la de ser como dioses. De ahí el atractivo inevitable que tiene la Inteligencia artificial en toda la sociedad.

Estas aspiraciones se han manifestado a lo largo de los siglos mediante la elaboración de leyendas, mitos como el de Pigmalión o el del Gólem, o más adelante en la fabricación de estatuas móviles y autómatas, luego en la de relojes y calculadoras mecánicas. De la simple calculadora se pasa al mecanismo complejo con el ingenio analítico de Charles Babbage, que incluso admitía programación, y luego a las calculadoras electromecánicas. Esta realización automática de tareas configura una disciplina llamada Automática o Cibernética, cuyo máximo exponente es Joseph Weizenbaum.

2. Esta obsesión por la creación de seres inteligentes se concreta en el siglo pasado con la aparición de una rama científica consolidada, decidida a obtener resultados inteligentes mediante sistemas electrónicos. El *computer* u ordenador se presenta como el medio idóneo para obtener estos resultados, al configurarse como máquina universal, que en principio puede realizar cualquier tarea mental que sea describible en términos de lógica matemática. Es la creación de Alan Turing y John Von Neumann, por un lado, y de Marvin Minsky, Nathaniel Rochester, Claude E. Shannon y John McCarthy por otro.

3. La IA sigue diversos enfoques y modelos para la obtención de sus resultados. Los dos modelos de sistemas de IA más importantes son el modelo de sistema experto y el de red neuronal. Los sistemas expertos son los dotados de una IA que combina mediante operadores lógicos un enorme número de datos especializados sobre la materia. Proporcionan respuestas inteligentes mediante una manipulación de símbolos que sigue un sistema de reglas lógicas que imitan el pensamiento formal humano, siguiendo el sistema de árboles decisionales o mediante la aplicación de métodos bayesianos de probabilidad estadística. El sistema de redes neuronales se basa

en el descubrimiento de las «neuronas artificiales». Una neurona artificial es una función matemática que replica el funcionamiento de la neurona biológica. Disponiendo las neuronas en capas superpuestas, se crean las redes neuronales, que cuando agrupan muchas capas forman una red neuronal profunda, capaz de aprender de sus propios errores.

4. Los sistemas inteligentes expertos pueden desarrollar tareas complejas con mucha precisión, pero les falta cualquier capacidad fuera de su restringido campo de actuación. Los autores destacan como ejemplo el del programa *Deep Blue*, al derrotar al campeón de ajedrez del mundo, Gary Kasparov en 1997: una vez vencido éste, fue el humano el que tuvo que hablar con la prensa, porque *Deep Blue*, fuera del ajedrez, no sabía ni dar los buenos días. Las redes neuronales o IA subsimbólica, que se suponen más polivalentes, tienen el inconveniente de que sus conocimientos y habilidades se han adquirido a partir de los datos existentes en dicho momento, pero sin haber alcanzado la más mínima comprensión de los mismos. Además, este aprendizaje sobre datos históricos se ve aquejado del problema de todo método inductivo, que da lugar a que se concluya que cualquier respuesta futura tiene que ser similar a los datos del pasado, por lo que carece de capacidad de innovación. Además, ambos sistemas adolecen de falta de sensatez, entendida como una falta de comprensión del mundo real en su conjunto.

5. Este último obstáculo es el que parece que impide lograr una IA fuerte, o análoga a la inteligencia humana, Técnicamente se desdobla en el «frame problem» y el «qualification problem»: el *frame problem*, supone que al carecer de un conjunto de datos sobre el mundo en general, no pueden encontrar el «marco adecuado» para una toma de decisiones acordes con las circunstancias concurrentes en el momento preciso. Consiste en la imposibilidad que encuentra un sistema de IA en tener en cuenta todas las circunstancias concurrentes en una situación para resolver un problema; el *qualification problem* radica en la imposibilidad de seguir reglas generales para la resolución de problemas sin tener en cuenta las excepciones, y luego las excepciones a las excepciones. Aparte están los enormes problemas técnicos que derivan de las necesidades de potencia computacional que requieren los modernos sistemas de IA.

6. Para muchos especialistas en IA, estos problemas se superarán en algunos años, y la IA evolucionará hace formas más avanzadas de inteligencia, superando a la inteligencia humana y transformando completamente la sociedad humana. Un primer estadio de la incidencia de la IA en la sociedad será la etapa transhumanista, en la que los implantes y periféricos inteligentes mejorarán la salud y la vida humanas, y los sistemas y robots inteligentes desempeñarán los trabajos humanos menos creativos y más pesados. De ahí se pasará a una segunda fase, llamada posthumanismo, en la que se cederá el control de la sociedad a las máquinas, ello propiciado por el autodesarrollo de una inteligencia superior a la humana, generada por sí misma a partir de una IA fuerte o general, llegándose a lo que Bostrom y otros de-

nominan «Singularidad». Estas tres etapas, Transhumanismo, Singularidad y Posthumanismo marcan el (posible) futuro de la humanidad, un futuro en el cual el protagonismo deja de tenerlo la raza humana y pasa a las máquinas superinteligentes.

Al lado de quienes profetizan este futuro, están quienes niegan la posibilidad de una IA fuerte o general, comparable a la inteligencia humana, o quienes niegan que sea posible que esta IA fuerte evolucione hacia una Superinteligencia, y para otros es una falacia que, si se logra dicha Superinteligencia, ésta deje de estar bajo estricto control humano.

7. En cualquier caso, y aun permaneciendo en el ámbito de una IA débil, o especializada como la actual, sus consecuencias sociales pueden ser muy potentes. En primer lugar, la incidencia social de la IA se va a notar en sus repercusiones en el mundo empresarial y laboral. Para algunos estas consecuencias significarán una desaparición de empleos y oportunidades laborales en unos ámbitos y la aparición de nuevas ocupaciones en ámbitos relacionados con la nueva tecnología. Otros vaticinan unas consecuencias mayores, con la desaparición de casi todos los empleos, que podrán ser desempeñados por máquinas inteligentes especializadas, y un cambio social hacia una sociedad esclavista, en cuanto que los robots y sistemas inteligentes se comportarán como servidores inteligentes de sus amos humanos. El problema será cómo gestionar una sociedad esclavista, como ocurrió en Roma, con sus particulares problemas. Ello se relaciona también con la desaparición de muchos trabajos y por tanto también de la posibilidad de promoción social por el trabajo. Para algunos autores se va a generar una sociedad sin metas, aunque para otros, hay que superar el lugar común de la realización por el trabajo y buscar otras realizaciones para el desarrollo personal del ser humano. Un problema que sí puede generar la tecnología inteligente de datos y reconocimiento biométrico es el de la implantación de una sociedad-pecera, es decir una sociedad sin intimidad en la que los ciudadanos estemos vigilados por sistemas inteligentes de identificación y rastreo, sociedad que se describe con la frase que se atribuye al boxeador Joe Louis: «Puedes correr, pero no esconderte». Todavía más, el rastreo de datos personales puede generar (en publicidad ya se hace) el perfilado predictivo de masas de población en sus tendencias e intereses) llegando incluso al reconocimiento de emociones y la detección del pensamiento, seguida de las técnicas de persuasión y de alteración subliminal de comportamientos.

8. Para evitar estas consecuencias negativas de la IA no hay más vía que la Ley. El Derecho por tanto tiene una peculiar tarea para disciplinar las realizaciones de esta tecnología, y prohibir sus peores consecuencias. Se ha planteado la vía de la ética para esta finalidad, pero en mi opinión su eficacia, dado el potencial y el rendimiento de los sistemas inteligentes, va a ser nulo. Necesitamos leyes, y leyes fuertes que embriden esta técnica y la guíen hacia unos resultados aceptables.

Es por este motivo por lo que este estudio se extiende en el examen de las realizaciones concretas que se han logrado en el ámbito legislativo. En particular me detengo en las elaboraciones europeas en tema de IA, que son numerosas y llevan ya unos años produciéndose. Si hubiera que destacar una de estas realizaciones, vale la pena detenerse en la Propuesta de Reglamento de 2021, la también llamada Ley de la IA, aprobándose el 13 de junio de 2024 el texto final de este Reglamento. Se trata de una regulación que se quiere completa, para disciplinar la materia en muchos aspectos, y con particular cuidado hacia los sistemas de IA más invasivos de la privacidad y los derechos de los particulares. En este sentido, distingue el Reglamento entre sistemas prohibidos (salvo para cuerpos policiales con autorización judicial), sistemas de alto riesgo (en los que se pueden lesionar derechos y libertades) y sistemas de bajo riesgo, para las aplicaciones más inocuas.

9. Termina la obra con un examen de la posible subjetividad cibernética, la personificación de los sistemas inteligentes y robots, especialmente los androides. Se parte de la clásica diferenciación jurídica entre sujetos y objetos, personas y cosas que se traslada a la distinción entre personas y robots: la realidad nos dice que estos objetos son simples cosas, maquinaria. Sin embargo, hay autores que se implican en una argumentación a favor del reconocimiento de una personalidad electrónica, en la línea jurídica actual de ampliación de la subjetividad jurídica para la atribución de derechos a determinados nichos medioambientales, o determinados animales. De ahí se pasa a un reconocimiento de personalidad y derechos a los sistemas inteligentes, en base precisamente a dicha inteligencia que demuestran, con una argumentación del orden de los derechos fundamentales, y en otros momentos, argumentando en base al reconocimiento de personalidad a entidades no humanas, como asociaciones y sociedades, personas jurídicas.

10. En mi opinión, esta tendencia está perdiendo de vista el objetivo de la subjetivización y los dos órdenes de problemas sobre la subjetividad de los sistemas inteligentes. El primer orden de problemas que se intenta solucionar son los referidos a la gestión de los resultados de la actividad robótica, los beneficios y los daños que causan sistemas inteligentes y robots. Para los beneficios nunca se ha planteado ningún problema, al considerar que estos entes son, simplemente, maquinaria, y que los beneficios de su actuación serán de quien los utiliza, el propietario, arrendatario o titular del derecho a su uso. Los daños en cambio, por los motivos de la opacidad del razonamiento cibernético, y la impredecibilidad en muchos casos del comportamiento de sistemas robotizados, han dado pie a la elaboración de la tesis de su personalidad como medio de gestionar la responsabilidad por daño, sobre todo tras la Resolución del Parlamento Europeo, de 16 de febrero de 2017, que habla de una posible «personalidad electrónica». En contra de esta personalización, lo que se propone en este trabajo es seguir para el daño el mismo criterio que para el beneficio, considerando al sistema robótico como un «agente» de su utilizador, un ente que no tiene más subjetividad que la que le presta su

funcionamiento autónomo, y que transmite a su utilizador todos los resultados de su actividad: los buenos y los malos, los beneficios y la obligación de indemnizar los daños. Se trataría por tanto de una subjetividad moderada, y desde luego sin personalidad.

11. Queda tratar el segundo orden de problemas que se intenta arreglar mediante la personificación del sistema inteligente, especialmente del robot autónomo, que es el problema de la consideración moral y jurídica hacia los robots que se mueven en el medio social: aquí de lo que se trata es de proteger a estos entes, que muestran una inteligencia similar a la humana, en la medida de que son reflejo de nuestra humanidad. Se trataría de conceder una cierta subjetividad a los sistemas y robots que interactúan socialmente, y por tanto sobre todo a los robots androides, al objeto de evitar que fueran objeto de trato degradante o vejatorio. Por supuesto que mediante esta subjetivización se está protegiendo al ser humano, no al robot, evitando su degradación, que además luego podría trasladar al trato con sus iguales humanos, en la línea de lo que señaló Kant para el trato moral a los animales por sus repercusiones sobre la moralidad humana.

12. Siguiendo esta idea, se trata finalmente de considerar todas las vías para esta personificación del robot o sistema inteligente, advirtiendo que no puede producirse una igualación con el ser humano ni una atribución de derechos a estas máquinas. Pasamos en esta parte final a tratar de los obstáculos a esta equiparación: El principal obstáculo resulta ser la incapacidad de las mismas de reproducir un comportamiento consciente, como los humanos. La falta de una verdadera conciencia se revela como una carencia fundamental para la generación por las máquinas de comportamientos auténticamente humanos. A esto hay que sumar la falta de una verdadera intencionalidad en las máquinas, así como de una voluntad para seguir las propias intenciones o inclinaciones, resultado todo ello de su carencia de un plan de vida, y de una auténtica libertad.

6

BIBLIOGRAFÍA

AGUAS VALERO, Gerardo, «Explorando la intersección entre la inteligencia artificial y el Derecho: cómo la tecnología está transformando la práctica jurídica», en *Proyecto IASAC Unizar, Ciencias sociales y jurídicas*, https://unidigitaliasac.unizar.es/ficha/explorando-la-interseccion-entre-la-inteligencia-artificial-y-el-derecho-como-la-tecnologia

ÁLVAREZ SUÁREZ, Ursicino, *Instituciones de Derecho romano — III. Personas jurídicas y colectivas en el Derecho romano*, EDERSA, Madrid, 1977.

ANGUIANO, José María, «Las personas electrónicas», *Diario La Ley*, n.º 14, Sección Ciberderecho, 18 de enero de 2018, Editorial Wolters Kluwer.

ARGELICH COMELLES Cristina, «Contratación con inteligencia artificial y contratos algorítmicos: repensando el Derecho civil ante el informe español de la legislación de consumo y mercantil para la Comisión Europea», *Rev. Crítica de Derecho Inmobiliario*, n.º 804, Año 2024.

ASIMOV Isaac, *Los Estados Unidos desde 1816 hasta La Guerra Civil*, Alianza Editorial, 1984.

ASIMOV, Isaac, *¡Cambio! 71 visiones del futuro*, Alianza Editorial, 2.ª edición, 1984.

ASIMOV, Isaac, *El hombre bicentenario y otros cuentos*, Ediciones B, Barcelona, 1997.

ATIENZA NAVARRO MARÍA LUISA, «¿Daños nuevos, reglas nuevas para su indemnización? Responsabilidad civil e inteligencia artificial a la luz de las últimas Propuestas de la Unión Europea», *Revista Aranzadi de Derecho y Nuevas Tecnologías*, n.º 64, enero-abril 2024.

AVILA NEGRI, **Sergio Marcos**, «Robôs como pessoas: a personalidade eletrônica na Robótica e na inteligência artificial», *Pensar - Revista de Ciências Jurídicas*, agosto 2020, DOI: 10.5020/2317-2150.2020.10178. El mismo artículo «Robot as Legal Person: Electronic Personhood in Robotics and Artificial Intelligence», *Frontiers in Robotics and AI*, www.frontiersin.org, December 2021, Vol. 8, Art. 789327. doi: 10.3389/frobt.2021.789327

BALKIN, **Jack M.**, «The Path of Robotics Law», *California Law Review*, vol. 6, junio 2015: http://scholarship.law.berkeley.edu/clrcircuit/72.

BALLESTER CASANELLA, **Blanca**, «Las diferentes formas en que se manifiesta la inteligencia artificial en la sociedad y en la economía», *La robótica y la inteligencia artificial en la nueva era de la revolución industrial 4.0*, coord. por María José CRUZ BLANCA, Ignacio LLEDÓ BENITO; Francisco LLEDÓ YAGÜE (dir.), Ignacio F. BENÍTEZ ORTÚZAR (dir.), Óscar MONJE BALMASEDA (dir.), Dykinson, 2021, ISBN 978-84-1324-802-8.

BARFIELD, **Woodrow**, «Towards a Law of artificial intelligence», *Research Handbook on the Law of Artificial Intelligence,* Woodrow BARFIELD y Ugo PAGALLO, coords, Edward Elgar Publishing, 2018, UK-USA.

BARONA VILAR, **Silvia**, «Tecnología biométrica y datos biométricos. Bondades y peligros. No todo vale», *Actualidad Jurídica Iberoamericana* n.º 21, agosto 2024, pp. 298-331.

BARONA VILAR, **Silvia**, *Algoritmización del derecho y de la justicia: De la inteligencia artificial a la Smart Justice,* Tirant lo Blanch, Valencia, 2021.

BARRIO ANDRÉS, **Moisés**, «Del derecho de internet al derecho de los robots», en *Derecho de los robots*, Moisés BARRIO ANDRÉS (dir.), Wolters Kluwer, 2018.

BARRIO ANDRÉS, **Moisés**, «Hacia una personalidad electrónica para los robots», *Revista de Derecho Privado*, n.º 2, marzo-abril 2018, págs. 89-107.

BAUMAN, **Zygmunt**, *Modernidad líquida*, Fondo de Cultura Económica, Buenos Aires, 2004.

BAYERN, **Shawn**, «Artificial Intelligence and Private Law», *Research Handbook on the Law of Artificial Intelligence,* Woodrow BARFIELD y Ugo PAGALLO, coordinadores, Edward Elgar Publishing, 2018, UK-USA.

BELLOSO MARTÍN, **Nuria**, «La Necesaria Presencia de la Ética en la Robótica: La Roboética y su Incidencia en los Derechos Humanos», *Cadernos do Programa de Pós-Graduação em Direito*, v. 13, n. 2 (2018). Universidade Federal do Rio Grande do Sul. DOI: https://doi.org/10.22456/2317-8558.90165.

Bentley Peter J., University College London, **Brundage** Miles, University of Oxford, **Häggström**, Olle, Chalmers University, **Metzinger** Thomas, Johannes Gutenberg University of Mainz, *Should we fear artificial intelligence?*, de marzo 2018. Prólogo de María Teresa Giménez Barbat, MEP y una introducción de Philip Boucher, European Parliamentary Research Service, STOA-Science and Technology Options Assessment, March 2018. PE 614.547, DOI: 10.2861/412165.

Bermejo Latre, José Luis, «La aplicación de la Inteligencia artificial en la actividad formal e informal de la Administración», ponencia en el XVIII Congreso de la Asociación Española de Profesores de Derecho Administrativo (25-26 de enero de 2024, Vigo), https://www.aepda.es/AEPDAEntrada-3987-XVIII-CONGRESO-DE-LA-ASOCIACION-ESPANOLA-DE-PROFESORES-DE-DERECHO-ADMINISTRATIVO.aspx

Boden, Margaret A., *Inteligencia Artificial*, Turner, Madrid, 2017.

Bostrom, Nick, «Una Historia del pensamiento transhumanista», *Argumentos de Razón Técnica*, n.º 14, 2011.

Bostrom, Nick, *Superinteligencia*, TEELL, Zaragoza, 2016.

Brożek, Bartosz, «The Troublesome 'Person'», capítulo de *Legal Personhood: Animals, Artificial Intelligence and the Unborn*, Springer Books, 2017 págs. 3-13: https://link.springer.com/chapter/10.1007/978-3-319-53462-6_1.

Brundage, Miles, «Mejorando a la Humanidad: El caso del optimismo condicional sobre la Inteligencia artificial», en el informe *Should we fear artificial intelligence? In-depth Analysis, European Parliamentary Research Service*, STOA — Science and Technology Options Assessment, March 2018. PE 614.547, DOI: 10.2861/412165

Bryson Joanna J. «Robots should be slaves», en *Close Engagements with Artificial Companions: Key social, psychological, ethical and design issues*. Yorick Wilks (ed.), John Benjamins Publishing. pp. 63-74 (2010).

Bryson, J. J., y **Winfield, A.**, «Standardizing Ethical Design for Artificial Intelligence and Autonomous Systems», *Computer*, vol. 50, n.º 5, https://doi.org/10.1109/MC.2017.154.

Bryson, Joanna J., «The Artificial Intelligence of the Ethics of Artificial Intelligence: An Introductory Overview for Law and Regulation», *The Oxford Handbook of Ethics of AI*, Edited by Markus D. Dubber, Frank Pasquale, and Sunit Das, publication Date: Jul 2020, DOI: 10.1093/oxfordhb/9780190067397.013.1.

Bryson, Joanna J., **Diamantis, Mihailis E.**, **Grant, Thomas D.**, «Of, for, and by the people: the legal lacuna of synthetic persons», *Artificial Intelligence and Law,* September 2017, Volume 25, Issue 3, pp 273-291, DOI 10.1007/s10506-017-9214-9, https://link.springer.com/article/10.1007/s10506-017-9214-9.

Buchanan, Bruce G. & Headrick, Thomas E., «Some Speculation About Artificial Intelligence and Legal Reasoning», 23 *Stan. L. Rev*. 40 (1970).

Bueso Guillén, Pedro-José, «Herramientas de ayuda para el compliance», p. 6, en *Proyecto IASAC Unizar, Ciencias sociales y jurídicas*, en: http://unidigitaliasac.unizar.es/ficha/herramientas-de-ayuda-para-el-compliance

Bustince Sola, Humberto, «Caminos hacia la superinteligencia (emulación de cerebro completo)», *La robótica y la inteligencia artificial en la nueva era de la revolución industrial 4.0*, coord. por María José Cruz Blanca, Ignacio Lledó Benito; Francisco Lledó Yagüe (dir.), Ignacio F. Benítez Ortúzar (dir.), Óscar Monje Balmaseda (dir.), Dykinson, 2021, ISBN 978-84-1324-802-8.

Cabrales Goitia Antonio y **Rey Biel, Pedro**, «Mas allá de los *nudges*: Políticas públicas efectivas basadas en la evidencia de las ciencias del comportamiento», *Gestión y Análisis de Políticas Públicas*, (25), DOI: https://doi.org/10.24965/gapp.i25.10864).

Calo, Ryan, «Robotics and the Lessons of Cyberlaw», *California Law Review*, June 2015, vol. 103, Issue 3. DOI http://dx.doi.org/10.2139/ssrn.2402972.

Calo, Ryan, «Robots in American Law», en *Robotics, Autonomics, and the Law*, Eric Hilgendorf, Uwe Seidel, editors, Nomos Verlag, Baden-Baden, 2017.

Cappuccio, M. L., Peeters, A. & McDonald, W. «Sympathy for Dolores: Moral Consideration for Robots Based on Virtue and Recognition». *Philosophy & Technology,* 33, 9-31 (2020). https://doi.org/10.1007/s13347-019-0341

Carabantes López, Manuel, «Cuatro problemas irresolubles de la IA simbólica», *Revista de Filosofía*, vol. 40, n.° 1 (2015).

Carabantes López, Manuel, «El pronóstico de Descartes sobre los problemas de la Inteligencia Artificial», *SCIO. Revista de Filosofía*, n.° 12, noviembre 2016.

Carabantes López, Manuel, «Inteligencia artificial lingüística perfecta: Efectos sobre la autopercepción del ser humano», *SCIO. Revista de Filosofía*, n.° 18, Julio de 2020.

Carabantes López, Manuel, *Inteligencia artificial: una perspectiva filosófica*, Escolar y Mayo editores, Madrid, 2016.

Carrasco Perera, Angel, «A propósito de un trabajo de Gunter Teubner sobre la personificación civil de los agentes de inteligencia artificial avanzada», *Centro de Estudios de Consumo, Publicaciones Jurídicas*, en http://centrodeestudiosdeconsumo.com, fecha de publicación: 11 de enero de 2019.

Casanovas, Pompeu, «Inteligencia Artificial y Derecho a vuelapluma», *Teoría y Derecho: revista de pensamiento jurídico*, n.º 7, 2010.

Castells, Manuel, *La sociedad digital*, Alianza Editorial, 2024.

Cerdeira Bravo de Mansilla, Guillermo, «¿Humanizar o personificar? Inteligencia artificial y fundaciones robóticas», *Actualidad Civil*, n.º 3, marzo de 2024, Editorial LA LEY.

Coca Payeras, Miguel, «Las iniciativas de la Unión europea sobre inteligencia artificial: de la persona electrónica, al difícil equilibrio entre la necesidad de impulsarla y evitar sus riesgos», *Revista de Derecho Civil,* vol. X, núm. 2, especial (junio, 2023). En http://nreg.es/ojs/index.php/RDC

Coeckelbergh, Mark, *AI Ethics, The MIT Press Essential Knowledge Series, Cambridge, 2020. Hay traducción al español:* Ética *de la Inteligencia artificial*, Cátedra, Madrid, 2021

Copeland, Jack, *Inteligencia Artificial*, Alianza Editorial, Madrid, 1996.

Cortina Orts, Adela, «Ética de la Inteligencia artificial», *Anales de la Real Academia de Ciencias Morales y Políticas*, n.º 96, 2019.

Cortina Orts, Adela, ¿Ética *o ideología de la Inteligencia artificial?*, Paidós, Barcelona, 2024

Costas Pérez, Elena, y **Tucat, Pablo,** (2021). «*Nudges*: diseño y evaluación», *Gestión y Análisis de Políticas Públicas*, (25), 8-22. DOI: https://doi.org/10.24965/gapp.i25.10868

Cotino Hueso, Lorenzo, «Reconocimiento facial automatizado y Sistemas de identificación biométrica bajo la regulación superpuesta de Inteligencia artificial y protección de datos», *Derecho Público de la inteligencia artificial,* Coordinadores Balaguer Callejón, Francisco, Cotino Hueso, Lorenzo, Fundación Manuel Giménez Abad, Zaragoza, 2023.

Cotino Hueso, Lorenzo, «El uso jurisdiccional de la inteligencia artificial: habilitación legal, garantías necesarias y la supervisión por el CGPJ», *Actualidad Jurídica Iberoamericana* n.º 21, agosto 2024, pp. 494-527.

Cotino Hueso, Lorenzo, «Sistemas de inteligencia artificial con reconocimiento facial y datos biométricos. Mejor regular bien que prohibir mal», *El Cronista del Estado Social y Democrático de Derecho*, n.º 100 (septiembre-octubre), 2022 (Ejemplar dedicado a: Inteligencia artificial y derecho).

Crick, Francis, *La búsqueda científica del alma*, Círculo de Lectores, Barcelona, 1994.

Chalmers, David, *La mente consciente*, Gedisa editorial, Barcelona, 1999

Chen Zijiao, Qing Jiaxin y **Zhouy Juan Helen**, «CinematicMindscapes: High-quality Video Reconstruction from Brain Activity», preprint en *arXiv*: 2305.11675, https://doi.org/10.48550/arXiv.2305.11675

D'Alfonso, Giovanna, «Intelligenza artificiale e responsabilità civile. Prospettive europee», *Revista de Estudios Jurídicos y Criminológicos*, n.° 6, Universidad de Cádiz, 2022, pp. 163-195, p. 179. DOI: https://doi.org/10.25267/REJUCRIM.2022.i6.06

Damasio, Antonio R., *El error de Descartes*, Editorial Andrés Bello, Santiago de Chile, 1997.

De Asís Pulido, Miguel, «La Justicia predictiva: tres posibles usos en la práctica jurídica», *Inteligencia Artificial y Filosofía del Derecho,* director Fernando H. Llano Alonso, Coord. Joaquín Garrido Martín, Ramón Valdivia Jiménez, Ediciones Laborum, S.L., Murcia, 2022, pp. 285-312.

De Asís Roig Rafael F., «Ética, tecnología y derechos», *Inteligencia artificial y Filosofía del derecho* / coord. por Joaquín Garrido Martín, Ramón Darío Valdivia Giménez; Fernando Higinio Llano Alonso (dir.) 2022, ISBN 978-84-19145-21-5, págs. 25-44.

De Miguel Asensio, Pedro A., «Propuesta de Reglamento sobre Inteligencia artificial», *La Ley Unión Europea*, n.° 92, mayo 2021.

Dennett, Daniel C., «Can machines think?», In M. G. Shafto (ed.), *How We Know.* Harper & Row (1984).

Descartes, René, *Discurso del método*, Ediciones Orbis, Barcelona, 1983.

Descartes, René, *Meditaciones Metafisicas con Objeciones y Respuestas*, Introducción, Traducción y Notas, Vidal Pena, Alfaguara, 1977.

Díez Ramírez, Alfonso, UNIVERSIDAD POLITÉCNICA DE MADRID. ETSISI - Escuela Técnica Superior de Ingeniería de Sistemas Informáticos. *Proyecto de Fin de Grado. Conducción autónoma: Estudio del estado del arte, impacto sobre la movilidad y desarrollo de simulador de tráfico*. 2018-2019.

Di Matteo, Larry, «Artificial Intelligence. The Promise of Disruption», *The Cambridge Handbook of Artificial Intelligence, global perspectives on law and ethics*. Edited by Larry A. Dimatteo, University of Florida, Cristina Poncibò, University of Turin, Michel Cannarsa, Lyon Catholic University. Cambridge University Press, 2022.

Díaz Alabart, Silvia, *Robots y responsabilidad civil*, Reus, Madrid, 2018.

Díaz Senés, Juan Pedro, «Panorámica Internacional de la Regulación de la Inteligencia Artificial: Reglamento Europeo de Inteligencia Artificial (AI ACT)», *Revista CESCO de Derecho de consumo*, n.° 49-2024. DOI https://doi.org/10.18239/RCDC_2024.49.3473

DÍEZ ROYO, Mario, «Cuestiones de responsabilidad civil de los sistemas de Inteligencia Artificial en las Propuestas de Directivas europeas de 28 de septiembre de 2022», *Revista de Estudios Jurídicos y Criminológicos*, n.º 8, Universidad de Cádiz, 2023, pp. 253-276. DOI: https://doi.org/10.25267/REJUCRIM.2023.i8.09

DOLZ LAGO, Manuel Jesús, «Una aproximación jurídica a la Inteligencia Artificial», *Diario La Ley*, n.º 10096, 23 de junio de 2022.

DORNIS, TIM W., «Of 'Authorless Works' and 'Inventions without Inventor' – The Muddy Waters of 'AI Autonomy' in Intellectual Property Doctrine», forthcoming *European Intellectual Property Review* (E.I.P.R.) 2021. En Researchgate: https://www.researchgate.net/publication/348909601

DRINHAUSEN, Katja, y **BRUSSEE, Vincent**, «China's Social Credit System in 2021. From fragmentation towards integration», *Merics China Monitor*, March 3 2021, Updated on May 9, 2022.

EBERS, Martin, «La utilización de agentes electrónicos inteligentes en el tráfico jurídico: ¿Necesitamos reglas especiales en el Derecho de la responsabilidad civil?», *InDret*, julio 2016, en www.indret.com.

EBERS, Martin, «El futuro marco jurídico europeo de la inteligencia artificial», *Revista General de Legislación y Jurisprudencia*, 2023, número 2.

ERCILLA GARCÍA, Javier, «Aproximación a una Personalidad Jurídica Específica para los robots», *Revista Aranzadi de Derecho y Nuevas Tecnologías*, 2018, Número 47 (mayo-agosto).

ERCILLA GARCÍA, Javier, *Normas de Derecho civil y robótica. Robots inteligentes, Personalidad jurídica, Responsabilidad civil y Regulación*, Thomson Reuters Aranzadi, Cizur Menor, 2018.

ETZIONI, Amitai y **ETZIONI, Oren**, «Should Artificial Intelligence Be Regulated?» (June 27, 2017). *Issues in Science and Technology*, Summer 2017, https://ssrn.com/abstract=2993506.

FERNÁNDEZ RODRÍGUEZ, José Julio, «Reflexiones (provisionales) sobre los derechos de los robots», *Inteligencia artificial y derecho, Reflexiones jurídicas para el debate sobre su desarrollo y aplicación,* ROCHA ESPÍNDOLA, Martín A., SANSÓ-RUBERT PASCUAL, Daniel, RODRÍGUEZ DOS SANTOS, Nuria, Coordinadores, págs. 227-242, Dykinson, Madrid, 2023.

FERRY, LUC, *La revolución transhumanista*, Alianza Editorial, Madrid, 2017.

FLORIDI Luciano, **SANDERS, J. W.**, «On the Morality of Artificial Agents», *Minds and Machines* 14(3): 349-379, August 2004, DOI: 10.1023/B:MIND.0000035461.63578.9d.

FLORIDI, **Luciano**, «The Ethics of Artificial Intelligence: Exacerbated Problems, Renewed Problems, Unprecedented Problems», *American Philosophical Quarterly,* Vol. 61, Number 4, October 2024.

FLORIDI, **Luciano**, «Singularitarians, Altheists, and Why the Problem with Artificial Intelligence is H.A.L. (Humanity at Large), not HAL», *American Psychological Association Newsletter*, Spring 2015, volumen 14, n.º 2.

FLORIDI, **Luciano**, «Why the AI Hype is another Tech Bubble», Preprint de 5 octubre 2024, en file:///C:/Users/usuario/Downloads/ssrn-49608261-1.pdf, DOI: 10.13140/RG.2.2.11331.00809

FLYNN **James R.**/SHAYER, **Michael**, «IQ decline and Piaget: Does the rot start at the top?», *Intelligence* (2017), https://doi.org/10.1016/j.intell.2017.11.010

FRISON-ROCHE **Marie-Anne**, «La disparition de la distinction de jure entre la personne et les choses: gain fabuleux, gain catastrophique», *Recueil Dalloz*, 2017, vol. 41, p. 2386-2389.

FUKUYAMA, **Francis**, *El fin del hombre. Consecuencias de la revolución biotecnológica*, Ediciones B, Barcelona, 2002.

GALANTER, **Philip**. 2020. «Towards Ethical Relationships with Machines That Make Art». In: Andrés BURBANO; Ruth WEST (coord.) «AI, Arts & Design: Questioning Learning Machines». *Artnodes,* no. 26: 1-9. UOC, [Accessed: 21/6/2021]. http://doi.org/10.7238/a.v0i26.3371

GALINDO AYUDA **Fernando**, «PI DCA, a methodological prototype lo build legal software», *III International Conference on logic*, *Diritto*, vol. II, Florence, 1989. «The legal decision as a political problem. A starting point for a profitable relationship between AI and Law», *AAAI-90, Workshop on AI and Legal Reasoning, Boston* 1990: **GALINDO, F., ALBERTOS, E.**, «The prototype work payment action claim (ARPO), as the first step towards the construction of an aid programme for legal decisions», *DEXA-90 Database and Expert System Aplications*, Viena, 1990, pp. 290-296.

GALINDO AYUDA, **Fernando** (2024). «Algorithms, Sociology of Law and Justice». *Journal of Digital Technologies and Law*, 2(1), 34-45. https://doi.org/10.21202/jdtl.2024.3.

GALINDO AYUDA, **Fernando**, «La Administracion de Justicia, el juez robot y el Derecho», *Revista General de Legislación y Jurisprudencia*, 2024-4, octubre-diciembre.

GALINDO, **Fernando** y LASALA, **Pilar**, «Metodología para el desarrollo de sistemas jurídicos de inteligencia artificial: el prototipo ARPO-2 como ejemplo», *Scire: Representación y organización del conocimiento*, ISSN 1135-3716, Vol. 1, n.º 2, 1995.

GALVÁN, José M.ª, «Virtù morale della religione e tecnología dell´intelligenza artificiale», *Quaderni di Diritto e Politica Ecclesiastica*, n. 2, agosto 2020.

GANASCIA, Jean-Gabriel, *Le mythe de la Singularité. Fauti-il craindre l'intelligence artificielle?*, Éditions du Seuil, Paris, 2017.

GARCÍA HERRRERA, Vanessa, «Panorama Legislativo de la Inteligencia Artificial en la Unión Europea», *La robótica y la inteligencia artificial en la nueva era de la revolución industrial 4.0,* coord. por María José CRUZ BLANCA, Ignacio LLEDÓ BENITO; Francisco LLEDÓ YAGÜE (dir.), Ignacio F. BENÍTEZ ORTÚZAR (dir.), Óscar MONJE BALMASEDA (dir.), Dykinson, 2021, ISBN 978-84-1324-802-8.

GARCÍA INDA, ANDRÉS, GONZÁLEZ ORDOVÁS, MARÍA JOSÉ y MUÑOZ SORO, José Félix, «IA y Filosofía del Derecho: derechos, normas y sesgos», en *Proyecto IASAC Unizar, Ciencias sociales y jurídicas*, http://unidigitaliasac.unizar.es/ficha/la-ai-vista-desde-la-filosofia-del-derecho.

GARCÍA MEXÍA, Pablo, «Inteligencia artificial. Una mirada desde el Derecho», *Anales de la Academia Matritense del Notariado*, tomo LX, curso 2019/2020.

GARRIGA DOMÍNGUEZ, Ana, «Inteligencia artificial y el fenómeno de la desinformación: el papel del RGPD1 y las garantías recogidas en la propuesta de la ley de servicios digitales», en *Inteligencia Artificial y Filosofía del Derecho*, Ediciones Laborum, Murcia, 2022.

GERVAIS, Daniel J., «Not Quite Like Us? Can Cyborgs and Intelligent Machines Be Natural Persons as a Matter of Law?», (March 20, 2023). *Vanderbilt Law Research Paper* No. 22-32. Available at *SSRN*: https://ssrn.com/abstract=4213543 - http://dx.doi.org/10.2139/ssrn.4213543

GÓMEZ-PÉREZ, Asunción, *Inteligencia artificial y lengua española*, discurso leído el día 21 de mayo de 2023, Madrid, 2023, https://www.rae.es/sites/default/files/2023-05/Discurso%20Ingreso%20Asuncion%20Gomez-Perez_0.pdf

GONZÁLEZ BEDIA, Manuel, «Por una Inteligencia Artificial socialmente guiada», en la *Declaración de Zaragoza: por una deontología en el diseño y la interacción con los sistemas inteligentes*. Alojada en la página web de la Fundación Zaragoza Conocimiento, en: https://www.fundacionzcc.org/estaticos/upload/0/001/1910.pdf

GONZÁLEZ MENESES GARCÍA-VALDECASAS, Manuel, «Big Data y Machine Learning ¿El fin del método jurídico?», *El notario del siglo XXI*, enero/febrero 2024 n.º 113.

GONZÁLEZ ORDOVÁS, M.ª José, «Homo iuridicus o inteligencia artificial: Un dilema de la sociedad digital», en *Proyecto IASAC Unizar, Ciencias sociales y jurídicas*, en: http://unidigitaliasac.unizar.es/ficha/homo-iuridicus-o-inteligencia-artificial-un-dilema-de-la-sociedad-digital

GONZÁLEZ TAPIA, M.ª Isabel, «Protección penal de los neuroderechos: el uso directo de las Neurotecnologías sobre el ser humano», *Inteligencia Artificial y Filosofía del Derecho*, Fernando H. LLANO ALONSO, Director, Ediciones Laborum, Murcia, 2022.

GOODALL Noah J., «Machine Ethics and Automated Vehicles», *Road Vehicle Automation,* G. MEYER y S. BEIKER (eds.), Springer, 2014, pp. 93-102. http://dx.doi.org/10.1007/978-3-319-05990-7_9

GUASTAVINO, Elías P., *Responsabilidad civil y otros problemas jurídicos en computación*, Ediciones La Rocca, Buenos Aires, 1987.

GUINEA BONILLO, Julio, «La Unión Europea y el desafío de la inteligencia artificial», *Inteligencia artificial y derecho: reflexiones jurídicas para el debate sobre su desarrollo y aplicación* / coord. por Martín Rocha Espíndola, Daniel Sansó-Rubert Pascual, Nuria Rodríguez Dos Santos, Universidad Europea de Madrid, 2023. DOI: 10.14679/2055

GUNKEL, David J. y **WALES, JORDAN, Joseph,** «Debate: what is personhood in the age of AI?», *AI & SOCIETY* (2021) 36:473-486, https://doi.org/10.1007/s00146-020-01129-1

GUNKEL, David, «The Rights of Robots» (April 4, 2022)». In A. A. NAKAGAWA and C. DOUZINAS (Eds.), *Non-Human Rights-Critical Perspectives*. Cheltenham: Edward Elgar: *SSRN*: https://ssrn.com/abstract=4077131 or http://dx.doi.org/10.2139/ssrn.4077131

HARARI, Yuval Noah, *Homo Deus. Breve historia del porvenir,* Debate, Barcelona, 2016.

HERBOSA MARTÍNEZ, Inmaculada, «Encaje de los sistemas de IA en la definición de producto en la legislación de productos defectuosos Análisis de la legislación vigente con la vista puesta en la Propuesta de Directiva del Parlamento europeo y del Consejo de 28 de septiembre de 2022 (COM/2022/495)», *InDret*, 3.2024.

HERRERA DE LAS HERAS Ramón «El nuevo marco jurídico de la inteligencia artificial: las novedades del Reglamento Europeo» (1), *Actualidad Civil*, n.º 5, mayo de 2024, Editorial LA LEY.

HERRERA DE LAS HERAS, Ramón, *Aspectos legales de la inteligencia artificial: personalidad jurídica de los robots, protección de datos y responsabilidad civil,* Dykinson, 2022.

HERRERA, Francisco, CORDÓN, Óscar y DEL JESÚS, María José, «Una visión actual de la IA: Recorrido histórico, datos y aprendizaje, y responsabilidad en el diseño y uso», *El Derecho y la Inteligencia artificial*, F. HERRERA, A. PERALTA y L. S. TORRES, coords., Universidad de Granada, Granada, 2022, págs. 51-80.

HEUDIN, Jean Claude, «Demain tous cyborgs? - Tomorrow all cyborgs?», *Territoire en Mouvement,* Université de Lille, n.° 12-2012, págs. 46-55. https://doi.org/10.4000/tem.1469

HEUDIN, Jean-Claude, *Les créatures artificielles. Des automates aux mondes virtuels*, Odile Jacob, 2008.

HIERRO-PESCADOR, José, *Filosofía de la mente y de la Ciencia cognitiva*, Akal, Madrid, 2005.

HIMMA, Kenneth Einar, «Artificial agency, consciousness, and the criteria for moral agency: what properties must an artificial agent have to be a moral agent?», *Ethics and Information Technology* (2009) 1: pág 21. DOI 10.1007/s10676-008-9167-5

HOLDER Chris, KHURANA Vikram, HARRISON Faye, JACOBS Louisa, «Robotics and law: Key legal and regulatory implications of the robotics age (Part I of II)», *Computer Law & Security Review*, 32 (2016), pág. 386, www.sciencedirect.com.

HOMERO, *La Ilíada*, Editorial Verbum, Madrid, 2020.

HU, Margaret, «Biometrics and an AI Bill of Rights» ((2022), *William & Mary Law School Scholarship Repository*, Faculty Publications, Summer 2022. En https://scholarship.law.wm.edu/facpubs/2078

HUME, David, *Tratado de la naturaleza humana. I*, Ediciones Orbis S. A., Madrid, 1984.

INIOLUWA Deborah Raji, KUMAR I. Elizabeth, HOROWITZ AARON, y SELBST ANDREW D., 2022. «The Fallacy of AI Functionality». In *2022 ACM Conference on Fairness, Accountability, and Transparency (FAccT '22)*, June 21-24, 2022, Seoul, Republic of Korea. ACM, New York, NY, USA. https://doi.org/10.1145/3531146.3533158

IZQUIERDO GRAU, Guillem, «La responsabilidad del productor de vehículos autónomos en el marco de la (futura) legislación en materia de responsabilidad por daños causados por productos defectuosos», *Revista de Derecho Civil,* vol. X, n.° 2 (junio, 2023), pp. 117-161. http://nreg.es/ojs/index.php/RDC

JASTROW, Robert, *El telar mágico*, Salvat Editores, Barcelona, 1985.

JORQUI AZOFRA, María, *Responsabilidad por los daños causados por productos y sistemas de Inteligencia artificial*, Dykinson, Madrid, 2024.

JULIA, Guilhem, «L'illusion de l'intelligence artificielle», en *Lex robotica. Le Droit à l'épreuve de la robotique*, Lextenso éditions — LGDJ, Issy-les-Molineaux, 2018.

JULIA, Luc, *L´intelligence artificielle n´existe pas*, Éditions J´ai Lu, 2020.

KAKU, Michio, *El futuro de nuestra mente*, Debate, Barcelona, 2014.

KUHN, Robert Lawrence, «Virtual Inmortality. Why the Mind-Body Problem is still a Problem», *Skeptic Magazine*, volumen 21, number 2, 2016, p. 29. En: www.skeptic.com

LABÉE, Xavier, «L'intrusion de l'humanoïde dans le Droit de la famille», en *Lex robotica. Le Droit à l'épreuve de la robotique*, Lextenso-LGDJ, Issy-les-Molineaux, 2018.

LACRUZ MANTECÓN, Miguel L., «Potencialidades de los robots y capacidades de las personas», en *Los robots y el Derecho*, C. ROGEL VIDE, coord., Reus, Madrid, 2018.

LAMBEA RUEDA, Ana (2018): «Entorno digital, robótica y menores de edad», *Revista de Derecho Civil*, vol. 5, No. 4, Disponible en: http://www.nreg.es/ojs/index.php/RDC/article/view/353/320.

LARSON, Erik J., *El mito de la Inteligencia artificial. Por qué las máquinas no pueden pensar como nosotros lo hacemos*, Shakleton Books, 2022.

LASSALLE, José María, *Civilización artificial*, Arpa, Barcelona, 2024.

LATORRE SENTÍS, José Ignacio, Ética *para máquinas*, Ariel, Barcelona, 2019.

LEM, Stanislaw, *Summa Technologiae*, Ediciones Godot, 2017.

LEMLEY, Mark A. y CASEY, Bryan, «Remedies for Robots», *86 University of Chicago Law Review (2019), Stanford Law and Economics Olin Working Paper* No. 523, abril 2020, DOI: http://dx.doi.org/10.2139/ssrn.3223621.

LIN, Patrick, ABNEY, Keith, y BEKEY, George, «Robot ethics: Mapping the issues for a mechanized world», *Artificial Intelligence,* April 2011, 175(5-6), pp. 942-949. DOI: 10.1016/j.artint.2010.11.026. https://www.researchgate.net/publication/220546212

LOIS ESTÉVEZ, José, *Estudios sobre los fundamentos de una nueva Ciencia jurídica*, Universidad de Santiago de Compostela, Secretariado de publicaciones, Imprenta Moret, Santiago, 1954. Se corrige y aumenta en una segunda edición: *Nueva versión sobre el Derecho*, Edición del autor, Santiago de Compostela, 1977.

Loiseau Grégoire, «La personnalité juridique des robots: une monstruosité juridique», *La semaine juridique,* édition *générale*, 2018, vol. 22, p. 1039-1042.

López de Mántaras Badia, Ramon y **Meseguer González, Pedro**, *Inteligencia artificial,* Editorial CSIC, Madrid, 2017.

López de Mántaras Badia, Ramón y **Meseguer González, Pedro**, *Inteligencia artificial,* CSIC, Madrid, 2017.

López Riba, José María, «Inteligencia artificial y control policial. Cuestiones para un debate frente al hype», *InDret*, 2.2024. DOI: 10.31009/InDret2024.i2.10.

Lovelace (o **Byron**), **Ada, Condesa de, «**Notas**»** a la traducción de *Sketch of the Analytical Engine Invented by Charles Babbage*, de L. F. Menabrea, R. & J. E. Taylor, Londres, 1843. https://johnrhudson.me.uk/computing/Menabrea_Sketch.pdf

Llano Alonso, Fernando H. «Ëtica de la Inteligencia artificial en el marco jurídico de la Unión Europea», *Justicia algorítmica y neuroderecho. Una mirada multidisciplinar*, Tirant lo Blanch, Valencia, 2021.

Llano Alonso, Fernando, *Homo ex machina.* Ética *de la inteligencia artificial y Derecho digital ante el horizonte de la singularidad tecnológica*, Tirant lo Blanch, Valencia, 2024.

Magdalena Layos, Luis, «¿Por qué debería confiar en ti (máquina)?», *La robótica y la inteligencia artificial en la nueva era de la revolución industrial 4.0*, coord. María José Cruz Blanca, Ignacio Lledó Benito; Francisco Lledó Yagüe (dir.), Ignacio F. Benítez Ortúzar (dir.), Óscar Monje Balmaseda (dir.), Dykinson, 2021.

Manzotti, Riccardo, y **Chella, Antonio**, «Conscious machines: A Possibility? If So, How?», *Journal of Artificial Intelligence and Consciousness*, Vol. 7, n.º 2 (2020).

Marchal Corrales, Juan Antonio, «Retos científicos, éticos y legales de la IA en Salud», *El Derecho y la Inteligencia artificial,* F. Herrera, A. Peralta y L. S. Torres, coords., Universidad de Granada, Granada, 2022, págs. 81-98.

Marchena Gómez, Manuel, «Inteligencia Artificial y Jurisdicción Penal», Ponencia para su ingreso en la Real Academia de Doctores de España, 26 octubre 2022.

Martin Agathe, *La cybernetique: entre reconnaissance et oubli d'un paradigme societal*. Mémoire de recherche, domain: shs.info.theo. 2013. «mem 00922448».

Martínez de Pisón Cavero, José., «¿El retorno de la falacia naturalista?», *Cuadernos electrónicos de Filosofía del Derecho*, n.º 50 (2023), pág. 63.

Martínez de Pisón, José., «Yo, Robot: de la biología a la singularidad. ¿Nuevas preguntas para la Filosofía del Derecho?», *REDUR* 15, diciembre 2017. ISSN 1695-078X, pág. 65. En http://www.unirioja.es/dptos/dd/redur/numero15/Martinezdepison.pdf.

Masseno, Manuel David. (2022). «Consideraciones Breves Sobre Los Fundamentos de La Propuesta de Ley de Inteligencia Artificial de La Comisión Europea». *Journal of Law and Sustainable Development*, 10(1), e0238. DOI: https://doi.org/10.37497/sdgs.v10i1.238

McGinnis, John O., «Accelerating AI», *Research Handbook on the Law of Artificial Intelligence,* Woodrow Barfield y Ugo Pagallo, coordinadores, Edward Elgar Publishing, 2018, UK-USA.

Megías Quirós, José Justo, «Derechos humanos e Inteligencia artificial», *Revista DIKAIOSYNE*, n.º 37, número especial sobre DD. HH., en coedición con el Observatorio de Derechos Humanos de la Universidad de Los Andes. Mérida – Venezuela. Enero, 2022.

Metzinger, Thomas, en *Should we fear artificial intelligence?* European Parliamentary Research Service, STOA-Science and Technology Options Assessment, March 2018, pág. 29. PE 614.547, DOI: 10.2861/412165.

Minsky, Marvin, *La sociedad de la mente*, Ediciones Galápago, Buenos Aires, 1986.

Monod, Jacques, *El azar y la necesidad*, Planeta Agostini, Barcelona, 1993.

Moravec, Hans, *El hombre mecánico. El futuro de la robótica y la inteligencia humana*, Biblioteca Científica Salvat, Salvat Editores, S.A., Barcelona, 1993.

Moray, Neville, *Cibernética*, Herder, Barcelona, 1967.

Moreu Carbonell, Elisa, «La regulación de los neuroderechos», *Revista General de Legislación y Jurisprudencia*, 2022, n.º 1, enero-marzo, pp. 71-100.

Morris, Desmond, *La naturaleza de la felicidad*, Planeta, Barcelona, 2006.

Möslein, Florian, «Robots in the boardroom: artificial intelligence and corporate Law», *Research Handbook on the Law of Artificial Intelligence,* Woodrow Barfield y Ugo Pagallo, coordinadores, Edward Elgar Publishing, 2018, UK-USA.

Mouyssinat, Michel, «Naissance de l´intelligence artificielle: Première Conférence en Intelligence artificielle au CNRS à Paris en 1951», *Bulletin de la société informatique de France,* n.º 14, noviembre 2019.

MOZO SEOANE, Antonio, *Los límites de la tecnología. Marco* ético *y regulación jurídica*, Reus, Madrid, 2021.

MUÑOZ SORO, José F., SERRANO CINCA, Carlos, «A model for predicting Court decisions on child custody», *PLOS ONE*. https://doi.org/10.1371/journal.pone.0258993

MUÑOZ SORO, José Félix, «Justicia predictiva», *en Proyecto IASAC Unizar, Ciencias sociales y jurídicas*, http://unidigitaliasac.unizar.es/ficha/justicia-predictiva.

MUÑOZ SORO, José Félix, *Decisión jurídica y sistemas de información*, Servicio de estudios del Colegio de Registradores, Madrid, 2003.

MUÑOZ SORO, José Félix, DEL HOYO ALONSO, Rafael, MONTAÑÉS, Rosa y **LACUEVA, Francisco**, «A neural network to identify requests, decisions and arguments in Court rulings on custody», *Artificial Intelligence and Law*, publicado online enero 2024, URL: https://link.springer.com/article/10.1007/s10506-023-09380-9

NAVAS NAVARRO Susana «Smart robots y otras máquinas inteligentes en nuestra vida cotidiana» *Revista CESCO de Derecho de Consumo* n.º 20/2016, http://www.revista.uclm.es/index.php/cesco I. Estudios y Consultas.

NAVAS NAVARRO, Susana, «Capítulo 5. Modificaciones del sistema de Inteligencia Artificial y la Propuesta de Directiva sobre responsabilidad por los daños causados por productos defectuosos», *Perspectivas regulatorias de la Inteligencia Artificial en la Unión Europea*, Reus Editorial, Madrid, 2023.

NAVAS NAVARRO, Susana, «Derecho e inteligencia artificial desde el diseño. Aproximaciones», *Inteligencia artificial. Tecnología. Derecho*, VV. AA., Tirant lo Blanch, 2017.

NAVAS NAVARRO, Susana, *Daños ocasionados por sistemas de inteligencia artificial*, Editorial Comares, Granada, 2022.

NEVEJANS, Nathalie, *Traité de Droit et d'Éthique de la Robotique civile*, LEH Éditions, Burdeos, 2017.

NOTO LA DIEGA, Guido, «Machine Rules. Of drones, robots and the info-capitalist Society», *The Italian Law Journal*, Vol. 2 — No. 02, 2016.

NÚÑEZ ZORRILLA, M.ª Carmen, «Los nuevos retos de la Unión Europea en la regulación de la responsabilidad civil por los daños causados por la inteligencia artificial», *Revista Española de Derecho Europeo,* 2018, Núm. 66 (abril-junio 2018).

NÚÑEZ ZORRILLA, **M.ª Carmen**, *Inteligencia artificial y responsabilidad civil*, Reus editorial, Madrid, 2019.

NYATHI, **Lisang**, «Unveiling the right to self-transformation and self-enhancement: exploring transhumanism and its impact on human rights and the future of humanity», *Deusto Journal of Human Rights*, https://doi.org/10.18543/djhr.3072, E-published: June 2024.

ORTEGA MATESANZ, **Alfonso**, «Aritmética Jurídica e Inteligencia Artificial: sobre la Calculadora 988», *Revista de Estudios Jurídicos y Criminológicos*, n.º 9, Universidad de Cádiz, 2024, pp. 141-204, DOI: https://doi.org/10.25267/REJUCRIM.2024.i9.05.

ORTEGO RUIZ, **Miguel**, «El concepto de autor en la era de los robots», en *Anuario de propiedad intelectual*, año 2018, Reus, Madrid, 2019.

ORTEGO RUIZ, **Miguel**, «La responsabilidad de los robots», *IA y Derecho. Reflexiones jurídicas para el debate sobre su desarrollo y aplicación*, Dykinson, 2023.

ORTIZ DE ZÁRATE-ALCARAZO, **Lucía** (2023). «Las Políticas conductuales inteligentes: Oportunidades y riesgos ético-políticos de la Inteligencia Artificial para el nudging», *Revista Española de Ciencia Política*, 62, 67-93. Doi: https://doi.org/10.21308/recp.62.03.

ORTIZ FERNÁNDEZ **Manuel**. «Reflexiones acerca de la revisión de la Directiva sobre responsabilidad por productos defectuosos», *Revista General de Legislación y Jurisprudencia*, 2024, n.º 3: páginas 403-429.

ORTIZ FERNÁNDEZ, MANUEL, «La "adaptación" del Derecho de daños a la inteligencia artificial: La propuesta de Directiva sobre responsabilidad», *Revista de Internet, Derecho y Política*, n.º 40 (marzo 2024), págs. 1-12.

PACKARD, **Vance**, *Las formas ocultas de la propaganda*, Editorial Sudamericana, Buenos Aires, Decimooctava Edición, 1992.

PACHECO CAÑETE, **Matilde**. «Reflexiones sobre la responsabilidad civil del empresario por los daños causados por sistemas de IA», *Revista General de Legislación y Jurisprudencia*, 2023, n.º 2: páginas 283-319.

PALMERINI **Erica**, «Robótica y derecho: sugerencias, confluencias, evoluciones en el marco de una investigación europea», *Revista de Derecho Privado*, n.º 32, enero-junio de 2017.

PAPINEAU, **David** y SELINA, **Howard**, *Consciencia. Una guía ilustrada*, Tecnos, Madrid, 2019.

PÉREZ LUÑO, **Antonio Enrique**, «El posthumanismo no es un humanismo», *DOXA. Cuadernos De Filosofía Del Derecho,* (44), 291-312. https://doi.org/10.14198/DOXA2021.44.12.

Pérez Luño, Antonio Enrique, *Cibernética, informática y derecho: (un análisis metodológico),* Bolonia, Real Colegio de España, 1976.

Petit, Nicolas, «Law and regulation of artificial intelligence and robots: Conceptual framework and normative implications», Working paper, 09 March 2017. Publicado en *SSRN*: https://ssrn.com/abstract=2931339 or http://dx.doi.org/10.2139/ssrn.2931339

Pinillos, José Luis, *La mente humana*, Círculo de Lectores, Barcelona, 1988.

Platero Alcón, Alejandro, «Breves notas sobre el régimen de responsabilidad civil derivado de los sistemas de inteligencia artificial: especial referencia al algoritmo de recomendaciones de Netflix», *IUS ET SCIENTIA*, 2021, Vol. 7, n.º 1, https://dx.doi.org/10.12795/IETSCIENTIA.

Popper, Karl y **Eccles, John**, *El yo y su cerebro*, Editorial Labor, Barcelona, 2.ª edición, 1993.

Rainie Lee, Anderson Janna. «Experts Imagine the Impact of Artificial Intelligence by 2040», *Imagining the Digital Future Center*. Elon University, February 29, 2024, en: https://imaginingthedigitalfuture.org/wp-content/uploads/2024/02/AI2040-FINAL-White-Paper-2-2.29.24.pdf

Ramalho, Ana, «Will Robots Rule the (Artistic) World? A Proposed Model for the Legal Status of Creations by AI Systems», (June 13, 2017). Available at *SSRN*: https://ssrn.com/abstract=2987757 or http://dx.doi.org/10.2139/ssrn.2987757

Rettinger, Lizzy, «The Human Rights Implications of China's Social Credit System», *Journal of High Technology Law*, vol. XXI, n.º 1, (2021), pp. 1-33.

Riskin, Jessica. «Machines in the Garden», *Republics of Letters: A Journal for the Study of Knowledge, Politics, and the Arts* 1, no. 2 (April 30, 2010): https://shc.stanford.edu/sites/default/files/2010-08/roflv01i02_03riskin_comp3_083010_JM_0.pdf

Rivero Ortega, Ricardo, *Derecho e Inteligencia Artificial. Cuatro estudios*, Ediciones Olejnik, Santiago de Chile, 2023.

Roberts, Huw, Cowls, Josh, Morley, Jessica *et al.*, «The Chinese approach to artificial intelligence: an analysis of policy, ethics, and regulation». *AI & Society* 36, 59-77 (2021). https://doi.org/10.1007/s00146-020-00992-2

Rodríguez Cardona, M. M. (2023). «Los intentos de regulación de la Inteligencia Artificial: Derecho Comparado entre España, Puerto Rico y Estados Unidos», *Derecom,* 35, pp. 1-19, http://www.derecom.com/derecom/

ROGEL VIDE, **Carlos**, «Robots y personas», *Revista general de legislación y jurisprudencia*, n.º 1, 2018

ROMEO CASABONA, **Carlos María**, «La discusión sobre la atribución de responsabilidad penal a sistemas de inteligencia artificial, en particular a sistemas autónomos», *Derecho penal, ciberseguridad, ciberdelitos e inteligencia artificial*, Vol. II: IA y *responsabilidad penal*, Editorial Comares, Granada, 2023, pp. 57-81.

ROVELLI, **Carlo**, *Siete breves lecciones de Física*, Anagrama, Barcelona, 2016.

RUBÍ PUIG, **Antoni**, «Capítulo 6. Responsabildiad civil e Inteligencia Artificial. Un examen crítico de la Propuesta de Directiva de 28 de septiembre de 2022», *Perspectivas regulatorias de la Inteligencia Artificial en la Unión Europea*, Reus Editorial, Madrid, 2023.

RUSSELL, **Stuart**, *Human Compatible. Artificial Intelligence and the problem of control*, Allen Lane / Penguin Random House, 2019.

RUSSELL, **Stuart**, y NORVIG, **Peter**, *Artificial Intellingence. A Modern Approach*, Pearson Education Limited, Harlow, 2016.

SANCHIS CRESPO, **Carolina**, «Inteligencia artificial y decisiones judiciales: crónica de una transformación anunciada», *SCIRE. Representación y organización del conocimiento*, Vol. 29, n.º 2, julio-diciembre 2023.

SANTOS GONZÁLEZ, **María José**, «Regulación legal de la robótica y la inteligencia artificial: retos del futuro», *en Revista Jurídica de la Universidad de León*, n.º 4, 2017.

SEARLE, **John**, *El misterio de la conciencia*, Paidos, Barcelona, 2000.

SERÓN ARBELOA, **Francisco José**, *Eje cronológico de la evolución del procesamiento de la información*, Prensas de la Universidad de Zaragoza, Zaragoza, 2023.

SERRANO MARTÍNEZ, **Alejandro**, «Crédito social chino: el sistema de puntos que ya se exporta a otras sociedades», *El Economista*, 17/06/2023: https://www.eleconomista.es/economia/noticias/12325879/06/23/credito-social-chino-el-sistema-de-puntos-que-ya-se-exporta-a-otras-sociedades.html.

SETH, **Anil**, *La creación del yo. Una nueva ciencia de la conciencia*, Sexto Piso, Madrid, 2.ª edición, 2023.

SIAU **Keng** y WANG **Weiyu**, «Artificial Intelligence (AI) Ethics: Ethics of AI and Ethical AI», *Journal of Database Management* (JDM), vol. 31, Issue 2, abril-junio 2020.

SOBRINO CERDEIRIÑA, **Alejandro**, «Algunas observaciones sobre narcisismo humano e inteligencia artificial», *Contextos* X/19-20, 1992.

SOBRINO CERDEIRIÑA, **Alejandro**, «Ciberética y sociedad de la información», *Thémata: Revista de filosofía*, ISSN-e 2253-900X, ISSN 0212-8365, n.° 33, 2004 (Ejemplar dedicado a: Antropología y Ética ante los retos de la Biotécnologia / coord. por Jacinto CHOZA, María Luz PINTOS PEÑARANDA), págs. 59-71.

SOLAIMAN, **S. M.**, «Legal personality of robots, corporations, idols and chimpanzees: a quest for legitimacy» (2017) 25 (2) *Artificial Intelligence and Law,* pp. 155-179. University of Wollongong, Faculty of Law, Humanities and the Arts — Papers.

SOLAR CAYÓN, **José Ignacio**, «Inteligencia artificial y justicia digital», en *Inteligencia Artificial y Filosofía del Derecho*, Ediciones Laborum, Murcia, 2022.

SOLAR CAYÓN, **José Ignacio**, *La Inteligencia Artificial jurídica*, Thomson Reuters Aranzadi, Cizur Menor, 2019.

SOLUM, **Lawrence B.**, «Legal Personhood for Artificial Intelligences», *North Carolina Law Review,* Vol. 70, n.° 4, Article 4, 4-1-1992. https://scholarship.law.unc.edu/nclr/vol70/iss4/4

SOMMER, **Joseph H.**, «Against Cyberlaw», *Berkeley Technology Law Journal*, Vol. 15, Issue 3, Article 6, September 2000. DOI https://doi.org/10.15779/Z38910H

SPINOZA, **Baruch**, *Etica demostrada según el orden geométrico*, Ediciones Orbis, Barcelona, 1984.

STROWEL, **Alain**; MARIQUE, **Enguerrand**. «Gouverner par la loi ou les algorithmes: de la norme générale de comportement au guidage rapproché des conduits», *Dalloz IP/IT*, n.° 10, págs. 517-521 (2017). En: http://hdl.handle.net/2078.1/188689, consultado el 2019/06/10.

SUÑÉ LLINÁS, **Emilio**, *Derecho e Inteligencia Artificial. De la robótica a lo posthumano*, Tirant lo Blanch, Ciudad de Méjico, 2020.

TAPIA HERMIDA, **Alberto J.**, «Decálogo de la inteligencia artificial ética y responsable en la Unión Europea», *Diario La Ley*, n.° 9749, Sección Tribuna, 4 de diciembre de 2020, Wolters Kluwer.

TEGMARK, MAX, *Vida 3.0. Qué significa ser humano en la era de la Inteligencia artificial*. Taurus, Barcelona, 2018.

TEUBNER, **Gunther**, «Digitale Rechtssubjekte? Zum privatrechtlichen Status autonomer Softwareagenten — Digital personhood? The status of autonomous software agents in private law», *Ancilla Iuris*, 2018.

TIRADO ROBLES Carmen «El informe Future of Work 2035: For Everyone to Shine. Análisis jurídico de las propuestas japonesas sobre la implantación de los robots y de la IA en el mundo del trabajo y su posible adaptación al entorno europeo», *Mirai. Estudios Japoneses*, DOI: https://doi.org/10.5209/mira.8069

TIRADO ROBLES, Carmen, «¿Qué es un robot? Análisis jurídico comparado de las propuestas japonesas y europeas», *Mirai. Estudios Japoneses*, 4, 2020, 35.48, DOI http://dx.doi.org/10.5209/mira.67530

TORRES LÓPEZ, LEOPOLDO, y PERALTA GUTIÉRREZ, ALFONSO, «Marco normativo de la Inteligencia artificial en el ámbito comparado», *El Derecho y la Inteligencia artificial,* Editorial Universidad de Granada, Granada, 2022.

TURING, Alan Mathison, «Computing Machinery and Intelligence», *Mind*, Vol. 59, No. 236 (oct., 1950).

TURLEY, Jonathan, «Anonymity, Obscurity and Technology: Reconsidering Privacy in the Age of Biometrics», *Boston University Law Review*, Vol. 100:2179, 2020. En https://www.bu.edu/bulawreview/files/2021/01/TURLEY.pdf

URRUELA MORA, Asier, «Instrumentos de evaluación del riesgo de violencia, justicia algorítmica y Derecho penal. Perspectiva crítica», *Estudios político-criminales, jurídico-penales y criminológicos: libro homenaje al profesor José Luis Díez Ripollés*, coord. por Noelia CORRAL MARAVER, Deborah GARCÍA MAGNA, Fátima PÉREZ JIMÉNEZ, Bertha PRADO, Pablo RANDO CASERMEIRO; Juan MUÑOZ SÁNCHEZ (dir.), Octavio GARCÍA PÉREZ (dir.), Ana Isabel CEREZO DOMÍNGUEZ (dir.), Elisa GARCÍA España (dir.), 2023, págs. 1877-1888.

VAN DEN HOVEN VAN GENDEREN, Robert, «Legal personhood in the age of artificially intelligent robots», *Research Handbook on the Law of Artificial Intelligence,* Woodrow BARFIELD y Ugo PAGALLO, coordinadores, Edward Elgar Publishing, 2018, UK-USA.

VÁZQUEZ DE CASTRO, Eduardo, «Aproximación a la responsabilidad derivada de los riesgos de la Inteligencia Artificial en Europa», en *Dimensiones* éticas *y jurídicas de la Inteligencia Artificial en el marco del Estado de Derecho*, Cuadernos de la Cátedra de Democracia y Derechos Humanos, Núm. 16, Universidad de Alcalá — Defensor del Pueblo, Alcalá de Henares, 2020.

VESSIA, Francesca y MUCIACCIA, Nicolò, «ICT Implants and Brain-Computer Interfaces: Legal Issues in the EU Framework» (2018). *AIDA*, 2018, pp. 305-336. SSRN: https://ssrn.com/abstract=3400039

VICENTE DOMINGO, Elena y RODRÍGUEZ CACHÓN, Teresa, «Derecho de la Persona, Neurodatos y Neuroderechos: A Research Agenda», *Revista General de Legislación y Jurisprudencia*, 2023, número 3, pp. 495-526.

,a Fernández, José, «Los retos de la regulación de la Inteligencia artificial: algunas aportaciones desde la perspectiva europea», en *Sociedad Digital y Derecho*, directores Tomás de la Quadra Salcedo y José Luis Piñar Mañas, Boletín Oficial del Estado, Ministerio de Industria, Comercio y Turismo y RED.ES, 2018.

Wagner, Gerhard, «Robot, Inc.: Personhood for Autonomous Systems?», *Fordham Law Review,* (2019) Volume 88, Issue 2, Article 8. En: https://ir.lawnet.fordham.edu/flr/vol88/iss2/8.

Wales, Jordan Joseph y Gunkel, David J., «Debate: what is personhood in the age of AI?», *AI & SOCIETY* (2021) 36:473-486. https://doi.org/10.1007/s00146-020-01129-1.

Wallach, Wendell y **Allen, Colin**, *Moral Machines. Teaching robots right from wrong*, Oxford University Press, Nueva York, 2009.

Wallach, Wendell, *A dangerous master. How to keep Technology from slipping bo-yond our control*, Basic Books, Nueva York, 2015.

Watson, Peter, *Ideas. Historia intelectual de la Humanidad*, Crítica, Barcelona, 2007.

Weizenbaum, Joseph (1972), «On the Impact of the Computer on Society», *Science*, New Series, 176/4035, p. 609-614. Reproducido en *Socio-anthropologie* [En ligne], 47 | 2023, mis en ligne le 31 mai 2023, URL: http://journals.openedition.org/socio-anthropologie/13631; DOI: https://doi.org/10.4000/socio-anthropologie.13631

Weizenbaum, Joseph, *Computer Power and Human Reason. From Judgment to Calculation,* San Francisco: W.H. Freeman and Company, 1976: https://www.bookzz.ren/bookzz/2190555/082e98

Wiener, Norbert, *Cibernética y Sociedad*, Editorial Sudamericana, 2.ª edición, Buenos Aires, 1969.

Willick, M. S. (1983). «Artificial Intelligence: Some Legal Approaches and Implications». *AI Magazine*, Vol. 4 No 2, (5): Summer 1983. DOI: https://doi.org/10.1609/aimag.v4i2.392.

Yamazaki, Yukari, «An Empirical Study for The Acceptance of Original *Nudges* and Hypernudges», *Societal Challenges in the Smart Society* / coord. Mario Arias Oliva, Jorge Pelegrín Borondo, Kiyoshi Murata, Ana M.ª Lara Palma, 2020, ISBN 978-84-09-20273-7, https://dialnet.unirioja.es/servlet/articulo?codigo=7867256

Yanke, Greg, «Tying the knot with a robot: legal and philosophical foundations for human-artificial intelligence matrimony». *AI & Society*, abril 2020. DOI: https://doi.org/10.1007/s00146-020-00973-5.

Zurita Martín, Isabel, «Las propuestas de reforma legislativa del libro blanco europeo sobre inteligencia artificial en materia de seguridad y responsabilidad civil», *Actualidad Jurídica Iberoamericana,* n.º 14, febrero 2021.

COLECCIÓN

PENSAMIENTO JURÍDICO Y POLÍTICO CONTEMPORÁNEO

COLEX

TÍTULOS PUBLICADOS

1. La libertad de expresión
2. Reforma del Código del Derecho foral de Aragón en materia de discapacidad (Ley 3/2024, de 13 de junio). Comentada por los miembros de la Comisión aragonesa de Derecho civil
3. Inteligencia artificial, sociedad y Derecho

Made in United States
Orlando, FL
04 November 2026

90209894R00199